Udo Gansloßer
Kate Kitchenham

Beziehung — Erziehung Bindung

Wie Hunde sich an unserer Seite entfalten können

KOSMOS

☞ *Inhalt*

VORWORT

Hunde sind als universelle Partner gerade in Zeiten zunehmender Urbanisierung wichtig und weit verbreitet. Tatsächlich begann die Beziehung unserer altsteinzeitlichen Vorfahren zu Wölfen vor mindestens 35 000 Jahren. Offensichtlich passte es zwischen diesen in Familienklans lebenden Laufjägern auch bezüglich ihres „sozialen Mindsets". Durch die rasche weitere Anpassung der Wölfe an unsere Vorfahren entstanden rasch Hunde. Deren typische Domestikationsmerkmale traten durch eine im Zusammenleben unvermeidliche „Selektion auf Zahmheit" auf, wodurch aus einem einzigen Wolfstypus eine große Vielfalt an Hunden entstehen konnte. Gemeinsam machten sich Mensch und Hund die Erde nur allzu gründlich „untertan". Die in der Domestikation weiterentwickelten Wolfseigenschaften der Hunde machten sie zu tollen Partnern. Zu nennen sind allen voran ihr Wille, mit uns zusammenzuarbeiten und ihre Bereitschaft, unsere Führung zu akzeptieren – aber auch ihre Fähigkeit, zwischen Angehörigen der eigenen Gruppe und Fremden zu unterscheiden. Daher wurden Hunde mit dem Sesshaftwerden vor etwa 10 000 Jahren zu Wächtern und willigen Partnern von Exekutive und Militär. Andere Hundetypen wiederum selektionierte man darauf, mit allen Menschen zusammenzuarbeiten, etwa manch alte Schlitten- und moderne Jagdhunde.

UNTERSCHIEDE TROTZ ENGER GENETISCHER VERWANDTSCHAFT

Die Forschung der letzten 15 Jahre zeigte, dass sich Hunde von Wölfen durch ein Mosaik kleiner, aber wichtiger Unterschiede unterscheiden. Immer noch sind alle unsere Hunde genetisch zu mehr als 95 % Wolf. Aber Hundewelben sozialisieren leichter mit Menschen als Wolfswelpen und sind von sich aus an uns interessiert. Während Wölfe in der Kooperation mit „ihren" Menschen gerne führen, brauchen Hunde klare Leadership zu ihrem Glück – weil Hunde bereits mit mehr Respekt vor Hierarchien zur Welt kommen als Wölfe. Was natürlich nicht „dominieren" bedeutet, sondern liebevoll konsequentes Motivieren. Die moderne Neuro- und Kognitionsbiologie zeigt, wie ähnlich die sozialen Gehirne der Menschen und Hunde funktionieren, mit nahezu identischen Emotionssystemen und Mechanismen zu denken. Auch Hunde speichern Vorstellungen über diese Welt und treffen so rationale Entscheidungen. Erstaunlich ist vor allem ihre soziale Intelligenz: Hunde lesen und verstehen unsere Mimik und Körpersprache, sie führen Leute, denen sie nicht vertrauen in die Irre und werden sauer, wenn sie sich ungerecht behandelt fühlen.

Mit Hunden leben wir „essentialisierte" Beziehungen auf Basis wechselseitiger sozialer Unterstützung und Verständnis. Geld,

»Bis heute passen sich Hunde an die vielfältigen Bedürfnisse von Menschen und ihre Kulturen dynamisch an.«

Kurt Kotrschal und seine geliebte Hündin „Bolila", die 15 Jahre an seiner Seite war.

Autos, Kleidung oder seltsame politische Ansichten beeindrucken sie ganz und gar nicht – wohl aber, ob wir nett und zuvorkommend mit anderen Leuten umgehen. Es hat sich also mit der angeblich bedingungslosen Zuwendung!

PARTNER AUF AUGENHÖHE

Hunde als Kooperationstiere bevorzugen ganz eindeutig sozial kompetente, kooperative Partnermenschen. Die profitieren dann aber auch davon: Nette Hundebegleitung hebt das Selbstbewusstsein, wirkt vertrauensbildend und erleichtert den Kontakt zu anderen Menschen. In ihrer sozialen Verbundenheit und ihrer Anpassungsfähigkeit sind Hunde sicherlich die Stars unter den Kumpantieren – gerade in unserer modernen und immer mehr digital beschleunigten Welt, die kaum noch Rücksicht auf soziale Bedürfnisse der Menschen nimmt.
Ein Leben in guter Beziehung zu Hund(en) fördert Wohlbefinden sowie aus mancherlei Gründen mentale und körperliche Gesundheit – etwa, weil Menschen „Biophil" sind (also instinktiv an Natur und Tieren interessiert), wirken freundliche Hunde beruhigend und unterstützen die Kommunikation, weil Hunde zu einem aktiven Lebensstil beitragen und weil ein Leben mit Kumpantieren für ein gesundheitlich so wichtiges robustes „Mikrobiom" sorgt. Daher bewähren sich Hunde als Assistenten in Therapien, in der Pädagogik und der Sozialarbeit. Natürlich klappt das nur mit dem Hund als Partner auf Augenhöhe, mit Rücksichtnahme auf dessen Bedürfnisse. Grundsätze dazu finden sich in den „IAHAIO Guidelines for Animal-Assisted Activities and Animal-Assisted Therapy" (Prague, 1998) und in einem „IAHAIO White Paper" (Jegatheesan et al., 2014). Die Details der wichtigen und vielfältigen Rollen der Hunde im Komplex Beziehung-Erziehung-Bindung finden sich in diesem Buch.

Kurt Kotrschal

ZU DIESEM BUCH

Es klingt für viele sicher etwas ernüchternd, aber das Wichtigste zum Thema Mensch-Hund-Bindung schicken wir lieber gleich vorweg: *Kein Hund liebt bedingungslos!* Auch wenn das Postulat von der bedingungslosen Treue eines Hundes immer noch sehr oft zu hören oder zu lesen ist – es handelt sich dabei leider um ein großes Missverständnis, das zu Enttäuschungen auf beiden Seiten führen wird. Hunde, die nicht als Hunde ernst genommen, deren Bedürfnisse nicht erkannt und erfüllt werden, können (leider) nicht ihre Koffer packen und sich einen neuen Menschen suchen. Aber sie bilden lebenslang keine stabile Bindung aus, die Beziehung zum Menschen bleibt oberflächlich und ist dann bestenfalls von gegenseitiger Akzeptanz geprägt. Eine glückliche Partnerschaft braucht aber mehr, um an Tiefe zu gewinnen – sie ist auch in der Mensch-Hund-Beziehung durch ein ausgewogenes Geben und Nehmen gekennzeichnet. *Homo Sapiens* und *Canis Lupus familiaris* sind beides hochsoziale Bindungstiere, deren Bedürfnissen nach Zugehörigkeit, Sicherheit und Vergnügen durch ein Leben in stabilen Partnerschaften sich gleichen. Hunde haben also Erwartungen, die uns vertraut sind und die wir eigentlich gut erfüllen könnten – und sollten, damit sich eine stabile, Sicherheit schenkende und von Liebe getragene Bindung zwischen uns und unserem Hund entwickeln kann. Die Beziehung zu einem Hund kann wunderbar bereichernd sein und einen Grad von tiefer Liebe, Vertrauen und gegenseitigem Verständnis erlangen, der wahrscheinlich unerreicht in anderen Formen von Tier-Mensch-Beziehungen ist. Damit dies gelingt, sind wir in der Pflicht.

Vertrauen ist die Grundlage, tiefe (Ver-)Bindung das Ergebnis.

»Es gibt viele gute gemeinsame Gründe für Hunde und Menschen, sich sehr innig und langfristig aneinander zu binden!«

VERSTÄNDNIS FÜREINANDER

Wir müssen verstehen, was Hunde so besonders macht, was sie brauchen, um zu glücklichen Hunden zu werden – damit sie uns wiederum sehr glücklich machen können! **Nur durch Ausgewogenheit, gegenseitigem Respekt und Erfüllung grundsätzlicher Bindungsparameter kann aus einer guten Beziehung eine vertrauensvolle, stabile Bindung werden – und individuelle Träume vom Zusammenleben erfüllen sich auf die eine oder unerwartet andere Weise oft ganz von selbst.**

FÜR EINEN BESSEREN UMGANG

Im Jahr 2015 erschien die erste Ausgabe dieses Buches. In der Zwischenzeit ist viel geforscht worden, neue Erkenntnisse wurden gewonnen über die Besonderheit der Hund-Mensch-Beziehung, aber auch die Fähigkeiten von Hunden, die es ihnen ermöglichen, mit uns so eng zusammenleben und -arbeiten zu können. Hunde haben im Zuge der Domestikation ein Menschen- und sogar Sprachverständnis entwickelt, dessen Ausprägung wahrscheinlich einzigartig weit entwickelt bei nichtmenschlichen Lebewesen ist und besondere Dimensionen der Kommunikation zwischen unseren beiden Spezies möglich macht. Hunde sind schon als wenige Wochen alte Welpen in der Lage, unser Verhalten zu lesen und sich durch Orientierung daran an ungewohnte Situationen besser anpassen zu können. Sie tragen eine hohe Motivation in sich, mit uns lernen und auf hohem Niveau kooperieren zu wollen (was natürlich je nach Rasse oder Persönlichkeit unterschiedlich stark ausgeprägt sein kann).

Eine Sammlung der wichtigsten Erkenntnisse rund um das Thema „Beziehung und Bindung zwischen Mensch und Hund“ ermöglicht uns einen besseren Umgang mit unseren geliebten Hunden. Das war und ist auch in der neuen Auflage unsere Mission. Wir möchten durch neue Studien zusammen mit unseren Leserinnen und Lesern besser verstehen, wie z. B. Trennungsängste entstehen und befeuert werden, warum geschlossene Hundeboxen in den allermeisten Fällen keine Orte der Ruhe und geschlossen zurecht verboten sind und warum wir nicht als erste aus der Haustür zu gehen brauchen, um unserem Hund unsere gehobene Stellung zu verdeutlichen. *Hunde sind Sozialpartner, die Menschen brauchen, die sie als Hund aber auch als Persönlichkeit ernst nehmen und fair behandeln.* Das setzt voraus, dass wir viel verstehen über soziales Verhalten dieser besonderen Tierart, über ihre Bedürfnisse, Unterschiedlichkeiten – und eine realistische, individuelle Sicht auf ihre Bedürfnisse und Fähigkeiten haben. Auch in dieser Ausgabe bieten wir keine Handlungsanweisungen, es ist nach wie vor kein klassischer Erziehungsratgeber. Wir vermitteln aktuelle Erkenntnisse und geben Anregungen – um gemeinsam alte Hüte zu hinterfragen und neue Inspiration für Beziehung und Erziehung zu gewinnen – damit wir einen individuellen, aber von Wissen und einer guten Intuition getragenen Weg im Umgang mit unseren einzigartigen Hunden finden können.

Ganz viel Freude beim Lesen wünschen

Udo Gansloßer und Kate Kitchenham

DIE FRAGE NACH DER MITGIFT

— *wie viel Wolf steckt im Hund?*

DIE WEITERENTWICKLUNG UNSERER HAUSHUNDE

Bei der Suche nach Erklärungsmodellen für Hundeverhalten und die im Tierreich außergewöhnliche Mensch-Hund-Beziehung werden häufig Vergleiche zum Wolf und seiner Familienstruktur herangezogen und entsprechend „abgeschaute" Erziehungstipps erteilt.

Doch diese Vergleiche sind unangebracht. Seltsamerweise werden die Vergleiche zwischen Hund und Wolf auch aus zwei völlig unterschiedlichen Blickwinkeln immer wieder vorgetragen. Auf der einen Seite finden wir die Fraktion derjenigen, die glauben, alles, was der Hund tut, mit dem Wolf als Vorfahren erklären zu können. Dementsprechend leiten sie aus dem Verhalten der Wölfe Anleitungen und Empfehlungen für den Umgang mit dem Hund ab. Das wäre ungefähr so, wie wenn Sie einen Schimpansen-Forscher als alleinigen Berater für die Erziehung Ihrer Kinder bis mindestens zum Abschluss der Jugendentwicklung (also bis zum 20. Lebensjahr) heranziehen wollten. Auf der anderen Seite finden sich Leute, die aus dem Vergleich zwischen Hund und Wolf stets nur das Negative ablesen. Sie stellen unsere Haushunde mehr oder weniger unverblümt als degenerierte Couchwölfe dar, die nur mit menschlicher Unterstützung und in unserer menschlich-zivilisierten Gesellschaft eine Überlebenschance haben. Beide Standpunkte sind, wie wir im Folgenden sehen werden, nicht angebracht.
Kurt Kotrschal (2018) hat in einem Übersichtsartikel die neueren Befunde seiner Wiener Arbeitsgruppe zusammengefasst. Wie sich Hunde aus einem gemeinsamen Wolfsvorfahren entwickelt haben und wie unsere heutigen Hunde für die menschlichen Bedarfslagen und Bedürfnisse hilfreich sein können, hat er ausführlich dargelegt. Die wichtigsten Befunde werden auch wir im Folgenden noch aufzeigen. Aber einige allgemeine Trends in der Entwicklung sollten hier schon vorab beschrieben werden.

SOZIALSYSTEM: MENSCH, WOLF UND HUND

Letztlich stammen beide, der Wolf und der Frühmensch, aus geschlossenen, mehr oder weniger familienartig strukturierten kleinen Gruppen. Freundlichkeit nach innen, also gegenüber den eigenen Gruppenmitgliedern, und Ablehnung, bisweilen sogar aggressive, nach außen, also gegen rivalisierende Gruppen von Artgenossen, waren gleichermaßen von der Selektion bevorzugt. Wir Menschen müssen diese, in die moderne globalisierte Welt nicht mehr passende Ablehnung von Fremden überwiegend durch kognitive Leistungen, also durch besseres Nachdenken und den

Einsatz unserer, zumindest manchmal vorhandenen geistigen Fähigkeiten überwinden. Hunde sollten gegen diese, nach außen gerichtete, Ablehnung und Neophobie durch gezielte selektive Zucht besser geschützt werden. Dass dies funktioniert, zeigen Schlitten- und viele Jagdhunde, ganz besonders die traditionell für die Meutejagd eingesetzten Rassen.

ZUWENDUNG ZUM MENSCHEN

Ansonsten wurden Hunde zunächst auf Freundlichkeit gegenüber dem Menschen selektiert. In vielen Bereichen hat sich durch den Domestikationsprozess eine starke Zuwendung zum Menschen, Respekt gegenüber der menschlichen Führungsfunktion und eine hervorragende Begabung sowohl zum Lesen und Empfangen als auch zum Senden von soziopositiven und sozial unterstützenden Verhaltensweisen gegenüber Menschen entwickelt. **Hunde respektieren dementsprechend soziale Hierarchien stärker, sind aber auch mehr von menschlicher Unterstützung abhängig (auch im Sozialen) und besitzen eine bessere Impulskontrolle.** Die Kommunikation wird stärker durch ein modifiziertes Bellverhalten mit dem Menschen aufrechterhalten. Sie können menschenähnlich denken, menschliche Perspektiven einnehmen und uns damit auch austricksen. Einen gewissen Sinn für Fairness haben sie mit Wölfen und Menschen gemeinsam.

NICHT DIE JAGD IST ENTSCHEIDEND …

Ob es um die Ernährung des Hundes geht, um die sogenannte Alpha-Position, allgemein die Rangordnung, oder um die Frage des Jagdverhaltens als sozialer Klebstoff bei der Gruppenbildung – ständig wird der Wolf als Grundlage zitiert. Diese Bezugnahme ist jedoch nur noch bedingt berechtigt.

Zum einen beruhen viele der Vorstellungen über „das, was Wölfe so tun" schlichtweg auf veralteten und unter beengten Gehegebedingungen erhobenen Daten. Freilandstudien an Wölfen, in verschiedenen Teilen der Welt, haben ganz andere Zustände gezeigt, z. B. eine vernetzte Familienstruktur anstelle einer linearen Rangordnung (Bloch und Radinger, 2011).

Auch, dass die Gruppenjagd die wichtigste Voraussetzung für ein funktionierendes Sozialsystem bei Wölfen wäre, ist nach neueren Erkenntnissen nicht haltbar. Entsprechend muss die oft empfohlene „symbolische Jagd" mit dem Hund als Bindungskatalysator kritisch hinterfragt werden. **Nicht die gemeinsame Jagd, sondern die gemeinsame Verteidigung von Ressourcen (speziell Revier und Nahrungsquellen) ist es, die den sozialen Zusammenschluss von Hundeartigen zu Gruppen oder manchmal auch zu Rudeln fördern.** Näheres hierzu hat David MacDonald in seiner Ressourcen-Verteidigungs-Hypothese dargelegt (MacDonald, 2006).

> *»Durch ihre Flexibilität, soziale Zuneigung, Anpassungs- und Antwortfähigkeit sind Hunde die Stars unter allen nicht-menschlichen Kumpanen.«*
>
> *Kurt Kotrschal*

Der interne Gruppenzusammenhalt wird durch soziale Interaktion bestärkt.

VERÄNDERUNGEN IM ERBGUT

Neueste Erkenntnissen der Hirnforschung zeigen, dass sich die Gehirne der Vorfahren der Hundeartigen bereits zu einer Zeit weiterentwickelt haben, in der höchstwahrscheinlich noch keine Gruppenjagd in offenen Grasländern möglich war. Stattdessen wird vermutet, dass der entscheidende Anstoß für die Vergrößerung der sozial-relevanten Teile im Gehirn der Hundeartigen durch die Ausbildung von Bindungen und komplizierten sozialen Beziehungen erfolgte (Marshall-Pescini und Kaminski, 2014). Eine vergleichende Untersuchung des Erbgutes von Wölfen und Haushunden, mit modernen, molekularbiologischen Methoden zeigte, dass es eine ganze Reihe von Veränderungen im Erbgut und in der Genstruktur zwischen Wolf und Haushund gibt (Axelson, 2013; Arendt, 2014, Freedman et al., 2014). Diese betreffen zum einen eine Reihe von Genen, die mit sozialen Funktionen im Gehirn befasst sind. **Molekulargenetische Untersuchungen der letzten Jahre zeigen, dass gerade das Sozialverhalten der Hunde, speziell in Bezug auf den Menschen, eine recht hohe Erblichkeit aufweist.** Llarson et al. (2015) zeigen eine starke, genetisch-erblich bedingte Varianz des Verhaltens zum Menschen, z. B. bezüglich der Fähigkeit zum Außenkontakt. Gitta Gnanadesikan et al. (2020) zeigen eine hohe Erblichkeit insbesondere der Impuls- und Selbstkontrolle sowie der Kommunikation mit dem Menschen zwischen verschiedenen Hunden. Evan MacLean und sein Team (2019) belegen im Einzelnen, wie sich genetische Einflüsse auf Rezeptoren, Bindungsstellen und Botenstoffe im Gehirn, die Verknüpfungen verschiedener Gehirnregionen etc. im Lauf der Domestikation des Haushundes verändert haben (Näheres siehe Gansloßer et al., 2021). Untersuchungen bestätigen auch, dass gerade die Hund-Mensch-Kommunikationsfähigkeit bei Welpen bereits sehr früh einsetzt und wohl mehr durch genetische als durch Sozialisationseffekte ausgelöst wird (Bray et al., 2021; Gnanadesikan et al., 2020; MacLean et al., 2019; Dutrow et al., 2022).
In ähnliche Richtungen gehen genetische Untersuchungen von Amanda Pendleton und ihrem Team (2018), die durch einen Vergleich des Erbguts von sogenannten Dorfhunden und Wölfen deutlich zeigen kann,

wie sich die Veränderungen, insbesondere in der frühen Embryonalentwicklung, ergeben haben und dadurch z. B. zu größerer Zahmheit, aber auch zu den wichtigsten körperbaulichen Veränderungen (kürzerer Kieferapparat, schlafferes Bindegewebe etc.) führten.

VERÄNDERTES HORMONSYSTEM

Gwendolyn Wirobski und ihr Team (2021b) untersuchten das Hormonsystem zwischen Hunden und Wölfen und konnten höhere Kortisol- aber auch höhere Oxytocinkonzentrationen bei Haushunden gegenüber Wölfen feststellen. Insbesondere männliche Hunde hatten interessanterweise höhere Oxytocinkonzentrationen als männliche Wölfe. In diesem Fall handelte es sich u. a. auch um Hunde, die in der Wiener Arbeitsgruppe vergleichbar den Wölfen aufgezogen und gehalten worden sind. Dementsprechend konnte sich nachweisen lassen, dass bei Familienhunden, die im engeren sozialen Kontakt mit dem Menschen gehalten wurden, die Oxytocinwerte deutlich erhöht waren (Wirobski et al., 2021a).
Andererseits änderte sich im Lauf der Individualentwicklung von Haushunden und Wölfen die Reihenfolge der Entwicklungen im Zahn-, Skelett- und auch Sexualsystem nicht auffallend (Geiger et al., 2016). Der Domestikationsprozess und/oder die Rassebildung hatten also auf den Ablauf der Individualentwicklung im anatomisch-physiologischen Bereich weniger Auswirkungen. Jedoch fanden auch sie, dass die Varianz innerhalb der Haushunde größer war als innerhalb der Wölfe.

KOHLENHYDRATE IN DER HUNDENAHRUNG

Zum anderen betreffen die Änderungen aber auch Genabschnitte, die für die Produktion von Stärke spaltenden Verdauungsenzymen notwendig sind. Das Amylasegen, das Stärke spaltende Verdauungssäfte produzieren lässt, ist auf dem Weg vom Wolf zum Haushund vermehrt worden. Mehrere Kopien des Amylasegens ermöglichen es dem Hund, Stärke spaltende Verdauungssäfte in größeren Konzentrationen herzustellen, als Wölfe dies tun.
Damit ist belegt, dass Kohlenhydrate in der Nahrung von Haushunden bereits seit sehr langer Zeit vorhanden sind. Es handelt sich also keineswegs um die finsteren Machenschaften der Futtermittelindustrie, sondern Hunde sind als Müllräumer und Abfallbeseitiger entstanden (siehe Coppinger und Coppinger, 2001). Dies bedeutet natürlich nicht, dass man seinen Hund ausschließlich mit Müll und Abfällen ernähren sollte.
Aber der Aufstand und Aufwand, der in bestimmten Kreisen von Hundehaltern wegen der Ernährung des Hundes und speziell der angeblich biologisch artgerechten Fütterung mit rohem Fleisch betrieben wird, ist nicht mehr fundiert. Innerhalb der Haushunde liegen rasse- und individuenabhängig große Unterschiede in der Kopienzahl des genannten Amylasegens vor (Arendt et al., 2014; Freedman et al., 2014). Im Gegensatz zum Menschen, bei dem diese unterschiedlichen Kopienzahlen auch vorkommen, gibt es bei Hunden aber keinen Zusammenhang mit der Wahrscheinlichkeit des Auftretens von Diabetes mellitus, weder rasse- noch individuentypisch. Besonders bemerkenswert sind in diesem Zusammenhang die neueren genetischen Untersuchungen an verschiedenen japanischen Hunderassen, z. B. dem Akita Inu, dem Shiba Inu und dem japanischen „Urhund" Jomon Shiba. Auch diese Hunde besitzen in unterschiedlicher Weise die Fähigkeit zur Kohlenhydrat-, insbesondere Stärkeverdauung. Mithilfe molekulargenetischer Zeitbestimmungen ließ sich nachweisen, dass jede dieser Hunderassen die Fähigkeit zur Stärkeverdauung ungefähr zur gleichen Zeit im Erbgut erhielt, in dem in der betreffenden Gegend die Menschen auch den Reisanbau etabliert haben.

KOOPERATIONS-FÄHIGKEIT

Gerade die Vergleichsuntersuchungen, auch zwischen Wölfen und unterschiedlich stark auf den Menschen bezogene Streunerhundpopulationen zeigen, dass nicht nur die Auswirkungen der Domestikation, also der stärkeren Menschbezogenheit, sondern auch die unterschiedlichen Nahrungsnischen und Raumnutzungsmuster zwischen den genannten Arten berücksichtigt werden müssen (Marshall-Pescini et al., 2017 a, b, c). Die höhere Risikobereitschaft von Hunden, die der Tendenz zur Neophobie bei Wölfen (Ablehnung von neuartigen Situationen) gegenüberstehen sowie die geänderte Kooperationsbereitschaft von Hunden mit Artgenossen, waren letzten Endes auch in Abhängigkeit von den geänderten Nahrungsnischen schon bedeutsam. Hunde ernähren sich durch Aufsuchen verstreut liegender Nahrungsreste und da ergibt es einfach wenig Sinn, mit der ganzen Familie auf Kekskrümelsuche zu gehen. Noch heute ziehen Streunerhunde tagsüber oftmals allein oder zu zweit auf der Suche nach Futter umher und treffen sich erst nach „Feierabend" wieder an den Rendezvousplätzen der Gruppe. Als Wolfsfamilie hat die gemeinsame Jagd auf große Beutetiere dagegen sehr viel Sinn, um alle satt zu bekommen – und entsprechend ist bis heute die Kooperationsfähigkeit mit anderen Wölfen viel höher als unter Hunden.

Straßenhunde gehen tagsüber meist allein oder zu zweit auf Futtersuche.

ZUSAMMENARBEIT MIT DEM MENSCHEN UND ANDEREN HUNDEN

Verschiedene Forscher haben diese unterschiedliche Kooperationsfähigkeit in unterschiedlichen Studien untersucht und feststellen können, dass Wölfe und Hunde gleich gut mit Menschen zusammenarbeiten, wenn es darum geht, sich zu koordinieren: z. B. beim Ziehen an einem Seil, um an Futter zu gelangen, das auf einem beweglichen Brett liegt und nur gemeinsam bewegt werden kann (Range et al., 2019). Sollten Hunde jedoch die Aufgabe mit einem Artgenossen lösen, scheiterten sie – im Gegensatz zu den parallel getesteten Wölfen (Marshall-Pescini et al., 2017). Dieses Ergebnis interpretieren die Wiener Forscherinnen mit der Annahme, dass für Hunde durch das enge Zusammenleben mit dem Menschen der Artgenosse vermehrt zum Futterkonkurrenten geworden sei. Dass dies wiederum nicht für alle Testsituationen gilt, konnte das Team um Juliane Bräuer nachweisen, die Hunde in einem anderen „sozialen Dilemma" testeten. Hier sollten die Hunde eine Tür betätigen und mussten sich dafür vom Futter wegbewegen, woraufhin die „Helfer-Hunde" erst zeitverzögert zum Futter kamen, während sich ihre Kumpels bereits bedienen konnten. Hier kooperierten die Hunde – und zwar umso besser, je enger die Beziehung zwischen den beiden Testhunden war (Bräuer et al., 2019). Auch in einer anderen Studie „spendeten" Hunde einem Artgenossen Futter – und zwar umso mehr, je besser die beiden befreundet waren (Dale et al., 2016).

Die Anpassung an die Lebensweise bei den Menschen als Dorfhunde, und nicht nur die Anpassung an die Lebensweise mit den Menschen als Familienhunde, konnte also durchaus einige der Veränderungen zwischen Wolf und Protohund bewirken. Es wurden zwar weniger Unterschiede in der Nahrungsbevorzugung zwischen handaufgezogenen Wölfen und vergleichbar gehaltenen Hunden gefunden, die Unterschiede waren jedoch bei Wölfen sehr viel mehr vom Sättigungs- oder Hungerzustand abhängig als bei den Haushunden (Akshay Rao et al., 2018). Auch das kann als Hinweis gelten, dass Haushunde eben doch an eine gleichmäßigere Anwesenheit von Nahrung in ihrem Lebensraum angepasst sind.

Selbst in ganz basalen Aspekten der Physiologie, z. B. Unterschiede in der Herz-Kreislauf-Physiologie zwischen Wach- und Ruhezustand, oder Abhängigkeit der Herz-Kreislauf-Physiologie, der Pulsrate etc. von der An- oder Abwesenheit zweibeiniger oder vierbeiniger Sozialpartner, unterscheiden sich die beiden deutlich. Auch hier lässt sich als insgesamt zusammenfassende Erkenntnis ableiten, dass Haushunde zwar einerseits weniger entspannt ruhen als Wölfe, andererseits aber in Anwesenheit eines Menschen dies wesentlich besser tun können (Jean-Joseph et al., 2020; Kortekaas und Kotrschal, 2019).

KONFLIKTFÄHIGKEIT

Hunde scheinen mehr darauf aus zu sein, Konflikte zu vermeiden, auch nach einer sozialen Auseinandersetzung ist bei Hunden mehr Meideverhalten, bei Wölfen mehr Versöhnungsverhalten erkennbar. Hunde sind eher bereit, Regeln zu befolgen, insbesondere mit ranghöheren Artgenossen und ranghöheren Menschen, und sind dadurch besser in der Lage, sich in eine soziale Situation einzupassen (Range und Marshall-Pescini, 2022).

Die Domestikation des Haushundes wird also am besten als Anpassung an eine neue, von Menschen beherrschte ökologische Nische gesehen, wobei der Selektionsdruck

Hunde müssen deeskalierende Verhaltensweisen …

… zeigen und stetig verbessern lernen, damit …

… Konflikte untereinander ohne Beschädigung gelöst werden können.

zum Teil vom Menschen direkt, zum Teil durch die vom Menschen geschaffenen Umweltfaktoren (Ernährung) ausging.

AGGRESSIVITÄT GEGENÜBER ARTGENOSSEN

Anhand einer Datenzusammenstellung über verwilderte oder anderweitig weitgehend menschenunabhängig lebende Haushunde konnte gezeigt werden, dass die Aggressivität im Umgang mit unbekannten Artgenossen bei Haushunden wesentlich geringer scheint als bei Wölfen (Bradshaw, 2011). Gerade in der Begegnung mit fremden Artgenossen, auch Reviernachbarn oder „Durchreisenden", findet sich im Gegensatz zum Wolf bei verwilderten oder anderweitig selbstständig lebenden Haushunden kaum eine Beschreibung über wirklich schwere bis tödliche Verletzungen. Meist geht man eher freundlich miteinander um, imponiert vielleicht etwas, und geht dann nach kurzem Informationsaustausch wieder seiner Wege. Auch im Innergruppenzusammenhang sind Haushunde in der Regel weniger aggressiv (Bradshaw, 2011).
Hier gibt es durchaus gegensätzliche Auffassungen, etwa zusammengefasst von Kaminski und Marshall-Pescini (2014). Diese beschreiben unter anderem Befunde zur aggressiven Kommunikation, z. B. aus der Arbeitsgruppe von Feddersen-Petersen (2008), wonach Haushunde gröber aggressiv kommunizieren als Wölfe das tun. Jedoch sind eine Vergröberung des aggressiven Kommunikationsrepertoires, und evtl. auch eine schnellere Eskalationsbereitschaft in der aggressiven Kommunikation, nicht unbedingt gleichbedeutend mit dem „Wunsch", den Artgenossen endgültig und in drastischer Art und Weise zu entsorgen. Die Befunde beider genannten Zusammenstellungen müssen nicht unbedingt widersprüchlich sein.

Gemeinsam viel erleben, stärkt das Zusammengehörigkeitsgefühl.

KOMMUNIKATIONS-FÄHIGKEIT MIT DEM MENSCHEN

Wichtige Unterschiede auf dem Weg vom Wolf zum Hund betreffen zum einen die Kommunikationsfähigkeit mit dem Menschen. Die Fähigkeit zum Verfolgen von Blickkontakt und Zeigegesten (siehe S. 83) entsteht beim Haushund wesentlich früher, auch wenn Wölfe in jüngster Zeit dieses Verhalten unter identischen Versuchsbedingungen ebenfalls zeigten. Augenkontakt wird von Wölfen auf jeden Fall weniger hergestellt als von Haushunden. Wölfe sind scheuer gegenüber unbekannten Menschen, auch wenn sie handaufgezogen sind, und sie passen sich weniger schnell an geändertes menschliches Ausdrucksverhalten an. Wird ein Haushund von einem Fremden in einem Versuch bedroht und der Mensch geht dann zu einer freundlichen Begrüßung über, sind Haushunde sehr schnell bereit, diesen Verhaltenswechsel mitzumachen. Wölfe, auch handaufgezogene, sind in diesem Fall sehr viel starrer in ihrer Reaktion. Sie generalisieren offensichtlich auch Menschen als Typ nicht so schnell, wie Haushunde dies tun. In Testsituationen suchen Hunde bei unlösbaren oder schwierigeren Problemen sehr viel schneller die Hilfe des Menschen, Wölfe tun dies kaum. Und auch die Fähigkeiten zur Ausbildung von individuellen und emotionalen Bindungen gegenüber dem Menschen sind beim Haushund wesentlich besser ausgebildet (siehe S. 86 ff.).

HUNDE KÖNNEN MENSCHEN LESEN

Hunde bringen offensichtlich eine Reihe von Voraussetzungen mit, um sehr schnell und angepasst in sozialen Situationen mit dem Menschen zu agieren (Bräuer, 2014; Viranyi und Range, 2014).

— Sie sind sehr aufmerksam und interessieren sich ständig dafür, was Menschen so tun.
— Sie haben eine sehr gute Lernfähigkeit, sind flexibel und können schnell Verknüpfungen herstellen und auch in der bekannten menschlichen Umgebung sehr schnell verallgemeinern.
— Sie können feine und unauffällige Hinweise des menschlichen Verhaltens, z. B. den Augenkontakt, sehr gut lesen und interpretieren.
— Sie haben mit verschiedenen Kommunikationssituationen viel Erfahrung.
— Sie können das Verhalten eines Menschen in völlig neuen Situationen nicht unbedingt vorhersagen, aber in einer bekannten Situation sehr gut verallgemeinern, was der Mensch in ähnlichen Situationen getan hätte.
— Sie wissen, wann Kommunikation für sie beabsichtigt ist, etwa, wenn man sie vorher anspricht oder Blickkontakt herstellt.
— Sie verstehen die Absicht des Menschen auch in neuen Zusammenhängen. Sie verstehen also viel von Menschen und sind sehr erfolgreich darin, soziale Probleme in der menschlichen Umgebung zu lösen.
— Sie können aus ihrem Blickwinkel heraus vorhersagen, wie sich der Mensch wohl verhalten würde.

Doch weder Wölfe noch Hunde, als Gruppe bzw. Art betrachtet, sind in der Lage, egoistische von altruistischen Menschen aus der Beobachtung von Mensch-Mensch-Interaktionen zuverlässig abzulesen (Jim et al., 2022). Wölfe scheinen in dieser Situation jedoch aufmerksamer zu sein, als die Hunde es waren. In anderen Studien waren Hunde wiederum in der Lage, durch vorherige Beobachtung einer Interaktion zwischen Menschen großzügige von geizigen Menschen zu unterscheiden und holten sich Futter beim spendablen Spender ab (Marshall-Pescini, 2011). Dies taten die Hunde sogar selbst dann, wenn das Futter der freigiebigen Person nur aus einem trockenen Leckerchen bestand und nicht aus einem wohlriechenden Wurststückchen, das bei der geizigen Person zu sehen war (Bray et al., 2013).

Fast mapping

Ebenfalls beeindruckend ist die Fähigkeit der Verknüpfung von menschlichen Worten mit Objekten und deren Bedeutung, die als „fast mapping“, als schnelle Verknüpfung im Gehirn, bezeichnet wird. Legt man einem Hund eine Reihe von bekannten Gegenständen vor, und dazu einen, den er nicht kennt, und beauftragt ihn dann, mit einem gesprochenen Signal „Nimm das Nashorn“ (Nashorn ist der unbekannte Gegenstand und das Wort Nashorn kennt er bislang nicht), haben die getesteten Hunde das unbekannte Objekt geholt. Sie haben also die Verknüpfung zwischen dem Gegenstand und dem unbekannten Wort im Signal selbstständig hergestellt (Kaminski, 1998). Sogar generalisieren können Hunde, also von der Form eines Objektes auf seine Bezeichnung schließen. In der Studie waren die Hunde in der Lage, Kategorien spontan zu bilden und z. B. eine ihnen bis dahin unbekannte Frisbeescheibe zu apportieren, wenn dies die einzige Frisbee in einer Ansammlung von anderen neuen Spielzeugen weiterer Kategorien war (Fugazza und Miklosi, 2020).

»Auch wenn Hunde nicht unbedingt unsere Gedanken lesen können, so sind sie doch sehr gut darin, unser Verhalten zu verstehen.«

KOOPERATION MENSCH – HUND

Zusammenfassend kann man feststellen, dass Haushunde dem Menschen gegenüber weniger nachtragend sind, sie haben eine größere Fehlertoleranz und sind auch schneller bereit, sich auf Verhaltensänderungen des Menschen einzustellen (Kotrschal et al., 2014). Zugleich erklärt diese hohe Fehlertoleranz des Haushundes evtl. auch, warum selbst Menschen mit sozialen Problemen und Fehlverhalten in der Erziehung oft (nicht immer!) gute Beziehungen zu Hunden entwickeln können. Wölfe, mit denen es sich ein individueller Mensch einmal verdorben hat, kooperieren mit diesem nicht mehr oder erst nach sehr langer Zeit. Dies gilt auch für handaufgezogene Wölfe. Ebenso betont Kotrschal, dass Wölfe, wenn sie mit dem Menschen kooperieren, in der Regel eine Absicht dahinter verfolgen. Hunde dagegen tun es, um dem Menschen zu gefallen. Sie haben einfach Spaß daran, etwas für den Menschen zu tun und mit ihm zu kooperieren. Belohnungen (egal welcher Art) sind für sie in diesem Zusammenhang ganz sekundär. Bereits seit etlichen Jahren zeigt sich immer wieder, dass Hunde, auch und gerade sogenannte Streuner- oder Straßenhunde, ein starkes Bedürfnis nach Sozialkontakt zum Menschen haben. Im Zweifelsfall beachten sie einen freundlichen, sozial begrüßenden und umwerbenden Menschen stärker als einen, der mit Futter daherkommt. Im Gegensatz zu Streunerhunden tun dies Familienhunde ganz besonders in der bekannten Umgebung, also im häuslichen familiären Umfeld (Bhattacharjee et al., 2017; Lazzaroni et al., 2020).

HUNDE SIND KEINE EGOISTEN!

Gerade diese Aussage, dass Hunde mit dem Menschen kooperieren, weil es ihnen Spaß macht, uns zu gefallen, steht im Widerspruch zu sehr vielen, immer noch lautstark vertretenen Trainermeinungen. Dort wird der Hund häufig als gnadenloser Egoist dargestellt, der nur dann etwas tut, wenn er dafür etwas bekommt. Auch das ist ein Teil des wölfisch gefärbten Bildes, das für Haushunde nicht, für Wölfe in ihrer Beziehung zum Menschen aber gilt. Egoismus und Kooperation sind übrigens keine Widersprüche, denn Beziehungen sind auch funktional und haben einen Nutzen für uns, S. 87 ff.

Der Bezug auf den Wolf als Stammvater führt nur unter wenigen Bedingungen wirklich zu einer sinnvollen Art des Umgangs mit dem Hund.

Wenn überhaupt, dann sollte man sich die Hundeartigen allgemein als Erklärungsmodell oder „Blaupause" für Hundeverhalten vornehmen, z. B. im Zusammenhang mit bei ihnen auftretenden Formen von sozialen Beziehungen (siehe S. 89 ff.). Ansonsten aber wird man mit einer auf den Haushund abgestimmten, möglichst auch noch nach seinem individuellen Typ, seiner Persönlichkeit, seiner Rasse ausgerichteten Form des Umgangs wesentlich mehr erzielen. Die Grenzen des Schimpansenforschers in der Kindererziehung sind sehr schnell erreicht. Babys und Kleinkinder werden oft durch die Ratschläge von Kinderpsychologen wesentlich schlechter behandelt, als dies durch die Ratschläge von Schimpansenforschern geschehen würde. Sobald das Kind anfängt zu sprechen, wird jedoch eine andere Form des Umgangs mit ihm sinnvoll sein. Auch beim Hund sind zwar die grundlegenden Bedürfnisse nach Nähe und Zugehörigkeit zu einer Gruppe, vor allem im Welpen- und jungen Junghundestadium, der des Wolfes und anderer Wildkaniden sehr ähnlich. Doch je mehr der Hund in unsere Familie hineinwächst, je differenzierter die Sozialisation wird, desto mehr wird er zum Hund, und desto weniger können wir rein mit Bezug auf sein wölfisches Erbe noch erreichen. Doch um zu verstehen, was sich heranwachsende Hunde von uns Menschen wünschen würden, folgt ein Blick in die Kinderstube der Hundeartigen.

AUS DER PRAXIS: ZUHÖREN UND DARAUS SCHLÜSSE ZIEHEN

Hunde sind feinsinnige Beobachter. Studien belegen, dass sie viel Zeit ihres Lebens darauf verwenden, uns im Alltag zu beobachten, und daraus viel lernen über uns als Individuen, unsere Stärken, Schwächen und Gewohnheiten. Sie wissen schnell, wie leicht wir zu manipulieren sind, und können nach einer bestimmten Zeit an unserem Verhalten ablesen, was wir als Nächstes tun werden.

Versuch

Untersucht hat diese besondere Fähigkeit des Hundes z. B. die amerikanische Verhaltensforscherin Sharon Smith. Für ihre Studie „Pet Dogs as Family Members: an Ethological Study" hat sie 10 Familien für je 20–30 Stunden besucht und sich zu ihnen ins Wohnzimmer gesetzt. Sie verhielt sich passiv und beobachtete das Interaktionsverhalten der Menschen mit dem Hund.

Ergebnis

Die Hunde waren die meiste Zeit damit beschäftigt, aktiv zu beobachten. Dadurch waren sie in der Lage, das Verhalten und die Stimmung der Familie zu interpretieren und angemessen mit eigenem Verhalten darauf zu reagieren. Dieses Beobachten geht so weit, dass Hunde lernen, Alltagsgeräusche oder häufig gesprochene Sätze bestimmten Situationen zuzuordnen.

Sprachgenie Hund

In der Abschlussarbeit „Lebensbegleiter Hund. Motivation zur Hundehaltung" hatte sie mit verschiedenen Hundehaltern Interviews geführt und dadurch viel über die Beziehung und Bindung der Menschen zu ihren Hunden erfahren. Eine Dame erzählte ihr, dass ihre Pinscher-Mix-Hündin Lisa ein Sprachgenie sei: Sie müsse sich ständig neue Floskeln zum Verabreden mit Freundinnen einfallen lassen, wenn sie telefoniere. So würde der Hund bei Verabredungsformeln wie „bis gleich" sofort zur Tür rennen und auf Besuch warten oder darauf, dass sie die Leine zum Ausgehen vom Haken nimmt. Der Hund sei dann „sehr nervig und schwer zu ertragen", bis zu dem Moment, in dem der Besuch kommt oder das Haus verlassen wird. Die Dame war sich sicher, dass die Hündin anhand der Stimmen am Telefon sogar unterscheiden konnte, wer kommt – bei beliebten Menschen war ihre Vorfreude viel größer als bei Personen, die bei ihr nicht so beliebt waren. Während der Essenszeit gab es die Regel, dass der Hund außerhalb der Küche zu warten hatte. Der Pinscher-Mix konnte schon als Jungspund anhand der Kratzgeräusche der Gabel auf dem Teller hören, wann die Mahlzeit beendet war – und guckte immer pünktlich zum Essensende um die Ecke des Türrahmens.

Verstärkung im Alter

Da der Mischling im Alter erblindete, verschärfte sich ihr ausgezeichneter Hörsinn weiter. Die Dame war tief beeindruckt, wie treffsicher die Hündin Informationen aus Alltagsgeräuschen wahrnehmen konnte. So reichte z. B. der Gedanke ans Zubettgehen aus – anscheinend verbunden mit einer typischen Bewegung im Fernsehsessel – und die alte Hündin marschierte voraus ins Schlafzimmer und legte sich in ihr Körbchen. Stimmungsübertragung von Mensch zu Hund kann nicht nur durch Sprache oder Gestik geschehen. Auch Mimik und Geruch helfen dem Hund.

AUS DER FORSCHUNG

NIEDLICHES AUSSEHEN UND ZAHMES WESEN

Veränderungen, die sich im Aussehen, Verhalten und Ernährungsvorlieben zeigen, werden durch Gene verursacht, die sich im Zuge der Haustierwerdung, also im Zusammenleben mit uns, als vorteilhaft erwiesen haben. Besonders betroffen von diesen Veränderungen sind Gene, die an der Regulation der embryonalen Entwicklung der **Neuralleistenzellen** beteiligt sind (Pendleton et al., 2018). Diese gehören zu einer Gruppe von Zellen, die im Körper unterschiedliche Gewebe aufbauen, z. B. Kopfknochenform, Ohrform, Zahnstellung, Fellfärbung, sowie Bereiche des Gehirns, die für emotionale Reaktionen auf Stress wichtige Funktionen übernehmen (Wilkins et al., 2014). Im Zuge der Domestikation gab es ziemlich sicher einige entscheidende, für Hunde vorteilhafte Mutationen in den Genen, die für die Ausbildung dieser Neuralleistenzellen zuständig sind. Dadurch konnten sich alle optischen Merkmale unserer Hunde ausbilden, die sie von Wölfen deutlich unterscheiden. Hunde sehen durch eine verkürzte Schnauze und eine veränderte Ohrenstellung oder -form „niedlich" aus, sie haben braune und weiße Flecken im Fell und manchmal eine lustige Ringelrute. Alles Merkmale, die der Wolf für sein Leben unter Wölfen in der Wildnis überhaupt nicht braucht.

Oxytocin Rezeptorgen-Polymorphismus bedingt Aufgeschlossenheit, Kooperations- und Lernfreude.

AUSWIRKUNG AUF DAS VERHALTEN

Gekoppelt mit den „phänotypischen" Veränderungen traten veränderte Verhaltensweisen auf, die es Hunden ermöglichen mithilfe etwas Erziehung mit uns in den Fernzug zu steigen, Müllwagen nicht unheimlich zu finden oder ihre sehbehinderten Menschen sicher durch den Straßenverkehr zu lotsen (Wilkins et al., 2014). Dieses Phänomen konnte bereits bei den sogenannten „Silberfuchsstudien" gefunden werden. Als der russische Zoologe Dmitry Belayev Mitte der 50-er Jahre damit begann, Füchse aus russischen Zuchtfarmen nach Zahmheit zu selektieren, entwickelten deren Nachkommen neben einer noch größeren Vertraulichkeit mit dem Menschen auch ein verändertes Aussehen wie mehrfarbiges Fell, Kippohren und Ringelruten (Belayev, 1985). Brian Hare konnte in weiteren Studien mit diesen „domestizierten" Füchsen auch eine erhöhte Kooperationsbereitschaft mit Menschen feststellen (Hare et al., 2005). Hunde haben im Zuge ihrer über 35 000-jährigen Domestikationsgeschichte an unserer Seite im Vergleich zu ihren wilden Vettern viel weniger Probleme mit neuen Situationen, Menschen oder Artgenossen, haben eine Art Sprachverständnis entwickelt (Andics et al., 2014, 2016), können enorm viel an unserer Seite

Kippohren, Ringelrute und ein geflecktes Fell treten gekoppelt mit Zahmheit auf.

lernen und ziehen, vor die Wahl gestellt, uns als Bindungspartner ihren Artgenossen sogar vor (Gácsi, 2005). Sie sind durch diese von der Domestikation geförderten Wesenseigenschaften in der Lage, sich unseren sehr unterschiedlichen Lebensentwürfen anzupassen und entspannt an unserer Seite zu leben (wenn wir sie entsprechend fördern).

BOTENSTOFF OXYTOCIN

Eine von vielen Studien zur genetischen Veränderung hat sich dabei einen Botenstoff genauer angeschaut, der für das aufgeschlossene Wesen unserer Hunde mitverantwortlich ist: Oxytocin. Kodiert wird dieses „Bindungshormon" vom OXT-Rezeptorgen, das besonders bei Hunderassen einen starken Polymorphismus, also eine Vielgestaltigkeit zeigt. Je größer diese Vielgestaltigkeit ist, könnte man grob übersetzen, desto offener und aufgeschlossener sind die entsprechenden Hunde. Ein genetischer Vergleich dieses Rezeptorgens zwischen 42 Wölfen, 42 indischen Streunerhunden und 700 Familienhunden konnte zeigen, dass es Unterschiede zwischen allen drei Gruppen gab, also auch zwischen den Hunderassen und Mischlingen und den über Generationen auf der Straße lebenden Artgenossen. Aber die größten Differenzen konnten zwischen Wölfen und den beiden Hundegruppen gefunden werden (Bence et al., 2017).

Im Lauf der Domestikation des Haushundes entstand dann auch, nicht zuletzt durch genetische Grundlagen, der Trend zur Hypersozialität, also zu einer durchaus tendenziellen Aufdringlichkeit, bei manchen bisweilen auch als Distanzlosigkeit auffällig.

STREUNER ALS BINDEGLIED ZWISCHEN WOLF UND MODERNEM RASSEHUND

Als Roberto Bonanni vor zwanzig Jahren seine ersten detaillierten Studien an Straßenhundpopulationen aus Italien veröffentlichte, war er ein wenig beachteter, wissenschaftlicher Exot. Heute gilt Bonanni als Vorreiter der Streunerforschung, denn viele Kolleginnen und Kollegen sind nach ihm auf die Müllkippen und Straßen Marokkos, Chiles oder Kanadas gezogen. Überall auf der Welt interessieren sich immer mehr Verhaltensbiologen und -ökologen für das Leben der Streunerhunde. Warum?
Weil Streuner Probleme machen – sie koten überall hin, können Krankheiten verbreiten und sind sehr selten, aber manchmal, gefährlich. Steunerstudien haben deshalb meistens zum Ziel, die potentielle gesundheitliche Gefahr, die von diesen Tieren ausgeht, besser einschätzen zu können. Aber auch Wege zu finden, wie man mit ihnen leben kann – denn Maßnahmen zur Eindämmung der Populationen haben langfristig bislang wenig Erfolg gezeigt (vgl. Kitchenham, 2019). Doch einen wunderbaren Nebeneffekt gab es für uns Hundetrainer, Hundehalter oder Canidenexperten: Nicht nur, dass die Studien zeigen konnten, dass von Streunern keine ernstzunehmenden Gefahren ausgehen. Parallel dazu konnten spannende Daten gewonnen werden zu ihrem Sozialleben, ihrer Ernährumgsweise und Bewegungsradius. Sie zeigen uns, wie Hunde überleben, die sich frei bewegen dürfen und ohne direkten Einfluss von uns Menschen leben. Die sich zwar in unserer Nähe aufhalten und von unseren Abfällen ernähren, aber sich in ihrer Beziehung zu uns in unterschiedlichen Graden von Unabhängigkeiten befinden.

WAS SIND STREUNERHUNDE?

Unterschiedliche Grade von Unabhängigkeit bedeutet, dass es schlicht unmöglich ist, „Streuner" zu definieren – sie verhalten sich sehr unterschiedlich, je nachdem, wie eng sie mit uns zusammenleben. Die Beziehungsintensität zum Menschen bestimmt ihre Lebensweise. Deshalb gibt es unterschiedlichste Lebensformen von Straßenhunden, angefangen mit dem „Halbtagsstreuner", also dem freilaufenden Besitzerhund, der abends mit seinen Menschen auf dem Sofa kuschelt, tagsüber aber machen darf, was er möchte (das Hundeparadies). Andere freilebende Hunde haben Menschenfreunde und Menschenfeinde. Mit ersteren interagieren sie liebevoll und werden täglich mit Futter versorgt, von den andern halten sie sich besser fern. In anderen Gegenden haben besitzerlose Hunde das U-Bahnfahren oder Betteln an Supermärkten für sich entdeckt und durchwühlen nicht mehr (oder nicht mehr nur) die Mülltonnen in Hinterhöfen, sondern nutzen das Betteln, also aktive Herantreten an Menschen als Strategie, um Futter zu suchen (Bhadra et al., 2016, 2). Wilde Hunde halten dagegen immer Abstand zu uns, meist, weil ihre Eltern das schon so gemacht haben. Nach ihnen kommen die verwilderten Hunde, die sofort verschwinden, sobald Menschen irgendwo am Horizont auftauchen.

Es ist nicht möglich, Straßenhunde in eine homogene Gruppe einzuordnen. Man muss immer die Gegebenheiten vor Ort betrachten, unter denen die Hunde leben und die uns ihr jeweiliges Verhalten erklären.

SOZIALE INTERAKTIONEN

Diese unterschiedliche Beziehungsintensität zum Menschen führt wiederum dazu, dass Hunde miteinander sehr unterschiedlich sozial interagieren. Verwilderte Hunde, mit wenig Einfluss von Menschen, fangen wieder damit an, in familiären Gruppen zu leben und gemeinschaftlich Jungtiere aufzuziehen (Paul und Bhadra, 2018). Leben sie menschennah in touristischen Gebieten, gehen sie wiederum nur lose Verbindungen zu Artgenossen ein, weil sie sich lieber an ihren besten Menschenkumpels orientieren. Diese große soziale Flexibilität der Streuner führt dazu, dass sie für Canidenforscher und uns Hunde haltenden Menschen noch aus einem anderen Grund extrem interessant geworden sind. Streuner in ihren unterschiedlichsten Beziehungsformen zum Menschen bilden die Art des Zusammenlebens zwischen Hund und Mensch ab, wie sie wahrscheinlich über Jahrtausende hinweg ausgesehen hat. Also die lange Zeit, bevor Hunde auf unsere Sofas, in unsere Betten und vor allen Dingen in unsere Herzen einziehen durften. Um Hunde zu verstehen, wie sie sich verhalten und was ihnen im Leben wichtig ist, hat es deshalb sehr viel Sinn, Streuner zu studieren.

ZEIT ZUM BEOBACHTEN

Besondere Beachtung verdienen auch die Studien, die uns den eingeschränkten Bewegungsradius der Streunerpopulationen auf der Welt vor Augen führen, denn egal ob in Chile oder in Indien: Straßenhunde, die sich frei bewegen können, zeigen wenig Interesse daran, täglich zu Joggen oder Menschen auf langen Radtouren zu begleiten. Sie bleiben bevorzugt in der Nähe ihres Kernreviers und kehren abends gern zu dem Sammelpunkt auf ihrem Rendevouzplatz zurück, um gemeinsam mit Kumpels oder Familienmitgliedern zu ruhen (Péreza und Guillermo, 2018; Gerencsér, 2013). Eigentlich verschlafen sie mehr als zwei Drittel des Tages und bewegen sich wenn, dann maximal im Trab, sehr selten im Gallopp vorwärts. Kennzeichnend ist eher ein schlendernder bis sehr langsamer Gang von Punkt A zu Punkt B. Oder man nutzt gleich die Metro, wie die Streunerhunde Moskaus dies in den frühen 2000er Jahren taten, bis sie vom hundefeindlichen übereifrigen neuen Bürgermeister der Stadt vertrieben wurden. Natürlich bewegt sich ein Siberian Husky gern viel, er ist ein Langstreckenläufer, gezüchtet zur Freude an der Bewegung in der Gruppe. Der Mops dagegen hat aus gesundheitlichen Gründen oft wenig Interesse daran, sich zu bewegen. Und auch ich (KK) liebe es, im Urlaub auf langen Wanderungen mit meinen Hunden die Gegend zu erkunden. Aber der Durchschnittshund braucht im Alltag nicht so viel Bewegung, wie häufig behauptet wird. Die zwei Stunden Beschäftigung, die uns nahegelegt werden, sollten wir viel besser nutzen, um mit unseren Hunden durch die **Natur oder um Häuserblöcke zu stromern** – und uns Zeit nehmen für Pausen und viel Gucken, um andere zu beobachten. Genau das lieben nämlich die Straßenhunde am allermeisten in ihrer Freizeit und es führt ziemlich wahrscheinlich dazu, dass sie so gelassen werden, wie sie sich den Forscher im Alltag präsentierten. Und damit ganz nebenbei die These widerlegen, es handele sich um eine Bande hochaggressiver, einzelgängerischer Individuen, die ständing miteinander in Beißereien verwickelt seien und eine Bedrohung für die Öffentlichkeit darstellten. All diese hier nur beispielhaft und kurz zusammengefassten Erkenntnisse der Streunerforschung machen uns deutlich, dass der Wolf leider nicht mehr zum Vorbild taugt, um für Erziehungs-, Haltungs- oder Ernährungsfragen für Hundehalter herzuhalten. Viel sinnvoller ist es, den Streuner als Blaupause zu nutzen, wenn wir Hundeverhalten verstehen oder nach pädagogischen Leitfiguren für die Erziehung unserer Hunde suchen.

INDIVIDUAL- UND BINDUNGS-ENTWICKLUNG UNSERER HUNDE

ENTWICKLUNG VOM WELPEN ZUM JUNGHUND

Gerade in den ersten Lebenswochen und Monaten unterscheidet sich die physische und auch soziale Entwicklung eines Haushundewelpen offensichtlich nur wenig von der seiner wilden, nicht domestizierten Verwandten wie Schakal, Kojote oder Wolf.

1. BIS 8. WOCHE

— Spielen, Kontakte, die Welt entdecken

Die ersten Lebenswochen sind für einen Welpen zunächst sehr stark mit häuslicher Umgebung verknüpft. Er verbringt die ersten drei Wochen nur mit der Mutter und den Wurfgeschwistern in der Wurfhöhle. In dieser Zeit wird auch bei wildlebenden oder verwilderten Hundeartigen kein Kontakt anderer Artgenossen durch die Mutter zugelassen. Selbst der Vater legt das Futter nur an der Höhle ab. Im menschlichen Umfeld kann der Züchter, der gewissermaßen die Rolle eines verständnisvollen Großelters hat, auch in dieser Zeit die Welpen besuchen, wiegen und sollte auch sonst mit ihnen Umgang haben. **Eine Hündin, die so etwas nicht zulässt, ist für die Zucht von kompetenten und sozial ausgereiften Familienhunden nicht geeignet.**

KONTAKT ZUR AUSSENWELT

Nach ca. drei Wochen verlassen die Welpen normalerweise die Wurfhöhle. Auch die Zuchthündin wird nun erlauben, dass sie sich bereits im Welpenzimmer, in der Umgebung der Wurfkiste, aufhalten. In dieser Zeit beginnen die ersten Sozialkontakte mit anderen Familienmitgliedern. Bei Wölfen und anderen Wildkaniden, aber auch bei verwilderten Haushunden sind dies der Vater, die Tanten oder andere Mitglieder der Gruppe. Der Aufenthalt ist jedoch immer noch auf die Umgebung der Wurfhöhle beschränkt. Doch nun werden bereits erste Erfahrungen gemacht: Man kann nicht nur mit den Wurfgeschwistern spielen (was bereits in den ersten drei Lebenswochen begann), sondern nun auch erste Umweltreize erkunden. Eine Vergleichsuntersuchung von Sarah Marshall-Pescini und Co-Autorinnen (2017 c) zeigt Unterschiede zwischen Wolfs- und Hundewelpen im Alter von fünf, sechs und acht Wochen. In diesem Alter sind Wölfe bereits beharrlicher bei der Erkundung der Umgebung und neuer Objekte, es zeigte sich jedoch kein Unterschied im furchtbezogenen Verhalten oder im Verhalten nahe bei Menschen. Mit fünf bzw. sechs Wochen waren auch belastungsanzeigende Verhaltensweisen bei beiden gleich, bei Wölfen waren diese jedoch mit acht Wochen deutlich häufiger als bei gleichalten Hunden.

8. BIS 14. WOCHE

— Orts- und erste Menschenbindung

Ab der 8. bis ca. zur 14. Woche leben Kaniden-Welpen auf dem Rendezvousplatz. **Der Rendezvousplatz ist ein besonderes Gebiet im Territorium der Familiengruppe, ein meist geschütztes, und von allen Seiten gut abgeschirmtes Areal.**

Dort kommt gewissermaßen die Welt zu Besuch, die Welpen erleben nun zunehmend immer mehr Neues und Aufregendes. Gleichzeitig beginnt eine Phase intensiver, vor allem auch spielerischer Sozialkontakte mit den Wurfgeschwistern, den Babysittern und anderen Mitgliedern der Familiengruppe. In dieser Zeit wird offensichtlich auch die Persönlichkeitsachse „Geselligkeit" besonders geformt (siehe S. 48). Von Bedeutung ist, dass in dieser Zeit (beginnend mit der 6. bis 8. Woche, bis zur 14. Woche) die wichtigste strukturierende Verhaltenseigenschaft der Welpen eine intensive Ortsbindung ist. Die Welpen sind nun weniger individuell gebunden, sie lassen sich z. B. relativ leicht an neue Menschen gewöhnen. Wichtig ist für sie in dieser Zeit der bevorzugte Aufenthalt an diesem, für sie bekannten und damit auch heimeligen Ort. Dieser gibt ihnen, in Kombination mit freundlichen, verlässlichen Bindungspersonen, Sicherheit.

Sich mit Geschwistern raufen und vertragen lernen, ...

ERKENNEN DER VERWANDTSCHAFT

In Bezug auf die Erkennung der Verwandtschaft hat der britische Hundeforscher Peter Hepper (1992) in seiner Dissertation einige interessante Befunde erhoben. Dazu legte er Hunden Geruchsproben von verwandten und unbekannten Artgenossen vor – und konnte beim mütterlichen Geruch eine deutlich kürzere Erkundungszeit feststellen, was

AUS DER PRAXIS: ZU FRÜH FÜR ERKUNDUNGEN

Golden Retriever-Mischling Fred kam mit 10 Wochen in sein neues Zuhause, in dem sich neben der vierköpfigen Menschenfamilie eine neunjährige Hündin befand. Diese musste natürlich jeden Tag mehrfach ausgeführt werden, und so kam es, dass der Welpe mit zur Gassirunde kommen musste. Die Überforderung des jungen Hundes war deutlich zu spüren: Der ansonsten recht selbstbewusste Rüde wollte in unbekanntem Gebiet, abseits des heimeligen Gartens, sofort auf den Arm genommen werden. Die Aufregung stieg besonders bei den ersten Runden mit jedem Meter, den man sich vom vertrauten Zuhause entfernte. Fred jaulte und drängte sich auf dem Arm eng an seinen Menschen. In gleichem Maß war die Erleichterung bei der Annäherung an das Haus zu spüren. Hier wurde er zappelig, wollte auf den Boden gesetzt werden, rannte das letzte Stück mit fliegenden Ohren zurück zum vertrauten Ort und legte sich jedes Mal mit deutlicher Erleichterung unter einen Fliederbusch, gleich neben der Gartentür.

Dieses „Ritual" wurde in den ersten drei Wochen beibehalten und löste sich dann langsam auf. Anstelle der Unsicherheit außerhalb des eingezäunten Gartens trat bei Fred mit etwa 14 Wochen eine große Neugierde und Erkundungsfreude für alle Abenteuer des Lebens, die von Jenseits des Gartenzauns herüberwehten.

... ist wichtig für die soziale und kognitive Entwicklung.

er als Bekanntheit des Geruchs interpretierte. Dieses Erkennen der Mutter funktionierte bei Hundewelpen sogar bereits dann, wenn sie nur wenige Tage mit ihr zusammen gewesen waren und hinterher von ihr getrennt wurden. Das Erkennen von Geschwistern dagegen funktionierte nur, wenn mindestens drei Welpen bis zur 5. Lebenswoche zusammen waren und soziale Kontakte, insbesondere auch die ersten Spielkontakte hatten. Emely Bray und ihr Team (2020, 2021) verglichen die Entwicklung verschiedener kognitiver Leistungen, Selbstbeherrschung, Umkehrlernen, Arbeitsgedächtnis, aber auch die Verwendung von sozialen Hinweisen, Sinnesunterscheidungen und die Bereitschaft, sich in einer neuen Situation schnell von der ersten Überraschung zu erholen, bei Hundewelpen im Alter von acht bis zehn Wochen bis hin zum Alter von 21 Monaten. Die meisten dieser Fähigkeiten waren auch bei den jungen, acht bis zehnwöchigen Welpen bereits vorhanden, verbesserten sich jedoch deutlich bis zum zweiten Messzeitpunkt mit eindreiviertel Jahren.

ZWEIBEINER IM VISIER

In der Zeit bis zur 14. Woche empfinden Hundewelpen den Menschen allgemein als sozial attraktiv (Miklósi, 2015). Dies gilt allerdings nur, wenn sie unter Familienhundebedingungen aufwachsen, das heißt, ihre Mutter einen entspannten, freundlichen und positiven Umgang mit der menschlichen Familie hat. Dann sind Menschen grundsätzlich erst einmal Sympathieträger. Die Prägungsprozesse, die in der Zeit zwischen der 5. und 12. Lebenswoche stattfinden sollten, zielen darauf ab, dieses Bild „Zwei Beine = Gut“ zu fixieren und möglichst auch auf sehr unterschiedliche Typen von Menschen auszudehnen. Hier muss die Generalisationsfähigkeit der Welpen früh geformt und gefördert werden, am besten, indem sie mit möglichst vielen verschiedenen Menschen in Kontakt kommen. **Zur Erinnerung:** Es gibt bärtige, dürre und lange, sehr beleibte, lebendige oder humpelnde Menschen, manche schieben einen Kinder- oder Gehwagen vor sich her, andere fahren Skateboard. So unterschiedlich diese Menschen auch aussehen mögen, ihnen allen gemein ist, dass sie meist in große Entzückung beim Anblick eines süßen Welpen verfallen. Das ist gut, denn so kann der Welpe ab ungefähr der 10. Woche viele unterschiedliche fremde, aber vor allen Dingen neutrale oder freundliche Zweibeiner kennenlernen und entwickelt keine Scheu vor ausgefallenen Merkmalen. Hier sei nochmals auf die Abhängigkeit der Oxytocin-Reaktion auf vorige Menscherfahrungen hingewiesen (Wierobski et al., 2021).

SOZIALISATION MIT KINDERN

Besonders wichtig ist, dass Hunde auch mit Kindern sozialisiert werden. Menschenkinder riechen anders, bewegen sich anders, klingen anders, und es gibt viele Belege dafür, dass sie offensichtlich nicht automatisch von Hunden auch als Menschen erkannt werden. Daher ist es wichtig, ganz besonders, wenn unser Hund später in eine Familie mit Kindern kommen soll, dass bereits beim Züchter Kinder als positive Sympathieträger vorhanden sind.
Das bedeutet aber nicht, dass zu viele und vor allem unkontrollierte Kontakte mit Kindern vorherrschen. Eine Untersuchung hat gezeigt, dass mehrere Kinder im Haushalt des Züchters einer der Risikofaktoren für das Entstehen von Bewegungsstereotypien wie Schwanzjagen in späterem Alter bei Hunden sind (Tiira, 2013). Ideal ist es, wenn Kinder einfach nur da sind, spielen und sich hin und wieder zu den Welpen setzen. So haben die jungen Hunde die Möglichkeit, „kleine Menschen" kennenzulernen. Hat der Züchter keine eigenen kleinen oder jüngeren Kinder, dann müssen geeignete Nachbars- oder befreundete Kinder eingeladen werden.

AB DER 14. WOCHE

— Bindung an uns und die Welt entdecken

Ungefähr mit Beginn der 14. Woche ändert sich in vielfältiger Weise das Sozialverhalten unseres Hundes. Die Hunde sind gewachsen, sind kräftiger, es beginnt bei wilden Kaniden die Zeit, in der Hundewelpen das Rudel auf der Wanderschaft begleiten. Sie lernen dadurch den Außenbereich des Familienterritoriums kennen und werden von den Rudelmitgliedern langsam in Jagdmethoden, Futtertraditionen und andere, für das kooperative Zusammenleben in der Gruppe wichtige Dinge eingewiesen.
Die Ortsbindung lockert sich, der Rendezvousplatz war gestern. Beim Haushund beginnt nun die Fähigkeit, sich an Menschen individuell zu binden (Topal und Gacsi, 2013). Etwa ab der 16. Lebenswoche sind die ersten Hinweise auf eine solche Bindung nachweisbar. Welche Auswirkungen dies auf das Verhalten unseres Hundes hat, wird später näher dargelegt (siehe S. 150).
Bereits aus diesen einfachen Darstellungen lassen sich jedoch einige sehr wichtige Voraussetzungen für einen später gut sozialisier-, erzieh- und bindbaren Familienhund auflisten.

VORSICHT VOR ÜBERFORDERUNG

Fördern und Fordern in der Welpenzeit sind wichtig, aber es sollte keine Überforderung daraus werden. **Nur, wenn der Welpe selbstständig entscheiden kann, wann und wie viele und welche aufregenden Reize er sich im Augenblick verschaffen möchte, wird er auch den Eindruck haben, sein Leben und sein Schicksal kontrollieren zu können.** Wir Menschen neigen als Primatenart dazu, unsere Lieben immer und überall mit hinzuschleppen, allerdings entspricht dies nicht unbedingt dem Kaniden-

PRÄGUNG

Die Prägung des Hundes erfolgt normalerweise auf beide Arten, den Menschen und den Hund. Daher ist der Umgang mit Menschen und Hunden wichtig, nur dann wird auch ein Lebewesen entstehen, das in der Zukunft mit beiden Arten im Alltag zivilisiert umgehen kann. Auch beim Spielen sind beide, der Mensch und der Hund, gleichermaßen für den Welpen und Junghunde wichtig. Besonders für Welpen gehören zum Spielen in jedem Fall auch gleich oder ähnlich alte Kumpels und nicht nur erfahrene Althunde (siehe S. 74).

Welpen brauchen Gelegenheit und viel Zeit, um die Welt entdecken zu können.

bedürfnis. Da wir jedoch unsere Alltagsgeschäfte trotz Welpe erledigen müssen, sollten wir versuchen, einen Kompromiss zu finden: Ein Ausflug, eine spannende Neuentdeckung – zeitlich kurz gehalten – pro Tag reicht aus. So kann der Hund in den ersten Tagen den Weg zum Park oder die Feldwege rund ums Haus an unserer Seite erkunden und sich hier durch die Wiedererkennung von Tag zu Tag immer sicherer fühlen. Und er kann sich danach von diesen Eindrücken in seinem vertrauten Zuhause erholen. Später kann er an mehreren aufeinanderfolgenden Tagen z. B. lernen, in der sicheren Transportbox im Fußraum des Autos mitzukommen, wenn die Kinder zum Musikunterricht gebracht oder Pakete bei der Post abgeholt werden (Hundebox, siehe S. 170). Die Einladung zum Grillen bei den Nachbarn stellt später eine Herausforderung dar, der erste kurze Ausflug in die Stadt sowieso. Das ruhige Kennenlernen der Welt an unserer Seite, langsam und mit großer Behutsamkeit und ohne den Hund mit zu großer, passiver Reizüberflutung zu belasten, die er nicht selber kontrollieren kann, stärkt die Persönlichkeit, Stressresistenz und Belastbarkeit.

SPIELERISCHES LERNEN

Leider neigen viele Menschen dazu, ihrem kleinen Hund zu früh sehr viel beibringen zu wollen. Tatsächlich lernen Welpen schnell – doch sollte das erste Erziehungsprogramm frei von Ehrgeiz und Druck, sondern spielerisch stattfinden. So lernt ein kleiner Hund am besten „nebenbei" und mit viel Spaß erste kleine Lektionen wie „Aus" oder „Komm". Ungeeignet ist ein Training, das den Welpen zu sehr fordert, ständig die Aufmerksamkeit nur auf den Menschen lenkt und ihm kaum Ruhe und Raum lässt, die Welt auf eigenen Pfoten zu entdecken. Die ersten Lebensmonate sind durch die Sozialisation an unseren Alltag aufregend genug. Wir sollten deshalb unseren Ehrgeiz zügeln und uns auf „Basics" beschränken, um den Hund nicht zu überfordern und damit Hyperaktivität zu fördern.

ABGABEZEITPUNKT DES WELPEN

Wegen der erst spät in der Welpenzeit beginnenden Bindungsfähigkeit, ist auch die Frage des Abgabezeitpunkts der Welpen sehr viel differenzierter zu sehen, als dies leider heute immer dargestellt wird. Aus verhaltensbiologischer Sicht gibt es kaum etwas, das für eine Abgabe von Welpen vor der 10. Woche spricht, aber sehr viel, was gegen eine Abgabe in der 8. oder gar noch früheren Zeit spricht. Solange es möglich ist, die genannte Sozialisierung auf den Menschen, die Prägung auf das soziale Umfeld des Züchters, einschließlich möglichst einer Reihe von ruhigen und mit dem Hund gut umgehenden Kindern im Züchterhaushalt zu ermöglichen, kann der Hundehalter zunächst einmal getrost diese Aufgabe den erfahrenen Profis überlassen.

BETREUUNG DES HUNDEKINDES

Direkt danach sind wir an der Reihe: Ab der Abholung vom Züchter müssen wir uns selbst einbringen in die Beziehungs- und Bindungsentwicklung. Kein Welpe kann allein gelassen werden, deshalb muss ab jetzt immer jemand im Haus sein. Das muss nicht immer die gleiche Person sein, aber die Betreuung des Hundekindes sollte durch vertraute Familienmitglieder erfolgen. Wenn sich die Familie für die erste Zeit mit Hund Urlaub nehmen möchte, dann am besten im Zeitfenster zwischen der 14. bis 17. Lebenswoche, denn hier bauen Hunde enge individuelle Bindungen auf. So kann dieser „Welpen-Urlaub“ für die tiefe Bindung an uns optimal genutzt werden.

AUS DER PRAXIS: STUDENTENLEBEN

Rupert kam in mein Leben (KK), ohne sich vorher angemeldet zu haben. Ich war jung, studierte, jobbte im Tierheim und für eine Zeitung und war viel unterwegs. Rupert musste deshalb von Anfang an überallhin mit, in die U-Bahn, das Studentencafé, auf eine Party, zum Fototermin. Über Stressbelastung für ihn habe ich mir wenig Gedanken gemacht. Wichtig war mir, ihn immer überallhin mitnehmen zu können.

Seine Reaktion: Er hat von Anfang an alles mitgemacht und blieb bis an sein Lebensende auch in merkwürdigen Situationen ruhig und hat sich an mir orientiert. Diese „relative Gedankenlosigkeit“ bei der Sozialisation ist sicher nicht für jeden Hund und Menschen das Richtige. Allerdings glaube ich, dass viele Menschen sich oft zu viele Gedanken um das Seelenwohl ihres jungen Hundes machen und ihn dadurch zu lange von den Unternehmungen des Alltags fernhalten.

Generell gilt: Egal wie sanft oder spontan wir den Hund mit neuen Herausforderungen des Alltags konfrontieren, wichtig ist letztendlich unser eigenes Auftreten in unbekannten, aufregenden Situationen. Wir vermitteln unserem Welpen durch Ruhe und entschlossenes Auftreten Souveränität in komischen Momenten. Reden in unaufgeregter Stimmlage sowie eine entspannte, lockere Körperhaltung betont zusätzlich, dass es an Ort und Stelle nichts zu befürchten gibt. Mit dieser Basiserfahrung lernt ein Hund, dass er sich in jeder Situation auf uns verlassen und entspannen kann.

PRÄGUNG UND BINDUNG

Ein kleiner Hund zieht bei uns ein – und wir möchten alles dafür tun, dass der Start ins Hundeleben gelingt und wir eine feste, gegenseitige Bindung entwickeln.

Die beste Voraussetzung für eine gute Bindungsfähigkeit an Menschen sind entspannte Elterntiere und ein freundliches, professionelles Züchterzuhause. Hier und in der ersten Jugendzeit finden entscheidende Prägungen statt, die im Folgenden erklärt werden.

WAS IST EINE „PRÄGUNG"?

Immer wieder hört man von Welpenbesitzern die Erklärung, sie wollten einen Welpen, weil „dieser sich dann auf sie prägen würde". Hier wird der Begriff der Prägung mit Bindung verwechselt, denn „Prägungen" finden viel früher statt und sind eine Sonderform von biologischen Lernprozessen und durch eine Reihe von Eigenheiten gekennzeichnet.
Im Wesentlichen gehört dazu, dass ein Prägungsprozess in einer sensiblen Phase erleichtert stattfindet (Ten Cate, 2001). Allerdings wurde die frühere Vorstellung, dass Prägungsprozesse ausschließlich in dieser sensiblen Phase stattfinden können, zugunsten einer größeren Plastizität aufgegeben. So ist es z. B. durchaus möglich, einen Junghund, der ohne direkten Kontakt zu Menschen gelebt hat, mit viel Einfühlungsvermögen noch an ein Zusammenleben im Haus zu gewöhnen.

Prägungsprozesse sind demnach, sobald sie einmal stattgefunden haben, langzeitstabil – oft sogar lebenslang – aber eben nicht irreversibel, was früher häufig behauptet wurde.
Prägungsprozesse sind des weiteren belohnungsfrei. Ein Tier nimmt den Prägungsreiz auf und speichert ihn ab, auch wenn es dazu keine besonderen Bestätigungen durch seine Umwelt erfährt. So lohnt es sich, zu einem Menschen zu rennen und zwischen den Beinen Schutz zu suchen, ohne dass dieses Verhalten bestätigt wird. Der Mensch bietet in diesem Moment ein Gefühl der Sicherheit, das sich dem Welpen einprägt. Und letztlich, so haben Untersuchungen auch an Hunden gezeigt, gibt es so etwas wie „biologische Schablonen", also wahrscheinlich genetisch vorgegebene „Vorstellungen" von geeigneten Sozialpartnern für das Tier. Biologisch sinnvolle Prägungsreize werden also leichter und erfolgversprechender abgespeichert. Man kann zwar ein Hühnerküken auf einen roten Gummiball prägen, wenn es noch nie in seinem Leben eine Henne gesehen hat. Stellt man dieses Küken jedoch vor dem Prägungsprozess bereits vor die Wahl, sich etwa einer ausgestopften Henne oder einem roten Gummiball anzuschließen, werden die meisten prägungsnaiven Küken in jedem Fall die ausgestopfte Henne bevorzugen.

In Bezug auf den Haushund haben Untersuchungen in der Budapester Arbeitsgruppe, damals noch unter Leitung von Vilmos Csanyi (2002) gezeigt, dass schon acht Wochen alte Haushundewelpen sich mehr für einen unbekannten Menschen als für einen unbekannten Hund interessieren. Handaufgezogene Wölfe im gleichen Alter tendenziell eher umgekehrt. **Dies zeigt, dass Hunde wahrscheinlich bereits genetisch auf den Phänotyp Mensch als bevorzugten Bindungspartner disponiert sind.**

PRÄGUNGSPROZESSE

Prägungsprozesse finden im Lauf der Jungtierentwicklung vieler Wirbeltierarten statt. Die Nahrungsprägung, oftmals überwiegend auf Geruch und Geschmack, beginnt auch beim Hund bereits vor der eigenen Aufnahme von fester Nahrung. Über die Muttermilch, sogar über den Nabelschnurkreislauf während der Trächtigkeit, und wohl auch über den Mundgeruch der Mutter während der vielfältigen Verhaltensweisen von Brutpflege und Jungtierbetreuung, nehmen die Welpen Informationen über die von der Mutter zu dieser Zeit gefressenen Futterarten auf. Kommt dann später die eigene erste, feste Nahrung hinzu, werden diese Vorabinformationen bestätigt und der Prägungsprozess geht sehr schnell vonstatten. Wie langanhaltend dieser sein kann, zeigen immer wieder die Beispiele von geretteten Auslandshunden, die oft noch nach zehn Jahren Aufenthalt in Deutschland das Futter ihrer Herkunftsländer im Zweifelsfall jeder hier angebotenen, fertigen oder auch selbst zubereiteten Nahrung vorzogen (in einem Fall war das Döner und Weißbrot bei einer Hündin aus der Türkei, im anderen Fall Spaghetti bei einem Tierschutzhund aus Italien). Deshalb ist es auch so wichtig, Mutterhündin und Welpen von Anfang an zwar bedarfsgerecht und ausgewogen, aber ideologiefrei zu füttern.

ARTGENOSSENPRÄGUNG — 5. bis 12. Woche

Von besonderer Bedeutung für unser Thema Beziehungs- und Bindungsaufbau ist die Frage der Artgenossenprägung und der anderen sozialen Erkennungsmechanismen in der Jungtierentwicklung von Hunden. Während die Mutter bereits in den ersten drei Lebenstagen erkannt und ihre Eigenschaften auf Dauer abgespeichert werden (Hepper, 1992, siehe S. 28), ist die eigentliche Artgenossenprägung erst zwischen der 5. und 12. Woche zu beobachten. In dieser Zeit werden aber nicht nur Hunde, sondern auch Menschen und unter bestimmten Voraussetzungen auch andere Tierarten in das Artgenossenschema des Welpen aufgenommen. Hunde, die in diesem Zeitraum mit Menschen, Katzen oder mit Nutztieren in regelmäßigem Kontakt waren, werden diese auch später als „Pseudoartgenossen" erkennen und ihr Sozialverhalten entsprechend ausrichten.

»Hunde werden nicht mit einer Freundlichkeit gegenüber Menschen geboren. Sie werden geboren mit der Fähigkeit, freundlich zu Menschen zu werden.«

John Bradshaw

Welpen sollten Menschen als freundliche Wesen kennenlernen, denen man vertrauen kann.

Beispiel von Pseudoartgenossen

Ein beeindruckendes Beispiel dieser Prägung auf Pseudoartgenossen stellt der erwachsene, massige Herdenschutzhund dar, der sich einem Schaf unterwirft und versucht, mit Mundwinkellecken und anderen Verhaltensweisen der Submission dieses Schaf von einem möglichen Angriff abzuhalten. Bei Herdenschutzhunden, die später ihr Leben in der Herde verbringen und diese beschützen sollen, ist dieses System noch besonders wirkungsvoll. Bei ihnen beginnt erst ab der 20. Lebenswoche ganz langsam das Beutefangverhalten, wenn die Artgenossenprägung (einschließlich Pseudoartgenossen wie Schaf oder Ziege) längst abgeschlossen ist. Die Kehrseite der Medaille ist jedoch, dass Hunde, die bis zur 12. Lebenswoche keinen oder kaum Menschenkontakt hatten, sich später sehr schwertun, Menschen unvoreingenommen entgegenzutreten. Die Attraktivität des Menschen in dieser Zeit betrifft jedoch mehr den Typus und weniger ein Individuum. Wichtig ist, dass der Welpe Menschen generell als freundliche Wesen abspeichert, denen er vertrauen kann und die ihm Sicherheit geben.

SEXUELLE PRÄGUNG

Die Entscheidung, mit wem man sich später paaren und Nachkommen zeugen möchte, wird als „sexuelle Prägung“ bezeichnet. Sie findet erst lange nach der 12. Woche statt. Bei allen Tierarten, die daraufhin untersucht wurden, ist die sexuelle Prägung mit dem Beginn der Pubertät abgeschlossen. In diesem Zeitraum wird dieser Prägungsvorgang überwiegend am Modell der vorhandenen, gleich- oder ähnlich alten Spielkameraden getroffen. Es müssen nicht unbedingt sexuell motivierte Spiele sein, wie vergleichende Untersuchungen z. B. an Affen, Laborratten, aber auch an handaufgezogenen Rinderkälbern und Rehkitzen zeigen. Der soziale Umgang reicht bereits aus.

LEBENSRAUMPRÄGUNG

Letztlich bleibt noch eine Sammelkategorie, die meist als Lebensraumprägung bezeichnet wird. Diese umfasst so ziemlich alles: von den Gerüchen, Geräuschen und dem Tastempfinden des Bodens, auf dem sich die Welpen befinden, bis hin zur räumlichen Aufteilung durch Landschaftsfaktoren und Pflanzenwelt. Auch diese Prägung ist nicht irreversibel, sondern kann durch spätere Erfahrungen teilweise ausgeglichen werden. Besonders eindrückliche Beispiele für, in diesem Falle akustische, Lebensraumanpassung zeigen zwei unterschiedliche Studien. Zum einen eine Untersuchung, bei dem eine Reihe von Deutschen Schäferhunden in ihrer frühen Welpenzeit (zwischen dem 16. und 32. Lebenstag) mit Radiosendungen konfrontiert wurde, wohingegen die Kontrollgruppe kein Radioprogramm hören konnte. Dreimal pro Tag für 20 Minuten wurde das Radio mit einem ganz normalen Programm eingeschaltet. Im Alter von sieben Wochen wurden dann verschiedene Geräuschtests mit den Hunden vorgenommen und die Hunde mit Radioerfahrung reagierten deutlich stärker auf die Geräuschpräsentation. Daraus folgte der Schluss, dass gerade für Hunde im Polizeidienst oder ähnlichen Arbeitsbereichen, die gut auf Geräusche reagieren sollen, solche Radioprogramme in der frühen Welpenentwicklung durchaus einen Sinn haben können (Chaloupková et al., 2018).

Spracherkennung

In der anderen Studie hat das Budapester Team des „Family Dog Project“ untersucht, wie bestimmte Gehirnareale auf unterschiedliche Spracheindrücke reagierten. Den Hunden war vorher beigebracht worden, regungslos im fMRI-Scanner zu liegen, sodass man die Gehirne dabei beobachten kann, wie sie auf verschiedene Reize reagieren (siehe S. 174). Getestet wurden 18 Hunde, die jeweils in Spanien oder Ungarn gelebt und womöglich eine entsprechende „Sprachprägung“ erhalten hatten. Ihnen wurden

Besonders in Kombination mit intensiven Gefühlen …

über Kopfhörer Passagen aus dem Buch „Der kleine Prinz“ in der vertrauten Landessprache, in der Fremdsprache und aus einem computergenerierten Kauderwelsch vorgelesen und dabei dem Gehirn beim Verarbeiten des Gehörten zugeschaut. Die spannenden Ergebnisse: Der primäre auditorische Cortex der Hunde, der für die Verarbeitung von Lauten zuständig ist, unterschied dabei genau zwischen Sprache und „Nicht-Sprache“. Hunde können also die Natürlichkeit der Sprachgeräusche erkennen. Gleichzeitig waren die Hundegehirne im Bereich des zweiten auditorischen Cortex in der Lage, Spanisch von Ungarisch zu unterscheiden, und zwar umso deutlicher, je älter sie waren. Daraus folgte der Schluss, dass die Dauer des Lebens in einem bestimmten Land dazu führt, dass ein Sprachklang vom Hund stärker verinnerlicht wird. Auf diese Weise konnte zum ersten Mal gezeigt werden, dass ein nichtmenschliches Gehirn Sprache erkennen und sogar zwischen zwei Sprachen unterscheiden kann (Cuaya et al., 2021).

... lernen Hunde schnell neue Wörter.

EPIGENETIK – PRÄGUNG DER GENE?

Ein zweiter Begriff, der derzeit in der Diskussion über die optimale Entwicklung von Hundewelpen verwendet wird, ist der der Epigenetik. Es zeigt sich nämlich, dass Erfahrungen, die ein Tier sehr früh in seiner eigenen Jugendentwicklung macht, teilweise sogar Erfahrungen, die von der Mutter während der Trächtigkeit oder während der Jungtieraufzucht gemacht wurden, offensichtlich dauerhafte Veränderungen im Ablesen und Umsetzen des Erbgutes dieses Tieres hervorrufen. Man kann sich das etwa so vorstellen, als wenn jemand bei der ersten Benutzung eines Lexikons (z. B. eines Technikhandbuches, mit dessen Hilfe er gerade irgendein Gerät zusammenbaut) handschriftliche Randbemerkungen und Klebezettel an den betreffenden Textpartien anbringt. Kopiert dann später ein Kollege diesen Absatz aus dem Buch, wird er auch die Klebezettel und handschriftlichen Randbemerkungen mit kopieren. Auch solche in der Umgebung des Erbgutes, – und nicht am Erbgut selbst! –, angebrachten chemischen Veränderungen können das Verhalten des Tieres beeinflussen. So können z. B. Umwelteinflüsse, soziale Gegebenheiten, aber auch Ernährung, Stressfaktoren und vieles andere während der Trächtigkeit und der frühen Jungtierentwicklung dauerhaft programmierend für den Rest des Lebens dieses Tieres sein. Studien an Labortieren, Affen und auch einigen anderen Organismen, haben das bereits experimentell bestätigt. Insbesondere die Regelkreise und Rückkopplungssysteme der Stresshormone, z. B. die feinfühlige Justierung des für eine jeweilige Belastungssituation akut notwendigen Kortisolausstoßes, aber auch die Reaktivität auf Oxytocin durch verstärkte Rezeptoraktivität in verschiedenen Gehirnabschnitten wurde in Labortierstudien bereits eindeutig mit der frühen Welpenentwicklung korreliert.

Stressresistenz und soziale Offenheit werden stark von der Qualität der Zucht beeinflusst.

Je abwechslungsreicher, interessanter, spannender, aber auch erfolgversprechender die Umwelt in der frühen Jungtierzeit von verschiedenen Labornagetieren war, desto leichter konnten sie später auch in belastenden Situationen ihre Stresshormonkonzentration situationsgerecht anpassen. Und je mehr sich die Mutter um die Jungtiere in den ersten Lebenstagen gekümmert hatte, desto leichter war die Stresshormonregulation und die Oxytocinaktivierung später auslösbar (Näheres siehe Gansloßer et al., 2020). Eine Studie der Universität Linköping konnte zeigen, dass die Dauer und Intensität der Fürsorge durch die Mutterhündin in den ersten drei Lebenswochen der Welpen einen positiven Einfluss auf das Bestehen der Arbeitsprüfung zum Militärhund hatte. Die Kinder zärtlicher und fürsorglicherer Mütter erzielten hier bessere Werte in Punkto körperliche Belastbarkeit, Kooperation mit dem Menschen und eine bessere Kontrollierbarkeit des Aggressionsverhaltens (Foyer et al., 2016).

WELPEN VON BILLIGVERMEHRERN

Untersuchungen von McMillan et al. (2011, 2013) zeigen, welche großen Unterschiede im gesamten Verhalten von Hundewelpen und Zuchthunden vorliegen, die in den Händen von Billigvermehrern, den sogenannten Welpenfabriken, unter reizarmen und nicht optimalen Lebensbedingungen aufwachsen müssen. **Diese Welpen, wie auch ihre Eltern, haben zeitlebens z. B. Probleme mit Stressbelastbarkeit, Freundlichkeit, Trainierbarkeit und Anschlussbereitschaft an den Menschen.** Abgesehen von den oft grausamen Haltungsbedingungen für die Muttertiere ist es deshalb mehr als dringend notwendig, dem illegalen Welpenhandel und seinen mafiösen Strukturen endlich international den Kampf anzusagen. Jedenfalls sollte man sich auch aus diesem Grund dringend überlegen, ob man nicht einige Euro mehr investiert und sich einen Hund aus guter Zuchtstätte, statt vom Billigvermehrer nimmt. Auch die Einflüsse der Trächtigkeit und die ersten Lebenswochen können das spätere Verhalten des erwachsenen Hundes beeinflussen. So zeigen mehrere Studien (u. a. von Tiira et al., 2013), dass die Entstehung von Stereotypien und anderen Verhaltensstörungen bei Hunden im Alter zwischen 6 und 10 Monaten zwar zunimmt, die Ursachen dafür aber bereits in der Nervosität und Stressanfälligkeit der Mutterhündin, einer zu frühen Trennung von der Mutter oder allgemein instabilen Lebensbedingungen im Züchterhaushalt begründet liegen. Im letzteren Fall wundert sich der Hundehalter plötzlich, warum sein Hund ein Verhaltensproblem entwickelt, obwohl er sich selbst (in diesem Fall oft sogar zu Recht) keiner Schuld im Sinne einer unzureichenden oder gar problematischen Haltung bewusst ist. Tröstlich war in den Untersuchungen von McMillan, dass Hunde, die aus qualitativ schlechten Billigvermehrungsanstalten stammen und anschließend ein gutes und sinnvolles Training (leider wurde hier nicht zwischen Training und Erziehung unterschieden) erfuhren, sich in ihrem Verhaltensprofil wesentlich verändern und verbessern konnten.

Trotzdem bleibt, wie weitere Untersuchungen zeigen, ein Risiko bestehen. Hunde, die von Billigvermehrern stammen, zeigen im späteren Leben ein höheres Potential gegenüber eigenen Familienmitgliedern, fremden Menschen oder Hunden aggressiv oder sogar bissig zu reagieren (Messam et al., 2013; Casey et al., 2014). Sie sind in jedem Fall mit sehr viel Sachkenntnis und Einfühlungsvermögen zu betreuen, um diese frühen Nachteile wieder auszugleichen. Das gilt auch für manche Tierheim- und Tierschutzhunde, die mit sehr viel Geduld und Zeit in ihr neues Leben geführt werden müssen. Besonders in Fällen, in denen ein Hund bestimmte Anforderungen erfüllen muss (Umgang mit kleinen Kindern, Therapiehund), sollte man daher möglichst keine „vorbelasteten" Hunde wählen.

DIE ZWEITE PRÄGUNGSPHASE

— ab sechs Monaten

Beim Hund gibt es die sogenannte zweite Prägungsphase, die etwa in der zweiten Hälfte des ersten Lebensjahres liegt. In dieser Zeit müssen die in den verschiedenen Prägungsprozessen der Welpen- und frühen Junghundezeit bereits gemachten und abgespeicherten Erfahrungen nochmals bestätigt werden, sonst sind sie weg (siehe „Aus der Praxis"). Das gilt ebenso für die Artgenossenprägung, wie auch für die Sozialisierung auf Umweltreize und andere Außenfaktoren.

AUS DER PRAXIS: WENN ÄNGSTE ZURÜCKKEHREN

Mit neun Wochen zog die Maremmano-Abruzzese-Herdenschutzhündin in ihr neues Zuhause, ein ländlich gelegenes Neubaugebiet in Niedersachsen. Sie wurde an alle Umweltreize langsam gewöhnt, sodass sie mit sechs Monaten fremden Menschen und aufregenden Ereignissen mit aufmerksam-offener, neugieriger Haltung begegnete. Jeden Tag lief die Halterin eine Runde um die Felder, an deren einer Seite Bahngleise entlangführten. Regelmäßig raste an dieser Stelle während des Spazierganges ein Zug vorbei – was die Junghündin nach der ersten Gewöhnung als Welpe überhaupt nicht mehr interessierte: Ratternde Züge gehörten von nun an zu ihrem gewohnten Alltag. Mit ungefähr neun Monaten änderte sich dieser Gleichmut von einem Tag auf den anderen: Plötzlich erstarrte die Hündin beim Anblick und Geräusch des herannahenden Zuges wie beim ersten Mal, sprang in Panik entsetzt zur Seite, um dann zitternd das Vorbeirasen zu erdulden. Mit viel Ruhe und klarer Körpersprache seitens ihres Menschen lernte sie, das tosende Objekt wieder als ungefährlich wahrzunehmen. Sie musste in ihrer zweiten Prägungsphase den Zug erneut als zwar laut, aber ungefährlich abspeichern.

RISIKO: VERLASSENSANGST

Gerade in diesem Zeitraum, in der zweiten Hälfte des ersten Lebensjahres, spielen sich noch andere wichtige Prozesse für die spätere psychische Stabilität unseres Hundes ab. So haben Untersuchungen in der Arbeitsgruppe des britischen Hundeforschers John Bradshaw gezeigt, dass Hunde, die in der zweiten Hälfte des ersten Lebensjahres unter stabilen, sozial optimalen und anderweitig befriedigenden Bedingungen lebten, später ein sehr viel geringeres Risiko für die Entstehung von Verlassensängsten und Trennungsstörungen hatten als Hunde, bei denen in dieser sensiblen Phase eine Unruhe oder andere unzureichende Sozialisierungsbedingungen vorlagen (Bradshaw et al., 2002). In ähnlicher Weise wirken sich auch oftmals Krankheiten, verstärkte, d. h. übertriebene, mit Fieber verbundene Impfreaktionen, Verletzungen, Operationen oder andere medizinische Probleme später im Leben des Hundes aus. Untersuchungen an Patientendaten der Tierklinik in Edinburgh zeigen, dass Welpen mit medizinischen Problemen im Zeitraum zwischen der 8. und 14. Lebenswoche, erst viel später, oft in der Pubertät ab der 30. bis 35. Lebenswoche, Verhaltensprobleme wie Trennungsängste, Angstaggression, Neigung zu stereotypem Bellen, Kläffen oder Probleme mit Kindern entwickeln (Serpell und Jago, 1995).

Eine tolle Beziehung ist möglich, wenn Hunden und Kindern der richtige Umgang miteinander beigebracht wurde.

PRÄGUNG AUF KINDER

Gerade der Umgang mit Kindern ist für Hunde ein ganz besonders wichtiges Thema, wie wir für die Welpenzeit ja schon beschrieben haben (siehe S. 30). Wer seinen Hund mit den eigenen Kindern später in einer entspannten und für beide Seiten erfreulichen Familiensituation halten möchte, tut gut daran, darauf zu achten, dass beim Züchter auch eigene oder Besucherkinder im Haushalt anwesend waren. Ganz offensichtlich erkennen Hunde, die nur mit Erwachsenen aufgewachsen sind, Kinder nicht als Menschen. Sie riechen anders, bewegen sich anders, haben ein ganz anderes Lautrepertoire, sind also ganz offensichtlich ein anderer Typ Lebewesen als Erwachsene. Besonders verwirrend für „kinderungeübte“ Hunde ist, dass sich Kinder nicht planbar verhalten – sie kennen bis zu einem bestimmten Alter noch keinen Verhaltenskodex, an den man sich hält, sondern sind eben – Kinder! Sie probieren mal diese, mal jene Rolle aus, sind alle in sehr unterschiedlichen Entwicklungsphasen, rennen plötzlich wild los, hopsen, klettern, kreischen. Alles Verhaltensweisen, die wir Erwachsenen nur noch sehr,

sehr selten machen und die in Kombination mit der kleinen Körpergröße und quietschenden Lauten besonders für unsichere und ungeübte Hunde eine große Herausforderung darstellen. Deshalb gilt, nur Hunde, die auch Kinder im Zeitraum der sensiblen Phase ihrer Artgenossenprägung als positive Sympathieträger oder zumindest trotz aller Erscheinungsvielfalt als harmlose Bestandteile ihrer Umwelt kennengelernt haben, werden später auch in der eigenen Familie Kinder wie Erwachsene als Pseudoartgenossen betrachten. Zu den vielfältigen Vorteilen, aber auch zu den wichtigen Faktoren, die es beim Umgang von Hund und Kind zu beachten gibt, siehe z. B. das Buch von Manuela van Schewick (2013).

EINFLUSS FRÜHER LEBENSBEDINGUNGEN

Wie im Abschnitt der Epigenetik (siehe S. 37) gezeigt wurde, können schon während der Trächtigkeit Faktoren wie die Belastbarkeit des Hundes, seine spätere Geselligkeit und andere positive oder auch negative Verhaltenseigenschaften beeinflusst werden. Gestresste Mütter bekommen stressanfällige Kinder, sichere und souveräne Mütter bekommen Töchter und Söhne, die sich ebenso sicher und souverän geben. Stress für Mütter sind z. B. unzureichende Ernährungsbedingungen, die Anwesenheit von vielen Feinden oder das Leben in anderweitig gefährlichen Lebensräumen. Diese Faktoren können dazu führen, dass stressanfällige, krankheitsanfällige und bisweilen in Bezug auf ihren Körperbau sogar asymmetrisch schräge Nachkommen zur Welt kommen. In einer allgemeinen Zusammenstellung über die Einflüsse von Stressbedingungen während der Trächtigkeit hat Anders Pape Møller (1998) ausführlich referiert. Einflüsse verschiedener Umweltstressoren, seien sie Umweltverschmutzung, Fressfeindrisiko, Ernährungsdefizite etc. zeigen bei einer vielzahl von Tierarten, von Fischen bis zu Menschenaffen, deutliche Auswirkungen auf die nachfolgende Asymmetrie im Skelettbau der danach geborenen und aufgezogenen Jungtiere. Gerade die Asymmetrie in der Ausbildung von Skelettelementen, die sich später in einer erhöhten Anfälligkeit für Gelenkerkrankungen äußern kann, wurde bei Tierarten experimentell mit gefährlichen oder unzureichenden Lebensumständen der Mutter während der Trächtigkeit in Verbindung gebracht.
Auch in unserer Beratungstätigkeit kommen immer wieder Hunde vor, die mit schwereren Gelenkveränderungen zu kämpfen haben. Diese Hunde sind häufig entweder ehemalige gerettete Straßenhunde, stammen von Billigvermehrern oder sind von anderer, oftmals nicht tierschutzkonformer Herkunft. Auch hier handelt es sich jedoch keinesfalls um eine schicksalhafte, nicht veränderbare Programmierung. Vielfach sind diese Faktoren nur im Sinne als Dispositionen, also „Risikofaktoren", zu bewerten.
Wenn man weiß, dass ein Hund aus tierschutzwidrigen Haltungs- und Zuchtbedingungen stammt oder seine Herkunft unklar ist und man sich darauf einstellt, mit einem intensiven Programm von Psycho-, Physio- und allgemeiner Verhaltenstherapie diesen Hund zu resozialisieren und ihm eine zweite Chance im Leben zu geben, hat man sehr oft auch Erfolg. Wenn man jedoch erwartet, dass sich dieser Hund aus Dankbarkeit zu einem tollen Hund entwickelt, oder ihm, da er ja als sehr junger Welpe „gerettet" wurde, noch alle Wege des Lebens offen stünden, wird meist eine Enttäuschung erleben. Die psychische Belastung für die Menschen, die solche Hunde im guten Glauben an die Formbarkeit des Verhaltens übernehmen, wird oft unterschätzt. Hier stehen seriöse Tierschutzvereine in der Verantwortung, die über alle Herausforderungen und evtl. Kosten realistisch aufklären.

AUS DER PRAXIS: EIN ONLINE-DATE MIT FOLGEN

Familie Johannson wollte schon lange einen Hund – aber keinen Welpen vom Züchter. Sie hatten sich fest vorgenommen, einem Straßenhund ein gutes, neues Zuhause zu schenken. Im Internet entdeckten sie eine Plattform, die dazu aufrief, Hunde innerhalb weniger Stunden zu adoptieren, da die Tiere in einer Tötungsstation ansonsten in ein paar Tagen eingeschläfert werden würden. Unter Zeitdruck entschied man sich für eine kleine Hündin mit freundlichem Gesicht, die ein paar Wochen später am Hamburger Flughafen von der aufgeregten Familie in Empfang genommen wurde. Die Familie hatte Glück: Greta kannte anscheinend Kinder, war nett und freundlich zu allen – aber absolut unabhängig. Den Sinn von Wörtern wie „Komm" und „Sitz" begriff sie zwar schnell, gehorchte aber nur, wenn nichts Interessantes in ihrer Umwelt ihre Aufmerksamkeit erregte. Besonders ausgeprägt war ihre Jagdpassion. Kaum von der Leine gelassen, war sie stundenlang allein in den Wäldern unterwegs, oft mit Jagderfolg. Menschen blieben für sie freundliche Zeitgenossen, Hausregeln beachtete sie deshalb nur aus Nettigkeit und nur, solange sie gerade nicht besonders hungrig war.

Leben mit großen Einschränkungen

Gleichzeitig akzeptierte sie es nicht, von der Familie allein gelassen zu werden. Sie schrie in absoluter Panik und geriet derart in Stress, dass sie Möbelstücke mit den Zähnen bearbeiten musste. Für die Familie begann eine Odyssee durch sämtliche Hundeschulen der Umgebung, bis sie schließlich ihren Frieden mit den Eigenarten dieser Hündin schlossen. Sie akzeptierten sie, schätzten sie für ihre Kinderfreundlichkeit, liebten sie für ihr fröhliches, liebes Wesen – aber sie konnten sie nie von der Leine lassen und nur mit Hundesitter aus dem Haus gehen.

EINFLUSS AUF DAS VERHALTEN

Nicht nur Wachstums- und andere Lebensprozesse des Hundewelpen beginnen bereits mit der Zeugung bzw. der ersten Zellteilung im Mutterleib. Gerade die Einflussfaktoren auf Gehirn, Hormonsystem und damit auch auf das spätere Verhalten sind in diesen frühen Entwicklungsabschnitten durchaus bereits vorhanden. Den wichtigen Einfluss der frühen Lebensbedingungen auf das spätere Verhalten von Hunden haben Studien aus der ganzen Welt belegt (Belgien, Haverbeke et al. 2010, Ungarn, Mirko et al. 2012 und Australien). In all diesen Ländern wurden Hunde, die mit vollständigem Familienanschluss gehalten und in einer menschlichen Familie den größten Teil oder sogar den ganzen Tag integriert waren, verglichen mit solchen, die im Zwinger, im Hinterhof oder in anderen, außerhalb des menschlichen Familienumfeldes angesiedelten Bereichen gehalten wurden.

AGGRESSIONSVERHALTEN

Wer als Hund die ersten zwei Jahre mit vollständigem Familienanschluss verbringt, hat ein wesentlich geringeres Risiko, später bissig gegen Menschen zu werden. Dieser Einfluss übertönt sogar den Einfluss der Rasse. Gerade die Studie von Erika Mirko und Co-Autoren aus Budapest macht dies besonders deutlich. Dort wurden zwei Hunderassen näher betrachtet, die sich in ihrer Haltung, in ihrem Verwendungszweck und auch in ihrem Umgang mit Menschen erheblich unterscheiden: Der Deutsche

Schäferhund, der früher ein Allround-Arbeitshund für Schäfer war und heute überwiegend im Dienst- und Schutzhundebereich eingesetzt wird, und der Magyar Vizsla, früher ein Jagdhund, heute auch in Ungarn überwiegend ein Familienhund. Selbst da kam man zum gleichen Ergebnis: Vizslas, die im Hof oder Zwinger aufgewachsen waren, hatten ein sehr viel höheres Beißrisiko als Deutsche Schäferhunde mit vollständigem Familienanschluss. Viele Probleme im Umgang mit angeblich aggressiven Hunden entstehen dann, wenn diese mangels Erfahrung aus Furcht oder anderen Stressreaktionen heraus mit einer vorbeugenden Attacke reagieren. Wie Anuk Haverbeke (2010) in ihrer Arbeit zeigte, bezieht sich dieses Problem überwiegend auf den Zusammenhang zwischen Furchtsamkeit, Stressanfälligkeit und der Gewöhnung an den Menschen.

SCHLÜSSE FÜR DIE ERZIEHUNG

Was bedeutet all das für den Hundehalter und seine zukünftige Erziehungsarbeit? Nun, die Antwort ist vielfältig. **Genau wie bei unseren eigenen Kindern und Jugendlichen kommt es darauf an, sich individuell mit dem jeweiligen Hund, seinen Bedürfnissen, seinen Ansprüchen und Nöten auseinanderzusetzen.**
Nur wer die Vorgeschichte kennt oder zumindest erahnt und sich daraus ein gutes Konzept für die zukünftige Erziehung des Hundes zurechtlegt, wird auch Erfolg haben. Pauschalrezepte und unbiologische Behauptungen sind hier fehl am Platz.
Und auch hier gilt die Aussage des großen Philosophen Kant, wonach nichts so gut anwendbar ist, wie eine breit abgestützte Theorie. Je mehr Wissen über die Prozesse vorhanden ist, die während der Trächtigkeit, in der frühen Welpenentwicklung und in der Jugend unseres Hundes abgelaufen sind, desto besser können wir uns darauf einstellen und für diesen Hund ein individuell optimiertes Betreuungsprogramm entwickeln. Sicher kann man einen Hund auch gut erziehen und in eine gute und auch für beide Seiten erfreuliche Bindung bringen, ohne mit vielen Hormonnamen, Hirnarealen und anderen Fachausdrücken zu jonglieren. Aber nur, wer ein sehr gutes Bauchgefühl hat, wird seinen eigenen Hund ohne die Kenntnis dieser Zusammenhänge zu einem sozialverträglichen und für alle Beteiligten erfreulichen Familienmitglied heranziehen können. Für alle anderen ist es besser, über Prägungsprozesse Bescheid zu wissen. Und als Multiplikator:in, beispielsweise wenn man im Training, in der Erziehungsberatung oder ähnlichen Funktionen tätig ist, muss man über diese Prozesse Bescheid wissen, um sie der Kundschaft auch entsprechend vermitteln zu können. Auch da kommt es mehr auf das Wissen über die Prozesse und über die Zusammenhänge und weniger auf das Kennen von möglichst vielen Fremdwörtern an.

Viel Wissen und ein gutes Bauchgefühl sind die perfekte Kombination.

PERSÖNLICHKEITSANALYSE – DRAUFGÄNGER, PESSIMISTEN, OPFER …

Mittlerweile ist es in der verhaltensbiologischen, vor allem aber in der ökologisch-evolutionsbiologisch orientierten Forschung durchaus üblich, sich mit Persönlichkeitsunterschieden bei verschiedenen Tierarten zu beschäftigen.

Keineswegs nur besonders hoch entwickelte Säugetiere oder besonders intelligente Vogelarten, sondern Fische, Reptilien sogar eine ganze Reihe von wirbellosen Arten werden heute durchaus nach Persönlichkeitstypen unterschieden.

Der Begriff „Persönlichkeit" für nichtmenschliche Lebewesen wird in der Literatur meist nicht von Charakter, Temperament oder „Wesen" unterschieden. **Persönlichkeit umfasst Erscheinungen, bei denen ein Tier wiederholt, über einen längeren Zeitraum hinweg, vorhersagbar in verschiedenen Testsituationen vergleichbare Reaktionen zeigt.**

Barbara Taborski und ihre Co-Autorinnen (2021) haben in einer allgemeinen Zusammenstellung über die zu erwartenden Unterschiede in der Stressreaktivität, der Erholungszeit nach einem einmaligen Stressereignis, die Lebensräume und die Vorhersagbarkeit von Gefahren etc. berichtet. Ihr evolutionsökologisches Modell lässt sich durchaus, auch wenn uns dazu außer anekdotischen Beschreibungen und einer kleinen Vorstufe von Britta Strüwe (Knezevic et al., 2016) weitgehend noch die Hundedaten fehlen, z. B. auch die erwarteten Unterschiede zwischen sogenannten Auslandshunden, aber auch verschiedenen Arbeitshunderassen anwenden. Wer in einem stabilen Lebensraum, mit nur selten und dann vorhersagbar auftretenden Feind- oder anderen Gefahren lebt, dessen Stresshormonsystem wird auch schneller wieder auf den Basiswert zurückkehren als jemand, bei dem die Anwesenheit von Feinden ständig und überall zu erwarten ist, und der dem entsprechend schon mit einem höheren Grundpegel an Stresshormonkonzentration durch den Alltag läuft. Und wer beim einmaligen Auftauchen einer Gefahr mit deren wiederholtem neuen Auftreten rechnen muss, dessen Stresshormonpegel wird sich auch langsamer wieder auf den Basiswert zurückbewegen. Hier könnten wir beispielsweise erwarten, dass dies bei arbeitenden Herdenschutzhunden der Fall ist. Haben sie den Beutegreifer einmal aus der Herde vertrieben, wird dieser es möglicherweise in der nächsten Zeit noch mehrfach versuchen. Solange aber kein Beutegreifer da ist, sollten die Herdenschutzhunde ruhig, entspannt und dementsprechend auch mit einem sehr niedrigen Pegel an Stresshormonen die Schafe oder andere Nutztiere nicht beim Fressen stören. Nicht umsonst hat Günther Bloch bei diesen Hunden immer den Satz geäußert: *„Lieblingskommando Platz und Bleib"*.

A-TYP – WAGEMUTIG UND NEUGIERIG

So ist etwa jemand, der sich ganz besonders schnell und aktiv in einem neuen, unbekannten Raum orientiert, oftmals auch jemand, der sich einer neuen Versuchsapparatur schnell nähert, der unbekanntes Futter probiert und auch in sozialen Kontakten eher die Initiative ergreift. Alles das zusammengefasst und einiges andere mehr sind die Eigenschaften des als wagemutig, proaktiv oder eben auch schlichtweg als A-Typ bezeichneten Tieres. Diese A-Typen, die in vielen Situationen versuchen, durch aktives Zutun das Problem zu lösen, aktivieren in Stresssituationen meist vorwiegend das Kampf- oder Fluchtsystem, also das Adrenalin-Noradrenalin-System. Wegrennen ist also auch eine aktive Problemlösung und zeugt zumindest in gewisser Weise von so viel Selbstvertrauen und Eigenständigkeit, dass man glaubt, der Gefahr entkommen zu können.

NORADRENALIN UND DOPAMIN

Das Noradrenalin, das bei den aktiven Typen auch in leichten Belastungssituationen verstärkt produziert wird, führt zu einer erhöhten Aufmerksamkeit, es wirkt aber auch als Lernverstärker im Gehirn. Deshalb werden unter solchen Bedingungen gemachte Erfahrungen (z. B., dass man sich mit einer vorbeugenden Präventivschlagattacke auch Freiräume verschaffen und Probleme vom Hals schaffen kann) sehr nachhaltig gelernt, und das ist nicht immer nur positiv für uns. Da das Noradrenalin auch in sehr enger chemischer Verwandtschaft zu der Selbstbelohnungsdroge Dopamin steht, entstehen dann Hunde, die ohne jede zugrundeliegende Stress- oder gar Angst- bzw. Furchtproblematik einfach aggressiv nach vorne gehen. Wegen der großen Plastizität des Verhaltens in der Welpen- und Junghundezeit ist im Übrigen, durchaus vergleichbar mit unserer eigenen Jugendentwicklung, die Gefahr einer Suchtentstehung in diesem Alter ganz besonders groß.

Der A-Typ zeigt selbstbewusste Erwartungshaltung gegenüber Ereignissen der Umwelt.

ERWEITERUNG DER FREIRÄUME

Das Gegenstück zum A-Typ ist der B-Typ, der auch als scheu, zurückhaltend, reaktiv oder im sozialen Zusammenhang als submissiv (unterwürfig) bezeichnet wird. Der A-Typ würde in der sozialen Charakteristik subdominant heißen, da er auch in einer rangtieferen Position ständig versucht, seine Freiräume zu erweitern. Er fragt eben immer wieder nach, ob dies noch gilt, was man gestern als Spielregeln vereinbart hat. Dies tut er keineswegs, um die dominante Position zu erklimmen, wie vielfach aus einem gewissen Kontrollwahn heraus den Hundehaltern eingeredet wird, sondern schlichtweg, um seine Freiräume so weit wie möglich auszudehnen. Und kommt dieser Typ dann noch in die Pubertät, na dann viel Spaß dabei (siehe S. 202).

B-TYP – BEOBACHTER UND DENKER

Der B-Typ beobachtet eher aus der Distanz. Wenn er sich einem Problem nähert, dann, so sieht es nicht nur aus, aus reiflicher Überlegung heraus. In Stresssituationen agiert bei ihm vorwiegend das Cortisolsystem, das System der Nebennierenrinde. Und dieses System lässt ihn eben noch etwas zögerlicher und inaktiver reagieren, wenn die Problematik verstärkt wird. Im Extremfall tut der B-Typ dann gar nichts. Und wenn er mit diesem Gar-nichts-Tun trotzdem keine Erfolge erzielt, kann eine erlernte Hilflosigkeit daraus entstehen. Was das bedeutet, werden wir im Kapitel über Beziehungsprobleme und Erziehungsfehler genauer kennenlernen (siehe S. 284 ff.).

AUS DER PRAXIS: WENN DAVID AUF GOLIATH TRIFFT

Der Jack Russel Terrier war der erste Hund der belesenen Dame und sollte sich nett und freundlich auf Hundewiesen verhalten. Deshalb wurde er schon früh zur Hundeschule gebracht und musste sich in der Spielgruppe gegenüber Doggen- und Berner-Sennenhundwelpen behaupten. Diese erkannten schnell, dass Fridolin klein und deshalb leicht zu „besiegen" war.

Genießersubstanz und soziales Gewinnerhormon

Gewinnen ist ein Erfolgserlebnis, gekoppelt an die Ausschüttung des berauschenden Endorphins und bestärkenden Testosterons. Wir Menschen kennen das, wenn wir an unsere Erfolge bei „Mensch-ärger-dich-nicht"-Runden denken, denn es macht immer mehr Spaß, sich über einen Sieg zu freuen, als eine Niederlage zu akzeptieren. Schuld haben besagte Moleküle, nach denen wir regelrecht süchtig werden können und deshalb immer wieder gewinnen wollen.

Verlieren möchte keiner!

Auch Fridolin hatte keine Lust, immer der Verlierer zu sein, und entwickelte eine geeignete Strategie: Er begann sofort kräftig zu zwicken, sobald sich jemand näherte. In der Folge konnte er selbst große Artgenossen beeindrucken und zum Umfallen bewegen. Sie ergaben sich und er hatte das Gefühl, Goliath besiegt zu haben. Endorphine und Testosteron zirkulierten durch seine Blutbahn und schon bald erfreute ihn der Anblick eines Artgenossen allein deswegen, weil er ihn gleich besiegen würde. Sein Frauchen war verzweifelt: Sie wollte ihn doch gut sozialisieren, damit er immer gut mit Hunden auskommen konnte! Was war bloß schiefgelaufen?

Die leicht zurückgenommenen Ohren zeigen die Deeskalationsmotivation.

Unterhalb dieser, auch als Supereigenschaften bezeichneten, Grundpersönlichkeiten finden wir eine ganze Reihe von weiteren Eigenschaften, die ebenfalls geeignet sind, unsere Hunde genauer zu beschreiben.

FÜNF-FAKTOREN-MODELL

Verschiedene Autorenteams haben sich ausführlich mit dem unter dem Scheu-wagemutig-Typ angeordneten Persönlichkeitsmuster beschäftigt (Miklósi et al., 2014; Jones und Gosling, 2005; Zusammenfassung in Gansloßer und Kitchenham, 2012; Gansloßer 2020). Häufig wird zur Charakterisierung dieser einzelnen Eigenschaften das ebenfalls aus der Humanpsychologie stammende „Fünf-Faktoren-Modell" oder auch „Fünf-Achsen-Modell" herangezogen. Im Folgenden werden die „großen 5" der Persönlichkeitsforschung aufgeführt.

1. GELASSENHEIT UND EMOTIONALE STABILITÄT

Bei diesem Persönlichkeitsmerkmal geht es um die Frage, ob sich ein Hund sehr schnell aufregt, und wie leicht er aus der Fassung zu bringen ist, ebenso wie die Frage einer Launenhaftigkeit oder stets gleich bleibenden Laune (man beachte, auch wer immer schlecht gelaunt ist, ist emotional stabil!). Gerade diese Achse ist stark erziehungsabhängig, kann jedoch auch durch Krankheiten beeinflusst werden.

2. TRAINIERBARKEIT

Viel treffender wäre hier der Begriff „Offenheit für neue Erfahrungen", doch Trainierbarkeit wird meist in der angewandten Hundeliteratur genutzt. Sie ist nicht gleichbedeutend mit Erziehbarkeit, da Offenheit für neue Erfahrungen eben auch bedeuten kann, dass man selbst eigene Lernerfahrungen und Lernerfolge machen möchte, und das ist nicht immer unbedingt im Sinne des

Persönlichkeitsfaktoren bestimmen unter anderem, wie schnell Hunde Neues lernen.

Hundehalters, Elters oder Vorgesetzten. In diesem Zusammenhang werden verschiedentlich auch Untersuchungen angesiedelt, die z. B. einen Zusammenhang zwischen Erziehbarkeit und Trainierbarkeit einerseits und dem späteren Schicksal von Hunden im höheren Alter herstellen. Patronek et al. (2010) haben gezeigt, dass „benimmsichere Hunde länger leben". Dies bezieht sich nun nicht darauf, dass Hunde, die ungehorsam sind, leichter unter das Auto geraten, sondern handelt eben auch von den Zusammenhängen zwischen Trainierbarkeit und Grundpersönlichkeit. In der Originalliteratur wird dieser Zusammenhang sehr deutlich herausgearbeitet, die benimmsicheren Hunde sind eben die vom B-Typ. Die A-Typ-Hunde, die schneller mit dem Adrenalinsystem agieren, beschleunigen damit auch alle anderen Stoffwechselprozesse. Sie leben gewissermaßen schneller, und da die Geschwindigkeit der Zellteilungsprozesse ein wesentlicher Faktor des biologischen Alterns ist, ist auch verständlich, warum diese Hunde eben schneller altern. Aber abseits der Persönlichkeit ist ein besonderer Faktor für ein entspanntes und längeres Leben natürlich die Qualität der Bindung an uns und Erziehung durch Menschen. Hunde, die genau wissen, was sie tun sollen und was als Nächstes passieren wird, können sich besser entspannen als Hunde, die immer ohne Grenzen leben.

3. GESELLIGKEIT

Der Persönlichkeitsfaktor „Geselligkeit" wird unterteilt in das Verhalten gegenüber Menschen und das Verhalten gegenüber anderen Hunden. Hier handelt es sich um einen der Faktoren, die durch die Sozialisierungsprozesse vor allem in der Zeit zwischen dem 3. und 5. Lebensmonat und in der Pubertät besonders stark beeinflussbar sind. Geselligkeit bedeutet, dass man sich mit dem betreffenden Artgenossen gern verträgt, ggf. auch gern zum Spielen oder zu anderen gemeinsamen Aktivitäten auffordert, selten in Streit gerät und ähnliche Eigenschaften zeigt.

4. EXTRA- ODER INTROVERTIERT

Der Faktor Extravertiertheit oder Introvertiertheit zeigt, wie sehr ein Hund aus sich herausgeht und wie deutlich er seine inneren Zustände nach außen kommunizieren kann.

Hier sind auch Rasseeigenschaften zu berücksichtigen. In einer weit gefächerten Untersuchung, die insgesamt 96 Hunderassen umfasste, wurden z. B. eine Reihe von Rassen identifiziert, die eine sehr niedrige Extrovertiertheit aufzeigen (Turcsan et al., 2011). Dazu gehören z. B. der Akita, der Border Collie, der Collie oder auch der Malamut, der Eurasier oder der Irische Wolfshund. Bemerkenswert ist, dass eine ganze Reihe dieser Hunderassen durchaus gut trainierbar, also „offen und intelligent", ist. Zu den trainierbaren, aber introvertierten Rassen gehören beispielsweise der Akita, der Border Collie oder auch der Pudel. Malamut, Eurasier oder Irischer Wolfshund sind wenig trainierbar und introvertiert.

5. GEWISSENHAFTIGKEIT

Die 5. Achse ist schließlich die der Gewissenhaftigkeit, also die Bereitschaft, sich mit einer Aufgabe auch längere Zeit zu beschäftigen. Diese Achse hat jedoch eine ganze Reihe von zusätzlichen Einflussfaktoren und ist deshalb auch in vielen Untersuchungen nicht ohne weiteres abzugrenzen. Bei dieser Achse kommt z. B. sehr stark unser Einfluss als Erzieher zur Geltung: Wie sehr gestatten wir unserem Hund, selbst nach einer Lösung für Probleme zu suchen? Viele Menschen sind darum bemüht, ihrem Hund das Leben so einfach wie möglich zu gestalten und stellen ihn damit unbewusst vor wenige Aufgaben. Er wird also wenig mit Denkaufgaben konfrontiert und verliert mit der Zeit die Fähigkeit zur Gewissenhaftigkeit (siehe S. 200). Doch nicht nur unser Einfluss als Bezugsperson, auch der unmittelbare Ernährungszustand eines Hundes spielt hier eine Rolle (Miller et al., 2010). Hunde, die vor dem Lösen einer schwierigen, Konzentration erfordernden Aufgabe für fünf Minuten in einem Kennel oder einer Hundebox waren, fiel diese Aufgabe sehr viel leichter als Hunden, die vorher frei im Raum zehn Minuten „Platz" und „Bleib" befolgen sollten. Gab man den Hunden jedoch einen Tropfen Zuckerwasser zu trinken, bevor sie die Aufgabe lösen sollten, war kein Unterschied zwischen den beiden Gruppen zu erkennen. Zu beachten ist, dass rassetypische Charakterisierungen immer nur den Durchschnittswert einer mehr oder weniger großen Versuchspopulation darstellen. Auch wenn in die genannte Budapester Studie von Turcsan et al. (2011) weit über 10 000 Hunde eingingen, die von ihren Menschen selbst mit Hilfe eines dafür entwickelten Fragebogens eingeschätzt wurden, oder auch in anderen Datenbanken wie z. B. C-BARQ von James Serpell an der Universität von Pennsylvania, ebenso große Mengen von Hunden eingetragen wurden, so gibt es immer auch den Ausnahmefall. Jeder Hund ist anders und die Individualität zeigt sich auch darin, dass die rassetypischen Eigenschaften nicht immer so deutlich ausgeprägt sind.

»Eine einfühlsame, klare Erziehung vermittelt Sicherheit und gibt einen Rahmen, der durchs Leben leitet. Wer dagegen ohne Unterstützung und Führung durchs Leben geht, lebt stressiger.«

VERERBUNG VON PERSÖNLICHKEIT

Während die beiden Grundpersönlichkeitstypen „scheu" oder „wagemutig" aufgrund ihrer Ankoppelung an die Aktivitäten des Stresshormonsystems auch noch mit einer etwas höheren Erblichkeit belegt sind (hier sind etwa ⅓ der Unterschiede zwischen den Hunden einer Versuchsgruppe durch das Verhalten und die Strategien der Vorfahren erklärbar, und ⅔ abhängig von Erfahrung, Prägung und anderen individuellen Vorgeschichten (siehe z. B. Gansloßer et al., 2020), sind die genannten fünf Persönlichkeitsfaktoren je nach Hunderasse meist nur noch mit einer Erblichkeit zwischen 18 und 25 % belegt. Das heißt, dass zwischen dem Trainierbarsten und dem Nicht-Trainierbarsten einer Rasse nur noch 20 bis 25 % des Unterschiedes erklärbar sind, wenn man weiß, wie trainierbar seine Vorfahren waren. Dies ist durch Untersuchungen an Hunderassen, bei denen Verhaltenstests auch Teil der Zuchtzulassung sind, mit größeren Stückzahlen immer wieder belegt worden. Stellvertretend hierfür sind Untersuchungen an Hovawarts von Katharina Boenigk (Boenigk et al., 2005) und an Deutschen Schäferhunden vom Schweizer Club für Deutsche Schäferhunde von Rüfenacht (Rüfenacht et al., 2004). Neuere Studien untersuchten die genetischen Grundlagen für kognitive Fähigkeiten oder besondere Verhaltensweisen und zeigten eine sehr deutlich erkennbare Erblichkeit von Rasseunterschieden (z. B. MacLean et al., 2019; Gnanadesican et al., 2020, 2021). Dazu wurden genetische Analysen mit den Angaben über 1 654 Hundeindividuen aus 49 Rassen abgeglichen. Die Unterschiede innerhalb einer Rasse sind jedoch nach wie vor von den hier genannten Artikeln, oder auch einer neueren Metaanalyse von Lenka Hradecka und ihren Co-Autoren (2015) weiterhin eher als gering einzuschätzen.

PERSÖNLICHKEIT ALS RASSE-EIGENSCHAFT

Wie eng die Persönlichkeitsunterschiede auch mit der früheren Rassegeschichte zu tun haben, zeigen z. B. die Rassevergleiche von Melissa Starling et al. (2013), aus der Arbeitsgruppe des australischen Verhaltensmediziners Paul McGreevy. Auch dort wurde „Scheu und Wagemutig" als Supereigenschaft herangezogen. Es zeigte sich z. B., dass bei den Jagdhunden die Retrieverrassen wesentlich wagemutiger waren als die Pointer und Vorstehhunde. Bei den Hütehunden waren diejenigen wagemutiger, die als Treibhunde von hinten agieren (z. B. Australian Shepherd oder Australian Cattle Dog), als diejenigen, die durch Fixieren von vorne arbeiten (z. B. Border Collie).
Die Persönlichkeit eines Hundes ist also ein wichtiger Ausgangsfaktor, mit dessen Hilfe wir uns die Beziehungs- und Bindungsarbeit strukturieren und erleichtern können. Sie ist aber keine Entschuldigung dafür, wenn es irgendwo im Beziehungsaufbau nicht klappt.

VERÄNDERUNG DER PERSÖNLICHKEIT

Studie von Lisa Wallis

Wir alle verändern unsere Persönlichkeit im Lauf des Lebens, passen sie den gemachten Erfahrungen, aber auch sich verändernden Lebensumständen an. Als Jugendliche haben wir andere Vorlieben und Ansichten als zu dem Zeitpunkt, an dem wir Eltern oder Großeltern werden. Auch bei Hunden gibt es eine ähnliche Entwicklung, sie verändern im Lauf des Lebens eine ganze Reihe von Persönlichkeitseigenschaften. Allgemein gesagt werden sie mit voranschreitenden Jahren weniger wagemutig. Die gesamte Bandbreite der A-Typ-Eigenschaften nimmt also ab, auch Senioren sind noch A-Typen, aber eben in weniger starker Ausprägung. B-Typen werden im Lauf ihres Lebens ebenfalls noch ruhiger und gesetzter. Dies hat zum einen, wie bei uns auch, mit den Erfahrungen zu tun, die sie im Lauf ihres Lebens gemacht haben. Zum anderen hat es sicherlich auch mit allgemeinen Änderungen im Hirnstoffwechsel zu tun. Gerade die für die Vorwärtsmentalität des A-Typs verantwortlichen Botenstoffe, allen voran das Dopamin als eine Selbstbelohnungsdroge, werden im Alter in geringerer Konzentration produziert. Daraus entsteht dann im Extremfall auch die Null-Bock-Mentalität vieler Senioren, seien es Hunde, Menschen oder andere höhere Lebewesen.

EINFLUSS VON ERFAHRUNGEN

Wie viel Erfahrungen bei den Persönlichkeitsunterschieden ausmachen können, hat sich in einer ganz unerwarteten Ecke der Kanidenforschung gezeigt: In einer Studie zum Naturschutzmanagement bedrohter kleiner Fuchsarten in Nordamerika zeigte sich nämlich, dass im Lauf der zwei Jahre vom Welpen bis zum vollerwachsenen Fuchs die Unterschiede zwischen dem Scheuesten und dem Wagemutigsten noch zunahmen (Bremner-Harrison und Cypher, 2012). Welpen waren noch vergleichsweise wagemutig, Einjährige schon weniger und die Erwachsenen hatten eine noch viel größere Bandbreite der Reaktion. Auch das erklärt man damit, dass die individuellen Erfahrungen den einen oder anderen vielleicht auch mal zum Nachdenken bringen, wenn er allzu vorwitzig seine Nase z. B. in die Zange eines Skorpions gebracht hat.

WELPENTESTS

Auch beim Haushund ändern sich die Persönlichkeitseigenschaften über die Lebensspanne hinweg in ähnlicher Weise. Daher sind auch die sogenannten Welpentests, wie gerade Miklósi et al. (2014) oder auch Miklósi (2015) zeigen können, mit sehr viel Vorsicht zu betrachten. Auch in der großen

Lebenserfahrungen und fortschreitendes Alter können Einfluss auf die Persönlichkeitsentwicklung nehmen.

Zusammenstellung von Jones und Gosling (2005) zeigte sich bereits, dass Welpentests in der Regel wenig Vorhersagewert für das Verhalten des gleichen Hundes in seinem späteren Leben haben. Im Gegenteil, die Aussagekraft von Persönlichkeitsuntersuchungen von Hunden nimmt erheblich zu, wenn man bei statistischen Vergleichsberechnungen alle diejenigen Studien außen vor lässt, die eben auch schon Welpen oder junge Junghunde testen.

Einige Eigenschaften, etwa Furchtsamkeit, lassen sich oberhalb der 12. Lebenswoche mit einer gewissen Vorhersagewahrscheinlichkeit für die Zukunft erkennen. Auch hier ist jedoch mit einem halben Jahr der Trend noch wesentlich stabiler und eigentlich erst dann so richtig statistisch nachweisbar.

Ob ein Welpe viel Apportiertalent hat, kann schon in jungem Alter getestet werden.

Stabile Persönlichkeit erst ab einem Jahr

Generelle Persönlichkeitseigenschaften, wie die meisten hier besprochenen Faktoren, sind grundsätzlich erst ab dem Alter von 1 bis 1,5 Jahren stabil für die Zukunft vorhersagbar. So zeigen auch Untersuchungen an Hunden, die für die Blindenhundearbeit vorgesehen sind, dass die höchste Vorhersagewahrscheinlichkeit ein Fragebogen bringt, den die Adoptivfamilien im Alter des Hundes von ca. 13 – 14 Monaten ausgefüllt haben (Batt et al., 2009). Dieser Fragebogen lässt am besten erkennen, mit welcher Wahrscheinlichkeit dieser Junghund später die Abschlussprüfung nach beendeter Ausbildung bestehen wird.

Etwas früher erkennbar sind nur solche Verhaltensweisen, die als Erbkoordinationen mit einer fixierten Bewegung, einem wahrscheinlich sogar angeborenen Bewegungsablauf verknüpft sind. Apportieren, also ein Teil der Beutefangkette des Fixierens, Anschleichens und Zupackens, ist eine solche Bewegung. Deshalb lassen sich Tests auf Apportierfähigkeit auch schon in jüngerem Alter durchführen.

Tests, bei denen Welpen nur hochgenommen und festgehalten werden und wer strampelt ist „dominant“, bringen wenig, außer Geld demjenigen, der den Test anbietet. Das hat eine Untersuchung von Steffi Riemer et al. (2014) in der Wiener Arbeitsgruppe gezeigt, dass über den Zeitraum von Neugeborenen bis zu 2-jährigen Hunden keinerlei innerer Zusammenhang zwischen den Ergebnissen solcher Verhaltenstests nachweisbar war. Eine Ausnahme war ein leichter Trend zur Vorhersage von Neugier und Erkundungsverhalten. Bereits Untersuchungen von Fentress (zusammengefasst 2003) haben gezeigt, dass auch bei Wölfen die Persönlichkeitsachse des Adrenalin-Noradrenalin-Systems ab der 5. Lebenswoche differenziert wird und sich dann daraus unterschiedliche Problemlösetypen herauskristallisieren.

PESSIMIST ODER OPTIMIST?

In jüngster Zeit wurden andere Eigenschaften der Hunde untersucht, die ebenfalls deutlich in den Persönlichkeitsbereich gehören. So gibt es Untersuchungen zum sogenannten kognitiven Filter, man könnte auch von Pessimismus und Optimismus sprechen. Ausgehend von Untersuchungen in der britischen Arbeitsgruppe von Michael Mendl zeigt sich, dass Hunde in ebenfalls individuell charakteristischer und vorhersagbarer Weise auf Situationen reagieren, in denen der Napf eben halb voll oder halb leer erscheinen kann (Mendl et al., 2011; Burman, 2014). Eine Untersuchung führte dazu, dass Hunde lernten, dass der Futtereimer, stand er auf der einen Seite des Raumes, immer Futter enthielt, stand er auf der anderen Seite des Raumes, immer leer war. Hatten die Hunde diesen Zusammenhang begriffen, begann man die beiden Futterstellplätze langsam in die Raummitte zu verschieben. Manche Hunde stürzten nun schon los, wenn der Eimer von der vorher „leer" anzeigenden Position nur ein wenig in die Mitte verrückt wurde. Das sind offensichtlich die Optimisten. Andere, die Pessimisten, blieben sitzen oder näherten sich dem Eimer nur zögerlich, wenn er aus der „Voll"-Position nur ein wenig in Richtung der Raummitte verschoben wurde. Interessant im Hinblick auf den Einfluss, den die Umwelt auf Pessimisten nehmen kann: Bei Labortieren sind Pessimisten viel häufiger unter solchen, die unter ungünstigen oder gefährlichen Bedingungen aufwuchsen (Burman, 2014).

Resultierende Verhaltensprobleme

Bemerkenswert ist, dass sich in der Untersuchung von Mendl et al. gerade die pessimistischen Hunde durch eine Reihe von Alltagsproblemen auszeichneten. Sie hatten sehr viel häufiger Trennungsängste, Verhaltensstereotypien oder allgemeine Angstprobleme als die Gruppe der Optimisten. In einer neueren Studie haben Klara Wilson und ihr Team (2022) eine wichtige Warnung bezüglich der Untersuchung des Optimist-Pessimist-Status erhoben: Sie konnten zeigen, dass bei wiederholter Testung des Hundes in der vergleichbaren Situation durch Lernprozesse die Reaktion verlangsamt wurde. Die Hunde hatten offensichtlich schon im Rahmen einer drei- bis fünfmaligen Wiederholung der Testsituation gelernt, dass die Schüssel in der verschobenen Position nicht mehr befüllt war und reagierten im Lauf der Zeit deutlich langsamer oder gar nicht mehr. Gerade für die Testung der Optimist-Pessimist-Filtereinstellung ist daher möglichst nur ein einziger und kein wiederholter Test notwendig.

EINFLUSS DES FAKTORS „BEHARRLICHKEIT" AUF DAS VERHALTEN

Auch der Persönlichkeitsfaktor „Beharrlichkeit" hat Einfluss auf die Entstehung von Verhaltensproblemen. Aus Studien an Labortieren, Farmtieren und auch Zoo- und Zirkustieren weiß man bereits länger, dass Tiere mit einer hohen Beharrlichkeit eine besonders hohe Neigung zur Ausbildung von Stereotypien und Zwangshandlungen haben. Dies wurde auch in einer Hundeuntersuchung belegt (Protopopovitch et al., 2013). Hier wurden Hunde, die in einer Verhaltensklinik wegen Stereotypien vorgestellt wurden, mit einer Kontrollgruppe aus der gleichen Rassenzusammensetzung verglichen. Beide Hundegruppen lernten, auf ein Signal hin mit der Nase die Hand des Versuchsleiters zu berühren, und wurden dann mit einer Belohnung dafür bestätigt. Sobald sie die Übung verstanden hatten, blieb die Belohnung aus. Und siehe da, die Hunde mit der höheren Beharrlichkeit, die diesen Nasentatsch auch ein oder zwei Dutzend Mal wiederholten, waren diejenigen, die auch eine Stereotypie aufwiesen. Hunde ohne Stereotypie, auch wenn sie der gleichen Rasse angehörten, beendeten dagegen dieses, für sie nicht mehr einträgliche Spiel sehr viel früher.

Unterschiedliche Rassen stellen uns bei der Erziehung vor verschiedene Herausforderungen.

EINFLUSS DES FAKTORS „ERREGBARKEIT" AUF DAS VERHALTEN

Auch der Faktor „Erregbarkeit" oder „Irritabilität" wurde in einer großen Fragebogenaktion für Hunde untersucht (Wright et al., 2011). Auch hier zeigen sich interessante Zusammenhänge, einerseits mit den Rassen (Kleinhunde gelten nicht umsonst als besonders erregbar), aber auch mit Haltungsbedingungen und anderen Umweltfaktoren.

Die emotionalen Dispositionen, die emotionalen Grundeinstellungen von Hunden, ob sie eher negativ oder positiv in die Welt blicken, wie beharrlich sie sind, wie geschickt oder erregbar sie sind, auch das lässt sich durch vergleichende Untersuchungen durchaus wissenschaftlich exakt untersuchen.

HOCHSENSIBILITÄT

Ganz aktuell sind auch Untersuchungen, die einen weiteren Persönlichkeitszug aus der menschlichen, insbesondere Kinderpsychologie auf Hunde übertragen können: die Hochsensibilität, eine Art Überempfindlichkeit, die mit einer besonders tiefgehenden Informationsverarbeitung im Gehirn, einer leichten Überreizbarkeit durch Sinneseindrücke und besonders starke emotionale Reaktivität gekennzeichnet ist. Auch bei Hunden wurde dieser Persönlichkeitszug der Übererregbarkeit und Hochsensibilität nachgewiesen (Bräm et al., 2020). Diese Hunde zeigen schon im Alltag und ohne besondere Erziehungsfehler besonders viele oder besonders leicht auslösbare problematische Verhaltensweisen. Sie sind noch empfindlicher für selbst geringe Fehlpassungen zwischen ihrer und der Persönlichkeit ihres Menschen und reagieren noch stärker auf negative Bestrafungsaktionen. All diese vielfältigen Zusammenhänge zwischen Persönlichkeit, Lernstil, Erziehungs- und Beziehungsarbeit werden wir in den späteren Kapiteln immer wieder kennenlernen.

ENTSCHEIDUNGEN INDIVIDUELL TREFFEN

Wichtig für uns menschliche Bezugspersonen ist die Kenntnis, dass die Grundlage für Persönlichkeit oftmals schon beim Welpen, bisweilen sogar schon im Mutterleib gelegt wird. Der Mensch, der zunächst als Züchter:in und später als Hundehalter oder Hundehalterin agiert, hat jedoch die Möglichkeit, auf dieser „vorbereiteten Klaviatur zu spielen" und die richtigen Entscheidungen für dieses Lebewesen zu treffen.

Mit dieser Bewusstseinshaltung wird das Leben mit „diesem" Hund für alle Beteiligten erfreulicher werden, als wenn man mit der Pauschalparole „Hund ist gleich Hund" alle über einen Kamm scheren will. Die Ausrede: „Das ist typisch für diese Rasse", oder „Der ist zu selbstbewusst, den kann man nicht erziehen", gilt nicht! **Wir sind gefragt als umsichtige, einfühlsame Erzieher, um all das Gute zu bestärken, das in jedem Hund schlummert.**

KOMMUNIKATION UND VERSTÄNDIGUNG

Hunde kommunizieren und verständigen sich, diese Tatsache erscheint jedem Hundehalter so selbstverständlich wie der Fakt, dass Hunde sich zum Schlafen hinlegen und die Augen schließen.

Für uns Verhaltensforscher ist es leider nicht ganz so einfach: Um ein Verhalten nachzuweisen, bedarf es immer einer langwierigen Untersuchung, die nicht ohne Statistik auskommen kann. Nur wenn wir eine Vielzahl von Tieren in gleichartigen Situationen, mit und ohne das vorangegangene, von uns als Kommunikationssignal vermutete Verhalten beobachtet haben, können wir statistisch feststellen, ob hier wahrscheinlich ein kommunikativer Vorgang vorliegt.

Stellen Sie sich z. B. vor, eine Tierart würde immer zuerst einen Knoten in den Schwanz knoten, bevor sie Artgenossen beißt. Wenn eines Tages durch statistisch auswertbare Beobachtungen festgestellt werden kann, dass der Artgenosse bereits flieht, bevor der Biss erfolgt – weil er den Knoten im Schwanz seines Gegenübers gesehen hat – können wir das Verhalten „Knoten im Schwanz" mit Fug und Recht als Drohverhalten betrachten.

Die im Kasten aufgeführte und von dem amerikanischen Verhaltensbiologen Peter Marler aufgestellte Definition (siehe Gansloßer 2020; Gansloßer et al., 2020) ermöglicht es uns zunächst, anhand der Beobachtung zweier Lebewesen festzustellen, ob und welche Kommunikation zwischen zwei Tieren stattgefunden hat. Bei unserem fiktiven Fall „Knoten im Schwanz" können wir also behaupten, dass hier deutlich kommuniziert wurde. Denn der fliehende Artgenosse stellt selbst die Energie für die Verhaltensänderung zur Verfügung und wird keineswegs von seinem Artgenossen körperlich zum Wegrennen gezwungen.

Weil ein klarer, eindeutiger Kommunikationsfluss, ohne viele Missverständnisse, Ausgang und Befeuerung für eine gute Bindung ist, wollen wir uns Kommunikationsformen zwischen Mensch und Hund etwas genauer ansehen.

INTERPRETATION VON KOMMUNIKATION

Kommunikative Vorgänge wurden durch langwierige Beobachtungen von Hunden, Wölfen, Mensch-Hund-Teams und anderen Lebewesen studiert. Dabei konnte so mancher Mythos rund ums Hundeverhalten enttarnt werden. So konnten z. B. aufwendige Beobachtungen von Kaniden in potenziell spannungsgeladenen Situationen zeigen, dass Verhaltensweisen wie Leckintention, Pföteln oder „Sich-klein-Machen" durchaus dazu dienen, sein Gegenüber milde zu stimmen – es sind **Signale des Beschwichtigungsverhaltens** (siehe Blankenburg et al., 2014).

DEFINITION KOMMUNIKATION

Einer allgemeinen verhaltensbiologischen Kommunikationsdefinition zufolge ist Kommunikation ein Vorgang, bei dem ein Tier das Verhalten eines anderen beeinflusst, ohne für diese Verhaltensänderung selbst die unmittelbar nötige Energie zur Verfügung zu stellen.

Andere Verhaltensweisen dagegen, denen bisweilen auch beschwichtigender Charakter zugeschrieben wurde, wie etwa Gähnen, Sich-Strecken oder Urin-Absetzen, zeigten sich nicht als bevorzugt in konfliktträchtigen Situationen auftretend und hatten daher wahrscheinlich auch nicht nur rein kommunikativen Charakter.

Das zeigt bereits, dass man auch als Hundehalter sehr vorsichtig sein muss, bevor man dem Verhalten seines Hundes Kommunikation unterstellt. Noch schwieriger ist es, wenn man die Frage „Absicht" dazu abklären muss. Kommunikation kann auch unabsichtlich stattfinden. Wenn etwa ein Hund zum Futternapf geht und sein futterneidischer Artgenosse daraus schließt, dass sich dort etwas Leckeres befindet, um dann durchzustarten, ist dies keineswegs im Interesse des Senders. Der würde seine Absichten lieber geheim halten.

Wobei gerade der Zugang zum Futter bei Hunden ohnehin eine andere Bedeutung hat und nicht so geheim gehalten werden muss, wie etwa bei unserer äffischen Verwandtschaft, die wunderbare Strategien entwickelt hat, gefundenes Futter vor Artgenossen zu verheimlichen.

LUG- UND TRUG-MANÖVER

Lug und Trug ist auch bei Hunden nicht unüblich. Auch Hunde sind in der Lage, falsche Informationen zu senden, oder einander und auch den Menschen durch gezielte Desinformation auf den Holzweg zu führen. Gerade im Zusammenhang mit dem Futternapf kennen viele Hundehalter dies aus ihrer eigenen Familie. Ein Hund stürmt bellend zur Tür, als ob dort ein Fremder geklingelt hätte. Kaum folgt ihm der andere mit noch stärkerem Gebell und noch schnelleren Sprüngen, dreht der erste um und rennt zielsicher zum Napf.

Dies ist bereits die zweite Stufe der Stufenleiter von zunehmend komplizierteren Lug- und Trugmanövern unter Tieren (Whitten und Byrne, siehe Gansloßer et al., 2020). Die erste Stufe wäre das einfache Zurückhalten von Information. So etwas kommt sehr wohl vor, vor allem aber im Zusammenspiel zwischen Hund und Mensch. In einer ganzen Reihe von Untersuchungen, z. B. in der Arbeitsgruppe von Juliane Kaminski, damals noch Leipzig, konnte gezeigt werden, dass Hunde sehr viel schneller aus einem Futterbehälter verbotenes Futter klauen, wenn dieser sich lautlos bedienen und öffnen ließ. War der Futterbehälter z. B. mit einem Glöckchen verbunden, waren die Hunde sehr viel vorsichtiger.

Die Autorin konnte auch zeigen, dass Hunde besonders schnell zu einer vorher verbotenen Futterschüssel gingen, wenn diese im Dunkeln stand. Die einen stehen eben im Dunkeln und die anderen im Licht. Und wie schon der Dichter Brecht wusste, wissen auch Hunde: Man sieht nur die im Lichte, die im Dunkeln sieht man nicht. Ablenken, wegführen und heimlich stehlen ist also durchaus bereits eine höhere Form geistiger Leistung bei Lug- und Trugmanövern im Tierreich.

VORTÄUSCHEN EINER SITUATION

Vortäuschen von nichtvorhandenen Situationen wurde auch von einer Hundehalterin in folgender Weise geschildert: Ihr Hund durfte erst dann von der Leine, wenn er beim Spaziergang Kot abgesetzt hatte. Folglich konnte sie nach sehr kurzer Zeit beobachten, dass der Hund sich hinhockte und mit allen erdenklichen Verhaltensweisen so tat, als ob er Kot absetzen würde. Es kam aber nichts, er war noch nicht so weit. Trotzdem versuchte er offensichtlich auf diese Weise, früher von der Leine zu kommen.

Noch eine höhere Stufe wäre, wenn man etwas vortäuscht, was gar nicht da ist. Auch dafür gibt es durchaus Belege im Zusammen-

leben zwischen Hund und Hund und sicher auch zwischen Hund und Mensch.
Eine erstaunliche Leistung in diesem Zusammenhang beschrieb beispielsweise Sophie Strodtbeck mit ihrer Mehrhundehaltung. Der Beaglerüde hatte es sich im Lieblingskörbchen des kleinen Chihuahuas gemütlich gemacht und war durch nichts von dort herauszubringen. Daraufhin rannte der Chihuahua zielsicher in die Küche und klapperte gezielt mit dem Futternapf des Beaglerüden. Das konnte sich der rassetypisch etwas gefräßige Beagle dann doch nicht bieten lassen. Er stürmte sofort auf seinen Futternapf zu und der Kleine war im Flug in seinem Körbchen gelandet und hatte seinen Lieblingsruheplatz wieder.

MANIPULATION UNTER PRIMATEN

Die vierte Stufe, einen Artgenossen als Sündenbock zu nutzen, wurde bei Primaten, vor allem bei Menschenaffen, häufiger beobachtet. Das Phänomen der gesicherten Drohung, das der Primatenforscher Hans Kummer zuerst bei Pavianen beschrieb, zeigt das exemplarisch. Hier droht ein Rangtiefer einem Ranghöheren so, dass sich der Ranghöchste der Gruppe im Rücken des drohenden, rebellischen Rangtiefen befindet. Droht nun der Rangmittlere seinem rebellischen Untergebenen zurück, bezieht dies der Chef auf sich und greift den Rangmittleren an. Hier wurde deutlich der Rangmittlere durch den Einsatz des Ranghöchsten bestraft, und der Rangtiefste der drei hat den Chef ganz offensichtlich manipuliert. Auch unter Hunden werden solche Formen der sozialen Manipulation bisweilen berichtet, leider sind systematische Untersuchungen zu diesem Thema bisher nicht vorgenommen worden. Als Hundehalter sollte man also nicht ganz leichtgläubig sein und nicht immer einem Hund ehrliche Absichten unterstellen. Hunde sind hoch soziale Lebewesen, die zu taktischen Manövern durchaus in der Lage sein können.

DAS SCHLECHTE GEWISSEN

Kaum sind wir aus der Tür oder das Licht ist aus, kommt die kriminelle Seite unserer Hunde zum Vorschein: Da wird in Betten gewühlt, der Mülleimer durchstöbert oder der Essensrest vom Tisch vertilgt. Fast jeder Hundehalter kann entsprechende Geschichten über solche Übeltäter erzählen – und ist sich sicher, dass die Hunde bei unserer Heimkehr ein schlechtes Gewissen haben. So bleiben sie schuldbewusst im Korb liegen, statt uns wie gewohnt fröhlich zu begrüßen – ein Indiz dafür, dass eine oder mehrere Hausregeln in unserer Abwesenheit gebrochen wurden. Diese millionenfache Beobachtung in Haushalten mit Hunden wurde bereits intensiv untersucht, beispielsweise von der amerikanischen Hundeforscherin Alexandra Horowitz (2009).

Hunde wissen, wann wir sie nicht mehr im Blick haben und nutzen solche Gelegenheiten gern aus.

VERSUCHSAUFBAU

Sie brachte Mensch-Hund-Teams in einen Versuchsraum, in dem sich eine Schüssel mit Futter befand. Dem Hund wurde gezielt verboten, diese Futterschüssel zu berühren, woraufhin sein Mensch den Raum verlassen musste. Kaum war er verschwunden, betrat die Versuchsleiterin den Raum und je nach Versuchsgruppe wurden unterschiedliche Manipulationen vorgenommen. Bei einer Gruppe achtete auch die Versuchsleiterin darauf, dass der Hund den Napf nicht leer fraß. Bei einer anderen Gruppe erlaubte sie ausdrücklich dem Hund, sich am Napf zu bedienen. Bei einer dritten Gruppe nahm sie selbst das Futter aus dem Napf. Bevor der Halter den Raum wieder betrat, füllte sie bei einem Teil der vorher von ihr oder vom Hund geleerten Näpfe erneut nach. Der Halter sah nun einen leeren Napf, wobei entweder sein Hund oder die Versuchsleiterin dafür verantwortlich waren, oder einen vollen Napf, der jedoch möglicherweise vorher vom Hund leer gefressen und von der Versuchsleiterin wieder nachgefüllt worden war.

VERSUCHSERGEBNIS

Bemerkenswert war, dass nur diejenigen Menschen einen Ansatz von schlechtem Gewissen bei ihren Hunden entdeckten, die vor einem leeren Napf standen. Wurde ihnen dagegen erklärt, ihr Hund hätte das Verbot weiterhin beachtet (auch wenn er es sich auf Einladung von Frau Horowitz schmecken ließ und diese hinterher das Futter ergänzte), so sahen sie kein schlechtes Gewissen. Aufschlussreich waren auch die Auswertungen der parallel angefertigten Videoaufnahmen. Hier zeigte sich nämlich, dass das sogenannte schlechte Gewissen erst dann einsetzte, wenn der Mensch bereits angesichts des leeren Napfes begann, den Hund zu schimpfen oder anderweitig zu maßregeln. Was die Menschen sahen, war schlichtweg submissives und beschwichtigendes Verhalten.

Eine weitere Vermutung der Forscherin, die erklären könnte, warum Hunde oft auch dann schon schuldbewusst gucken, bevor der Mensch die Missetat entdeckt hat: Es könnte sein, dass Hunde angesichts der Übel-

MANIPULATIVE STRATEGIEN

Grundsätzlich gilt: Viele Hunde haben das Bestreben, ihre tägliche Futterration zu erhöhen. Um dies zu erreichen, entwickeln sie im Umgang mit uns und Artgenossen manipulative Strategien, die je nach Situation als Täuschungs- oder Beruhigungsmanöver bezeichnet werden können.

Um uns austricksen zu können, müssen Hunde uns genau beobachten und Schwachstellen ausloten: Sie wissen, wann es dunkel ist, wir weniger wahrnehmen, weil wir eingedöst sind oder vergessen haben, die Tür zum Abfalleimer zu schließen. Sie warten dann, bis wir aus dem Haus gegangen oder eingeschlafen sind und bedienen sich in aller Ruhe.

Besitzrespektierung

Dieses Verhalten macht für Hunde durchaus Sinn, untereinander gilt die „Besitzrespektierung“: Solange ein Artgenosse seine Freude am Ball oder einem Knochen hat, wird höchstens neidisch geguckt, aber das gute Stück nicht geklaut. Verliert der rechtmäßige Besitzer aber das Interesse und entfernt sich, dann gilt: „weggegangen, Platz vergangen“, der Ball oder Knochen wird enteignet. Der ursprüngliche Inhaber ist dann an der Reihe mit neidisch gucken. Wenn wir das Interesse am Müll/Essen auf dem Tisch oder unserem bevorzugten Liegeplatz, dem Bett, verlieren, haben wir diese Dinge zum Gebrauch freigegeben!

Hunde lernen, dass uns manche Dinge „heilig" sind – aber auch, wann wir diese im Blick haben.

tat (die Auflaufform vom Tisch liegt leer auf dem Boden/überall liegt Müll verstreut) daran erinnert werden, dass diese Situation den Menschen in der Vergangenheit schon des Öfteren wütend gemacht hat. Deshalb wird unterwürfiges Verhalten gezeigt, sobald wir den Raum betreten und sehen, was uns nicht gefällt. Aber als „schlechtes Gewissen", also dem Bewusstsein, etwas Verbotenes getan zu haben, lässt sich dieses Verhalten aller Wahrscheinlichkeit nach nicht erklären, eher als vorbeugende Reaktion auf ein erwartetes Verhalten von uns.

STRAFE FÜR „ZERSTÖRUNGSWUT"?

Häufig wird der Begriff des schlechten Gewissens auch dann eingesetzt, wenn Hunde z. B. in Abwesenheit ihres Menschen in der Wohnung Schäden angerichtet haben. Dieses Verhalten wird häufig als Folge einer echten Trennungsstörung gezeigt und ist damit Zeichen eines Bindungsproblems. Kommt der Mensch nach Hause, sieht das zerrissene Sofakissen und einen Hund, der ein eindeutig unterwürfiges Verhalten zeigt, dann entsteht schnell die Meinung, dem Hund wäre bewusst, dass er etwas Verbotenes getan hat. Wird der Hund dann von seinem Menschen heftig geschumpfen (nach dem Motto: „Er kann es ja auch lassen, denn er weiß ja, dass es verboten ist"), kann der Hund durch dieses Verhalten noch stärker verunsichert, in einen noch stärkeren inneren Konflikt gebracht und damit insgesamt das Bindungsproblem verschärft werden. Gerade im Zusammenhang mit Zerstörungen in Abwesenheit des Menschen wurden anekdotisch von einigen Mehrhundehaltern auch schon Beobachtungen geschildert: Die Hunde „wissen", welche Reaktion des Menschen jetzt bevorsteht.

So kam es wiederholt vor, dass ein jüngerer, noch unerfahrener Hund irgendwelche Schäden anrichtete, den Mülleimer ausräumte oder auch mal sein Geschäft in der Wohnung verrichtete. Kam der Mensch nach Hause, verzog sich zuerst der Althund. Denn dieser wusste genau, dass es jetzt Ärger gab, auch wenn er nicht die Ursache dafür war.

Das zeigt einmal mehr, dass das sogenannte schlechte Gewissen eben eine Verknüpfung zwischen dem Nachhausekommen des Menschen, dem Vorfinden eines unbefriedigenden Zustandes und dem nachfolgenden, oft unangenehmen Verhalten des Menschen ist.

Hunde können flexibel in ihrem Kommunikationsrepertoire hin- und herwechseln.

UMGANG MIT INFORMATIONEN

Hunde sind aber auch andererseits in der Lage, Menschen zu durchschauen, die ihnen falsche Informationen geben. Hierzu wurden in verschiedenen Arbeitsgruppen bereits mehrere Versuchsreihen angefertigt. So ist es ein gängiges Versuchsschema, dem Hund zwei Futternäpfe hinzustellen, einen mit viel und/oder schmackhafterer, den anderen mit weniger und/oder weniger schmackhafter Nahrung (z. B. Wurstscheiben und Trockenfutterpellets). Zeigt nun ein Mensch scheinbar starkes Interesse an dem kleineren und/oder unattraktiveren Futterhaufen, interessiert sich auch der Hund mehr für diese Futterportion. So weit, so schlecht, hier ist das Vertrauen des Hundes in den Menschen also offensichtlich ihm selbst im Weg. Spannend wird es allerdings, wenn man diese Versuchsreihen wiederholt und vergleicht, wie andere Beziehungsmerkmale des betreffenden Mensch-Hund-Teams hier Einfluss nehmen können. So konnten beispielsweise zwei Mitarbeiterinnen der Budapester Arbeitsgruppe (B. Turcsan und E. Kubinyi, 2012) zeigen, dass Menschen, die in einer gesicherten, stabilen Bindung mit ihrem Hund leben, diesen im genannten Versuch seltener in die Irre führen konnten als Menschen, deren Hund eine sehr unsichere, abhängige Bindung zu ihnen aufwies. Der Bericht über dieses Phänomen wurde überschrieben: „Abhängige Hunde sind leichter zur Diät bereit“.

AUCH KINDER LASSEN SICH BEIRREN

Interessanterweise verhalten sich kleine Kinder ähnlich und lassen sich wie Hunde in die Irre führen: In einem Versuch wurde Hunden, Wölfen und Kleinkindern zwei Becher gezeigt, der eine wurde vor ihren Augen über eine Leckerei, der andere über Luft gestülpt. Jetzt zeigten die Versuchsleiter auf den leeren Becher – Kind und Hund ließen sich verwirren, Wölfe vertrauten dem, was sie gesehen hatten. Tauschte man allerdings den Versuchsleiter nach dem Versteckvorgang aus und ließ eine neue Person auf den falschen Becher zeigen, dann verließen sich auch die Hunde auf ihr eigenes Urteil und ignorierten – anders als die Kinder – den falschen Tipp des Menschen.

Die Forscher erklären sich dieses Verhalten damit, dass für kleine Kinder Erwachsene bis zu einem bestimmten Alter die Vermittler wichtiger Kulturtechniken sind, die sie ungefragt übernehmen. Auch Hunde scheinen disponiert zu sein auf großes Vertrauen in unser Wissen – es sei denn, sie wissen, dass wir es nicht besser wissen können als sie.

VERTRAUENSWÜRDIGKEIT

Besonders leicht ließen sich Hunde auch dann bei den Zeigetest-Versuchen von ihrem Menschen austricksen, wenn dieser vorher zehn Minuten intensiven Sozialkontakt mit Kraulen, Augenkontakt, den Hund ansprechen und anderen positiven und freundlichen Verhaltensweisen gezeigt hatte (Orsolya Kanizsar et al., 2012). Eine japanische Arbeitsgruppe (Takaoka et al., 2012) konnte zeigen, wie Beobachtungen Hunde in ihrem Urteil beeinflussen, ob sie einen Menschen als vertrauenswürdig einstufen: Zwei Versuchsgruppen von Hunden beobachteten entweder, wie ein Versuchsleiter einen mit Futter gefüllten Behälter oder einen leeren Behälter öffnete. In keinem Fall wurde der Hund anschließend gefüttert. Trotzdem folgten die Hunde im nachfolgenden Zeigetest viel leichter und häufiger den Zeigegesten desjenigen Versuchsleiters, der vorher den vollen Container geöffnet hatte. Die Zeigegesten des Versuchsleiters, der vorher den leeren Container geöffnet hatte, blieben weitgehend unbeantwortet.
Diese Versuche zusammengenommen lassen uns durchaus vorsichtiger werden, wenn wir zukünftig mit unseren Hunden, vielleicht aus einer kurzfristigen Bequemlichkeit heraus, falsche Informationen kommunizieren – z. B., wenn wir ein Leckerli fürs Kommen ankündigen und es dann aber gar nicht geben. Möglicherweise beschädigen wir damit unsere Vertrauenswürdigkeit, und gerade Hunde, die in einer guten, gesicherten Bindung zu uns leben, werden dann früher oder später beginnen, ihren eigenen Entscheidungen zu folgen.

HUNDE BEHERRSCHEN ZWEI SPRACHEN

Im Zuge der Haustierwerdung des Haushundes hat dieser auch eine sehr merkwürdige Veränderung seines Verhaltens dem Menschen gegenüber vollzogen. Stellen Sie sich eine kleine Alltagssituation vor: Sie sind mit Ihrem Hund im intensiven Spielverhalten. Ihr Hund lacht Sie breit über alle Backen an. Dieses Lachen des Hundes, wie Feddersen-Petersen (2008) zeigte, ist eine speziell zur Kommunikation mit dem Menschen entstandene Handlung. Hunde „lachen" in der Regel nur gegenüber besonders vertrauenswürdigen, netten und für sie wertvollen Menschen. Wenige Sekunden später zeigt der Hund Ihnen gegenüber dann eine Vorderkörpertiefstellung, um Sie zur Fortsetzung des Spielens aufzufordern. In wenigen Sekunden hat er also zunächst sich vermenschlicht und anschließend Sie verhundlicht. Dieses ständige Hin- und Herwechseln im Kommunikationsrepertoire zwischen hundlichem und menschlichem Verhalten scheint typisch für das Verhalten gut sozialisierter Familienhunde beim Umgang mit ihrem Menschen. In ähnlicher Weise können auch wir uns durchaus verschiedener Bereiche der Kommunikation bedienen, wenn wir mit unserem Hund etwas zu klären haben. Wie Paul McGreevy et al. (2012) zeigen, kann von uns nicht nur die Kommunikation, sondern auch der Verhaltensbereich gewechselt werden. Bringen wir unserem Hund einen Trick bei, bedienen wir uns der Methoden der Lernförderung. Üben wir eine Wohlfühlmassage aus, bedienen wir uns der Mechanismen, die im Zusammenhang mit Sozialverhalten und Stressphysiologie stehen. Verbieten wir ihm, unser Brötchen zu klauen, handeln wir mit Verhaltensweisen aus dem Bereich der Ressourcennutzung, also letztlich der Verhaltensökologie. Je mehr verschiedene Möglichkeiten wir nutzen, umso erfolgversprechender wird unser Umgang mit dem Hund sein.

HUNDE WISSEN VIEL ÜBER UNS …

Hunde beobachten Menschen sehr genau. Sie können, wie in den Zusammenstellungen beispielsweise von Bräuer (2014) gezeigt wird, das Verhalten eines Menschen vorhersagen, wenn sie diesen Menschen in vergleichbaren Situationen wiederholt beobachtet haben, sie können sich aufgrund ihrer eigenen Verhaltensflexibilität daran anpassen, und sie sind durchaus auch in der Lage, zu erkennen, was der Mensch momentan gerade sieht und was er nicht sieht. Sie sind aber offensichtlich nicht in der Lage, aus dem, was der Mensch vorhergesehen hat, Rückschlüsse auf ihr eigenes Verhalten zu ziehen. Sie können dem Menschen zeigen, wo ihr Lieblingsspielzeug oder Futter versteckt ist, an das sie selbst nicht herankommen. Sie zeigen ihm aber nur bedingt, wo ein Werkzeug versteckt wurde, mit dem der Mensch gerade gearbeitet hat. Wenn überhaupt, so zeigen sie dies eher ihrem eigenen Halter. Hier unterscheiden sie sich grundlegend von kleinen Kindern, die auch fremden Versuchshelfern jederzeit zu zeigen bereit sind, wo etwa die Schere versteckt wurde, mit der sie vor kurzem noch Bilder aus einer Zeitung ausgeschnitten und dann in ein Album eingeklebt hatten.

STIMMUNGSÜBERTRAGUNG

In sehr viel basaleren Zusammenhängen kann durch die gute Beobachtung des Menschen seitens seines Hundes auch sehr leicht Stimmungsübertragung und sogar eine sehr schnelle, auf motorischer Nachahmung bzw. „Ansteckung" basierende Kopie des menschlichen Verhaltens auf Hundeseite stattfinden. Elisa Palagi und Gianna Cordoni (2022) haben diese motorische und möglicherweise auch emotionale Übertragung von Stimmungen zwischen Mensch und Hund mit der zwischen Wolf und Wolf bzw. Hund und Hund verglichen. Eine schnelle, auf motorischer Kopie des gezeigten Verhaltens beruhende Reaktion ist dabei zwischen dem Menschen als Sender und Hund als Empfänger sehr deutlich nachgewiesen worden. Im Zusammenhang damit steht auch das Gähnen. Nicht nur die Arbeit von Palagi und Cordoni, sondern auch eine neue Zusammenstellung zum Thema Gähnen bei verschiedenen Tierarten von Andrew Gallup (2022) zeigten, dass Gähnen im Sinne einer Stimmungsübertragung, auch im sozialen Zusammenhang, z. B. Gruppenaktivitäten koordinieren kann, die allgemeine Wachsamkeit des beobachtenden Individuums beeinflusst, und der beobachtete Sozialpartner, den man beim Gähnen sieht, mehr einen allgemeinen Hinweis als ein spezifisches Signal für eine ganz bestimmte Handlung darstellt. Physiologische Ursachen für Gähnen können durchaus auch in einer veränderten Gehirntemperatur, einem nachlassenden allgemeinen Erregungszustand oder einem allgemein gestiegenen Empfinden von Belastung und Ängstlichkeit bestehen. Der Beobachter ist in all diesen Fällen nicht geneigt, das Gähnen zu wiederholen, wenn in seinem eigenen Inneren die genannten Zustände nicht gleichzeitig herrschen. Sollte jedoch der Beobachter das Gähnen als allgemeinen sozialen Hinweis deuten, könne er selbst ebenfalls aufmerksamer werden.

HILFE HOLEN

Die häufig in Fernsehfilmen wie „Lassie" oder „Rex" dargestellte Situation, dass ein Hund gezielt Hilfe holt, wenn der Mensch ein Problem hat, ist dagegen bisher in ernsthaften Untersuchungen kaum jemals belegbar gewesen. Wenn überhaupt, so fühlen sich Hunde durch außergewöhnliches Verhalten von Menschen verunsichert und reagieren wiederum darauf mit verändertem Verhalten. Schwimmt ein Hund zu einem Ertrinkenden, der um Hilfe ruft und mit den Armen rudert, oder bellt ein Hund, wenn im Wohnzimmer eine Gardine lichterloh brennt, so könnte er neugierig oder aufgeregt sein und dadurch Aufmerksamkeit erregen, die dann zur Rettung führt. Hierzu wurden gezielt Versuche durchgeführt und geschaut, was Hunde machen, die ihren Menschen in einer gestellten Unfallsituation vorfinden – z. B. liegend unter einem umgestürzten Regal (Macpherson und Roberts, 2006). Das Ergebnis: Manche Hunde reagierten mit unsicherem Gebell, andere aber auch durch Spielaufforderung oder legten sich sogar einfach neben ihren Menschen. Allerdings räumen die Autoren ein, könnten die Hunde „gerochen" haben, dass es sich nicht um eine echte Notfallsituation handelte, da die Menschen nicht echte Angst empfunden hätten.

DURCH AUSBILDUNG ZUM HELDEN

Anders sieht es aus, wenn man Hunde durch Ausbildung zum Helden werden lässt: So retten Neufundländer am italienischen Gardasee Touristen vor dem Ertrinken. Sie wurden darauf trainiert, auf entsprechende Verhaltensweisen Untergehender zu reagieren. Katastrophenschutzhunde suchen in Trümmern nach Überlebenden, Behindertenbegleit- und Assistenzhunde öffnen Türen oder schalten das Licht ein. Hier helfen eine aufwendige Ausbildung und die feinen Sinne des Hundes.
Wir können also unseren Hund bitten, die Tür zu öffnen, wenn wir mit Einkäufen beladen sind. Dies funktioniert aber nur dann, wenn der Hund Türen öffnen kann und sein Mensch vorher angedeutet hat, dass er gern durch diese Tür gehen möchte. Von allein würde kein Hund auf die Idee kommen, dass wir seine Hilfe brauchen. Ganz anders sieht es dagegen aus, wenn Hunde selbst einen Vorteil davon haben, die Tür zu öffnen: Sie können auf diese Weise ins Schlafzimmer und im Bett toben, wenn wir sie allein gelassen haben, oder die Tür zur Küche öffnen, in der Hoffnung, dass wir Essen auf dem Tisch vergessen haben.

AUS DER PRAXIS: EIN HUND AUF EIGENEN WEGEN

Als junger Hund hat Erna sehr schnell alles gelernt, was von ihr verlangt wurde, sie war wirklich ein braver, schlauer Hund. Doch in ihrer Brust lebte stets eine zweite Seele: So kooperativ und lieb sie sich im direkten Umgang verhielt, sobald wir (KK) abgelenkt waren oder das Haus verließen, öffnete sie Türen und sogar Fenster, sprang über Zäune in Nachbars Garten, um den Misthaufen zu untersuchen, im Gartenteich eine Runde zu schwimmen oder auf Hasenjagd zu gehen. Im Haus lernte sie mit fünf Monaten, Türen zu öffnen, mit neun Monaten hatte sie den Fensterhebelmechanismus der alten Bauernhoffenster durchschaut und öffnete auch diese, um mit einem eleganten Sprung im Vorgarten zu landen. Von dort aus konnte sie in aller Ruhe den Hunden in der Nachbarschaft einen Besuch abstatten, bis wir wieder zurück waren.
Häufig wurden ihre Ausflüge nicht bemerkt, weil sie bei der Rückkehr schon wieder auf ihrem Platz lag – ein Erfolgserlebnis für Erna, das sie mit Sicherheit darin bestärkte, dass es sich lohnt, auszubrechen. Einmal jedoch lag sie mit Unschuldsmiene nass im Hundekorb – und wir wussten sofort, dass sie wieder mal in Nachbars Schwimmteich ihre Bahnen gezogen hatte. Diese Hündin war fantastisch in der Zusammenarbeit mit dem Menschen, sehr sozial gegenüber Kindern und Artgenossen – aber genauso gut darin, zu erkennen, wann wir abgelenkt oder weg waren, um dann selbst für ihr Amusement zu sorgen.

EINFÜHLEN UND MITFÜHLEN

Hunde können unser Verhalten sehr gut lesen, die inneren Zustände daraus erschließen und sich dementsprechend angepasst verhalten.

Alexandra Horowitz (2011) vermutet bei Hunden Ansätze zur Fähigkeit, sich in den Blickwinkel und in die derzeitige Gemütslage des Menschen hineinzuversetzen und daraus Schlussfolgerungen zu ziehen. Diese Theorie unterstützen beispielsweise auch neueste Untersuchungen mit Hilfe bildgebender Verfahren des Hundegehirns. Attila Andics und sein Team aus Budapest haben über die Jahre 20 Hunde darauf trainiert, in einem MRI-Gehirnscanapparat sieben Minuten lang ruhig zu liegen. In dieser Zeit wurden ihnen verschiedene Tonbandaufnahmen vorgespielt. Einmal handelte es sich dabei um lachende Menschen, dann um weinende Menschen, schließlich um Hunde, die spielerisch bellten, und um jaulende und winselnde Hunde. Die Aufnahmen stammten jeweils von Individuen, die der betreffende Hund nicht persönlich kannte. Trotzdem reagierten die gleichen Gehirnregionen auf das Lachen des Menschen und das Spielbellen des Hundes. Andere Regionen, die eher mit negativen Emotionen assoziiert sind, reagierten auf das Weinen des Menschen und das jammernde Winseln des vereinsamten Hundes. Meyer und Custance (2014) zeigten noch weitergehend, dass Hunde unterschiedlich reagieren, wenn ihr eigener Mensch vorgibt, zu weinen, oder ein Fremder dies tut. Bemerkenswerterweise näherten sie sich dem weinenden Fremden sofort an, leckten ihn und versuchten, durch Körperkontakt Trost zu spenden. Dem eigenen Halter gegenüber zeigten sie mehr unterwürfiges Verhalten und insgesamt eher Verunsicherung.

FÄHIGKEIT ZUR EMPATHIE

Dass Empathie nicht auf die Hund-Mensch-Beziehung beschränkt, sondern auch unter Artgenossen weit verbreitet ist, konnten Untersuchungen einer italienischen Arbeitsgruppe z. B. an Wölfen belegen (Palagi und Cordoni, 2009). Dort kam es immer wieder vor, dass nach einem Streit zwischen zwei Wölfen unbeteiligte Dritte sich dem Verlierer des Geschehens gezielt freundlich annäherten und ihn mit sozialer Körperpflege, Fellstupsen und anderen positiv getönten Verhaltensweisen „trösteten". Auffallend war dabei, dass die Trostspender oftmals die eigentliche Auseinandersetzung gar nicht beobachten konnten. Sie mussten also am Verhalten des geknickten Verlierers gesehen

»Empathie ist bei Hunden durchaus im Gehirn verdrahtet und kann sie dazu bringen, auch bei fremden Menschen richtig zu reagieren.«

Nicht nur was, sondern auch wie wir etwas sagen, hat für Hunde Informationsgehalt.

haben, dass es ihm gerade schlecht ging. Auch diese Fähigkeit, an solchen Verhaltensmerkmalen, sei es Lautgebung, Körperhaltung, Mimik oder anderen, die Hilfsbedürftigkeit des Artgenossen zu erkennen und darauf richtig zu reagieren, können kleine Menschenkinder durchschnittlich erst im Alter von zweieinhalb Jahren.

GÄHNEN ALS BESCHWICHTIGUNG?

Besonders häufig untersucht wurde, ob Gähnen als Anfang einer Stimmungsübertragung auch Empathie bei Hunden anzeigen würde. In den letzten Jahren wurden zu diesem Thema insgesamt mehr als ein halbes Dutzend Studien, mit unterschiedlichem Ansatz, veröffentlicht. Sowohl Tonbandaufnahmen von gähnenden Menschen als auch ein vor dem Hund sitzender, gähnender Versuchsleiter konnten tatsächlich Stimmungsübertragung auslösen. Jedoch waren in beiden Fällen bekannte Menschen oder gar die Hundehalter erfolgreicher als unbekannte. Eine Kombination mit Speichelcortisolmessungen zeigte, dass stressanfälligere Hunde sich auch leichter zum Gähnen anstecken ließen. Trotzdem konnte keine dieser Studien Gähnen als gezieltes Beschwichtigungssignal bestätigen. Diese, in der Hundeszene immer noch weit verbreitete Fehleinschätzung, ist daher wissenschaftlich scharf zurückzuweisen. Gähnen wird in sehr verschiedenen Zusammenhängen gezeigt und kann auch durchaus ein Übersprungverhalten in unklaren oder konfliktgeladenen Situationen sein. Gähnen hat aber auch eine Reihe von Bedeutungen im positiven Verhaltenszusammenhang, etwa zur Feinabstimmung der Gruppenaktivitäten oder als Aufforderung, eine langweilige Aktivität zu beenden und stattdessen etwas anderes zu starten. Gähnen kann sowohl eine entspannte Reaktion auf eine vertraute Person, mit einer dadurch nochmals gesteigerten Wohlfühlatmosphäre, als auch eine Konfliktreaktion auf eine unsichere und/oder unbekannte Person sein. Auch die bereits zitierte Zusammenstellung von Andrew Gallup (2022) zeigt in keinem einzigen beschriebenen Zusammenhang, weder bei Säugetieren noch bei anderen Tierarten, eine mögliche Beschwichtigungsfunktion. Wie bereits erwähnt, kann allgemein gestiegene Aufmerksamkeit oder auch ein allgemein gestiegenes inneres Empfinden von Belastung oder Ängstlichkeit durchaus Gähnen hervorrufen, was dann die beobachtenden Sozialpartner zu einer ebenfalls erhöhten Aufmerksamkeit motivieren kann. Eine beschwichtigende Funktion im sozialen Zusammenhang ist dagegen nicht ablesbar.

REAKTION AUF UNBEKANNTE OBJEKTE

Auch bei der Begegnung mit unbekannten Objekten können Hunde erkennen, ob der Mensch diesen Objekten gegenüber positive oder negative Stimmungen ausdrückt. Dieses Wissen können wir gezielt für Trainings – z. B. mit dem Dummy für die Apportierarbeit – nutzen. So zeigten Hundehalter in einem Versuch einer Flasche gegenüber positive Emotionen und versuchten, Glück und Freude auszudrücken, einer anderen Flasche dagegen Ekel und Abneigung. Die Hunde apportierten hinterher bevorzugt die Flasche, die der Mensch mit freudiger Erregung kommentiert hatte (Turcsan et al., 2014).

In ähnlicher Weise konnte gezeigt werden, dass Hunde sich bevorzugt einem mechanischen, unbekannten Spielzeug (hier ein fahrender und blinkender Roboter) näherten, wenn ihre Menschen vorher Freude und Begeisterung über diesen, plötzlich unter dem Tisch auftauchenden Gegenstand gezeigt hatten. Hatten die Menschen dagegen mit Ablehnung reagiert, waren auch die Hunde nicht bereit, sich mit dem Gegenstand zu beschäftigen. In diesem Fall wurden sogar die Hundehalter vorher aus dem Raum geholt, sodass der Hund mit dem betreffenden Roboter allein war. Trotzdem hatten die Freude und Begeisterung bzw. die Abneigung und Furcht des Menschen andauernde Langzeiteffekte gezeigt. Diese und viele andere Befunde zeigen also deutlich, dass wir sehr wohl darauf achten sollten, was wir gegenüber unseren Hunden an Emotionen zeigen. **Hunde sind in der Lage, unsere Emotionen zu erkennen! Deshalb kann es sehr wohl sinnvoll und wichtig sein, in der Erziehung, im Training oder bei sportlichen Leistungen seinem Hund eigene Emotionen durch Körperhaltung und Stimmlage zu übermitteln. Durch positive Stimmungen kann man seinen Hund zu einer freudigen Zusammenarbeit und noch höheren Zufriedenheit motivieren.**

AUSWIRKUNG AUF DIE SOZIALISATION

Diese Erkenntnisse können uns besonders bei der Sozialisation von Hunden helfen: Egal ob Kontakte zu fremden Menschen, bei Stadtspaziergängen, ersten Bahn- und Busfahrten oder beim Training, schon Welpen beobachten uns genau und schließen aus unserem Verhalten, ob eine Situation unheimlich und gefährlich oder unbedenklich und sogar schön ist. Eine freundliche Stimme und sicheres Auftreten vermitteln dem Hund Sicherheit und helfen ihm, ungewohnte Situationen schneller positiv anzunehmen und sich in ihnen stressreduziert orientieren zu können. Die später noch ausführlich besprochene Untersuchung von Neessen (2009) zeigt jedoch, dass dies nicht immer und überall geht (siehe S. 326). Nicht jeder Hund ist durch einen Menschen, der seinem zweibeinigen Artgenossen gegenüber freundlich auftritt, auch selber zu einem sozial verträglicheren Verhalten zu motivieren, bei manchen Hunden gilt das genaue Gegenteil.

HUNDE MACHEN SICH EIN BILD UNSERER PERSÖNLICHKEIT

Selbst als Beobachter von Szenen zwischen Menschen oder Menschen und Hunden können neutrale, außenstehende Hunde offensichtlich deren Stimmungen und ihren Charakter sehr gut erkennen. Das zeigte ein Versuch, bei dem zwei Menschen an einem Tisch sitzen, einer isst, der andere möchte gern mitessen. Lässt der essende Mensch seinen Artgenossen teilhaben, so ist der beobachtende Hund hinterher schnell bereit, sich beiden anzunähern und von beiden ein angebotenes Leckerli anzunehmen. Ein egoistischer Mensch, der seinen bettelnden Artgenossen zurückweist, hat dagegen hinterher sehr schlechte Chancen, vom Hund überhaupt beachtet zu werden (Bray et al., 2013; Marshal Pescini et al., 2011; zusammengefasst in Gansloßer und Kitchenham, 2012; siehe auch S. 18).

POSITIVE STIMMUNG BEIM SPIEL

Auch bei Interaktionen zwischen Menschen und Hunden ist die Beobachtungsgabe von fremden Hunden ähnlich gut. Wird in einem Zerrspiel so getan, als ob die Spiellaune irgendwann kippt und der Ernstbezug einhält, so ist der Beobachterhund nicht mehr bereit, mit einem der beiden, weder Hund noch Mensch, hinterher ein Spiel zu beginnen. Zeigt dagegen das Spiel die ganze Zeit deutliche Kriterien von lockerer, entspannter und glücklicher Grundstimmung, so ist der Beobachterhund hinterher sofort bereit, mit beiden, Mensch oder Hund, zu spielen, einerlei, ob der Mensch oder der Hund in dieser Szene der Gewinner war (diverse Spielstudien, zusammengefasst bei Gansloßer und Käufer, 2022). Gerade bei der Kommunikation von spielerischen Absichten und Spiellaune ist es also ganz besonders wichtig, dass wir unserem Hund klarmachen, dass hier Spiel und damit eine entspannte Grundstimmung herrscht.

Dass während eines Spiels niemals übermäßige Kontrolle und Druck auf den Hund ausgeübt werden darf, konnte auch eine Studie aus der Arbeitsgruppe von Adam Miklósi (Horváth, 2008) zeigen. In einer Vergleichsstudie wurden Grenzwächter und Polizeihundeführer beim Zerrspiel mit ihren Hunden beobachtet, die Interaktion in Videoanalysen ausgewertet und der Stresspegel anhand von Cortisol im Speichel der Hunde gemessen. Dabei zeigten die Grenzwächter im Vergleich recht entspanntes Spiel, ohne disziplinarische Maßnahmen, während die Polizeihundeführer das Verhalten ihrer Hunde während des Spiels immer wieder kontrollieren wollten. Dieser unterschiedliche Umgang spiegelte sich deutlich im Spielverhalten und Cortisolgehalt im Speichel wider: Während die Hunde der Grenzsoldaten Fröhlichkeit signalisierten und der Cortisolgehalt während des Spiels sank, zeigten die Hunde der Polizisten körpersprachlich Signale von Stress und Überforderung und der Cortisolpegel stieg während des Spiels sogar an.

Hunde lieben Spielen mit ihrem Menschen, besonders wenn der Spaß …

… im Vordergrund steht und der Hund auch gewinnen darf.

WARUM SPIEL FÜR DIE BINDUNG SO WICHTIG IST

Beim ausgelassenen Spiel erleben Hunde und Menschen fröhliche Gefühle, in albernen Interaktionen lernen wir uns immer besser kennen und immer mehr lieben!

Über das Thema Spielverhalten beim Hund wurden in der jüngsten Zeit einige sehr gute Zusammenfassungen veröffentlicht (Gansloßers und Käufer, 2017, 2022; Smuts, 2014). Da jedoch die Diskussion unter Trainern und in Hundehalterkreisen nicht abreißt, sollen einige wichtige Punkte hier nochmals zusammengefasst werden.

DEFINITION UND KENNZEICHEN

Spiel wird als eine nicht ernsthafte Variante oder Simulation (so tun, als ob) von funktionalem Verhalten betrachtet. Gordon Burghardt (2005) hat in Anlehnung an die in der Psychologie bekannten Persönlichkeitsdimensionen im Zusammenhang mit dem Spiel ebenfalls von den „großen Fünf“ gesprochen:

- eine begrenzte direkte Funktion
- eine endogene, also aus dem Inneren des Tieres entstehende Komponente
- strukturelle und zeitliche Unterschiede zum „Ernstverhalten“
- die Wiederholung
- das entspannte Feld

Die Freiwilligkeit aller Spielpartner ist ein wichtiges Kriterium für jedes Spiel, zum Sozialspiel wird der gewünschte Partner eingeladen.

DAS ENTSPANNTE FELD

Der erste, sehr bedeutsame Aspekt betrifft das Umfeld, in dem Spielen überhaupt stattfindet. Die Schweizer Zoologin Monika Meyer-Holzapfel, die mit als Erste über Spielverhalten bei Tieren ausführlich geforscht

»Spiel ist wiederholtes, funktionell unvollständiges Verhalten, das sich von ernsthafteren Versionen strukturell, in Kontext oder ontogenetisch unterscheidet und freiwillig initiiert wird, wenn das Tier in einem entspannten oder stressarmen Umfeld ist.«

Gordon Burghardt

Hunde spielen besonders hingebungsvoll, wenn sie uns gut kennen und uns vertrauen.

hat, spricht von dem entspannten Feld, in dem sich Spielverhalten entfaltet. Das entspannte Feld ist sowohl im sozialen als auch im ökologischen Zusammenhang zu sehen. Tiere in Gebieten mit kärglicher Nahrung, großer Feindgefahr, sehr extremer Witterung oder anderen schwierigen Umweltbedingungen spielen kaum. Die Erfahrung zeigt, dass auch Hunde kaum spielen, wenn in der Nähe störende Reize, wie etwa starke Geräuschentwicklung oder andere Störfaktoren, zu finden sind.

Exemplarisch dazu ein Fall aus unserer eigenen Erfahrung, einer Hundeschule, der plötzlich ein Windkraftwerk vor die Tür gesetzt wurde. Nach Angaben der Trainerin war von diesem Moment an Lernen durch spielerische Motivation bei ihren Hundeschulkunden nahezu unmöglich geworden. Wir müssen also darauf achten, dass im Umfeld dessen, was wir spielerisch mit dem Hund tun möchten, keine für den Hund belastenden Geräusche oder andere übermächtige Reize zu finden sind.

FREI VON AKUTEN SPANNUNGEN

Im sozialen Umfeld bedeutet das entspannte Feld, dass nicht nur zwischen den beiden, die gerade spielen wollen oder sollen, sondern auch im Rest der Gruppe möglichst keine akuten Spannungen existieren sollten. Studien an verschiedenen Affenarten in der Arbeitsgruppe des holländischen Forschers Frans De Waal zeigen beispielsweise, dass in einer Affengruppe stundenlang eine gehemmte und damit spielfeindliche Atmosphäre herrschte, nachdem zwei Mitglieder der Gruppe einen heftigen Streit hatten. Erst nach der Wiederversöhnung begann das übliche Sozialverhalten, mit kleinen Streitereien und eben auch mit Spielverhalten wieder. Auch hierfür gibt es anekdotische Beobachtungen in Hundegruppen, die beispielsweise durch einen Streit selbst mit einer Nachbargruppe so blockiert waren, dass stundenlang kein Spielverhalten mehr beobachtbar war. Gezielt eingesetztes Spielen, um die Stimmung zu heben, werden Hunden also eher merkwürdig finden.

KRITERIEN FÜR ECHTES SPIELVERHALTEN

Ein zweiter wichtiger Punkt betrifft die Erscheinungsformen des Spielens. Eine Reihe von Kriterien, die zur Charakteristik von spielerischen Verhaltensweisen erkennbar sind, wird hier aufgelistet.

ROLLENWECHSEL

So sollen sich beispielsweise bei einer spielerischen Verfolgungsjagd der Jäger und der Gejagte regelmäßig abwechseln, oder bei Raufereien und Balgereien mal der eine und mal der andere oben oder unten liegen. Smuts (2014) zeigt jedoch, dass Rollenwechsel keineswegs im Spiel zwischen Hunden immer auftreten müssen. Und selbst wenn er auftritt, sind oftmals die Rollen ungleich verteilt, einer ist also häufiger oben als der andere. Auch gibt es Hunde, denen es offensichtlich mehr Spaß macht, den Hasen als den Jäger zu spielen. Letztlich zeigen die Untersuchungen aus der Arbeitsgruppe von Barbara Smuts, dass Hunde, die einander besser kennen, auch mehr Rollenwechsel zeigen als solche, die einander noch nicht so gut kennen.

VERMISCHUNG VON ELEMENTEN

Die unregelmäßige Abwechslung verschiedener Spieleinheiten ist ein weiteres Kriterium für Spielverhalten. Wenn der Spielpartner abwechselnd am Nacken gepackt und geschüttelt (Beutefang), beleckt und beknabbert (Sozialverhalten), eventuell auf ihn aufgeritten (Sexualverhalten) und dann wiederum mit ihm gebalgt und er umgeworfen und am Boden festgehalten wird (innerartliches Kampfverhalten), und diese verschiedenen Verhaltenselemente sich auch noch in wirklich ungeordneter Form abwechseln, ist auch das ein deutliches Zeichen für Spiel.

Eine häufige Wiederholbarkeit im Spiel ist dadurch gegeben, dass eben nicht die Endhandlung, sondern der Weg dorthin selbst das Ziel ist. Dies hat auch zu tun mit den Funktionen des Spielens, die im Folgenden noch kurz behandelt werden.

FUNKTIONEN DES SPIELS

FREUDE

Der lustbetonte Aspekt, der eben durch luxurierende, überschäumende Körperbewegungen, durch eine sehr schlaffe Körperhaltung und andere deutlich erkennbare Elemente des Ausdrucksverhaltens gezeigt wird, ist selbst für ungeschulte Beobachter:innen sehr gut zu erkennen.

SPIELSIGNALE

Letztlich gibt es Spielsignale, etwa das bekannte Spielgesicht, die Vorderkörpertiefstellung, auch als Spielverbeugung bezeichnet, einen henkelförmig u-förmig nach unten gekrümmten Schwanz oder eben die stark übertriebenen, hoppelnden Bewegungen, die zum Spiel beitragen. Im Bereich der Lautgebung gibt es das Spielbellen, ein wie menschliches wiederholtes Niesen klingendes, spielerisches Knurren oder Fauchen, und möglicherweise auch noch andere Signale. Bemerkenswert ist, dass Hunde auf diese Signale auch reagieren. In einer spannenden Untersuchung wurde gezeigt, dass Hunde spielerisches Knurren vom Tonband auch dann als solches erkennen und mit spielerischem Knurren oder Spielverhalten beantworten, wenn sie den knurrenden Hund persönlich nicht kennen (Taylor et al., 2014). In einer anderen Untersuchung wurde Tierheimhunden Tonbandaufnahmen von ebenfalls ihnen persönlich nicht bekannten, spielbellenden Hunden vorgespielt. Diese Tonbandaufnahmen führten zu einer deutlichen Beruhigung, die Hunde waren hinterher weniger nervös, lagen entspannter und hatten also offensichtlich das entspannte Umfeld dieser Tonbandaufnahmen auf sich selbst übertragen (Simonet et al., 2005).

Menschen und Hunde entwickeln mit der Zeit …

… einen sehr individuellen Spielstil, …

… der so nur miteinander gezeigt wird.

BEDEUTUNG VON SPIEL

Für den Umgang mit dem Hund ist es ebenso wichtig, dass wir uns über die Aufgaben und Bedeutung des Spielverhaltens informieren. Wenn wir zunächst sozusagen vom Einfachen zum Komplizierten vorwärtsschreiten, so ist eine Trainings- und Übungsfunktion, eine Einstudierung von Bewegungsabläufen, die Verbesserung der Leistungsfähigkeit von Herz und Kreislaufsystem, Atmung und auch vom gesamten Bewegungs- und Muskelapparat ganz bestimmt eine wichtige Aufgabe, gerade bei Jugendlichen.

TRAINING FÜR DAS UNERWARTETE

Manche Spielformen scheinen absolut sinnlos – so konnte Günther Bloch beobachten, wie ein junger Wolf, und Bernd Heinrich, wie ein Rabe im tiefsten Winter immer wieder auf dem Rücken einen Hang hinunterrodelten. Die Forscher vermuten, dass solche „verrückten" Spielideen das Tier für Situationen trainieren, mit denen man im gewohnten Alltag nicht konfrontiert wird, die aber in dem Moment Selbstvertrauen, Kreativität und Körperkontrolle erfordern könnten.
Bei diesen Spielkriterien ist es kein Wunder, dass auch im Bereich der Reifung und Entwicklung des Gehirns und des Nervensystems Effekte nachweisbar sind. Jungtiere, denen die Möglichkeit zum Spielen fehlte, haben hinterher eine verschlechterte Muskelsensorik, gerade die kleinen aber wichtigen Dehnungs- und Spannungsmesser in der Muskulatur, die Muskelspindeln, sind bei ihnen in geringerer Zahl vorhanden.
Auch die für die Steuerung von Bewegungen, vor allem für die Feinabstimmung von Bewegungsabläufen notwendigen Gebiete im Gehirn, sei es im Kleinhirn oder in der Großhirnrinde, leiden und bilden weniger Verknüpfungen und weniger Schaltmöglichkeiten aus.

Besonders in der Welpen- und Junghundezeit –

aber auch lebenslanges Spielen –

NEUROBIOLOGISCHE ASPEKTE

Eine aufregende Untersuchung von Moesta et al. (2020) lässt noch weitere wichtige Zusammenhänge des Spielverhaltens erkennen. Die genannte Untersuchung konnte zeigen, dass die Konzentration des als BDNF bezeichneten Nervenwachstumsfaktors deutlich in Abhängigkeit von der jugendlichen Spielintensität und im deutlichen Zusammenhang mit Trennungsangst steht. Hunde mit Trennungsangst haben niedrigere Konzentrationen des BDNF, sowohl im vordersten Stirnhirn als auch im Bereich der tieferliegenden emotionalen Kerngebiete (limbisches System). Untersuchungen an Ratten zeigen nämlich, dass im jugendlichen Spiel die BDNF-Konzentration erhöht ist und diese Erhöhung auch epigenetisch festgeschrieben wird. Sgro und Mychasuk (2020) zeigen noch weitere Wachstumsfaktoren, wie auch Rezeptoren und Bindungsstellen, die sich im Zusammenhang mit spielerischen Aktivitäten im Gehirn verändern. Taylor und Co-Autoren (2012) konnten zeigen, dass eine vorgeburtliche Belastung des Immunsystems sowohl die Spielhäufigkeit als auch die Konzentration des im sozialen Zusammenhang häufig auftretenden Botenstoffs Vasopressin im Bereich des mittleren Mandelkerns negativ beeinflusst. Diese Zusammenhänge sollten denjenigen, die immer noch behaupten, Hunde bräuchten, sollten oder würden gar nicht spielen, etwas Stoff zum Nachdenken verschaffen.

SOZIALES LERNEN DURCH SPIEL

Letztlich dient Spiel auch der Einstudierung von sozialen Bewegungsabläufen. Hunde haben zwar, wie die meisten anderen Säugetiere wohl auch, die reine Motorik des Bewegungsablaufs irgendwie in ihrem Erbgut festgeschrieben. Die zielgerichtete und situativ passende Anwendung muss aber einstudiert und trainiert werden. Und dazu eignet sich Spielverhalten ganz besonders gut. Gerade die Heftigkeit einer Bewegung (Musterbeispiel ist die Beißhemmung) kann fast nur im entspannten Umfeld einer spielerischen Handlung ausprobiert werden, ohne dass es zu schwerwiegenden, eventuell sogar verletzungsgefährdenden Konsequenzen kommt.

Auch Kommunikationssignale werden offensichtlich im Spiel ausprobiert. Feddersen-Petersen (2005, 2008) zeigt Mimik- und Bellspiele, erste ähneln einem übertriebenen Grimassenschneiden, andere sind gewissermaßen ein „Hin- und Herbellen" zwischen den Welpen des Wurfs.

Die Auswirkungen des Spielverhaltens auf die Entwicklung sozialer Beziehungen werden auch beim Hund noch unterschiedlich diskutiert. Ob Hunde tatsächlich im Spielverhalten Rangordnungsbeziehungen vorbereiten und einstudieren, mag eventuell sogar rasseunterschiedlich sein. Untersuchungen

hat positive Auswirkungen auf die Stressresistenz und Lebensfreude.

zum Auftreten von Spielverhalten, Aggression, Unterwerfung und Rangordnung bei verschiedenen Hunderassen lassen vermuten, dass die genannten Verhaltensweisen nicht bei allen Rassen in der gleichen Reihenfolge auftreten. Manche spielen schon, bevor die Aggression auftritt, andere erst danach, manche spielen erst nach Etablierung von Rangbeziehungen, manche schon davor.

TRAININGSFELD FÜR FAIRNESS

Unbestreitbar jedoch ist die Entwicklung sozialer Kompetenzen. Wie der amerikanische Hundeforscher und Spielspezialist Marc Bekoff immer wieder betont hat, kann nur im Spiel auch Fairness geübt werden (zusammengefasst siehe Gansloßer und Käufer, 2022). Nur wer im Spiel auch mal zu heftig über das Spiel hinausschießt, hat hinterher die Notwendigkeit, durch gezieltes „Sich-Entschuldigen" die Situation wieder zu entspannen. Und dazu werden, wie gerade die Untersuchungen von Marc Bekoff zeigen, vor allem Spielsignale, und hier wieder ganz besonders die Spielverbeugung, genutzt. Wer also zu heftig zugepackt hat, zeigt hinterher durch eine Spielverbeugung, dass das nicht ernst gemeint war. Auch Hunde, die einander in einem heftigen Jagdspiel anspringen, packen und schütteln (Beutefang!), halten dabei ständig Blickkontakt, und oft sieht man ganz kurz auch ein spielerisches Mundwinkelverziehen über die Lefzen fliegen.

FEHLGELEITETES BEUTEFANG-VERHALTEN

Problematisch für uns Menschen ist nur, dass Hunde aufgrund ihrer besseren Bildauflösungsfähigkeiten auch schnellste, kleinste Bewegungen noch sehen, die wir gar nicht mehr wahrnehmen können. Dazu passen auch viele Erfahrungen, die wir in unseren Beratungsaktivitäten immer wieder machen. Fast alle Hunde, die plötzlich, mit fehlgeleitetem Beutefangverhalten, auf einen Artgenossen zuschießen, diesen am Nacken packen und schütteln und nicht mehr loslassen, haben in ihrer Welpen- und frühen Junghundezeit keine Spielmöglichkeiten mit Artgenossen gehabt. Ob sie nun aus medizinischen Gründen Tobeverbot und Leinenpflicht hatten, oder deshalb, weil ihre Halter einer fragwürdigen Trainerideologie aufgesessen sind (es gibt leider immer noch solche, die ihren Kunden einreden, Hunde würden nicht spielen und bräuchten dies auch nicht), die Auswirkung ist oft genau die. Sie haben nicht gelernt, mit Artgenossen so zu kommunizieren, dass auch ein Verhalten aus dem Beutefang eben als Spiel eingestuft wird. Und ganz offensichtlich haben sie die beim Spiel gehemmten und dadurch nicht beschädigenden Intensitätsstufen nicht einstudiert, weswegen es dann oft zu wahrscheinlich unbeabsichtigten Verletzungen kommen kann.

„RAUFEREIEN" FÖRDERN SOZIALKOMPETENZ

Noch eine weitere, ganz besonders durch soziales Spielen geförderte Entwicklung wurde in den letzten Jahren aufgrund neuer neurobiologischer Untersuchungen bestätigt: Nur bei spielerischem Raufen, Balgen und Toben („rough-and-tumble-play") werden Nervenwachstumsfaktoren und Botenstoffe im Gehirn ausgesendet, die zu einer Reifung der für Konzentration, spätere Problemlösefähigkeit und soziale Kompetenz zuständigen Gebiete in der Großhirnrinde notwendig sind. Neben dem Dopamin, das oft als Selbstbelohnungssubstanz bezeichnet wird, ist dies ein eigener Nervenwachstumsfaktor, der wegen seiner chemischen Struktur als insulinartiger Wachstumsfaktor Nummer 3 (IGF3) bezeichnet wird. Gerade die Kombination aus Dopamin und IGF3 lässt einerseits im seitlichen Stirnhirn diejenigen Regionen reifen, die mit konzentrierter, und damit eben auch erfolgreich vertiefter Arbeit zu tun haben, andererseits im vorderen Stirnhirn die Regionen für soziale Kompetenz und fein abgestimmtes Sozialverhalten. Eine Untersuchung der amerikanischen Arbeitsgruppe rund um Jaak Panksepp lässt vermuten, dass die Abwesenheit solcher, durch Raufen und Balgen verursachten IGF3 – und Dopaminausschüttungen – auch ein wesentlicher Risikofaktor für das Entstehen von ADHS-Störungen wäre (Siivy und Panksepp, 2013). Nikolai Hoppe in unserem Team konnte in einer Fragebogenstudie eindeutige Zusammenhänge zwischen der Häufigkeit des Spielens eines jungen Hundes in den ersten sechs Monaten nach dem Einzug in seine neue Familie und seinen späteren Aufmerksamkeitsdefizit- beziehungsweise Hyperaktivitätspunkten nachweisen (Hoppe et al., 2017). Er konnte übrigens auch zeigen, dass Hunde, die bei ihren Menschen im

Hier wird nicht gespielt, …

… sondern geflirtet! Knox hat offensichtlich …

… Hintergedanken, kassiert von Kessy eine Abfuhr.

Schlafzimmer schlafen durften, und/oder Hunde, die in den genannten ersten sechs Monaten nach dem Einzug besonders viel soziale körperliche Zuwendung (Streicheln, Knuddeln etc.) von ihren Menschen erhielten, ebenfalls niedrigere ADHS-Werte aufweisen.
Dies lässt nicht nur die oftmals sehr sanftmütigen und absolut sozialspielfeindlichen Praktiken vieler Hundeschulen, sondern auch eine Reihe von Praktiken in der menschlichen Pädagogik und Kinderpsychologie, die immer nur auf Ausgleich und pflegliches Miteinander ausgerichtet sind und jede Art von Raufen und Balgen als angeblich aggressionsfördernd verurteilen, in einem sehr diffusen Licht erscheinen.

SPIEL MIT GLEICHALTRIGEN

Für Hundehalter ergibt sich daraus ganz bestimmt eine wichtige Anforderung: Der Hund muss spielen. Und zwar auch mit gleich oder ähnlich alten, also der Welpe mit Welpen, der Junghund mit Junghunden. Die reinen, nur mit bereits seriösen und „gesetzteren“ Hunden besetzten Kontaktstunden sind zwar wichtig für die Reifung von sozialem Verhalten, für das Einstudieren von Regeln und Grenzen, von Abbruchsignalen und anderen erzieherischen Maßnahmen (siehe S. 262). Das Raufen, Balgen und Toben mit gleich und ähnlich alten Spielkameraden dagegen fördert aber in ganz anderer Weise die soziale und auch kognitive Kompetenz und auch die Reifung des Gehirns insgesamt. Wichtig ist hier nur das Abwechseln von heftigem, auch überschäumendem Spiel mit den zwischengeschalteten Ruhe- und Entspannungseinheiten, die dem Hund wieder die Möglichkeit geben, das gerade im Spiel Gelernte zu verarbeiten und die gerade hier angestoßenen Entwicklungsprozesse ungestört zu beenden.

SPIEL BEI JUNGHUNDEN

Besonders in der sensiblen Phase der Junghundeentwicklung ist es wichtig, dass wir unsere Verantwortung übernehmen und gegebenenfalls ein Spiel, das gar kein Spiel mehr ist, sprengen. Erwachsene Hunde tun dies oftmals intuitiv, indem sie zwischen zwei Kontrahenten rennen, deren Spiel in Aggression zu kippen droht, oder dessen Kräfteverhältnis ungleich verteilt ist. Leider fehlt es bei den Treffen der offenen Gruppen auf Hundewiesen oft an Exemplaren, die sich verantwortlich fühlen für das Verhalten unerfahrener Junghunde, sodass wir als Menschen hier aktiv werden müssen. Dabei sollten wir niemals übermotiviert vorgehen und unbedingt überparteilich agieren – das bedeutet, sowohl den eigenen Hund schützen, wenn er „gemobbt“ wird, als ihn auch reglementieren, wenn er Freude daran findet, ein „Opfer“ selbst zu mobben. Das Problem: Wer gewinnt, fühlt sich gut. Das kennt jeder, der schon einmal eine Serie von Erfolgserlebnissen bei „Mensch ärgere dich nicht“ erleben durfte. Bis hin zum Größenwahn fühlen wir uns unbesiegbar – dank des Endorphins, das im Gehirn ausgeschüttet wird und dafür sorgt, dass wir immer weiterspielen wollen. Hunde, die beim Kampfspiel immer gewinnen, für die wird das Spiel immer unwichtiger, entscheidend ist für sie das Gefühl des Gewinnens (siehe Kasten S. 46). Damit sind aber verschiedene Kriterien des Spiels ausgehebelt, es findet kein Rollenwechsel, keine Ziellosigkeit und kein regelmäßiges Abwechseln verschiedener Funktionskreise mehr statt. Wer diesen Hund in seinem Siegeszug nicht ausbremst, fördert den klassischen, auf Schulhöfen wie Hundewiesen gefürchteten „Raufbold“, vor dem alle fliehen, wenn er am Horizont erscheint.
Das Gegenstück dazu ist das Opfer – dieser Hund „erwartet“ beim ersten Schritt auf die Hundewiese, dass alle gleich zur Jagd auf ihn

oder sie blasen werden – um dann mit eingeklemmtem Schwanz und Panik im Gesicht zu fliehen. Von seinem Menschen kann das klassische Opfer oft keinen Schutz erwarten, da dieser meist denkt, dass die Hunde „nur spielen". Dabei wird bei geschultem Hinsehen schnell deutlich, dass es sich nicht um Spiel handelt, denn die klassischen Elemente „Rollenwechsel" und „wechselnde Funktionskreise" (siehe S. 70) fehlen. Die Folgen für das „Opfer" können dramatisch für die Zukunft sein: Die Hunde erwarten und fürchten die Jagdhatz der Artgenossen. Sie bleiben deshalb in der Rolle des lebenslang gehetzten, vom Kontakt mit Artgenossen überforderten Hund. Oder sie entwickeln die Strategie des Gegenangriffs. Dieser erweist sich meist schnell als sehr erfolgreich. In der Folge werden Artgenossen oft schon kurz nach dem Erstkontakt angedroht, bald schon von weitem in der Leine hängend verbellt. Geboren ist der klassische „Angstbeißer" oder „angstaggressive Hund".

Von diesem angst- oder furchtaggressiven Hund deutlich unterschieden werden muss jedoch derjenige, der im Trainer:innenjargon als „Lustraufer" bezeichnet wird. Neurobiologische Untersuchungen an verschiedenen Labortierarten (Zusammenfassung siehe Gansloßer 2016) zeigen, dass bei diesen Individuen eher die positiv belegten emotionalen Systeme, insbesondere das durch Dopamin und möglicherweise auch Endorphine gesteuerte Selbstbelohnungssystem aktiviert sind. Wir alle kennen Hunde (wir wollen ja keine Rassen nennen!), die keine Opfer, sondern Gegner suchen. Und in diesem Zusammenhang wird die später noch zu besprechende Arbeit von Melissa Starling et al. (2013) bedeutsam, die zeigen, dass bei hoher positiv emotionaler Erregung eben nicht weitere noch positivere, sondern nur klar und eindeutig negative Maßnahmen zum Stoppen und auch zum erzieherischen Umformen dieses unerwünschten Verhaltens dienen können (siehe S. 246).

ENTWICKLUNG DER PERSÖNLICHKEIT

Besonders zwei Studien machen deutlich, welch wichtige Bedeutung das Spielen für die Zukunft unseres Hundes hat.

1. Frühes Spiel beeinflusst die Geselligkeit

Zum einen zeigten gerade die Untersuchungen von Marc Bekoff an Hunden, Kojoten und Wölfen, dass die Entwicklung des Spielverhaltens gerade im dritten und vierten Lebensmonat in engem Zusammenhang mit dem Persönlichkeitsfaktor „Geselligkeit" steht. Junghunde, die in dieser Zeit besonders viel und intensiven Spielkontakt mit Artgenossen und eine besonders gute Betreuung durch Babysitter hatten, entwickelten sich später auch eher selbst zum Babysitter, der im Familienverband verblieb und sich um seine jüngeren Geschwister kümmerte. Im übertragenen Sinne wäre das dann eben auch der gute Familienhund, der sich in das Beziehungsgefüge seiner menschlichen Familie gut einpassen kann. Wer in dieser Zeit nur wenig oder gar keine Spielkontakte hatte, wanderte frühzeitig ab und schloss sich entweder einem anderen Sozialverband an, gründete eine eigene Familie oder blieb als staatenloser Grenzgänger zwischen den Revieren als Einzelgänger.

2. Spiel fördert leichteres Lernen

Die Wichtigkeit des Spielverhaltens für die Entwicklung des Beutefangs wurde bei der Hauskatze besonders gut untersucht. Untersuchungen von Tim Caro zeigen, dass Kätzchen, die spielerisch den Beutefang lernen, zwar hinterher auch nicht besser Mäuse fangen können als solche, die es ohne Spiel tun. Sie sind aber in jedem Stadium des Lernprozesses schneller, also effektiver und tun sich beim Lernen leichter (zusammengefasst siehe Gansloßer et al., 2020). Warum das so ist, welche positiven Auswirkungen Spielen auf die Abspeicherung von Lernstoff haben kann, wird später noch besprochen (siehe S. 176).

SPIEL MIT UNS FÜR BINDUNG UND TRAINING

Diese Studien zeigen die wichtigen sozialen und entwicklungspsychologisch positiven Effekte des Spiels, die wir zur Bindungsvertiefung und Vertrauensförderung in unserer Beziehung zum Hund nutzen können (siehe Gansloßer und Käufer, 2017). Spannungsaufbau und Entladung gehört zu vielen Spielformen dazu. So vermuten manche Forscher wie Marc Bekoff, dass Spielen dazu dient, Spaß zu haben und sich vorzubereiten auf alle unbekannten Situationen, die einen im Leben erwarten können (siehe S. 71). Deshalb gehen Kinder auf Spielplätzen oft halsbrecherisch an ihre Grenzen. Dem Spiel wohnt häufig auch eine kleine Übung inne, ein Grund, warum Marc Bekoff dazu rät: *„Soll dein Hund etwas lernen, mach ein Spiel daraus!"*

Denn junge Hunde lernen wie auch Kinder besonders gern und effektiv, wenn Training spielerisch stattfindet. Schöner Nebeneffekt: **Wenn das Zusammensein mit uns Spaß macht und Erfolgserlebnisse schenkt (der junge Hund wartet freudig, während wir mit spannender Körpersprache seinen Ball in einem Eimer verstecken und ihn dann zum Suchen schicken), dann wird die Bindung vertieft.**

Grundsätzlich aber gilt: Spiel darf generell nicht – wie beim Polizeihundeführer aus Horváths Studie (siehe S. 67) – zur Kontrolle „missbraucht" werden, denn dann vergeht dem Hund tatsächlich schnell die Lust auf Tollerei mit uns. Viel besser ist es, wenn Üben als Albernheit getarnt wird und nur kurz einfließt. Wichtig ist dabei besonders auch das Vorhandensein einer echten Spielstimmung – auch bei uns! Hunde durchschauen uns und können „riechen", wie wir uns fühlen (Jacob und McClintock, 2000). Also bitte immer nur spielen, wenn auch echte Freude daran vorhanden ist. Dann kann die scheinbar sinnlose Herumtollerei viele positive Nebeneffekte haben. Ein wichtiger körperlicher Aspekt soll noch erwähnt werden: Nur bei Spiel mit allen nur möglichen Bewegungsabläufen werden Gelenkknorpel auf ganzer Fläche beansprucht und ernährt.

Hunde lernen schneller, wenn wir Erfolge mit einem Spiel feiern.

Spielgesichter bei Mensch und Hund können sehr ähnlich aussehen.

1. Kommunikation im Nahbereich

Durch ein entspanntes, albernes Spiel mit dem Hund begeben wir uns auf Augenhöhe, lernen uns intensiv im Nahbereich kennen. Welpen können so z. B. lernen, dass „Lachen" bei Menschen Freude signalisiert; sie haben Spaß am Umgang mit uns und verbinden dadurch positive Gefühle mit unserem Anblick. All diese positiven Effekte sollten wir uns also nicht entgehen lassen und besonders mit jungen Hunden möglichst viel und intensiv spielen.

2. Einfühlung und Geduld zeigen

Nun gibt es zugegebenermaßen eine Reihe von Hunden, die entweder wegen einer „ernsthaft-erwachsenen" Grundpersönlichkeit oder wegen besonderer Schwierigkeiten bis Defizite in ihrer Vorgeschichte, Jugendentwicklung etc. anfangs nicht zum Spielen zu motivieren sind. Hier muss dann auf zweierlei geachtet werden:
Zum einen zeigt das später zu besprechende Seewiesener Modell ja deutlich, dass ohne Verlässlichkeit und Zuverlässigkeit im Umgang mit einem Beziehungspartner besonders riskante Verhaltensweisen, wie beispielsweise Raufen, Balgen und Toben, eben nicht riskiert werden. Wenn dann im Lauf der Zeit die Zuverlässigkeit und Planbarkeit des Beziehungspartners Mensch (oder in mehr Hundehaltung auch der anderen Hunde) bereits gestiegen ist, dann traut man sich auch zu spielen. **Generell gilt: Nur entspannte Hunde spielen. Hier ist es besonders wichtig, den Hund nicht zu bedrängen und dadurch zu verunsichern.** Viel besser ist es, ihn zum Beispiel beim Spielen seines Menschen mit vertrauten Hunden beobachten zu lassen und ihn dann ganz vorsichtig „in Versuchung" zu bringen, indem wir angepasst an seine Persönlichkeit albern sind und ihn zum lustigen Spiel einladen. Mit der Zeit kann die Intensität und Dauer der Spieleinheiten langsam gesteigert und immer ausgelassener werden. Dann gibt es hier die Möglichkeit, sich über das Spiel gegenseitig immer besser kennenzulernen und tiefes Vertrauen zu entwickeln.
In einer kleinen Vorstudie konnte zum Beispiel Claudia Terwort (2015) zeigen, dass bei der Neuzusammenführung ehemals einzeln gehaltener pensionierter Bundeswehrdiensthunde ein Team aus Hündin und Rüde nach ca. zwei Wochen erst anfing, zaghafte Spielversuche miteinander zu zeigen. Und danach waren diese beiden dann tatsächlich auch das beste und harmonischste Paar in

Mit Spaß infizieren wir uns gegenseitig!

der Studie. Der zweite Punkt ist dann eher auf uns Menschen gerichtet: Wir müssen kreativ sein, den Hunden immer wieder neue und andere Spielvorschläge zu machen. Gansloßer und Käufer (2017) zeigen hier eine Reihe von Möglichkeiten, wie man beispielsweise durch besonders übertriebene oder/und alberne Bewegungen mit seinen Händen oder durch andere Aktivitäten auch einen anfangs wenig spielbegeisterten Hund noch motivieren kann. Letztlich lohnt es sich eben aus den vielen genannten Gründen!

3. Rollenwechsel zulassen

Wichtig für ein entspanntes Spiel ist vor allen Dingen der Rollenwechsel – auch als „Lenker" in der Beziehung müssen wir der Verlierer sein, albern hinter dem Hund her stolpern und ihm seine Beute nicht abjagen können. Hunde lieben „Chefs", die sich ihrer Sache so sicher sind, dass sie keine Angst haben, ihr Gesicht zu verlieren.

4. Spielende gestalten

Immer wieder hört man in diesem Zusammenhang, dass der Mensch das Spiel abbrechen sollte. Tatsächlich machen wir uns interessant, wenn wir nicht ständig unendlich verfügbar sind, sondern irgendwann das Interesse am Spiel verlieren. Aber generell sollte ein Spielende immer „sanft" und niemals abrupt sein, ideal wäre, es langsam auslaufen zu lassen. Aber auch der Hund kann einmal aufhören, z. B. wenn er gerade das Spiel gewonnen hat.

5. Kreativität zeigen

Noch ein wichtiges Kriterium von entspanntem Spiel ist die fehlende Monotonie. Wir sollten uns immer wieder kreativ neue Spieleinheiten ausdenken. Eine halbe Stunde Bällchen zu werfen, ist kein Spiel, sondern dient dazu, die Dopaminausschüttung im Gehirn des Hundes zu aktivieren. „Balljunkies" wollen wegen dieses Hormons, dass der Ball geworfen wird, sie sind süchtig nach dem „Kick". Der Mensch wird hier zur Wurfmaschine und dadurch bei dieser Tätigkeit beliebig austauschbar.

6. Spielerisch lernen

Die Kreativität beim Spiel können wir auch nutzen, um unserem Hund „wie nebenbei" etwas beizubringen und dadurch Fähigkeiten wie Impulskontrolle, aber auch wichtige Wörter wie „Aus", „Sitz" oder „Bleib" zu trainieren – all diese „Signale" können zu Teilen eines lustigen Spiels werden. Dadurch kann dem Welpen spielerisch beigebracht werden, was die Begriffe bedeuten. Er lernt auf diese Weise seine ersten Wörter und verknüpft diese „Laute" mit sehr positiven Gefühlen (Kitchenham 2022, 2019, 2013). So schlagen wir am Ende durch spielerischen Umgang mit dem Hund mehrere Fliegen mit einer Klappe: Wir werden für den Hund attraktiv, denn das Zusammensein mit uns schenkt ihm nicht nur Sicherheit, sondern auch Spaß, Erfolgserlebnisse und Abenteuer. Nebenbei lernt der Hund neue Herausforderungen, seine und unsere Grenzen besser kennen, und wir bauen dadurch eine feste, vertrauensvolle Bindung auf. **Also: Auf ans Spielen, fertig, los!**

BEZIEHUNG UND BINDUNG

— *zwischen Mensch und Hund*

WAS HUNDE BRAUCHEN, UM SICH ZU BINDEN

Unseren Hunden ist es egal, was für Kleidung wir tragen, wie groß unser Haus oder sauber unser Auto ist.

Sie gehen vorbehaltlos mit uns um – aber das bedeutet nicht, dass sie nicht trotzdem ein dickes Päckchen an Erwartungen an uns mit in die Beziehung bringen. Genauso wenig sind auch wir frei von Vorstellungen vom Leben mit Hunden. Wir träumen meistens von langen, entspannten Wanderungen durch die Natur, einer verlässlichen Begleitung durch alle Lebenslagen, vielleicht schönen gemeinsamen Reisen oder Erfolgserlebnissen beim Mantrailing. Doch welche Wünsche hätten die Hunde an uns?

TRAUM-MENSCH GESUCHT

Hunde tragen eine Art Schablone für unser Verhalten in ihren Genen. Schon als acht Wochen alte Welpen beobachten sie unser Verhalten in unheimlichen Situationen ganz genau und richten ihre Bewertung der Gefährlichkeit eines unbekannten Objektes daran aus (siehe S. 83). Sie behalten uns also im Blick, testen unsere Reaktionen in verschiedenen Momenten auf der Suche nach Orientierung und Sicherheit. Deshalb müssen wir Verantwortung übernehmen und neben einer liebevollen Zuneigung unseren Hunden zeigen, dass wir in brenzligen sozialen Situationen in der Lage sind, sie zu schützen, sie zu erziehen oder sie anzuleiten, wie man sich im Kontakt mit Artgenossen oder beim Café-Besuch richtig benimmt. Wer einen Hund als Accessoire ohne Anspruch sucht, wird keine große Freude am Zusammenleben haben – und der Hund ein unverstandenes Leben mit seinem Menschen führen. Denn Hunde sind nicht „treuer als der Mensch“ – der Unterschied zu menschlichen Partnerschaften ist schlicht, dass Hunde selten ausziehen und sich ein neues Zuhause suchen können, wenn ihre menschlichen Bindungspartner Versager im Erfüllen ihrer hündischen Bedürfnisse sind. Nicht nur Menschen, auch Hunde und sowieso alle sozial lebenden Tiere tragen also Erwartungen an Bindungspartner in sich – und je besser diese erfüllt werden, desto qualitativ hochwertiger, stabiler kann eine Bindung werden. Doch welche Erwartungen sind das und was macht den Unterschied zwischen einer Beziehung und Bindung aus? Und vor allen Dingen: **Wie kann aus einer Beziehung eine stabile Bindung werden?**

Innige Körperlichkeit mit geliebtem Bindungspartner ist für uns alle wichtig.

Zu unseren Freunden können Hunde soziale Beziehungen aufbauen.

WIE AUS BEZIEHUNGEN BINDUNGEN WERDEN

Wir Menschen gehen oft gern in die gleiche Buchhandlung, lassen uns von der freundlichen Verkäuferin beim Hosenkauf beraten, und danach trinken wir unseren Cappuccino in unserem Lieblings-Café.
Unseren Hunden geht es wohl ähnlich: Sie haben Kumpels auf der Hundewiese, die wir regelmäßig treffen, die sie schon von weitem erkennen und fröhlich begrüßen und manchmal auch gern ein bisschen spielen. Allerdings glauben wir bei aller Sympathie nicht, dass uns Fischhändler und Buchhändlerin vermissen, wenn wir zwei Samstage nicht bei ihnen eingekauft haben, ebenso wenig wie unsere Hunde ein Problem damit haben, sich von ihren Hundebekanntschaften zu trennen, wenn wir den Nachhauseweg einschlagen. Sie laufen einfach fröhlich mit uns mit.
Ganz anders sieht die Sache aus, wenn wir berufsbedingt von unseren Familien getrennt sind: Dann vermissen wir jeden einzelnen auf seine Weise; und es freut uns, ihre Stimme am Telefon zu hören, und dass auch sie sich darauf freuen, uns bald wiederzusehen.
Doch wie wird die Gemüseverkäuferin zu einer guten Freundin? Wie sieht ein Hund uns nicht nur als Futtergeber, sondern genießt und braucht unsere Anwesenheit zum Wohlbefinden? Wie aus guten Beziehungen feste Bindungen werden, was sie charakterisiert und stärken kann, damit möchten wir uns auf den nächsten Seiten näher beschäftigen.

☞ Aus der Forschung

WIE HUNDE UNS BEOBACHTEN UND SICH AN UNS ORIENTIEREN

Das Verhalten in stressigen Lebenssituationen von Hunden und ihre Orientierung an uns als primären Bindungspartner wurde in den letzten Jahren von verschiedenen Forscherteams intensiv untersucht. Dazu wurden Hunde – meist mit ihren Menschen – in den sogenannten „Strange Situation Test" an einem unbekannten Ort mit einer merkwürdigen Situation konfrontiert und es wurde geschaut, wie sie sich verhalten und an ihren Menschen orientieren.

ORIENTIERUNG AM MENSCHEN

Welpen passen ihr Verhalten dem eines fremden Menschen an. Dieser Versuch war vorher bereits von einem internationalen Team aus Mailand, Lincoln und Wien mit erwachsenen Hunden durchgeführt worden und hatte ergeben, dass Hunde ihre Reaktion an ein unbekanntes, unheimliches Objekt an die Reaktion ihres Halters anpassen (Merola et al., 2012). Doch wie früh in der Entwicklung eines Hundes entsteht diese Fähigkeit zur Orientierung an unserem Verhalten? Und gelingt Hunden diese Transformation auch mit einem total fremden Menschen? Eine Studie mit 48, acht Wochen alten Welpen unterschiedlicher Rassen konnte zeigen, dass auch ein unbekannter Mensch bereits ein wichtiger Ratgeber für Hunde ist, wenn es darum geht, wie man potenziell gefährlichen Erscheinungen in unserer Umwelt begegnen sollte. Wie zum Beispiel einem angeschalteten, großen Ventilator – entweder neugierig erkundend, neutral oder zurückhaltend. **Hunde sind also bereits mit acht Wochen in der Lage, das Verhalten unserer Spezies zu lesen und richtig zu interpretieren.** Verhaltens- und Entwicklungsbiologen vermuten, dass Kinder und Hunde dieses Verhalten zeigen, um sich abzusichern und nicht in Gefahr zu begeben. Dass es bei Hunden bereits zu diesem frühen Zeitpunkt ihrer Entwicklung in Zusammenhang mit Menschen auftritt zeigt, wie wichtig wir als Vorbild für eine gelungen Sozialisierung sind (Fugazza et al., 2018).

BEOBACHTEN UND ERINNERN

In einem weiteren Versuch des Family Dog Project in Budapest ließen die Forscher acht Wochen alte Welpen dabei zusehen, wie ihre Mutter, ein fremder Hund oder ein Mensch einen Apparat manipulierte, um an Futter zu kommen. Die Welpen waren anschließend in der Lage, dieses Verhalten mit bis zu einer Stunde Zeitverzögerung zu wiederholen! Dies zeigt nicht nur, welche Bedeutung das soziale Lernen für Hunde hat, sondern auch, wie gut schon junge Hunde in den Bereichen Beobachtung und Erinnerung sind – und zwar unabhängig von der Spezies, die eine Handlung vorgemacht hat! Interessanterweise konnten Welpen, die statt ihrer Mutter einen fremden Hund beobachten sollten, die Manipulation des Objektes präziser wiederholen. Die Forscher vermuten, dass ein fremder Hund für die Welpen interessanter ist und sie ihn deshalb aufmerksamer beobachtet hätten (Fugazza et al., 2018).

OBJEKTBEWERTUNG

Hunde passen ihre Bewertung von Objekten unserem Urteil an. Hierzu mussten die Versuchshunde im ersten Schritt lernen, leere Plastikflaschen zu apportieren.

Anschließend sollten ihre Halter die beiden Flaschen unterschiedlich bewerten – und zwar mit Gleichgültigkeit, Ekel oder Begeisterung. Der Hund durfte das Schauspiel aus einer bestimmten Distanz heraus beobachten und wurde dann mit dem Signal, die Flasche zu apportieren, losgeschickt. Er musste sich also entscheiden, welche Flasche am Interessantesten für ihn sei. Tatsächlich entschied sich die Mehrheit der Hunde am Ende für die „tolle Flasche" – doch auch die eklige Flasche fanden die Hunde spannend. Das könnte eventuell daran liegen, dass unsere Bewertung von Ekel ziemlich oft nicht mit der von Hunden übereinstimmt ...

BERUHIGENDE WIRKUNG DURCH DEN HALTER

Schon im Jahr 2013 testete das Team um Martha Gasci, wie das Stresssystem von Hunden auf eine herausfordernde Situation reagiert. Die Hunde trugen Brustgürtel, die ihren Herzschlag maßen und ihnen wurden vor und während des Versuches Speichelproben entnommen, um Schwankungen im Cortisolgehalt zu dokumentieren. Die eine Hälfte der Hundegruppe musste die Situation mit, die andere Hälfte ohne ihre Halter überstehen. Die Unterschiede zeigten eine deutlich höhere Stressbelastung der alleingelassenen Hunde, was wohl wenig verwundern dürfte. Interessant war allerdings der „Langzeiteffekt", den die Anwesenheit eines Menschen auf seinen Hund haben kann. Wurde die Gruppe mit Mensch anschließend erneut in die bedrohliche Situation mit einem Fremden gebracht, reagierten sie ebenfalls viel schwächer als die Gruppe, die im ersten Durchlauf ihren Menschen nicht an ihrer Seite gehabt hatten (Gácsi et al., 2013). Ein Gewöhnungseffekt kann hier natürlich nicht ganz ausgeschlossen werden. Aber die Studie zeigt, dass unsere soziale Unterstützung für Hunde wichtig ist.

REAKTION DES STRESSSYSTEMS

Die Forschungsgruppe des „Clever Dog Lab" aus Wien hat diese Versuche in zwei Studien weiter präzisiert und in der ersten Untersuchung 132 Mensch-Hund-Teams ausgewählt, um sie zwei unterschiedlich stressige Situationen gemeinsam oder allein bewältigen zu lassen oder sie beim gemeinsamen Spiel zu beobachten. Bei der Auswahl der Teams achteten die Forscher auf eine ausgewogene Mischung an Rassen, Geschlechtern und auf vergleichbare Aufzuchtbedingungen der Hunde (Schöberl et al., 2016). Die Verhaltensbiologen interessierten sich in dieser Studie aber nicht nur für die Art der Interaktion der jeweiligen Teams oder das Stresserlebnis der Hunde, sondern sie erfassten auch die Messdaten der Menschen, in der zweiten Studie inklusive der Cortisolausschüttung (Schöberl et al., 2017). Außerdem sollten die Hundehalter in Fragebögen über ihre eigene Persönlichkeit und die ihres Hundes detailliert Auskunft geben. Hier konnte ein interessanter Zusammenhang zwischen Persönlichkeitsstruktur und Stresserlebnis festgestellt werden. Besonders Menschen, die hohe Punkte im Bereich „soziale Verträglichkeit" erzielt hatten, zeigten starke Cortisolschwankungen in den Stressmomenten – was ein Hinweis auf ein effektiv arbeitendes Stresssystem ist, das herausfordernde Situationen gut bewältigen kann.

Das spannende Ergebnis: Hunde mit stabilen, stressresistenten Menschen zeigten sich in diesen zwei Studien ebenfalls gelassener und stressresistenter als ihre Artgenossen mit eher psychisch labilen, schneller gestressten Menschen. In einem Bindungstest, der im Anschluss durchgeführt wurde, wollten die Forscher die Ergebnisse mit den Bindungstypen abgleichen. Dabei wurde deutlich, dass es einen positiven Zusammenhang gab mit unsicher-ambivalenten oder stabilen Bindungen der Teams und ihren Ergebnissen in den Stresstest (Schöberl et al., 2016, 2017)

Hunde pflegen wie wir vertraute und distanziertere Beziehungen miteinander.

VIER EBENEN SOZIALEN VERHALTENS

Verhaltensforscher brauchen zuerst eine Definition, was genau eine „soziale Beziehung" charakterisiert – ganz egal, ob die Verbindung zwischen Mensch, Hund, Katze oder Krähe – oder zwischen mehreren ganz verschiedenen Individuen einer Gruppe existiert. Der englische Verhaltensbiologe Robert Hinde (1976) hat zur grundlegenden Beschreibung sozialer Beziehungen wichtige Beiträge geleistet. **Nach ihm besteht eine Beziehung dann, wenn wir eine längerfristige und damit vorhersagbare Verteilung von Verhaltensweisen beschreiben können.** Diese Beschreibung wird auch im Zusammenhang mit Menschen und ihren Hunden oder anderen zusammenlebenden Tierarten häufig genutzt. Hinde legte zunächst fest, dass man sich zur Beschreibung sozialen Verhaltens auf vier übereinander angeordneten Ebenen bewegen könnte (siehe Gansloßer et al., 2020; Gansloßer, 2020).

EBENE 1: AKTIONEN UND SIGNALE

Damit sind die Bewegungsabläufe sozialer Verhaltensweisen gemeint. Auch bei Hunden, wie bei den meisten anderen Tieren, sind diese Bewegungsabläufe in irgendeiner Weise im sogenannten angeborenen Verhalten, also möglicherweise im Erbgut, festgelegt. Dazu gehören z. B. das Schwanzwedeln, das Spiel mit den Ohren, auch Knurren und die verschiedenen Bellformen.

EBENE 2: INTERAKTION

Bewegungsabläufe werden beim Verhaltenskontakt in zielgerichteter und möglichst auch zielführender Art und Weise auf den Artgenossen oder sonstigen Sozialpartner gerichtet.

Beispiel: Es wird nicht jeder Hund auf der Hundewiese auf die gleiche Weise, sondern ganz individuell begrüßt. Je nachdem, ob die beiden Individuen eine vertraute oder eher distanzierte Beziehung pflegen, werden sie sich z. B. schnell durch Vorderkörpertiefstellung zum Spielen animieren oder vorsichtig beschnüffeln.

EBENE 3: SOZIALE BEZIEHUNGEN

Die Ebene der sozialen Beziehungen besteht darin, die genannten Verhaltensmuster in einer vorhersagbaren, in Raum und Zeit nicht zufälligen Art zu verteilen. In diesem Fall wird der Artgenosse oder Mensch vom Bekannten zum Sozialpartner. Wenn man mit „diesem" Sozialpartner in vorhersagbarer Weise Kontakte austauscht, im Lauf der Wochen und Monate dieses Kontaktmuster immer wieder wiederholt und sich dabei vom Verhalten zu anderen Artgenossen des gleichen Geschlechts, des gleichen Alters, Status oder anderer sozialer Eigenschaften unterscheidet, dann kann man mit Fug und Recht von einer sozialen Beziehung sprechen. Soziale Beziehungen entstehen in der Regel dann, wenn beide Beteiligten davon profitieren. Dabei ist es gleichgültig, ob es sich um vorausschauende Regelung möglicher Konfliktsituationen, das Versprechen gegenseitigen Zusammenhalts in Problemfällen gegenüber Dritten oder sonstige Formen der Kooperation handelt. Um beim Beispiel des Stadtbesuches und unserer Beziehung zur Gemüsehändlerin zu bleiben: Wir freuen uns beide über eine nette Plauderei, darüber hinaus über leckere Essenszutaten und die Gemüsehändlerin über die Sicherung ihres Einkommens.

Ein gleich großes Interessse nach Nähe macht glücklich und zufrieden.

EBENE 4: SOZIALE STRUKTUR

Auf der höchsten Ebene sozialen Verhaltens finden wir die soziale Struktur, die aus einem ganzen Netzwerk sozialer Beziehungen – durchaus unterschiedlicher Art – bestehen kann. Wenn beispielsweise in einer Familie mehrere Menschen und Hunde zusammenleben und jeder von ihnen durch Bindungen, Anführerschaft, Freundschaften, Eltern-Kind-Beziehungen etc. miteinander verknüpft ist, entsteht daraus ein komplexes, soziales Netzwerk. Dann ist die Summe mehr als die Einzelteile. Es entsteht eine neue Dynamik in der sozialen Situation, die z. B. nicht nur aus Zweierbeziehungen allein erklärbar ist.

QUALITÄT VON BEZIEHUNGEN

Robert Hinde hat neben der Beschreibung des sozialen Verhaltens auf Beziehungsebenen ein weiteres Beschreibungsmuster für die spezielle Untersuchung von Beziehungen entwickelt (Hinde, 1976). Bei dieser Beschreibung kommt die Qualität der Beziehungen in den Fokus.

1. GEMEINSAME ZIELE

Mit welchen Zielen interagieren wir mit dem Beziehungspartner, ist die Beziehung vorwiegend auf gegenseitige Unterstützung bei Jagd- und Nahrungserwerb gerichtet oder auf die gemeinsame Aufzucht von Jungtieren, soziale Unterstützung gegen innerartliche Rivalen und werden Zeichen von Innigkeit wie vertrauensvolles Kontaktliegen gezeigt?

»Beziehungen sind funktional, d. h., sie verfolgen in der Regel ein gemeinsames Ziel nach dem Motto: „Gemeinsam sind wir stärker".«

2. VERHALTENSVIELFALT

Welche Vielfalt an Verhaltensmustern innerhalb der Beziehung gezeigt wird, sagt ebenfalls sehr viel über die Qualität der Beziehung aus. Wer sich im Zusammenleben mit seinem Hund nur zum Kühlschrank-, Büchsenöffner oder zur lebenden Bällchenwurfmaschine degradiert, der hat sicher eine wesentlich eingeschränktere und qualitativ ärmere Beziehung als jemand, der ganz viele verschiedene Spiele, ausgedehnte Schlenderspaziergänge oder sonstige gemeinsame Aktivitäten mit dem Hund entfaltet.

3. GLEICHGEWICHT DER KONTAKTAUFNAHME

Wie ausgewogen das gegenseitige Bemühen um eine gute, soziale Beziehung ist, kann ebenfalls viel über die Qualität der Beziehung aussagen. Wenn nur der eine den anderen krault und ihm überallhin folgt, ist die Beziehung nicht gleichberechtigt und hat oft zur Folge, dass der „bedrängte", inaktivere Partner versucht, Abstand zu gewinnen. Ideal wäre es, wenn Annäherung und Kontaktaufnahme einigermaßen gleichmäßig von beiden Seiten erfolgen.

Zeit nehmen und genießen: Eine echte „Qualität der Interaktionen" bekommen wir nicht durch oberflächliches Streicheln. Gegenseitiges Kraulen, soziale Körperpflege, Streicheln gleicht bei einer vertrauensvollen, innigen Beziehung eher einer intensiven, langanhaltenden Massage. Und es ist wichtig, oft auf unsere Hunde einzugehen, wenn sie unsere Nähe gezielt suchen.

Zeigen von Begrüßungs- und Spielzeremonien: Dies kann viel über die Qualität von Bindungen verraten. Beispiele sind die Häufigkeit, Art und Abfolge von Spieleinladungen, Begrüßungsrituale, möglicherweise für diese Beziehung speziell entwickelte und damit einzigartige Verhaltensmuster.

Intimität der Beziehung: Suchen beide einander, wenn sie Kummer und Sorgen haben, oder gehen sie dann eher auf Distanz?

Gutes gegenseitiges Kennen: Auch die kognitiven Aspekte spielen eine Rolle, also inwieweit das Verhalten des einen vom anderen richtig interpretiert und eingeschätzt werden kann. Immer wieder werden Hunde z. B. als selbstbewusst oder gar dominant vorgestellt, die deutliche Signale der Angstaggression zeigen. Häufig wird einem Hund auch Eifersucht unterstellt. Das ist zwar, wie wir sehen werden, nicht vollständig abwegig, sollte aber nur dann geschehen, wenn tatsächlich auch eine emotionale und damit auf die Bindungserhaltung ausgerichtete Komponente dabei ist. Andererseits ist es ebenso gefährlich, wie leider von vielen Trainern:innen immer wieder praktiziert, einem Hund, der seinen Menschen in einer möglicherweise eifersüchtigen Weise verteidigt, zu unterstellen, er würde lediglich den Menschen als Ressource verteidigen, also eine rein funktionale, besitzerhaltende Maßnahme ergreifen. Auch dadurch kann die Beziehung des Menschen zu diesem Hund Schaden leiden, wenn er sich durch solche Aussagen in unerträglicher Weise instrumentalisiert und verdinglicht sieht.

AUS DER PRAXIS: VON DER STRASSE IN EIN NEUES LEBEN

Die kretische Straßenmischung „Joy" kam mit zwei Jahren zu Annika und Jens, die sich intensiv und lange auf die Aufnahme eines Hundes aus dem Ausland vorbereitet hatten. Für Jens war Joy der erste eigene Hund, Annika hatte während ihrer Kindheit und Jugend einige eigene Hunde und war in den letzten Jahren als Gassigängerin im Tierheim aktiv. Joy war vor der Ankunft bereits zwei Wochen lang in einer Aufnahmestelle der Organisation auf das Leben in einem Haus unter Menschen vorbereitet worden und hatte dort erste Beziehungen zu anderen Hunden und Menschen entwickelt. Dementsprechend verhielt sie sich in den ersten Tagen in ihrem neuen Zuhause verunsichert, zurückhaltend und beobachtete viel.

Zu viel Aufmerksamkeit kann Tierschutzhunde anfangs verunsichern.

Bedürfnis nach Nähe

Annika nahm die Situation gelassen, versuchte der Hündin Ruhe zu vermitteln und bedrängte sie nicht mit zu viel Aufmerksamkeit. Jens dagegen hatte große Schwierigkeiten mit Joy's anfänglichem Bedürfnis nach Distanz. Er schaute sie häufig an, setzte sich neben den liegenden Hund, sprach mit ihr und versuchte, in Kontakt zu kommen. Dies bewirkte, dass die Hündin sich weiter zurückzog und besonders ihm gegenüber Stresssignale zeigte. Annika gegenüber konnte Joy dagegen schon bald Nähe zulassen, nach ein paar Tagen waren erste und zunehmend entspannte Spaziergänge möglich. Für Jens war diese Anfangszeit mit Hund eine Enttäuschung und er war kurz davor, zu resignieren, die Situation wirkte sich auch belastend auf die Beziehung des Paares aus.

Zeit und Geduld

Erst als Jens das eigene Verhalten reflektierte und sich zwang, sein starkes Bedürfnis nach Nähe zum neuen Tier zu zügeln und sie weniger zu beobachten, war es Joy nach einer längeren Phase möglich, von sich aus zu ihm Kontakt aufzunehmen. Ein gemeinsamer Urlaub brachte die Drei noch enger zusammen, auf langen Strandspaziergängen und Abenden im Ferienhaus lernten sie einander immer besser kennen und schätzen. Heute lässt Joy zu beiden engen körperlichen Kontakt zu, die Kontaktaufnahme erfolgt einmal von ihr, einmal von Annika und einmal von Jens. Es ist ein sehr schönes Gleichgewicht eingetreten, das auch in der Mensch-Hund-Bindung kennzeichnend für eine vertrauensvolle, soziale Beziehung ist.

PERSÖNLICHKEIT UND PASSUNG

Letztendlich gibt es auch vieldimensionale Qualitäten, die etwa von den Persönlichkeiten beider Beteiligter, der Passung der beiden Persönlichkeiten oder auch der Vorgeschichte und den früheren Erlebnissen beider, nicht notwendigerweise sogar miteinander, sondern in anderen vergleichbaren Situationen, beeinflusst werden.

Jede dieser Eigenschaften beeinflusst in starker Weise die Qualität der Beziehung des Menschen zum Hund und auch des Hundes zum Menschen. Auch rein funktionale Beziehungen, etwa die eines Menschen zu einem Sporthund oder einem Arbeitshund, können durchaus von gegenseitiger Wertschätzung und Zuneigung mitgeformt werden. Ebenso können Menschen, die eine emotional hochwertige Bindung an ihren Hund aufweisen, trotzdem mit diesem gemeinsame Aufgaben erledigen und dadurch auch funktionale Aspekte in ihre Beziehung einbringen. Die relative Stärke der verschiedenen Anteile, wie viel **emotionales Bindungsverhalten**, wie viel rein **funktionales Beziehungsverhalten** und wie viel rein **sachorientiertes Service- und Werkzeugverhalten** (der Hund erledigt Dinge, die der Mensch nicht könnte) jeweils beteiligt sind, wird nur durch eine intensive Betrachtung des Zusammenlebens feststellbar sein. Alle drei Aspekte gemeinsam aber liefern erst die wirklich passende Beschreibung für das soziale Miteinander im jeweiligen Mensch-Hund-Team. Denn natürlich hat emotionales Bindungsverhalten Einfluss auf das Arbeitsgedächtnis und umgekehrt beflügeln gemeinsame Erfolgserlebnisse das Zusammengehörigkeitsgefühl zwischen uns und unserem tollen Hund.

BEZIEHUNGSFORMEN BEI KANIDEN

In Kaniden- und damit auch Hundegruppen können, wie bei uns auch, unterschiedlichste Formen von Beziehungen entstehen – von sehr vertraut und innig bis hin zu distanziert und förmlich. Lebt ein Hund mit uns Menschen zusammen, dann tritt der Mensch und sein soziales Umfeld für einen Hund in dieses Beziehungsnetz mit ein – entsprechend pflegen unsere Hunde zu unseren Nachbarn genau wie wir hoffentlich ein nachbarschaftlich-freundliches Verhältnis und zu dem merkwürdigen Mann mit Hut, den wir regelmäßig auf unserer Abendrunde treffen und etwas gruselig finden, eine eher distanzierte bis misstrauische Einstellung. Die gefundenen Beziehungstypen in Hund-Hund- oder anderen Kanidengesellschaften lassen sich also auf die Hund-Mensch-Beziehung übertragen.

Verschiedene Verhaltensbiologen haben in den letzten Jahren die Vielfalt von Beziehungsgefügen in Gruppen verschiedener Kanidenarten beschrieben (Bradshaw, 2001; Bonanni und Cavazzo, 2014; Ettner et al.,2014; Paul und Bhadra, 2018 a, b). Dabei konnten die Forscher im Wesentlichen drei Formen von Beziehungen finden, die sich auch in Hund-Mensch-Konstellationen wiederfinden lassen und im Folgenden näher behandelt werden sollen: die Dominanzbeziehung, die Anführer-Gefolgschafts-Beziehung sowie die emotionale Bindung und Freundschaft. Wichtig ist, dass es sich dabei nicht um Beziehungsformen handelt, die sich strikt voneinander trennen lassen, sondern dass die Übergänge fließend sein können – je nach individuellem Beziehungsgespann!

Aus der Forschung

DOMINANZ – KEIN INBEGRIFF DES BÖSEN

Der Begriff der Dominanz wird häufig missverstanden und ist für Viele bis heute noch ein Inbegriff des Bösen. Dominanz wird dabei gleichgesetzt mit aggressivem Verhalten, bei dem ein ranghöheres Individuum andere terrorisiert und zur Durchsetzung eigener Interessen brutal unterdrückt. Doch tatsächlich ist das Gegenteil der Fall, wenn Hunde in natürlich gewachsenen Hundegruppen in einem klaren Dominanzgefüge miteinander leben oder Hunde einander regelmäßig auf der Hundewiese begrüßen. Soziale Gruppen brauchen Hierarchien, um Konflikte zu vermeiden, wichtige Aufgaben zu verteilen und im Ernstfall auch wahrzunehmen.

DOMINANZ IST KEINE EIGENSCHAFT!

Ein weiteres, häufig auf Hundewiesen zu hörendes Missverständnis des Dominanzbegriffes findet sich in der Behauptung, bei Dominanz handele es sich um eine Eigenschaft, also um ein Persönlichkeitsmerkmal des eigenen Hundes. „Mein Hund ist immer so dominant", hört man häufig, wenn sich zwei Hunde vorsichtig kennenlernen und der eine etwas selbstbewusster oder forscher auftritt als der andere. Doch Dominanz ist immer eine Folge von Beziehung zwischen zwei Individuen. Die beiden beschriebenen Hunde müssten einander gut kennenlernen und über mehrere Treffen hinweg die Gelegenheit bekommen dürfen, eine Beziehung zu etablieren. Wenn dann der eine dem anderen gegenüber wiederholt verlässlich submissive Signale zeigt und der andere dies hinnimmt, kann man von einer Dominanzbeziehung sprechen. Allerdings ist auch diese nicht in Stein gemeißelt und kann sich zwischen beiden dynamisch im Lauf des Hundelebens durch Persönlichkeitsentwicklung oder auch gemeinsame Erlebnisse weiter verändern. Tatsächlich könnte eine Studie des Teams aus Budapest erklären, warum Dominanz häufig als Eigenschaft wahrgenommen wird: Bei einer Befragung von 396 Halter:innen von mehreren Hunden konnte das Persönlichkeitsmerkmal „Selbstsicherheit bei Hunden" sehr häufig mit einer dominanten Stellung innerhalb der Gruppe in Verbindung gebracht werden (Wallis et al., 2020).

Dominanz ist kein Persönlichkeits-, sondern ein Beziehungsmerkmal.

DOMINANZBEZIEHUNG

Eine reine Dominanzbeziehung ist in distanzierten, eher formellen Beziehungen beschreibbar und dadurch gekennzeichnet, dass verlässlich und vorhersagbar ein Individuum im Kontakt mit dem anderen seine Interessen durchsetzen kann und der andere freiwillig auf die Durchsetzung seiner Interessen verzichten wird. Was sich archaisch anhört, dient in erster Linie der Vermeidung von Stress durch ständige Konflikte und das Verhindern ernsthaften Auseinandersetzungen und Verletzungsgefahr innerhalb einer sozialen Gruppe. Ein Unterwerfen von oben nach unten oder Einfordern von Räumen und Inanspruchnahme wichtiger Ressourcen findet natürlich auch statt, aber nur in sozialen Auseinandersetzungen und nicht in der Häufigkeit und Intensität, wie lange Jahre aufgrund von Studien an Gehegetieren angenommen wurde. Dominanz als Beziehungsmerkmal ist natürlich auch in allen folgenden Beziehungsformen zu finden, die sich durchmischen und niemals klar voneinander zu trennen sind. **Roberto Bonnani konnte über die Langzeitbeobachtungen an seinen Streunergruppen eine „lineare, altersorientiere Dominanzhierarchie" feststellen – eine Form des Zusammenlebens, die man bei vielen sozial lebenden Gruppentieren beobachten kann (Bonnani, 2017).**

ANFÜHRER-GEFOLGSCHAFTS-BEZIEHUNG

Diese Form der Beziehung finden wir in fest etablierten sozialen Gruppen oder Rudeln. Im Gegensatz zur Dominanzbeziehung, die meistens das allgemeine Auskommen zwischen den einzelnen Individuen einer Gruppe bezüglich der Konfliktlösung regelt, wird hier die Anhänglichkeit der Mehrheit der Gruppenmitglieder an eine „Führungspersönlichkeit" offenbart. Diese Anhänglichkeit äußert sich z. B. im Demutsverhalten der Gruppenmitglieder und hat den Charakter einer freundlichen Kontaktbestätigung, und nicht der aggressiv eingeforderten Unterwerfung. Wie John Bradshaw so schön gesagt hat: *„Unterwerfung wird sehr oft freiwillig angeboten und nur selten eingefordert."* **Damit bestätigt sich die Position der Anführer eben nicht von oben nach unten, sondern wird von unten nach oben anerkannt und etabliert.** In einigen Fällen konnte Roberto Bonanni auch beobachten, dass nach einem Rangordnungswechsel in einer Gruppe der alte, nun nicht mehr ranghöchste Hund trotzdem noch Leithund blieb und weiterhin Aktivitätswechsel, Wanderungen und andere, auf das Raum-Zeit-System bezogene Handlungen steuerte. Auch hier wird wieder die große soziale Flexibilität der Hundeartigen deutlich.

„Cooper", der physisch weit überlegene Rüde, signalisiert der älteren Hündin aktives Demutsverhalten.

EMOTIONALE BINDUNG UND FREUNDSCHAFT

Für das Beziehungsgefüge in einer Hundegruppe sind Bindungen die wichtigste Form von Beziehungen (siehe S. 89). Diese entsteht meist besonders intensiv zwischen zwei Individuen und wird durch häufiges Kontaktliegen oder besonders bei jungen Hunden durch vertrautes Sozialspiel deutlich. **Was lernen wir daraus?** Möchte ein Mensch die Leitfigur im Mensch-Hund-Team sein, muss er oder sie nicht immer und überall statusbewusst auftreten. Wichtig für eine vertrauensvolle Beziehung zwischen Mensch und Hund ist vielmehr, sich seiner Verantwortung als Leitfigur bewusst zu sein und diese Rolle auch annehmen zu wollen. Weitere Erkennungsmerkmale, die Streunerforscher:innen bei Leittieren ausmachen konnten, haben wir im Folgenden Zusammengefasst.

Erkennungsmerkmal: Souveränität, Kontaktsuche und Alter

Hunde, die als Führungspersönlichkeiten anerkannt werden, zeichnen sich in freilebenden Streunergruppen oft durch eine freundliche, aber klare Präsenz und ein höheres Alter aus. Durch ihre Lebenserfahrung und Souveränität wissen diese Individuen am besten, wo man wann Futter findet und wie man ohne großes Verletzungsrisiko an dieses gelangen kann. Zwischen den Altersgruppen innerhalb einer Gruppe oder eines Rudels gibt es keine Geschlechtsabhängigkeit, innerhalb einer Altersklasse tendieren Rüden dazu, oftmals eher über die Hündinnen zu dominieren. Im Falle des Leitpaares jedoch sind, wie auch Untersuchungen von Miech (1995) an Wölfen bestätigen, keine klassischen Rangordnungsbeziehungen zwischen Rüde und Hündin erkennbar. Dass auch Hunde die Nähe zu ihren „Leitfiguren" schätzen, wird in Streunergruppen dadurch erkennbar, dass sich der größte Teil der Gruppe möglichst eng bei ihnen aufhält und ihre körperliche Nähe sucht. Zeigt unser Hund uns gegenüber Zärtlichkeit, Zuwendung und Kontaktliegen, dann ist das also in den allermeisten Fällen kein „Kontrollieren", wie leider immer noch häufig behauptet wird, sondern ein Zeichen der Anhänglichkeit. Erwidern wir im besten Fall diese Bedürfnisse, wird das unsere Bindung zueinander also weiter vertiefen, ein ständiges Wegschicken wird die Bindung dagegen nachhaltig verunsichern.

Erkennungsmerkmal: Bewegungsorientierung

Roberto Bonanni und Simona Cafazzo konnten beobachten, dass Gruppenbewegungen bei Streunerhunden häufig von den alten Tieren initiiert wurden – und nur sehr selten, wenn Jungtiere sich für irgendetwas interessierten und deshalb die Gruppe verließen (Bonanni, 2017). Es hat schlicht Sinn, als Gruppe auf das Urteil der erfahrenen Leittiere zu vertrauen und sich an ihrem Verhalten zu orientieren.

»Körperliche Nähe und spielerische Interaktion können die Bindung vertiefen, das Vertrauen verfestigen – wenn der Hund dies sucht oder anbietet.«

Diese Begrüßung wird vom …

… Jungspund auch genutzt, …

… um Grenzen auszuloten und …

… sich schnell wieder demütig zu verhalten.

Dass dies auch in der Hund-Mensch-Beziehung gilt, konnten die französischen Wissenschaftlerinnen Charlotte Duranton und Florence Gaunet vom Psychologischen Laboratoire der Universität Marseille in Bewegungsstudien feststellen. Dabei baten sie Hundehalter:innen, sich in einer unbekannten Parkanlage auf Ansage der Studienleiterin über einen Kopfhörer zu bewegen. Die freilaufenden Hunde passten dabei die Bewegungsrichtung und das Tempo ihren Halter:innen an (Duranton und Gaunet, 2015). Leittiere leiten also Aktivitäts- und Ortswechsel besonders häufig ein, doch das bedeutet nicht, dass diese permanent vorne laufen müssen, wie immer noch gern häufig angenommen und als Begründung für ein Vornelaufen des Menschen herangezogen wird. Hunde sehen das wieder einmal nicht so streng, im Gegenteil: Sowohl Bonanni konnte bei italienischen Streunerhunden als auch Günther Bloch bei kanadischen Wölfen beobachten, dass die unerfahrenen Jungspunde bei Gruppenbewegungen häufig vorauslaufen. Im kanadischen Winter hat dies bei Tiefschnee sogar viel Sinn, denn so konnten die Alttiere bequem in den von den Jungwölfen geschlagenen Schneisen laufen und ihre körperlichen Kräfte für die energieaufwändige Jagd aufsparen (Bloch, 2009).

Erkennungsmerkmal: Begrüßungszeremonie

Dominanzhierarchien bei freilebenden Hunden oder aber auch bei unseren Familienhunden werden besonders schön durch Begrüßungszeremonien sichtbar gemacht (Bonanni und Cafazzo, 2010). Dabei eilen die Jüngeren und Rangtieferen zur Begrüßung und zeigen den Ranghohen gegenüber Demutsverhalten, indem sie sich von unten ans Maul drängen, sie anspringen oder sich auf den Rücken legen, um Aufmerksamkeit einzufordern.

Hunden pauschale Verhaltensmuster zuzuweisen, ist nicht möglich.

In den meisten Fällen wird dieses Bemühen von Erfolg gekrönt, da die Alttiere mit Beruhigungssignalen oder stoischer Geduld die stürmische Begrüßung über sich ergehen lassen. **Begrüßungszeremonien begründen und stabilisieren auf diese Weise das Beziehungsgefüge von unten nach oben!** Bewegt sich unser Hund bei der Begrüßung also schlängelnd mit langgezogenen Lippen am Maul, nach hinten geklappten Ohren und winselnd auf uns zu, dann bedeutet dies deshalb nicht, dass er uns fürchtet oder nicht vertraut, wie früher oft behauptet. Im Gegenteil, er demonstriert uns seine Anhänglichkeit, zeigt Wiedersehensfreude – und dies sollten wir wahrnehmen und unbedingt von Herzen aufrichtig spiegeln, damit es nicht zu einer Verunsicherung unserer Beziehung kommt (siehe S. 121 ff.).

Erkennungsmerkmal: Einfordern wichtiger Ressourcen

Auch wenn ein dominantes Tier grundsätzlich seine Interessen durchsetzen könnte, bedeutet dies in der Praxis unter Hunden nicht, dass dieser Anspruch vom dominanten Tier ständig wahrgenommen wird. Schon Günther Bloch konnte bei seinen Pizzahunden beobachten, dass Straßenhunde ihr Futter gegenüber den dominanten Individuen einer Gruppe verteidigt haben – und dies auch akzeptiert wurde (Bloch, 2009). Zur Durchsetzung von Interessen kommt es meist erst dann, wenn die Ressource besonders wertvoll oder die Rangordnung grundsätzlich infrage gestellt wird. Und auch für diesen Fall gibt es eine Vielzahl deeskalierender Verhaltensweisen, die dafür sorgen, das Verletzungsrisiko gering zu halten. Ist eine

Ressource besonders wertvoll, wie eine läufige Hündin in den Stehtagen oder wenn vom Rangniederen ein besonders begehrenswertes Futter gefunden wurde, wird sich der höher motivierte oder dominante Hund mit hoher Wahrscheinlichkeit im Konflikt behaupten können. Dies bedeutet für das Zusammenleben mit Hund für uns, dass wenn unsere Position als Leittier feststeht es vollkommen okay ist, dem Hund Freiraum z. B. bei seiner Liegeplatzwahl zu lassen. Entscheidend ist, dass wir uns immer situativ durchsetzen und den Hund wegschicken könnten – ausgenommen natürlich von seinem Rückzugsort, der für ihn immer ein sicherer Platz ist – aber das eben gar nicht nötig haben, um unsere gehobene Position deutlich zu machen.

SICHERHEIT DURCH KLARE FÜHRUNG

Besonders die Erkenntnisse, die aus Langzeitbeobachtungen an Streuner-Studien der vergangenen Jahre gewonnen werden konnten, zeigen uns, dass es nahezu unmöglich ist, den sozial komplex aufgestellten Caniden pauschale Verhaltensmuster zu unterstellen (Kitchenham, 2019). Die Art und Weise des Verhaltensaustausches ist immer eine Frage der Persönlichkeit, der Konstellation an Individuen, der Motivationslage und der jeweiligen Situation. Außer in den Fällen von Ressourcenverteidigung oder -inanspruchnahme wird Dominanz deshalb nicht durch erhöhtes Aggressionsverhalten der dominanten Tiere deutlich, denn dieser Status dient eben nicht dazu, andere „zu unterdrücken". **Er dient dazu, ein soziales Gefüge zu schaffen, in dem sich junge oder unsichere Individuen sicher fühlen und sich vertrauensvoll der Führung eines souveränen Alttieres anschließen können.** Ein dominanter Beziehungspartner ist deshalb per se kein Schreckgespenst für Hunde, sondern im Gegenteil ein attraktives Individuum, in dessen Nähe man sich sicher aufgehoben fühlt und dem gegenüber man seine Zuneigung gern demonstrieren möchte. Einen Hund „zu führen" bedeutet deshalb eben nicht, „Macht auszuüben" und sich ständig behaupten zu müssen. Haben wir eine klare, freundliche und liebevolle Führungsposition inne, dann lassen sich im Zusammenleben nicht nur Interessenkonflikte schnell und friedlich klären und wir können die Verantwortung in vielen Alltagssituationen übernehmen, sondern wir respektieren und lieben uns gegenseitig mit all unseren Stärken und Schwächen.

DOMINANANZEIGENDE VERHALTENSWEISEN

Formale Dominanz wird unter Hundeartigen vorwiegend durch Körperhaltungen dokumentiert. Der Formal-Dominante zeigt die aufgerichtete Körperhaltung, der Formal-Unterlegene macht sich in der Begegnung kurzfristig klein.
Die situative Dominanz dagegen, mit der z. B. Ansprüche auf Futter, bevorzugte Liegeplätze oder eben einfach nur Protest gegen irgendeine Maßnahme des Artgenossen angemeldet wird, zeigt sich z. B. durch die bekannten Abbruchsignale wie Fixieren, Naserümpfen, Zähnefletschen, Knurren, oder auch Scheinvorstöße wie Pfoteauflegen, Anrempeln usw.

BEZIEHUNGSÜBUNGEN SIND WICHTIG!

Zeigt ein Hund uns als Beziehungspartner gegenüber dem Ball, am Futternapf oder auf dem Liegeplatz die Zähne, dann handelt es sich nicht um eine Dominanzproblematik,

sondern um Protest gegen eine Maßnahme des Menschen. Hier müssen keine grundlegenden Änderungen im Beziehungsgefüge erfolgen, denn dies führt oftmals zu einer zunehmenden Verunsicherung und damit eher zu einer Verschlechterung der Beziehung zwischen den beiden. Wichtig sind hier entsprechende Erziehungsmaßnahmen, die eher eine Beziehungsübung darstellen.
Damit wir mit dem Hund mit seinem Spielzeug spielen können (Jagdspiele, Zerrspiele, Fangspiele), zur Sicherheit anderer Menschen, insbesondere Kinder, aber auch zur eigenen Sicherheit (der Hund findet einen Giftköder), müssen Hunde lernen, dass anders als unter Artgenossen im Zusammenleben mit Menschen das Eigentumsrecht nicht gilt und vertraute Bindungspersonen ihnen Gegenstände oder Futter immer abnehmen dürfen (sie bekommen sie ja zurück!). Ist diese Maßnahme („Aus"-Übung) ein selbstverständlicher Teil der Welpenerziehung, der als Beziehungsübung früh und umsichtig trainiert wird, haben Hunde kein Problem damit, diese Menschenregel zu akzeptieren. Gleichzeitig bringen verantwortungsvolle Eltern ihren Kindern bei, dass Spielzeuge des Hundes nicht zweckentfremdet, sondern als sein Eigentum respektiert werden und nur unter unserer Aufsicht mit dem Hund damit gespielt werden darf (Kitchenham, 2019).
Ganz anders sieht die Situation aus, wenn ein Hund von uns angerempelt wird, körpersprachlich von Fremden bedroht, mit Bauklötzchen beworfen, oder wenn ihm jemand ohne das vereinbarte Tausch-/Freundschaftsritual den Napf wegnehmen oder ihm gar etwas aus dem Maul nehmen will. In diesem Fall kann jeder freundliche Hund an seine Grenze geraten, wird sich im Ernstfall verteidigen wollen – und darf dies mit defensiven Drohsignalen auch deutlich machen. In unserer Verantwortung liegt es allerdings, derartige Situationen weitsichtig zu verhindern!

Hunde müssen früh lernen, …

VERSÖHNUNGSSIGNALE

Bislang wurde für nichtmenschliche Primaten, Delphine und Wölfe Versöhnungsverhalten ausgiebig untersucht und nachgewiesen. Untersuchungen an freilebenden Wölfen im Yellowstone National Park zeigen z. B. deutlich, dass die Sozialstruktur der Wolfsgruppen dort auf Versöhnung und auf eine tolerante Dominanzstruktur aufbaut (Baan et al., 2014). Bei Familienhunden konnten Studien bislang keine eindeutigen Ergebnisse liefern. Das lag u. U. daran, dass jeweils in sehr unterschiedlichen Gruppen Beobachtungen durchgeführt wurden Eine Studie aus dem Jahr 2018 hat feststellen können, dass Hunde, die in einer Gruppe im Gehege leben, sich nach einem Konflikt eher aus dem Weg gehen, während die Gehegewölfe zur Beziehungsreparatur besser in der Lage waren. Scheinbar scheint die Gehegesituation, also das Leben im eingegrenzten Raum in einer von Menschen zusammengestellten Gruppe, aber ohne Anleitung von Menschen, für die Hunde sozial schwerer zu bewältigen zu sein, als für die wilde Verwandtschaft (Vermutung der Autorin). 2020 hat sich eine Forschergruppe auf die Interaktionen auf Hundewiesen fokussiert, also das alltägliche Umfeld unserer

... dass das „Besitzrecht" im Zusammenleben mit uns nicht gilt.

Familienhunde (Walters et al., 2020). Dort konnten die Hunde anders als in der Gehegesituatione, ihre Interaktionspartner frei wählen. Die Forschernden um Kristina Walters von der Universität Indianapolis konnten beobachten, dass sich diese Hunde in „Dog Parks" versöhnen und zwar ausgehend sowohl vom Verlierer als auch Gewinner des Konflikts. Grundsätzlich tragen Hunde also das Potenzial in sich, auch nach hitzigen Diskussionen wieder den Kontakt zueinander zu suchen und „Frieden zu schließen" – wenn sie das lernen durften und die Gegebenheiten stimmen. Aus Studien an freilebenden Hundegruppen ist dies schon lange bekannt. Es werden gezielt Versöhnungssignale oder sogar Trostspenden direkt anschließend an Auseinandersetzungen gezeigt – auch hier sowohl vom Verlierer als auch vom Gewinner ausgehend. Cordoni und Palagi (2009), Cools et al. (2008) haben gezeigt, dass auch in Gruppen von Hunden solche Verhaltensweisen der nachfolgenden Versöhnung und damit Beziehungsreparatur gängig sind. **Die Umgebungssituation, Stabilität der sozialen Gruppe und Vertrautheit der Individuen hat also ziemlich sicher einen starken Effekt darauf, ob Hunde sich nach einem Konflikt vertragen oder lieber aus dem Weg gehen.**

KANIDEN-BEZIEHUNGS-DYNAMIKEN

Wie schon erwähnt, unterliegen Beziehungen auch in einer Hundegruppe stets einer Dynamik. Sie verändern sich in ihrer Qualität, in ihrer Zusammenstellung ihrer Richtung oder auch in der Frage der Symmetrie oder Asymmetrie. Beobachtungen von Forscher:innen in Indien konnten zeigen, dass sich z. B. die Zusammensetzungen von Gruppen bei Streunern zu Zeiten der Hitze von Hündinnen stark verändern können (Sen Majumder et al., 2014). Besonders jüngere Hunde ziehen sich zurück und bevorzugen das Leben in einer „Gang", da ihnen der „Stress im Haus" eindeutig zu groß zu sein scheint. Rüden fühlen sich angezogen und machen der Hündin den Hof, die verbindenden Rendevouzplätze wurden in diesen Zeiten von Streunergruppen aus Moskau seltener aufgesucht (Poyarkov in Kitchenham, 2019).
Studien einiger Mitarbeiterinnen unserer Gruppe an verschiedenen Wildkaniden in Zoos zeigten, dass sich im Lauf des Voröstrus auch zwischen einem etablierten Paar (Mähnenwölfe, iberische Wölfe, Waldhunde) die Anführer-Gefolgschafts-Rolle veränderte (siehe Peschke, 2013; Rogowski und Peschke, 2014). Zeitweise näherte sich

der Rüde häufiger der Hündin, initiierte die Ortswechsel und sie folgte ihm. Zu anderen Zeiten, z. B. kurz vor der Paarung, initiierte sie die Ortswechsel und der Rüde folgte nach. Diese, auch durch zunehmende Synchronizität von Ruhe und Aktivitätsperioden beobachtbaren Veränderungen waren so deutlich, dass in einem Fall bei den von Anne Peschke beobachteten Mähnenwölfen sogar die nachts und unbeobachtet stattgefundene Paarung, durch die plötzlichen Änderungen in der Verteilung von Annähern und Nachfolgen zwischen den Mitgliedern des Paares, erschlossen werden konnte. Die nachfolgend geborenen Welpen bestätigten dann, dass genau dieser Zeitpunkt auch der Paarungszeitpunkt gewesen sein musste.

ANFÜHRERSCHAFT BEI KONFLIKTEN

Auch in anderen Fällen ändert sich die Anführerrolle, die eben nicht gleichbedeutend mit der Langzeitanführer-Gefolgschafts-Leittierbeziehung sein muss, situativ. Wiederum Beobachtungen von Roberto Bonanni zeigen, wie sich die vorderen und hinteren Positionen in einer Gruppe von Hunden verändern, wenn diese mit einer unterschiedlich großen, rivalisierenden Nachbargruppe zusammenprallt (Bonanni et al., 2010; Bonanni und Cavazzo, 2014). Die Individuen, deren Gruppe gerade die schwächere Kopfzahl hat, stellen sich sehr viel weiter nach vorne, sind risikobereiter, machen mehr Scheinvorstöße und positionieren sich insgesamt wesentlich auffallender in der Auseinandersetzung mit den Nachbarn. Die heute gerade kopfstärkere Gruppe dagegen besteht aus mehreren staffelartig hintereinander angeordneten Verteidigungslinien, wobei in der vorderen Verteidigungslinie meistens jüngere erwachsene Tiere stehen, die ältesten und auch die Halbwüchsigen halten sich hier besonders zurück. Ändern sich die Verhältnisse am anderen Tag und die Angehörigen der heute schwächeren Gruppe sind plötzlich durch zusätzlich anwesende Kumpels in der Überzahl, so ändert sich auch ihre Formation. Diejenigen, die gerade noch in der Minderzahl waren und sich deshalb weit nach vorne gestellt haben, stehen dann möglicherweise in der zweiten oder dritten Reihe. Neben einer sehr feinen Abstimmung und Abschätzung der relativen Kopfstärke des eigenen gegenüber dem rivalisierenden Verband gibt es noch einen zweiten, wichtigen Einflussfaktor: Wer seinen bevorzugten Bindungspartner heute gerade während dieser Auseinandersetzung in der Nähe findet, der stellt sich auch eher nach vorne und ist risikobereiter in der Auseinandersetzung. Wessen bevorzugter Bindungspartner zufällig heute nicht bei der Streiterei anwesend ist, der hält sich auch eher zurück. Auch während der Scheinattacken oder des schnellen Vorgehens beobachtet man, dass die Hunde durch Blickkontakt und Geschwindigkeitsanpassungen offensichtlich miteinander kooperieren.

Um keine falschen Eindrücke aufkommen zu lassen, muss betont werden, dass Auseinandersetzungen zwischen verwilderten Haushunden, vor allem wenn es sich um Streitereien zwischen benachbarten Verbänden handelt, meist nicht so gefährlich und blutig ausgehen, wie dies bei rivalisierenden Nachbarrudeln unter Wölfen durchaus gang und gäbe ist.

Gruppenzusammenhalt

Der Gruppenzusammenhalt spielt beim Erfolg ebenfalls eine entscheidende Rolle, wie Andrej Poyarkov bei seinen Studien an Streunerhunden im Moskau der 90er Jahre beobachten konnte. Eine dreiköpfige Gruppe konnte einen besonders beliebten Rendezvousplatz gegenüber einer rivalisierenden größeren Gruppe einnehmen. Poyarkov vermutet, dass der Grund für die Niederlage im Führungsstil des Leitrüden „Pegash“ zu finden ist, denn bei den Konfliktsituationen mangelete es der Gruppe am internen Zusammenhalt. Bei den Attacken verlor der

Leitrüde wiederholt seine Rückendeckung, während die andere Gruppe um den Leitrüden „Pan" einen beeindruckend geschlossenen und überzeugenden Auftritt ablieferte. Poyarkov hat die Hunde über lange Zeiträume begleitet und konnte dokumentieren, wie in der „Pan-Gruppe" in den Ruhephasen auch ausgehend von „Pan" sehr zärtlich miteinander interagiert wurde und die Tiere viel die Nähe zueinander suchten. In der „Pegash-Gruppe" hingegen herrschte ein kühlerer Umgang miteinander, Pegash setzte despotisch besonders beim Fressen seine Interessen durch (Kitchenham, 2019). Dieser Zusammenhang zwischen internem, harmonischem Zusammenleben im Alltag und erfolgreicher Performance in Wettbewerbssituationen ließe sich leicht auf den guten Zusammenhalt und erfolgreiches Teamwork in Betrieben übertragen.

ANFÜHRERSCHAFT IN EINER FAMILIENHUNDEGRUPPE

Ähnlich wie die Beobachtungen von Andrej Poyarkov in Russland oder Roberto Bonanni in Italien zeigen auch Untersuchungen an einer sechsköpfigen Gruppe von Familienhunden, dass die Anführer- und Gefolgschaftsbeziehung zwar dynamisch variiert, aber doch schwerpunktmäßig bei bestimmten Individuen liegt (Akos et al., 2014). Die genannten Autoren:innen verfolgten mit hochauflösenden GPS-Daten die Bewegungsabstimmung in dieser genannten Gruppe während einer Reihe von Spaziergängen mit dem Halter, allesamt ohne Leine. Es ergaben sich dabei mehrere Eigenschaften, die die Anführer- und Gefolgschaftsfunktionen erklären ließen. Zum einen waren individuelle Persönlichkeitsunterschiede durchaus erkennbar, manche etwas naseweisere Hunde waren eben öfter vorne als andere. Innerhalb der Sechsergruppe gab es mehrere Zweierteams, die ihre Schleifen und sonstigen Umwege fast immer gemeinsam liefen. Innerhalb der Gruppe waren in 50 bis 85 % der Fälle jeweils dieselben Hunde die Anführer, und diese Zahl deckt sich ziemlich genau mit den Prozentzahlen von Roberto Bonannis verwilderten italienischen Haushunden. Auch hier ist die Anführerschaft durchaus nicht despotisch, sondern zwar vorhersagbar, gewissermaßen autoritär, aber auch hier, genau wie bei Bonanni, gab es keinerlei aggressive Einforderung von Gefolgschaft oder Zwangsrekrutierung von zögerlichen Familienmitgliedern. Auch bei Zsuzsa Akos' Daten korrelierten die Positionen der Hunde im Beziehungsnetzwerk mit Alter, Dominanzposition, aber auch mit Trainierbarkeit, Kontrollierbarkeit durch den Menschen und Aggressionsbereitschaft. Die Aggressionsbereitschaft wurde jedoch hier über Befragung des Hundehalters aus dem Alltag und nicht über die Beobachtung im Zusammenhang mit den Ortsveränderungen und Aktivitätsveränderungen festgelegt.

Rückendeckung durch die eigene Gruppe ist psychologisch wichtig.

Den Kern einer Gruppe bilden die Insider.

MEHRSCHICHTIGE GESELLSCHAFTSORDNUNG

Letztlich gibt es in einer Gruppe aus Kaniden ein Netzwerk von Beziehungen, die oft von einer mehrschichtigen Gesellschaftsordnung beschrieben werden (nach Bradshaw, 2011; Ettner et al., 2014).

INSIDER

Da gibt es zunächst die Kerngruppe der „Insider", die untereinander durch eine vielfältige Form von Beziehungen mit Dominanzen, Bindungen, Freundschaften, Anführer-Gefolgschaftsbeziehungen und evtl. noch weiteren Formen der Kooperation verknüpft sind.

AUSSENSEITER

Die zweite Schicht, gewissermaßen die mittlere Hülle der Zwiebel, sind die von John Bradshaw als Außenseiter bezeichneten Hunde. Sie sind meist mit einem oder gegebenenfalls auch zwei der Insider durch eine eindeutig submissive, also Unterwerfungsbeziehung angegliedert. Mit dem Rest der Insidergruppe haben sie meist keine vorhersagbare Beziehung. Die Außenseiter nutzen jedoch das Raum-Zeit-System mit den Insidern gemeinsam, sie ruhen in der Nähe der Insider, schlafen, wenn auch die Insider schlafen, folgen der Gruppe auf der Wanderung und sind insgesamt also durchaus mit den Insidern koordiniert. Vereinzelte Beobachtungen, z. B. an den Haushunden des Toskana-Projekts (Bloch, 2007), lassen vermuten, dass z. B. die Funktion als Alarmhund von diesen, mit der Kerngruppe assoziierten Außenseitern bevorzugt übernommen wird. Auch in Beobachtungen an Familienhundegruppen zeigt sich der Alarmhund, wie unsere Beratungstätigkeit belegt, oftmals durch eine rangtiefere, emotional instabile und dadurch eben etwas „nervenschwächere" Disposition.

EREMITEN

Die dritte und gewissermaßen äußerste Schicht der Zwiebel sind die von John Bradshaw als „Eremiten" bezeichneten Hunde. Diese, offensichtlich sowohl in Hunde- als auch in Wolfsgruppen beobachtbaren Individuen haben eigentlich keinen Kontakt und keine Koordination mit dem Rest des Sozialverbandes. In freilebenden Gruppen halten sie sich meist an den Reviergrenzen oder im Überschneidungsbereich benachbarter Reviere auf. In Großgehegen, wie etwa bei den Studien von Theresa Ettner an Wölfen des Nationalparks Bayerischer Wald, finden wir sie überwiegend in der Nähe der Gehegebegrenzung oder der dort dichteren

AUS DER PRAXIS: BINDUNGSFORMEN ZU ARTGENOSSEN

Hunde führen ein Doppelleben: Sie leben nicht nur als festes Gruppenmitglied zusammen mit uns Menschen, sondern pflegen im Idealfall viele unterschiedliche Beziehungen mit den Hunden der Nachbarschaft, der Hundewiese oder Trainingsgruppe. Besonders Hunde, die sich über einen langen Zeitraum kennen, zusammen lange Wanderungen, Urlaube mit den Haltern unternommen haben, oder vielleicht jeweils gegenseitig beim anderen in Urlaubsbetreuung gegeben werden, können sehr langzeitstabile, innige Bindungen entwickeln.

Enge Freundschaften

Erna, meine 2021 verstorbene Huskymischlings-Hündin, hatte so eine Freundin, deren Namen wir in Gesprächen immer vermieden haben zu nennen. Wir mussten uns das Codewort „Wäscheleine" überlegen, weil sie sich ansonsten zu sehr über den Begriff „Castella" aufgeregt hätte. Dieses Lieblingswort sorgte dafür, dass sie bellend zur Pforte rannte und entweder erwartete, dass ihre Hundefreundin zu Besuch kam oder wir sofort nach unserem Autoschlüssel griffen, um zu ihr zu fahren. Waren die beiden zusammen, wurde eine intensive Begrüßungszeremonie gezeigt, bei der Erna ihrer Castella submissiv die Lefzen leckte und in geduckter Körperhaltung jaulend einen regelrechten Freudentanz vollführte. Die beiden spielten bis ins hohe Alter intensiv und lange miteinander, auch wenn sie sich später in ihrem Leben nur noch sehr selten sahen. Am Ende ging das Spiel in Grooming über, der Partner wurde jeweils mit dem Maul massiert und intensiv berochen, schließlich lagen sie nah beieinander und fielen in einen tiefen und entspannten Schlaf.

Hunde brauchen Hunde

Viele Hunde wären in der Lage, solche Freundschaften zu entwickeln, bekommen aber leider niemals die Gelegenheit dazu. Dabei kann die Bindung zu einem Artgenossen das Hundeleben um viele Facetten bereichern, die wir als Menschen nur ungenügend bedienen können. Bei aller Liebe: Keiner von uns wird seinen Hund mit den Zähnen hingebungsvoll beknabbern oder mit der gleichen Ausdauer auf der Wiese ein Jagdspiel veranstalten können. Deshalb rate ich Hundetrainer:innenn immer wieder dazu, besonders in der Welpen- und Junghundezeit geschlossene Gruppen anzubieten. Nicht nur die Hunde können hier vielfältige Beziehungsformen eingehen und üben, die mehr oder weniger intensiv werden. Auch Menschen schließen in diesen Gruppen oft durch die gemeinsam verbrachte, intensive und aufregende Zeit Freundschaften. So wie bei Castella und Erna: Mit dem Frauchen der Maremmano-Hündin verbindet mich über den Tod unserer geliebten Hündinnen hinaus eine enge Freundschaft.

Viele Formen von Freundschaften gibt es auch bei anderen Tierarten.

Vegetation. Nur in seltenen Fällen halten sich die Eremiten auch in der Nähe des Kernreviers auf, natürlich dann, wenn eine Eremitin gerade läufig wird. In noch selteneren Fällen können Eremitinnen im Zuge der Läufigkeit sogar in das Kernrudel zurückintegriert werden, wie Beobachtungen an den Toskana-Hunden zeigten (Bloch, 2007).

ERFAHRUNG UND PERSÖNLICHKEIT

Zusammenfassend bedeuten alle diese Befunde, dass die leider immer noch in Hundehalter:innen- und leider auch Trainer:innenkreisen geäußerten Vorstellungen über Dominanz, Machtausübung und ggf. auch Gewaltbereitschaft der ranghöheren Tiere in einer Hundegruppe ziemlich an der Realität vorbeigehen. **Dominante und Anführer:innen sind eher die Erfahrenen, Älteren, die sich aufgrund einiger Persönlichkeitseigenschaften eben besonders für eine solche Führungsposition qualifizieren.** Beobachtungen an anderen Kanidenarten lassen dies sogar noch deutlicher werden. So zeigte Greg Rasmussen bei seinen afrikanischen Wildhunden in Simbabwe, dass dort dreibeinige und in einem anderen Fall schwanzlose Tiere die ranghöchste Position in einem Rudel bekommen konnten (Rasmussen, 2006). Wohlgemerkt, sie hatten die Behinderung bereits bevor sie die Chefposition einnahmen. Dies zeigt, dass Persönlichkeit und Ausstrahlung wohl die wichtigere Rolle spielen, im Vergleich zur körperlichen Unversehrtheit und damit auch Kampfbereitschaft. Auch Roberto Bonanni vermutet, dass in seinem Rudel nach dem Machtwechsel der alte Leithund deshalb die Leittierposition weiter behielt, weil dem Jüngeren, der nun zwar ranghoch geworden war, schlichtweg die soziale Kompetenz für diese wichtige, zentrale Funktion in der Gruppe gefehlt hatte (Bonanni und Cavazzo, 2014).

DESPOTISCHE LEITTIERE

Es ist allerdings auch bei Wölfen und anderen rudellebenden Kaniden vorgekommen, dass es Leittiere gab, die eher weniger sozial kompetent und damit mehr aggressiv-despotisch agieren. Allerdings sind diese dann meist in großer Gefahr, bei sozialen Umwälzungen und Verwerfungen nicht nur die Position und das Bleiberecht in der Familiengruppe, sondern möglicherweise auch ihr Leben zu verlieren. So wie es einer besonders aggressiven Leitwölfin in einem Rudel des Yellowstone Parks erging (Dagg, 2009). Sie war schlichtweg nach der Revolution eines Morgens nur noch in Form einiger Blutflecken und Fellreste anwesend. Ob sie sich schwer verletzt noch davongeschlichen hat oder gewissermaßen im Zuge der Ereignisse gleich körperlich mit entsorgt wurde, ließ sich leider nicht feststellen.

HÖHERE SOZIALE TOLERANZ IM ALTER?

Auch an afrikanischen Wildhunden wurde über die Qualitäten der Leittiere durch die Untersuchungen des Ehepaars Creel noch mehr bekannt (Creel et al., 1996). Sie fanden heraus, dass die an Lebensjahren älteren Leittiere oftmals eher tolerant und insgesamt weniger aggressionsbereit waren, die jungen Leittiere in anderen Rudeln dagegen eher aggressiv und bisweilen despotisch agierten. Ob hier die Abgeklärtheit des Alters mit der Zeit zu einer größeren sozialen Toleranz führte, oder ob die jungen Wilden sich schlichtweg so aufgearbeitet hatten, dass sie die Leittierpositionen in höherem Alter gar nicht mehr bekleiden konnten, war, da es sich um eine Freilandstudie handelte, nicht eindeutig feststellbar. Zu denken geben sollten diese Beobachtungen aber denjenigen, die glauben, ihren Hund durch völlig überzogene körperliche Maßregelungen wie Rückenwurf oder Zu-Boden-Drücken und andere Formen übertrieben aggressiver Zurechtweisung kontrolllieren zu müssen.

MARKTPLATZTHEORIE SOZIALER BEZIEHUNGEN

Wollen wir wissen, wie wir für unseren Beziehungspartner attraktiv und interessant werden können, hilft eine Analyse, aus welchen Gründen soziale Lebewesen in Gruppen leben möchten und wie soziale Beziehungen aufgebaut sind.

Stellen Sie sich vor, Sie betreten einen Marktplatz mit Tauschhandel. Sie suchen saftige Birnen und eine ganze Reihe von Obst- und Gemüsehändlern legen ihre Ware mehr oder weniger schön dekoriert auf ihren Tischen aus. Sie selbst bieten Äpfel und hoffen, dass jemand, der Birnen anbietet, gerade Äpfel sucht. Äpfel sind nun allerdings, zumindest im Herbst in unseren Breiten, nicht gerade selten. Die Chance, dass jemand genau Ihre Äpfel haben möchte und dafür saftige Birnen gibt, ist also nicht allzu groß. Kommen Sie dagegen mit reifen Papayas, saftigen Mangos oder anderen exotischen Früchten, wird man Ihnen diese sehr schnell im Tausch gegen ganz viele gute Birnen abnehmen.

Die „Marktplatztheorie der Entwicklung und Aufrechterhaltung sozialer Beziehungen“ vergleicht das Geschehen, wenn in einer Gruppe mehrere Individuen um die Beziehungsbildung und Aufrechterhaltung wetteifern, genau mit diesem System. Jeder, der eine Beziehung mit einem anderen eingehen möchte, muss etwas dafür bieten. Jeder muss attraktiv sein und bestimmte Fähigkeiten, Kenntnisse oder evtl. auch Besitztümer (Revier, Futterressourcen) anbieten. Dann besteht die Chance, dass jemand anderes eine Beziehung eingehen möchte, um an diesen Wissens- und Kenntnisständen teilzuhaben und selbst etwas anderes dafür anzubieten.

Die Bindungsqualität steigt, wenn bestimmte Parameter erfüllt werden.

Attraktiv sind wir auch, ...

... wenn wir gemeinsam Erfolge feiern.

Wie wir schon gesehen haben, sind Beziehungen zunächst einmal auch rein funktional zu betrachten. Auch wenn es wenig romantisch klingt: Wenn wir mit jemandem eine Beziehung eingehen, dann tun wir dies wegen eines gemeinsamen Vorteils. Wenn dabei auch Emotionen beteiligt sind, umso besser. Dann sprechen wir über Bindungen oder auch platonische Liebesbeziehungen und enge Freundschaften, die noch näher beleuchtet werden (siehe S. 112). Eine Beziehung aber besteht zunächst auf einer Basis der Erkenntnis, dass man gemeinsam bestimmte Situationen besser meistern und bestimmte Aufgaben besser erfüllen kann als einzeln. Kommt dann noch die Erkenntnis hinzu, dass man mit dem potenziellen Beziehungspartner A das noch besser kann als mit dem potenziellen Beziehungspartner B, dann ist die Entscheidung eigentlich klar. Doch wie werde ich für einen potenziellen Beziehungspartner so attraktiv, dass er mich auswählt?

WEG ZU EINER WERTVOLLEN BEZIEHUNG

Der „Marktplatz der Beziehungen“ ist also ein Modell, mit dessen Hilfe wir verstehen können, was wir tun müssen, um für unseren Hund besonders spannend zu sein und ihn deshalb auch zu Gegenleistungen motivieren zu können. Wertvolle Beziehungen werden mehr gepflegt als solche, die weniger wert sind. Das „Konzept der wertvollen Beziehung“ wurde erstmals von dem berühmten Schweizer „Affenforscher“ Hans Kummer (1978) in die Verhaltensbiologie eingebracht. Er wies darauf hin, dass man in die Pflege einer wertvollen Beziehung mehr investiert. Das kann durch gemeinsame soziale Körperpflege geschehen oder eben auch dadurch, dass man einander gegen dritte Rivalen unterstützt. Auch soziale Unterstützung, gemeinsames Stressmanagement und andere erkennbare Vorteile sind, wie neuere Untersuchungen gezeigt haben, echte Vorteile von

Beziehungen. Als Individuum profitieren wir sehr von einer wertvollen Beziehung, weil sie den Stress im Leben dämpft und das wiederum macht uns fit und bereit, Herausforderungen aufgeschlossen zu begegnen (Kitchenham, 2021). Zur Beziehungstheorie allgemein sind die Lehrbücher der Verhaltensbiologie und Verhaltensökologie wichtige Quellen (z. B. Kappeler, 2012).

VERSÖHNUNGSVERHALTEN

Wertvolle Beziehungen werden durch Versöhnungsverhalten häufiger wiederhergestellt, und so kann man auch eine gegenseitige Abhängigkeit finden zwischen der Häufigkeit, mit der zwei Mitglieder einer Gruppe irgendetwas zusammen tun, etwa Kontaktliegen oder einander pflegen oder eben auch miteinander spielen, und der Geschwindigkeit, mit der sie nach einer Auseinandersetzung wieder eine Versöhnung anstreben. Auch bei Hundeartigen haben Studien zum Versöhnungsverhalten sehr viele ähnliche Hinweise geliefert (siehe S. 96, Zusammenfassung bei Mehrabani et al., 2015).

DAS SEEWIESENER MODELL

Bereits vor Jahren wurde in einem Workshop der Ethologischen Gesellschaft in Seewiesen, im damaligen, noch voll aktiven Max-Planck-Institut für Verhaltensphysiologie, versucht, die Bedingungen und Voraussetzungen für attraktive und erfolgreiche Beziehungsbildungen darzulegen. Dieser „Workshop Gruppenmechanismus", der über eine Reihe von Jahren als regelmäßige Diskussionsgruppe Verhaltensbiolog:innen und andere Wissenschaftler:innen verschiedener Länder zusammenführte, identifizierte dabei im Rahmen eines „Seewiesener Modells der Beziehungsbildung" folgende wichtige Einflussfaktoren (hier: Bindungskatalysatoren) auf die Qualität einer Beziehung.

BINDUNGSKATALYSATOR 1: ATTRAKTIVITÄT

Die Attraktivität beider Beziehungspartner ist eine wesentliche Voraussetzung für die erfolgreiche Bildung einer Beziehung. Damit sind aber weniger Äußerlichkeiten gemeint, sondern – um beim Marktplatzmodell zu bleiben – die Qualität der Waren. Was man auf seinem Tisch ausgelegt hat, ist zweifellos ein Faktor, mit dem potenzielle Geschäftspartner angelockt werden können. Zur Attraktivität eines Beziehungspartners gehört eine ganze Reihe von Faktoren, etwa Kenntnisse und Fertigkeiten beim Erwerb der Nahrung, bei der Nutzung des Reviers und im sonstigen Umgang mit Ressourcen, die Verteidigungsbereitschaft (auch als „Ressource holding power" (RHP) bezeichnet), Qualität der zur Verfügung gestellten Ressourcen, aber auch die Intensität und Vielfalt der mit dem Artgenossen ausgeführten gemeinsamen Handlungen.

Bedeutung für Hundehalter

Für Hundehalter bedeutet dies z. B., dass die Leittierkompetenzen ein wichtiger Bestandteil ihrer Attraktivität sind (vgl. Bonanni und Cavazzo, 2014, siehe S. 99). Ressourcen beziehen sich hier vorwiegend auf die Qualität des Reviers. Wer in einem interessanten, abwechslungsreichen Gebiet lebt und seinem Hund dadurch schon beim täglichen Spaziergang sehr viele neue Reize bieten kann, muss sich zweifellos nicht so sehr anstrengen, sich ständig etwas Neues einfallen zu lassen, als jemand, der in einer eher öden Vorstadtsiedlung mit kurz geschorenem Rasen und ständigen Betreten-verboten-Schildern seine Spaziergänge absolvieren muss.
Zum Spaßfaktor des gemeinsamen Tuns gehören die gemeinsamen Spiele, die gemeinsamen Beschäftigungen und andere Dinge, die das Zusammenleben zwischen Mensch und Hund fördern. Wie bereits ausgeführt, ist die gemeinsame Jagd und die aus der Jagd resultierende gemeinsame Beschäftigung

jedoch offensichtlich nicht so wichtig wie die emotionalen Komponenten, etwa das gemeinsame soziale Spiel, die als Rallying bezeichneten Rudelzeremonien, bei der eben alle, einschließlich der Leittiere, in den „verrückten fünf Minuten" umeinander herumtanzen, johlen und sich freuen, oder schlichtweg die gemeinsamen Kuschelstunden auf dem Sofa vor dem Fernseher.

Aktivität

Auch die zeitliche Bedeutung der verschiedenen Formen des Miteinanders lässt durchaus erkennen, was einem Hund zur Beziehungspflege wirklich wichtig ist. Die Aktivitätsverteilung freilebender, also verwilderter Haushunde wurde an verschiedenen Stellen in Italien bestimmt. 2,5 Std. am Tag wurden dabei durchschnittlich für soziales Verhalten und nur 1,5 Std. am Tag für den gesamten Funktionskreis von Jagd, Beutefang und Nahrungserwerb aufgewendet. Zu den 2,5 Std. sozialen Verhaltens gehörten eben Spielen, Gruppenkuscheln, soziale Körperpflege und andere, dem Miteinander gewidmete Tätigkeiten (Bloch, 2007; Boitani et al., 1995; Macdonald und Carr, 1995). Und 50 bis 70 % der 24 Stunden wurden schlafend verbracht, von den Wachstunden wiederum war nochmals die Hälfte wachsames Herumliegen, also aufmerksames Beobachten, ohne besondere Aktionen.

Diese Zahlen sollten wir dringend berücksichtigen, wenn wir unseren Hund mit vielfältigen Beschäftigungen nicht überfordern wollen. Wie Sie sich Ihrem Hund gegenüber besonders attraktiv machen können, kann von hier aus nicht für alle 7 Millionen deutscher Hunde pauschal empfohlen werden. Man kann nur raten, dass jeder Hund mindestens ein Hobby hat und der kompetente Hundehalter dieses Hobby eben erkennt. Gerade für solche Fragen sind auch die Trainer:innen gefragt, die dem Hundehalter einschlägige Tipps über die Persönlichkeit und den Typus des Hundes geben können.

Gemeinsame Herausforderungen

Gemeinsam Herausforderungen meistern und dabei viel Spaß zusammen haben – das schweißt natürlich durch die positiven, gemeinsam erlebten Emotionen auch zusammen. Allerdings kann man wie so oft im Leben nicht pauschal davon ausgehen, dass gemeinsames Arbeiten die Beziehungsqualität verbessern kann. Eine Untersuchung von Chiara Mariti und Co-Autoren hat z. B. die Qualität der Hund-Mensch-Bindung zwischen Familien- und Rettungshunden verglichen und es ergaben sich im Vergleich der Beziehungsqualität (z. B. sicherer Basiseffekt, sicherer Hafen, Nähe suchen etc., siehe S. 116) keine statistisch auswertbaren Unterschiede zwischen den „Couchpotatos" und den Profis im Rettungshundewesen.

Wertvolle Beziehungen

Bemerkenswerte Erkenntnisse zum Thema „Wertvolle Beziehungen" konnte auch der spanische Kollege Jaume Fatjo (2012) in

»Sicherheit ist eine der wichtigsten Anforderungen, die ein Tier an seine Umwelt stellt. Und dazu gehört nicht nur, dass man sich notfalls in eine Schutzhöhle zurückziehen kann, sondern auch, dass man durch Erfahrung vorhersagen und planen kann, was ungefähr als Nächstes passieren wird.«

Zu wissen, was als Nächstes passiert, senkt den Stresspegel.

einem Kongressbeitrag vorstellen: Hundehalter:innen, die mit ihren Familienhunden an seinem Projekt teilnahmen, wurden zunächst befragt, wie lange der Hund schon bei ihnen leben würde. Dann wurde ihr Verhalten mit diesem Hund und die Interaktionen der beiden miteinander beobachtet, und die Hundehalter:innen wurden mit einer Reihe von Fragen in einem Fragebogen konfrontiert, z. B. zur Frage der emotionalen Nähe, die sie zu ihrem Hund fühlten, oder auch zur Frage, inwieweit sie die Kosten und Aufwendungen der Hundehaltung als Belastung oder Problem im Alltag empfänden. Bemerkenswert war, dass Hundehalter:innen, die bereits längere Zeit mit ihrem Hund zusammenlebten, weniger Interaktionen mit dem Hund zeigten. Die beiden lebten scheinbar nebeneinanderher. Jedoch gaben sie trotzdem an, sich ihrem Hund emotional genauso nahe zu sein, wie diejenigen, die in der Frühphase der Beziehungsbildung noch mehr und intensivere Kontakte hatten. Besonders auffallend war aber, dass die subjektive Einschätzung der Kosten der Hundehaltung immer weiter zurückging, je länger der Hund bei den betreffenden Menschen lebte. Hier wird ganz deutlich, dass eben die subjektive Einschätzung des Wertes der Beziehung immer mehr ansteigt, und die Menschen deshalb auch in der Lage sind, steigende Tierarztkosten oder andere zunehmende Belastungen weniger wichtig zu nehmen.

BINDUNGSKATALYSATOR 2: VERTRAUTHEIT, VERLÄSSLICHKEIT

Die zweite, wichtige Variable ist Vertrautheit und Verlässlichkeit. Menschen, die sich ihrem Hund gegenüber völlig inkonsequent, planlos und damit auch wenig vorhersagbar verhalten, sorgen für eine permanente Verunsicherung.

Menschen, die sich zumindest größtenteils planbar und vorhersagbar verhalten, verschaffen ihrem Hund also einen wesentlichen Vorteil, vor allem bei der Stressbewältigung und bei der Vorhersage über mögliche Gefahren und deren Bewältigung.

Vertrautheit und Verlässlichkeit entwickeln sich erst im Lauf des Aneinandergewöhnens. Viele Hundehalter, sei es mit einem Hund oder auch in der Mehrhundehaltung, werden bestätigen, dass nach dem Einzug eines Hundes in die neue Familie zunächst einige Zeit vergeht, bis der Hund überhaupt anfängt, zu spielen.

Dann werden auch erst die harmloseren Spiele gezeigt, etwa Renn- oder Jagdspiele. Bevor es soweit kommt, dass man mit dem zwei- oder vierbeinigen Familienmitglied auch gefährlichere und eskalationsgefährdete Spiele zeigt, etwa Tauziehen oder Raufen und Balgen, muss die Vertrautheit ausreichend hergestellt sein (siehe Kasten). Wenn man sich einfühlsam verhält, die Intensität und den Abwechslungsreichtum beim Spielen langsam steigert, stellt Spielen eine wunderbare Möglichkeit dar, in Kontakt mit dem Hund zu kommen, sich besser kennenzulernen und vertrauter miteinander zu werden (siehe S. 68 ff.).

BINDUNGSKATALYSATOR 3: ERTRÄGLICHKEIT

Ein Faktor, der momentan mit im Zentrum der wissenschaftlichen Untersuchungen im Mensch-Hund-Bereich steht, ist die Erträglichkeit. Auch wenn es wenig romantisch klingt, wir binden uns fest, wenn bestimmte Erwartungen an einen menschlichen oder hundlichen Partner erfüllt werden. Aus Hundeperspektive ist z. B. die Aussicht, in Sicherheit und ohne Sorgen leben können, sehr erträglich. Hunde freuen sich entsprechend über einen souveränen, starken menschlichen Partner an ihrer Seite.

SPIEL BRAUCHT VERTRAUEN

Man muss genau wissen, ob der andere zuverlässig und glaubhaft signalisiert und ob er auch in der Lage ist, die von einem selbst gesendeten Signale richtig zu verstehen. Nur dann kann man es wagen, auch beim Spielen etwas mehr an die Grenzen zu gehen. Geben Sie Ihrem Hund also Zeit, wenn er bei Ihnen einzieht, bevor Sie von ihm allzu heftiges Spielen oder auch andere schwierige, soziale Interaktionen verlangen (vgl. Gansloßer und Käufer, 2017, 2022).

Durch so eine wertvolle Beziehung können wir ebenso wie Hunde uns im Leben sicherer fühlen und eventuell sogar selber einen höheren Status erreichen.

Einfluss auf die Resilienz

Unsere Eigenschaften in aufregenden, herausfordernden Alltagssituationen können also die Bindungsqualität zwischen uns und unseren Hunden maßgeblich beeinflussen. Genauer in den Fokus genommen hat „die soziale Unterstützung durch uns Menschen" in den letzten Jahren z. B. die Wiener Forschergruppe aus dem Clever Dog Lab, hier speziell Iris Schöberl. Sie untersuchte den Einfluss, den wir als Halter:innen auf die Persönlichkeitsentwicklung und die Resilienz unserer Hunde haben können (siehe Kasten S. 84). Sie beobachtete in ihren Versuchen von 2016 unter anderem die Interaktion zwischen Mensch und Hund und nahm regelmäßig Speichelproben des Hundes, um sein Stresserlebnis in einer Spielsituation und in zwei kontrollierten Stresssituationen zu dokumentieren. Gleichzeitig befragte sie die Hundehalter:innen in einem Fragebogen zur jeweiligen Mensch-Hund-Beziehung und ihrer eigenen Persönlichkeit. Hunde, die während des Stresstests als „sicher gebunden" qualifiziert worden waren, hatten weniger Ausstoß des Stresshormones Cortisol während aller drei Situationen als Hunde, die in den Stressstests mit Halter:innen als „unsicher gebunden" abgeschnitten hatten. Gleichzeitig zeigten die sicher gebundenen Hunde eine stärkere Resilienz, wenn sie sich nach einem Schreckmoment erholen sollten, der individuelle Cortisol-Varianzwert (iCV) war bei diesen Hunden schnell wieder in ihrem individuellen Normalbereich (Schöberl et al., 2016).

Fähigkeit zum Umgang mit Stress

In einer weiteren Studie haben Iris Schöberl und Kolleg:innen diese „individuelle Cortisol-Varianz" (iCV) genauer untersucht.

Rüden von männlichen Haltern scheinen mit Stress besser umgehen zu können.

Die iCV zeigt, wie schnell wir uns von einer stressigen Situation wieder erholen können. So ist es in Schreckmomenten ganz normal, dass der Cortisollevel sprunghaft ansteigt. Wenn er sich danach schnell wieder normalisiert, hat man eine starke iCV, die Fähigkeit zum Umgang mit Stress ist gut. In diesen Stresstests zeigte sich, dass Hunde von Menschen, die beim Persönlichkeitsfragebogen hohe Werte im Bereich „Neurotizismus" (emotionale Labilität) erreicht hatten, schlechter mit stressigen Situationen umgehen konnten. Rüden von weiblichen Haltern hatten die schlechtesten Werte im iCV erzielt, die Cortisolwerte blieben lange hoch. Auch eine Beobachtungsstudie auf Hundewiesen hatte 2009 gezeigt, dass Rüden von männlichen Haltern auf Hundewiesen anscheinend gelassener agierten (Kotrschal et al., 2009), dies spiegelte sich in dieser Studie auch in den physiologischen Messwerten wieder (Schöberl et al., 2017). Dass das Geschlecht des Menschen eine Rolle spielen kann, haben bereits Untersuchungen unter anderem in italienischen Arbeitsgruppen gezeigt (Prato Previde und Valsecchi, 2014; D`Aniello et al., 2021) . Natürlich sind solche Ergebnisse immer mit Vorsicht zu genießen und lassen sich nicht auf alle Hund-Mensch-Teams pauschal übertragen. Kotrschal vermutet, dass Hunde Geschlecht durchaus wahrnehmen und entsprechend Rollen in der Beziehung zum Menschen einnehmen könnten. So könnten sich Rüden bei Männern eventuell besser entspannen und gingen eine eher „kumpelhafte" Beziehung ein, während Rüden in Begleitung von Frauen eher beschützende, sichernde Funktionen übernähmen, was das erhöhte Stresserlebnis erklären könnte.

Doch im privaten Bereich kann die Beziehung von Hunden zu weiblichen Haltern positive Folgen haben, wie Untersuchungen zum unterschiedlichen Streichelverhalten von Männern und Frauen zeigen konnten (Hennessy et al., 1998). Hier wurde dokumentiert, dass sich Frauen und Männer beim Streicheln ihrer Hunde unterschiedlich verhielten und das hatte Folgen: Die von Frauen durchgeführten Streicheleinheiten konnten Hunde im Durchschnitt wesentlich stärker „entstressen" und beruhigen, sie zeigten sich deutlich entspannter, saßen längere Zeit in einer entspannten Position und gähnten häufiger als Hunde, die von Männern massiert wurden. Durch eine Reihe von weiteren Tests und Langzeitbeobachtungen konnte ausgeschlossen werden, dass es sich um eine generelle Reaktion auf Geruch oder andere äußere Eigenschaften der jeweils kraulenden Testpersonen handelte. Die Art des Kraulens und Massierens war offensichtlich geschlechtstypisch unterschiedlich und hatte bei Frauen einen positiveren Effekt.

BINDUNGSKATALYSATOR 4: VERFÜGBARKEIT

Die letzte und vor allem in mehrköpfigen Familien und/oder Mehrhundehaltungen sehr wichtige Komponente der sozialen Beziehungsbildung, ist die Verfügbarkeit des Beziehungspartners. Kommt ein Hund neu in eine Familie, so existieren dort bereits Beziehungsnetze, und manche Mitglieder werden versuchen, ihren Beziehungspartner gegen den Neueindringling abzuschirmen. Andere werden möglicherweise sehr schnell und offen auf den Neuling zugehen, vielleicht sogar, um ihn als Allianzpartner gegen bereits etablierte andere Beziehungsteams einzusetzen. Für den Neuling ergibt sich daher die Situation, dass möglicherweise der Wunschbeziehungspartner gar nicht erreichbar ist, weil er von jemand anderem abgeschirmt wird. Umgekehrt ist möglicherweise jemand, der sich dem Neuling sehr aufdringlich nähert, wegen geringerer Attraktivität und/oder geringerer Erträglichkeit für den Neuling nicht unbedingt interessant.

Bindung an einen Menschen

Ähnliche Probleme tun sich dann auf, wenn ein Hund im Lauf der Zeit nur auf einen einzelnen Menschen fixiert ist und dieser wegen Krankheit, Unfall oder anderen Widrigkeiten plötzlich nicht zur Verfügung steht. Versuchen andere Familienmitglieder dann als Ersatzbesetzung die gleichen, für den Hund sehr wichtigen Tätigkeiten auszuüben, können sie möglicherweise daran scheitern, dass ihre Attraktivität für diese Tätigkeit, etwa bestimmte Sportarten, vergleichsweise nur gering ist. Stattdessen nützt es dem Hund oft mehr, wenn bereits vor solchen plötzlich auftretenden Schwierigkeiten, also in der noch intakten Familie, jeder, der eventuell später die Betreuung des Hundes in Krisensituationen übernehmen sollte, seinen eigenen, anderen Warentisch aufgebaut hat. Wer sich schon während der Anwesenheit der Hauptbezugsperson bemüht, mit eigenen anderen Spielen, eigenen anderen Formen der Beschäftigung oder anderen Spazierwegen dem Hund etwas Neues und Konkurrenzloses zu bieten, wird es später leichter haben, den Hund trotz einer möglichen Trennungsdepression zu motivieren. Auch wer als alleinstehender Mensch einen Hund hat, sollte solche Überlegungen rechtzeitig anstellen und im Freundeskreis Menschen finden, die sich bereits vorbeugend mit eigenem Warenangebot beim Hund attraktiv als Ersatzbesetzung platzieren können. Auch Gewöhnung spielt hier natürlich eine große Rolle, deshalb sollte man schon früh damit anfangen, Hunde auch mal fremdbetreuen zu lassen oder in eine Betreuung mit viel Zeit schrittweise einzugewöhnen, so dass der Hund eine vertrauensvolle Beziehung aufbauen kann und dann in der Trennungssituation weniger Stress haben wird.

Patchworkfamilien

Ebenfalls zum Thema Verfügbarkeit gehören Beobachtungen und Situationen, die derzeit bei der häufigeren Tendenz zu Patchworkfamilien auch für Hunde bedeutsam werden. Wenn zwei Menschen, von denen jeder mindestens einen Hund hat, plötzlich beschließen, eine Lebensgemeinschaft zu bilden und zusammenzuziehen, dann ändert sich die Verfügbarkeit des jeweiligen Menschen für seinen Hund doch erheblich. Er hat nicht nur einen neuen zweibeinigen, sondern auch noch vierbeinigen Rivalen, und das kann für manche Hunde, wie die Erfahrung zeigt, zu erheblichen Belastungen führen. Hier ist vorausschauendes und vorsorgliches Sozialmanagement im Vorfeld der Zusammenführung und eine eher geschickte, geradezu diplomatische Steuerung der ersten Begegnungen oft sehr wichtig. Andernfalls kann es bisweilen auch zu schweren Auseinandersetzungen unter den Hunden kommen, zur Ablehnung des neuen Menschen durch den alteingesessenen Hund und/oder auch zu stressbedingten, gesundheitlichen Problemen bei den Hunden.

Wer sich bemüht, diese Bindungskatalysatoren im Umgang mit seinem Hund, so gut es eben geht, zu erfüllen, wird feststellen, dass auch vieles für das Zusammenleben einfacher wird. Man engagiert sich eben mehr in einer Beziehung, von der man auch mehr erwarten kann. Und wer seine Attraktivität durch vielfältige Formen des gemeinsamen Miteinanders, anstatt nur durch die Verabreichung von Leckerli als Standardbelohnung für irgendwelche gerade vollführten Übungen definiert, wird einen Hund bekommen, der auch wesentlich freudiger und begeisterter mitmacht, wenn es denn mal anstrengend wird. Dass auch hier Alter, Rasse, Gesundheitszustand und andere individuelle Eigenschaften der Hunde mit berücksichtigt werden müssen, versteht sich von selbst. Aber die Grundidee ist doch weitgehend für alle Hunde ähnlich: Die wichtigste Bedeutung des Zusammenschlusses ist die soziale Unterstützung und das gemeinsame Lösen von Problemen und nicht unbedingt die Aktion im Sinne eines interessanten, temperamentvoll überschäumenden und bisweilen sogar gesundheitsgefährdenden Hundesports.

Wenn sich Lebenssituationen ändern, geraten Rollen oft ins Wanken.

WENN BEZIEHUNG ZUR BINDUNG WIRD

Jeder, der schon einmal verliebt war, kennt das: Plötzlich – meist ausgelöst durch einen besonderen Moment – fangen wir an, die neue oder vertraute Beziehungsperson im meist rosarot gefärbten Licht zu sehen.

Sie bekommt einen Zauber, alles, was sie macht, wird plötzlich faszinierend, toll, aufregend ... Wenn alles gut läuft, geht es der betreffenden Person genau wie uns. Dann stehen die Chancen gut, dass wir eine Bindung eingehen, die weiter wächst und an Tiefe gewinnt und wir füreinander nicht mehr austauschbar werden – vorausgesetzt, dass wir uns als gute Bindungspartner erweisen (siehe S. 81 ff.). Doch wie läuft der Bindungsprozess in der Mensch-Hund-Bindung ab – gelten hier ähnliche Muster wie bei der Bindung zwischen Paaren oder Eltern und ihren Kindern? Der Bindungsbegriff im Zusammenhang mit dem Mensch-Hund-Umgang wird leider oft falsch benutzt, denn er hat eine ganz eigene Dimension.

BINDUNGEN SIND EXKLUSIV

Wir werden noch sehen, welche im Gehirn und im Hormonsystem angesiedelten Bestandteile für die emotionale Komponente der Bindung verantwortlich sind. Aber die emotionale Komponente spielt bei der Bindung immer eine zentrale Rolle. Letztlich führt sie auch dazu, dass Bindungen eben nicht austauschbar sind. Die Bindungsperson ist unersetzbar: Der Bindungspartner (egal ob Mensch, Hund oder anderes, bindungsfähiges Lebewesen) kann nicht durch einen Artgenossen des gleichen Status, auch nicht der gleichen Attraktivität oder anderer vergleichbarer Eigenschaften ausgetauscht werden.

MENSCH-HUND- = ELTERN-KIND-BINDUNG

Die derzeit auch in der Hund-Mensch-Forschung übliche Bindungstheorie stammt ursprünglich aus der menschlichen, speziell aus der Mutter-Kind-Psychologie. Der Kinderpsychologe John Bowlby und die Kinderpsychiaterin Mary Ainsworth haben in den 60er und 70er Jahren ein Modell entwickelt, das möglichst viele Eigenschaften des Verhaltens zwischen Kind und Mutter erfassen und beschreiben sollte (siehe S. 120 ff.).
In späteren Studien wurde dieses Modell auch auf den Vater oder andere Pflegepersonen und letztlich auf Freundschaften und andere, unter Erwachsenen übliche, emotionale Beziehungen erweitert. Schöberl et al. (2013), Julius et al. (2012) geben eine sehr gute Einführung in die geschichtlichen Hintergründe der Bindungstheorie. Der Artikel von Prato Previde und Valsecci (2014) fasst in Bezug auf die hundliche Seite die Erkenntnisse zusammen. Die genannten Artikel dienen auch als Basis für unsere weitergehenden Betrachtungen.

Ein Anzeichen von Bindung kann zum Beispiel Kontaktliegen sein.

☞ **Aus der Forschung**

EXKLUSIVITÄT DES BINDUNGSPARTNERS

Es liegt ein „internes Arbeitsmodell" des Bindungspartners vor, das nur mit dessen individuellen Eigenschaften bedient werden kann. Es ist durchaus möglich, dass ein Hund, ein Mensch oder ein anderes, nicht streng monogam gebundenes Lebewesen mehrere Bindungen ausbilden kann. Trotzdem hat dann wiederum jeder Bindungspartner seine eigene Wichtigkeit und ist eben nicht durch einen anderen ersetzbar.

EIGENSCHAFTEN EINER EXKLUSIVEN BINDUNG

Neben der Exklusivität, also der Nichtaustauschbarkeit des Bindungspartners, gehören zum Erkennen einer Bindung noch einige weitere wichtige Eigenschaften. Zum einen kann eine Bindung nur dann festgestellt und wirklich beschrieben werden, wenn auch eine Trennungsreaktion vorliegt. Die Bedeutung dieser Trennungsreaktion wird im Folgenden noch genauer behandelt werden, wenn wir unser vierblättriges Kleeblatt besprechen. Jedoch ist bereits im Vorfeld weiterer Studien zur Bindungsqualität die Trennungsreaktion als Voraussetzung für das Erkennen einer Bindung immer wieder zu betonen. Außerdem muss es zu einer Bindung zumindest bindungstypische Verhaltensweisen geben, also Verhaltensweisen, die zwischen den Bindungspartnern bevorzugt, häufiger, länger oder intensiver ausgetauscht werden, als zwischen anderen Mitgliedern der gleichen sozialen Gruppe. Bindungstypisches Verhalten unter Kaniden ist z. B. das Kontaktliegen, das ja keineswegs immer im direkten Körperkontakt stattfinden muss, auch Abstände zwischen 20 cm oder einem Meter sind hier durchaus geeignet.

DIE VIER BEREICHE DES BINDUNGSSYSTEMS

Um ein Bindungssystem vollständig erklären zu können, müssen vier Aspekte betrachtet werden. Gemeinsam, in möglichst gleich großer Bedeutung, ermöglichen sie uns, Bindung zu charakterisieren – eben wie ein vierblättriges Kleeblatt. Diese vier Bereiche sind auch im Umgang mit dem Hund von sehr großer Bedeutung.

1. NÄHE SUCHEN

Das bedeutet, dass man freiwillig und aus eigenen Stücken die Distanz zum Bindungspartner verringert und sich gern in dessen unmittelbarer Umgebung aufhält. Bereits dieses Nähesuchen wird durch die emotionalen Komponenten des Bindungssystems bestätigt. Schon die Untersuchungen des amerikanischen Affenforschers Harry Harlow haben gezeigt, dass eben nicht das Futter, sondern die emotionale Komponente die Bindungsfigur charakterisiert. In seinen Untersuchungen, die stark belastend für die betreffenden Tiere waren und so heute nicht mehr durchgeführt werden dürften, konnte er zeigen, dass mit einem Kuschelpelz bekleidete Mutterattrappen für kleine Äffchen wesentlich interessanter waren als eine Drahtattrappe, auch wenn diese eine stets zur Verfügung stehende Nuckelflasche enthielt. Umso schlimmer ist es,

Vier gleichgroße Blätter symbolisieren die vier Bindungskennzeichen.

dass auch heute noch Futter in Form von permanenter Leckerligabe, Handfütterung oder andere ähnliche Praktiken bei Hunden zum sogenannten Bindungsaufbau eingesetzt werden. Wir werden noch sehen, dass Futtergabe durchaus für einen Einstieg in eine konkrete Trainings- oder Ausbildungssituation hilfreich sein kann (siehe S. 180). Zum Aufbau oder auch zur Aufrechterhaltung einer emotionalen Bindung dagegen ist Futter völlig ungeeignet. John Bowlby war der erste, der die Bedeutung des Futters für den Aufbau und die Aufrechterhaltung von Bindungen in seinem Modell deutlich reduzierte.
Nähe suchen kann durchaus auch durch Blickkontakt oder andere Kontaktaufnahme auf Distanz erfolgen. Wie die Untersuchungen in der Arbeitsgruppe von Ádam Miklósi schon früh gezeigt haben, orientieren sich Hunde beim Spaziergang sehr viel stärker und öfter an ihren Menschen, als dies handaufgezogene Wölfe tun (Miklósi, 2015).
Umso wichtiger ist es für den Menschen, dieses, wenn auch symbolische und auf Distanz erfolgende, Nähesuchen dann nicht nur zur Kenntnis zu nehmen, sondern durch einen kurzen Blickkontakt seinerseits bzw. ein freundliches Zunicken oder andere bestätigende Verhaltensweisen zurückzugeben. Wird das Nähesuchen nämlich permanent unterdrückt, entsteht bereits das erste unsichere Bindungsmodell, nämlich die sogenannte vermeidende Bindung (siehe S. 122).

2. TRENNUNGSREAKTION

Die zweite, bereits erwähnte, aber eben für die Bindungserkennung elementar wichtige Eigenschaft ist die Trennungsreaktion. Sie läuft normalerweise in mehreren Stufen ab.
Protestphase: Zunächst kommt eine Protestphase, in der die verlorengegangenen Partner gesucht, nach ihnen gerufen, oder andere aktive Verhaltensweisen der Wieder-

Futter spielt in stabilen Mensch-Hund-Beziehungen keine Rolle.

zusammenführung ausprobiert werden. Man geht bevorzugt an Orte, an denen man die Bindungspartner zuletzt oder häufig getroffen hat. Oftmals werden auch gruppenspezifische Rufe ausgetauscht, und die Protestphase ist mit einer allgemeinen Erhöhung der Stresshormonproduktion gekoppelt.

Depressions-, bzw. Verzweiflungsphase: Erst nach einer längeren Phase des Protests geht dann schließlich die Trennungsreaktion in die Depressions-, im schlimmsten Fall auch die Verzweiflungsphase über. Über diese spezielle Problematik werden wir noch ausführlicher, auch mit praktischen Beispielen und genauerer neurobiologischer Erklärung, sprechen (siehe ab S. 138).

Wenn Hunde kein Trennungsverhalten zeigen

Die Trennungsreaktion ist keineswegs immer in Form einer Trennungsstörung (siehe S. 142), also eines mit Angst, Panik oder anderen unangenehmen Folgeerscheinungen verknüpften Fehlverhaltens, zu sehen. Wenn der Hund aber gar kein Trennungsverhalten zeigt und das Weggehen seines Menschen überhaupt nicht zur Kenntnis nimmt, haben wir bereits ein Indiz für eine als unsicher-vermeidend einzustufende Bindung. Umso schlimmer, wenn in der Zuchtzulassungsprüfung mancher Rassen solche Erscheinungen sogar gefordert und damit züchterisch gefördert werden. Wenn Hunde von ohnehin nicht ganz einfachen Rassen (hier sei als ein Beispiel die Zuchtzulassungsprüfung des Briard genannt) in einer sogenannten Vereinsamung eben keinerlei Trennungsreaktion zeigen sollen, dann kann man nur hoffen, dass dieses Merkmal nicht erblich ist.

Damit wir trotz Hund zur Arbeit, ins Kino oder Konzert gehen können, muss das „Alleinbleiben" vorsichtig und mit viel Geduld und viel Zeit trainiert werden. Kurz gesagt: Hunde müssen lernen, dass „wir immer wiederkommen", es also keinen Grund zur Angst gibt. In dem Fall ist eine eindeutige Ansage beim Verlassen des Zuhauses hilfreich („du bleibst"/„bis gleich") und Wiedersehensfreude bei der Heimkehr unverzichtbar.

3. BASISSICHERHEIT

Die dritte wichtige Komponente des Bindungsgeschehens besteht in der Wirkung des Bindungspartners als sichere Basis. Das bedeutet, dass man eben in der Anwesenheit des Bindungspartners mehr Erkundungsverhalten, mehr Neugierverhalten und auch andere, durchaus für das eigene Wohlbefinden dienliche Verhaltensweisen zeigt. Lisa Horn und Co-Autoren aus der Wiener Arbeitsgruppe konnten in ihrer Arbeit 2013 zeigen, dass sich Hunde in Anwesenheit ihres individuell gebundenen Halters länger und intensiver mit schwierigen Intelligenzspielen beschäftigten, als in Anwesenheit anderer, auch bekannter Menschen, etwa anderer Familienmitglieder. Auch Palmer und Custance (2007) zeigten, dass sich Hunde in Anwesenheit der Halter mehr mit Spielsachen oder auch mit freundlichen Fremden beschäftigen, als wenn sie ohne ihren Menschen in die gleiche Situation gebracht wurden. Der sichere Basis-Effekt und die Wirkung des Nähesuchens sollten sich in einer stabilen Bindung einigermaßen ausgleichen. Im Praktiker-Jargon würde man hier von einem **Ausgleich zwischen Außenfokus (sicherer Basis-Effekt, Erkundungsverhalten, auch mal Hund sein dürfen) und Innenfokus (Blickkontaktaufnahme, Zurückorientierung an der Leine, Orientierung am Menschen allgemein)** sprechen. Die Balance zwischen Innenfokus und Außenfokus ist durchaus individuen- und rassetypisch, auch die Geschlechter spielen hier eine Rolle. Trotzdem ist auch hier anzumerken, dass eine Bindung, bei der nur eine der beiden Eigenschaften im Vordergrund steht, nicht als gesichert und stabil betrachtet werden sollte.

Hund-sein-Dürfen

Selbstverständlich gehört dazu auch der Hundehalter, der beides, das Nähesuchen wie auch das Erkunden und Hund-sein-Dürfen in seiner Gegenwart fordert und fördert und nicht eines von beiden aus ideologischen Gründen unterbindet. Sei es, dass Hunde sich nur noch außen orientieren und ihren Menschen völlig vergessen, sei es, dass Hunde sich nur an ihren Menschen orientieren, diesen gewissermaßen ständig an den Hacken oder im Gesicht kleben. Wenn dann diese Merkmale, die eindeutig für eine unsichere-ambivalente Bindung zu sprechen scheinen, auch noch als „zu enge Bindung" bezeichnet und der Hund durch Zwangsdistanzierungsmaßnahmen noch mehr verunsichert wird, anstatt die Verlässlichkeit des Menschen als Beziehungspartner zu fördern, muss man sich nicht wundern, wenn die ganze Geschichte mit der Zeit zu einer völligen Beziehungskrise zwischen beiden führt. Dabei lösen sich viele solcher Probleme bei Stabilisierung der Bindung ganz von selbst.

4. SICHERER HAFEN

Gerade in Krisensituationen muss der Mensch für seinen Hund da sein, denn gerade in Krisensituationen erwartet man, dass der Bindungspartner sich um einen kümmert. Die soziale Unterstützung, deren hormonelle und andere physiologische Grundlagen wir noch genauer betrachten werden, gehört hier zu den Grundanforderungen einer guten Bindung. Ob der Hund

Die richtige Mitte finden, zwischen ...

in Anwesenheit seines Menschen dann weniger Herz- und Kreislaufreaktionen und geringere Stresshormonausschüttung zeigt, wie etwa Untersuchungen von Marta Gácsi (2013) gezeigt haben, oder ob er aktiv den Kontakt zu seinem Menschen sucht und sich hinter ihn stellt, sobald es kriselt – alle diese Reaktionen müssen nicht nur akzeptiert, sondern als Vertrauensbeweis auch gefördert und unterstützt werden.

Anforderungen an den Menschen

Die immer noch häufige Empfehlung, man dürfe den Hund ja schließlich in seiner Angst nicht bestätigen, damit dieses unerwünschte Verhalten nicht auch noch ankonditioniert wird, ist der Bindungs- und Beziehungskiller schlechthin. Selbstverständlich soll der Hund nicht in einer Art und Weise bemitleidet werden, die eine Weltuntergangsstimmung aufkommen lässt und bei der der Mensch selbst als emotional instabil und krisengeschüttelt dasteht. Aber den Hund in dieser Situation heranzulassen, ihn durch Körperkontakt zu bestätigen, zu umarmen, ggf. durch eine Wohlfühlmassage zu entspannen, ist eine zentrale Anforderung an den Menschen als Leittier. Für die Praxis bedeutet gerade dieser letzte Aspekt, dass wir uns einmischen sollten. Leider hört man nicht nur in Welpengruppen immer noch häufig die geäußerte Ansicht, „Hunde müssten alles unter sich ausmachen" oder der Gegensatz dazu, „Menschen müssen sich aus hundlichen Auseinandersetzungen heraushalten". Dieser Mythos gehört hoffentlich bald in die überwundene Mottenkiste.

Begegnung an der Leine

In diesen Bereich gehört auch der Ratschlag, wenn der Hund Spektakel an der Leine macht, solle man sich umdrehen, die Leine fallenlassen und wortlos weggehen. Das ist jedoch nur in ganz wenigen speziellen Situationen zielführend, nämlich dann, wenn der Hund wirklich nach dem Motto „Gemeinsam sind wir unausstehlich" einen Spaß daran findet, mit Rückendeckung seines Menschen andere anzumachen. Vielfach aber reagieren Hunde in solchen Leinenbegegnungen aus Unsicherheit, wie eine Arbeit von Uta Olsen (2008) nahegelegt hat. Diese Hunde wiederum brauchen die Unterstützung des Menschen, der sie dann nicht im Regen stehenlassen darf. Hier können wir wieder unser Kapitän-und-Copilot-Modell im Cockpit des Flugzeugs heranziehen: Was wird der Copilot wohl von einem Kapitän halten, der bei der geringsten heraufziehenden Gefahr sofort den Auslöseknopf für den Schleudersitz drückt und sich mit dem Fallschirm aus dem Staub macht?

... Schutz geben und Erfahrungen machen lassen, ist wichtig.

Konflikte flexibel lösen können, erfordert viele Erfahrungswerte.

☞ Aus der Forschung

ABBRUCHSIGNALE KÖNNEN FÜR FRIEDEN SORGEN

Auf Facebook kursierte eine Zeitlang ein wunderbarer Film, der das hohe, soziale Streitschlichterpotenzial von Hunden deutlich machte: Zwei Katzen gerieten in einen Beschädigungskampf, daraufhin strömten von allen Seiten sofort drei Hunde heran. Zwei packten die Streithähne am Nackenfell und zogen sie auseinander, einer ging anschließend zwischen den getrennten Kontrahenten entlang und verhinderte einen erneuten Kampf. Beeindruckend war der kurze Film auf vielfache Art und Weise:

1. Er zeigte, dass sich für Hunde Gruppenzugehörigkeit nicht an der Art bemisst, sondern an Beziehungsfaktoren und dem gezeigten sozialen Zusammenhalt. Und dazu gehört eben auch, dass man sich bei Streit einmischt, auch wenn dieser zwischen zwei Katzen eskaliert.
2. Es wurden beide Streithähne so effektiv wie vorsichtig auseinandergezogen, dass ihnen trotz des Kampfgetümmels aus zwei Katzen und drei Hunden offensichtlich kein Haar gekrümmt wurde. Hier wird der hohe Grad an Einfühlungsvermögen deutlich, den Hunde im sozialen Miteinander entwickeln können, denn Katzen müssen mit Sicherheit vorsichtiger am Fell gepackt werden als Hunde.
3. Die Körpersprache der Hunde hat gezeigt, wie schnell und eindeutig Signale gesendet werden müssen, um für klare Verhältnisse zu sorgen: Die Hunde reagierten innerhalb von Sekunden, trennten die Katzen und verhinderten den erneuten Zusammenprall. Dabei wechselten sie von hoher, aktiver Anspannung in eine demonstrativ entspannte Körpersprache, die Ruhe und Neubeginn signalisierte. Kein Funke mehr von Aggressionsverhalten oder Nachtragen, Entspannung wurde betont, die sich auf die Raufbolde stimmungsmäßig übertragen sollte. Dabei wurden die Streitparteien aber genau im Augenwinkel behalten: Als eine der Katzen die andere erneut angehen wollte, trottete ein Hund ruhig aber zielsicher zwischen die beiden und brach durch dieses „Splitten" die Revanche schon im Ansatz ab.

Ein Lehrstück der gemeinschaftlichen, hochsozialen Konfliktbewältigung unter Kaniden, von dem wir Menschen viel lernen könnten (Film „Streitschlichter in der Tierwelt"/youtube).

ENTWICKLUNG DER BINDUNGSSIGNALE

PFLEGEBINDUNG

Aus der Kinderpsychologie zeigt sich selbstverständlich, dass das Modell der „gesicherten Bindung“ nicht sofort für Kinder gilt. Vergleichbar mit einem Kleinkind, ist auch ein Junghund oder gar ein Welpe noch mehr auf Nähe und auf das Vermeiden des Kontaktverlusts, also auf das Vermeiden der Trennungsreaktion, programmiert. Man spricht bei dieser Beziehung auch von einer Pflegebindung („Care Giver Bond“), bei der der Mensch bzw. das Elterntier die überwiegende Verantwortung für das Team hat. Doch im Lauf der Zeit sollten die beiden anderen Blättchen des vierblättrigen Kleeblatts an Größe und damit an Bedeutung gewinnen, und schließlich sollten der Sichere-Basis-Effekt und der Sichere-Hafen-Effekt gleich wichtig sein, um das Verhalten des Hundes bzw. älteren Kindes in An- und Abwesenheit des Beziehungspartners zu charakterisieren.

ZIELKORRIGIERTE BINDUNG

Mit dem Übergang in die Pubertät kommt dann eine weitere Qualitätsänderung, und auch mit dem älteren Hund sollten wir uns bemühen, eine als zielkorrigierte Bindung bezeichnete Beziehungsform zu erhalten. Die zielkorrigierte Bindung charakterisiert sich u.a. darin, dass nicht immer und sofort auf Bindungssignale des Partners reagiert werden muss, weil dieser bereits gelernt hat, dass er auch Stress und Emotionsregulation selbst betreiben kann (siehe Schöberl et al., 2013). Diese im inneren Arbeitsmodell verankerte Erfahrung kann er jedoch nur verarbeiten, wenn er vorher in der Pflegebeziehung eine sichere und stabile Bindung aufgebaut hat. Nur dann ist die Gewissheit als wichtige Voraussetzung für eigenständiges Handeln etabliert worden, dass man zwar Vieles lösen kann, im Zweifelsfall aber noch jemanden im Hintergrund hat, auf den man sich verlassen kann und der einem hilft. Zur zielkorrigierten Bindung gehört auch, dass man nicht immer die Annäherungsversuche des anderen sofort beantworten muss, man diesen auch einmal abweisen oder in einer gewissen Distanz ablegen kann. Jedoch gehört dazu die bereits geschilderte Erfahrung, dass man als Kind von der gesicherten Bindung ausgehen kann. Der bekannte, weit verbreitete und trotzdem zutreffende Spruch, dass man seinen Kindern in jungen Jahren Wurzeln und in älteren Jahren Flügel verleihen sollte, kann hier durchaus auch auf die Beziehung von Mensch zu Hund und Hund zu Mensch übertragen werden.

Nur wer für seinen Welpen und jungen Junghund als sicherer Hafen stets zur Verfügung steht und ihn auch dann unterstützt, wenn dieser es einfordert, kann später beim erwachsenen Hund auch einmal Mensch sein, ohne sofort auf jedes Fiepsen und Winseln des Hundes aus jeder kleinen Bindungslaune heraus eingehen zu müssen.

GESICHERTE BINDUNG

Von einer gesicherten Bindung spricht man dann, wenn alle vier Teile dieses Bindungskonzepts einigermaßen gleich groß und gleich wichtig für den Partner sind. Gesicherte Bindungen sind solche, bei denen auf die Bedürfnisse und Gemütslagen des Bindungspartners feinfühlig, einfühlsam und empathisch eingegangen wird, und bei denen man sich dann im Anschluss gemeinsam den evtl. bestehenden Problemen widmet. Der Bindungspartner einer gesicherten Bindung hat jederzeit die Gewissheit, dass er in Krisensituationen Unterstützung bekommt und dass sein Beziehungspartner sich an ihm erfreut und mit ihm gemeinsam gern zusammen ist.

Die soziale Kompetenz, das eine vom anderen zu unterscheiden und zu erkennen, wann man eben für den Hund da sein muss, weil er ein größeres und nicht mehr lösbares Problem hat, muss der Mensch allerdings haben. Und spätestens an dieser Stelle hapert es bei vielen unserer zweibeinigen Artgenossen. Wie wir später sehen werden, ist zwar die Fehlertoleranz des Hundes auch hier noch geeignet, manche Störung im Bindungsverhalten seines Menschen abzufedern und auszugleichen. Aber man sollte das nicht mit Vorsatz oder möglichst auch nicht aus Fahrlässigkeit überstrapazieren.

BINDUNG DES MENSCHEN AN DEN ERWACHSENEN HUND

Charakteristisch für die Bindung zwischen dem älteren oder erwachsenen Hund und seinem Menschen ist also, dass beide Beteiligte, Mensch und Hund, das vierblättrige Kleeblatt besitzen und aufeinander richten. Zwar wird schon allein wegen der Tatsache, dass Hunde nie vollständig erwachsen werden, der Mensch den größeren Teil der Verantwortung für die Führung und die Außensicherung des Teams übernehmen. Trotzdem sollte man sich auch als Mensch durchaus zugestehen, dass man sich in Gegenwart seines Hundes wohler fühlt, dass man sich evtl. in Gegenwart seines Hundes sicherer fühlt – so unternehmen Menschen mit Hund z. B. nachts ausgedehntere Spaziergänge als ohne Hund (Hielscher et al., 2019; Schöberl et al., 2013). Und letztlich vermisst man seinen Hund auch, wenn man längere Zeit von ihm getrennt ist. Ob man den Hund dann aus emotionaler Zuneigung vermisst, was eher auf die zielkorrigierte Bindung hindeuten würde, oder man sich schlichtweg Sorgen macht, ob die Ersatzbesetzung sich richtig um ihn kümmert, was mehr auf das Pflegesystem hindeuten würde, ist sicher wieder ein Teil der individuellen Beziehungsgestaltung. Über die gegenseitige Notwendigkeit, „Nähe suchen“ und „Nähe aufrechterhalten“ zu tolerieren, haben wir ja in anderem Zusammenhang bereits gesprochen.

DER FREMD-SITUATIONSTEST

Zur Untersuchung einer Bindungsqualität wurde der von John Bowlby und Mary Ainsworth entwickelte Fremdensituationstest auch auf den Umgang mit dem Hund übertragen. In mehreren Arbeitsgruppen, z. B. bei Emilia Prato Previde in Mailand, Ádam Miklósi in Budapest oder im Clever Dog Lab in Wien, wird dieser Test heute zur Analyse der Mensch-Hund- und Hund-Mensch-Beziehung herangezogen. Der klassische Bowlby- und Ainsworth-Test besteht aus einer Reihe von hintereinander angeordneten Testsituationen, die jede drei oder fünf Minuten dauert.

ABLAUF DES TESTS

1. Zunächst befinden sich Mensch und Hund in einem fremden, unbekannten Raum, in dem sich einige Hundespielzeuge und andere Gegenstände befinden.
2. Dann wird die Tür geöffnet und ein freundlicher Fremder betritt den Raum, der auch versucht, mit dem Hund Kontakt in freundlicher Weise aufzunehmen, ihm Spielzeug anzubieten etc.
3. Im nächsten Schritt verlässt der/die Hundehalter:in den Raum, der Fremde bleibt mit dem Hund allein und versucht weiterhin, freundlich mit ihm zu agieren.

Interessant ist, dass Hunde wie Kleinkinder nur so lange entspannt und zum Spiel bereit sind, solange sich der Bindungspartner mit ihnen im Raum befindet. Die Mensch-Hund-Beziehung gleicht also der Eltern-Kind-Beziehung.

BEGRÜSSUNGSRITUALE STÄRKEN DIE BINDUNG!

Gerade im Hinblick auf das Begrüßungsverhalten hat eine Untersuchung der schwedischen Tierärztin Theresa Rehn (2013) eindeutig gezeigt, dass es zu den bevorzugten Beziehungskillern gehört, wenn der Mensch den Hund in diesen Situationen, oder auch beim normalen Nachhausekommen, nicht berührt oder nicht begrüßt. Theresa Rehn konnte zunächst zeigen, dass Hunde offensichtlich sehr wohl die Dauer der Abwesenheit ihres Menschen einschätzen können. Nach einer vierstündigen oder längeren Abwesenheit des Menschen reagieren die Hunde ganz anders, als wenn dieser nur eine halbe oder zwei Stunden weg ist (Rehn et al., 2011). Ebenso konnte sie zeigen, dass nur diejenigen Hunde, die nach dem Eintreten des Menschen sowohl verbal, also mit Worten, als auch körperlich, also durch Streicheln, Knuddeln oder anderen Körperkontakt, begrüßt wurden, in kürzester Zeit hormonell wieder in ihrem Normalzustand waren. Hunde, die nur verbal begrüßt wurden, ohne geknuddelt zu werden, konnten zwar sehr schnell ihren Stresshormonpegel absenken, der Spiegel des Bindungshormons Oxytocin, dessen segensreiche Wirkung wir noch besprechen werden, blieb aber unten. Und Hunde, die weder verbal noch mit Knuddeleinheiten begrüßt, sondern ignoriert wurden (wie es leider immer noch von manchen Trainer:innen empfohlen wird ...), hatten zwar eine deutlich erkennbare Verhaltensreaktion auf ihren Menschen, aber eben keinerlei hormonelle Veränderungen. Sie brauchten am längsten, bis sie sich wieder entspannen konnten (Rehn et al., 2014; siehe zum Thema auch den Infokasten „Trennungsstörung“, S. 322).

Begrüßungszeremonien bestätigen und festigen die Mensch-Hund-Beziehung.

Besonders, wenn man sich die intensiven Begrüßungszeremonien von Streunerhunden anschaut, wird deutlich, wie schwierig dieses Ignorieren durch den Bindungspartner Mensch für einen Hund sein muss. Hier sei auch noch einmal darauf hingewiesen, dass auch Streunerhunde häufig tagsüber allein oder zu zweit zusammen auf Futtersuche gehen und sich nur zu den Ruhezeiten und zur „Quality-Time" an bevorzugten Rendezvousplätzen wiedertreffen und dann intensiv einander begrüßen. Das voneinander Trennen und Wiedersehen gehört also auch im „freien" Leben von Straßenhunden zum normalen Tagesgeschehen, an den sich die jungen Hunde gewöhnen und das sie als erwachsene Tiere irgendwann selbst praktizieren (diverse Beobachtungen an Streunergruppen, siehe Kitchenham, 2019).

Wir sollten unseren Hunden also die Möglichkeit geben, das Alleinbleiben in kleinen Schritten zu lernen – und dazu gehört eindeutig eine Begrüßungszeremonie beim Wiederkommen (die natürlich angepasst an das Temperament des Hundes erfolgen muss, damit es sich nicht zu einer Begrüßungshysterie entwickelt).

Trennen und Wiedersehen gehört zum Urrepertoire von Streunern und kann auch von Familienhunden gelernt werden.

MENSCH-HUND-BINDUNGSTYPEN

Aus den Reaktionen von Mensch und Hund im genannten Bindungstest, hormoneller wie auch verhaltensbezogener Art, lassen sich neben der wünschenswerten, gesicherten und stabilen Bindung auch noch einige andere Bindungstypen identifizieren. Diese, leider auch im Umgang mit dem Menschen und dem Hund sehr weit verbreiteten Bindungstypen, werden im Folgenden besprochen.

1. DIE UNSICHER-AMBIVALENTE BINDUNG

Sie besteht darin, dass der Hund sich stets im Konflikt zwischen starker Annäherung, der Suche nach Sicherheit in der Nähe des Menschen, aber auch gleichzeitig Ärger dem Menschen gegenüber zeigt. Anhängliches Verhalten und Aggression gegenüber dem Menschen wechseln also möglicherweise ab, bei erneutem Eintreten des Hundehalters nach der Trennungssituation können diese Hunde bisweilen den Menschen sogar anrempeln, möglicherweise sogar leerschnappen, oder sie zeigen deutlich ambivalentes Verhalten, indem sie sich von der begrüßenden Hand wegkrümmen, oder zwischen schneller Annäherung und Wegrennen und erneuter

Annäherung und wieder Wegrennen hin- und herwechseln. Gerade dieses ambivalente Verhalten wird häufig entweder als Respektlosigkeit dem Menschen gegenüber tituliert (was in der Regel über sogenannte Rangreduktionstrainingseinheiten noch zu einer verstärkten Störung der Beziehung führen wird), oder man vermutet zu Unrecht, dass in anderen Zusammenhängen der Hund von diesem Menschen geschlagen oder misshandelt worden wäre. Hundehalter:innen, die dem Hund gegenüber inkonsequentes Pflegeverhalten zeigen, in belastenden Situationen unzuverlässig sind, manchmal auf den Hund eingehen und manchmal nicht oder den Hund ständig kontrollieren wollen, indem sie ständiges Nähesuchen einfordern, den Außenfokus des Hundes unterbinden (manche Hunde dürfen nicht einmal einen Schluck Wasser trinken, ohne vorher den Menschen um Erlaubnis zu fragen!), sind häufig Kandidaten für eine solch unsicher-ambivalente Bindung.

2. DIE VERMEIDENDE, DISTANZIERTE BINDUNG

Ein zweiter Typ der unsicheren Bindung ist die vermeidende und auch distanzierte Bindung. Hunde mit vermeidendem Bindungstyp zeigen scheinbar (wohl gemerkt scheinbar!) keinerlei Trennungsreaktion, sie entwickeln eine Pseudounabhängigkeit und versuchen, alle Probleme selbst zu lösen. Auch das wird leider häufig als sogenanntes „Dominanzverhalten" völlig fehlinterpretiert, der Hund wird noch mehr gemaßregelt, noch mehr eingegrenzt, und der Mensch nimmt gleichzeitig immer weniger die notwendige Rolle der „sicheren Basis" ein. Der Hund darf dann gar keine Nähe mehr suchen. Gerade beim Dominanzreduktionstraining wird den Hundehalter:innen immer eingeredet, sie sollten auf Kontaktversuche des Hundes nicht eingehen und diese ignorieren. Die Hundehalter:innen solch unsicher vermeidend gebundener Hunde sind häufig selbst wenig unterstützend, sie weisen den Hund regelmäßig zurück, zeigen eine Geringschätzung von Bindungsbedürfnissen und bestehen entweder auf Unabhängigkeit oder auf „Die-machen-das-unter-sich-aus!" Oft haben sie selbst ein Problem mit Emotions- und Stressregulation durch körperliche Nähe.

3. DER DESORGANISIERTE ODER CHAOTISCHE BINDUNGSTYP

Diese Hunde zeigen schon in der kurzfristigen Trennungsreaktion des Bindungstests entweder Stereotypien, Zerstörungsanfälle, sie pendeln völlig unvorhersagbar zwischen Verhaltensweisen aus ganz verschiedenen Funktionskreisen hin und her (z. B. hektisches Hin- und Herwechseln zwischen Körperpflege, Erkundungsverhalten, Hinlegen, wieder aufstehen, dazwischen geschobene Suchhandlungen), daher auch der Begriff der desorganisierten Bindung. Bei menschlichen Kindern steht eine desorganisierte Bindung häufig im Zusammenhang mit Verlustängsten, Vernachlässigung, ggf. auch Missbrauch. Auch immer wieder geäußerte Drohungen, das Kind zu verlassen, können zu einer desorganisierten Bindung führen. Nun kann man sich auch geradezu aussuchen, was wohl mit einem Hund passiert, der zur Strafe für seine Missetaten (oder einfach aus Prinzip, „um ihn bindungsfähiger zu machen") tage- oder gar wochenlang ignoriert wird. Welcher Hundepersönlichkeitstyp dann eher zur desorganisierten, welcher zur unsicher-vermeidenden Bindung neigt, hängt wahrscheinlich nicht zuletzt von den individuellen Voraussetzungen ab. Eine gesicherte Bindung ist aber unter diesen Voraussetzungen ganz sicher nicht zu erwarten. Und nur gesicherte Bindungen sind, auch das haben neuere Untersuchungen des Hirnstoffwechsels eindeutig gezeigt, als Schutz vor psychischen Störungen, Suchtgefahren und ähnlichen Problemen zu betrachten.

HORMONE, GEHIRN-STRUKTUR UND BINDUNG

Botenstoffe und Hormone sind die „Hintergrundmusik" des Bindungs- und Lernverhalten. Das Wissen um ihre Funktion und Wirkweise kann uns dabei helfen, Hundeverhalten besser zu verstehen.

Bei Labortieren konnte gezeigt werden, dass die Wirkung des Bindungshormons Oxytocin bei einer gesicherten Bindung auch darin besteht, dass im Gehirn eine Umorganisation und Umverteilung der Zuständigkeiten geschieht (Tops et al., 2013). Dies führt z. B. dazu, dass das ständige Suchen nach Aufregung und Belohnung, das an der Basis vielerlei Suchtverhaltens steht, gegen eine Wohlfühlerfahrung von bekannten Umgebungen und bekannten Personen ausgetauscht wird. Die Zuständigkeiten werden aus dem Belohnungssuchsystem an der Basis des Gehirns, dem Streifenkörper, mehr nach oben in die Großhirnrinde verlagert, wo die Wohlfühlwirkungen bekannter Umgebungen, bekannter Personen etc. verankert sind. Auf die Tatsache, dass Suchtverhalten bei vielen Hunden, sei es bei übertriebenem Sport, bei sogenanntem Bällchenwerfen (Käufer, 2014) und in vielen anderen Situationen, immer wieder zum Problem wird, kann hier nicht oft genug hingewiesen werden. Die Forderung, das erste Lebensjahr gerade im Zusammenhang mit Erziehungs-, Beziehungs- und Ruhetraining zu nutzen und erst im zweiten Lebensjahr eine potenziell auch temperamentfördernde und damit suchtgefährdende Auslastung zu beginnen, erhält hier eine weitere Bestätigung. Der Lehrplan im ersten Lebensjahr ist ohnehin gut gefüllt mit den Herausforderungen, die junge Hunde in unserem Alltag zu bewältigen haben.

HORMONE, BOTEN-STOFFE UND BINDUNG

Die physiologischen Bestandteile eines stabilen Bindungssystems bestehen aus einem ganzen Cocktail von Hormonen und Botenstoffen sowie einem Netzwerk verschiedener Teile des Gehirns, die in unterschiedlicher Stärke und unterschiedlicher Reihenfolge aktiviert werden. Man kann also weder Bindung noch Trauer, weder sicheren Hafen noch sichere Basis an einem einzigen Hormon oder nur an einer einzigen Gruppe von Hirnzellen festmachen. Vielmehr sind immer Netzwerke beteiligt, die einander die Erregungen und Aktionspotenziale zuschieben und dann in unterschiedlicher Reihenfolge aktiv werden.

Sieht man den Gehirnen, z. B. in einem Magnetresonanzapparat, bei dieser Arbeit zu, dann erinnert das bisweilen an eine Laufllichtreklame, bei der die unterschiedlichen Buchstaben und Leuchtfelder in vorgegebener Reihenfolge rhythmisch nacheinander aufblinken und wieder erlöschen.

Das zweifellos wichtigste hormonelle System im Bindungszusammenhang besteht aus den beiden nahe verwandten Substanzen Oxytocin und Vasopressin. Oxytocin und Vasopressin wirken sowohl als Hormone, werden also über das Blutgefäßsystem verschickt, und auch als Neurotransmitter, d.h., sie wirken auch aktivierend von einer Hirnzelle auf die andere.

☞ DIE ESELSBRÜCKEN-SYNDROM-TABELLE VON HORMON & CO.

(aus Gansloßer/Krivy, 2021)

ADRENALIN	Das „Ich-bin-dann-mal-weg"-Hormon; das Fluchthormon im Organismus; gemeinsam mit dem Noradrenalin bildet es das aktive Stresssystem.
CORTISOL	Hormon des passiven Stresssystems; das Cortisolsystem wird als Kontrollverlustsystem bezeichnet und ist wesentlich für die Ausbildung von Unsicherheit, Angst und Panikanfällen verantwortlich.
DOPAMIN	Der „Verführer", der Freudensaft-Botenstoff, der in Verbindung mit Noradrenalin, Serotonin und Endorphinen für das Glücksempfinden zuständig ist; Dopamin wird auch als Selbstbelohnungsbotenstoff bezeichnet sowie als „Lerndroge".
ENDORPHINE	Die „Alles- ist-wunderbar"-Glücksbotenstoffe, sorgt für Gelassenheit, begünstigt eine gute Frustrationstoleranz und Impulskontrolle.
NORADRENALIN	Das „Kampf-Hormon"; Noradrenalin unterstützt und fördert die Testosteronausschüttung; gemeinsam mit dem Adrenalin bildet es das aktive Stresssystem.
OXYTOCIN	Das „Wir-gehören-zusammen"-Bindungs- bzw. Vertrauens-Hormon; wirkt als Stressbremse; weibliches Sexualhormon; gemeinsam mit Vasopressin gilt es als Hormon des sozialen Netzwerkes, sorgt für freudiges Erkundungsverhalten und hohe Bindungsbereitschaft.
PROLAKTIN	Das „We-are-Family"-Eltern-Hormon; verantwortlich für diverse Brutpflegeverhaltensweisen aber auch die Elternaggression, mit der wir bereit sind oder sein sollten, unseren Hund zu verteidigen.
TESTOSTERON	Das „Ich-bin-der/die-Tollste"; wird bei jeder Art von sozialem Erfolg ausgeschüttet (auch von weiblichen Lebewesen!); männliches Sexualhormon, Gegenspieler des Endorphins, das für Ruhe und Ausgeglichenheit sorgt.
VASOPRESSIN	„Du-gehörst-zu-mir", das Eifersuchts- oder Partnerschutzhormon; gemeinsam mit Oxytocin gilt es als Hormon des sozialen Netzwerkes.

FESTE BINDUNGEN MACHEN GLÜCKLICH

Die segensreichen Wirkungen fester Bindungen sind von unterschiedlichsten Fachbereichen für verschiedene Spezies intensiv nachgewiesen worden. **Wer in stabilen Bindungen lebt und viele innige Freundschaften pflegt, hat durch Zuwendung und Liebe und ein starkes soziales Netz weniger Stress, aber mehr Wohlgefühl im Leben, ist seltener krank und wird (bei Menschen) auch älter** (Zusammenfassung in Kitchenham, 2021). Ein wichtiges Hormon, das im Hintergrund dieser positiven Effekte die Regie führt, ist das Oxytocin, das natürlich auch in der Hund-Mensch-Beziehung eine entscheidende Rolle spielt. Genetische Untersuchungen zeigen, dass Rezeptorgene für Dopamin und Oxytocin Zielgene während der Domestikation unserer Hunde waren – das bedeutet, dass das endokrine System im Gehirn, also die Produktion und Aufnahmemöglichkeit für das Neuropeptid Oxytocin und weiterer Botenstoffe verändert wurde. Infolge dieser Veränderungen sind unsere Hunde im Wesen zahmer, offener, lernfreudiger, sozial toleranter und bindungsfreudiger geworden (siehe S. 14 f.).

UNTERSCHIEDE IN DEN REZEPTORGENEN

Nora Bence konnte durch genetische Vergleichsstudien an 42 Streunerhunden, 42 Wölfen und 700 Familienhunden Unterschiede im Oxytocinsystem feststellen – die Unterschiede bei der Vielfalt an Oxytocin-Rezeptorgenen waren am größten zwischen Wölfen und den zwei Hundegruppen, aber bereits zwischen Straßenhunden und Familienhunden ließen sich Veränderungen feststellen (Bence et al., 2017). Diese größere Variabilität an Oxytocin-Rezeptorgenen wird mit großer Wahrscheinlichkeit eine Verringerung der Angst vor Neuem (Neophobie), die bei Wölfen stark ausgeprägt ist, und eine Zunahme an sozialer Aufgeschlossenheit bei unseren Hunden bedingt haben. Nora Bence genetische Untersuchungen wurden schon im Vorfeld durch viele weitere Studien bestätigt.

AUGENKONTAKT UND OXYTOCIN

Ein japanisches Team um den Wissenschaftler Miho Nagasawa hat den Oxytocingehalt im Normalurin bei Halter:innen und Hunden dokumentiert und ihn dann nach einer halbstündigen Interaktionsphase, in der die Menschen und Hunde sich in die Augen sahen oder kuschelten, erneut gemessen. Das spannende Resultat: Je intensiver der Augenkontakt und vertrauter die Interkation war, desto mehr Oxytocin wurde ausgeschüttet – bei beiden Spezies! Dies war einer der ersten wissenschaftlichen Nachweise dafür, dass die reine Interaktion mit ihren Menschen von Hunden emotional mit großer Wahrscheinlichkeit ähnlich erlebt wird, wie von uns Menschen. Auch ein über Nasenspray künstlich zugeführtes Oxytocin konnte die Dauer der Augenkontaktsuche bei Hunden und anschließend den Oxytocinausstoß beim Menschen erhöhen. Dass Augenkontaktsuche einen positiven Effekt auf die Bindung hat, wurde besonders für die Interaktion zwischen Eltern und ihren Kindern nachgewiesen. Doch auch zwischen Mensch und Hund befeuert der Blickkontakt also gegenseitig die Ausschüttung von Oxytocin. Eine Erkenntnis, die Miho Nagasawa in Bezug auf uns Menschen in unserer Beziehung zum Hund schon 2009 gewinnen konnte. Im Verlauf einer halbstündigen Versuchszeit hatten Menschen, die von ihrem Hund mehr angesehen wurden und diesen auch ansahen oder gar Spielaufforderungen von ihren Hunden bekamen, eine erhebliche Erhöhung ihres Oxytocinspiegels. Als zweiter Einflussfaktor, neben der Dauer und Intensität von Blickkontakten und Spielaufforderung, war auch die Einschätzung der Beziehungsqualität seitens des

Menschen von Bedeutung. Die Menschen sollten in einem Fragebogen die Qualität und Intensität ihrer Beziehung zum Hund einschätzen, und je mehr Beziehungsqualität die Menschen in ihrem Fragebogen angekreuzt hatten, desto höher war bei der nachfolgenden Auswertung der Oxytocinspiegel.

EINFLUSS AUF DAS LERNVERHALTEN

Auch auf das Erkundungs- und Lernverhalten hat ein hoher Oxytocinspiegel einen positiven Einfluss, wie die Studie von Nora Bence ja schon vermuten ließ. Ein australisches Team hat 62 Familienhunde in ihrer Fähigkeit untersucht, soziale Signale des Menschen richtig zu deuten (Oliva et al., 2015). Die Hälfte der Hunde bekam dabei ein Oxytocin-Nasenspray verabreicht und es wurde geschaut, ob und wie lange die Neuropeptid-Gabe einen Einfluss auf die Problemlösefähigkeit der Hunde haben würde. Tatsächlich reagierten die Hunde mit angereichertem Oxytocin im Blut schneller richtig auf die Zeigegesten der Versuchsleiter:innen und das über einen Zeitraum von 5 bis 15 Tagen hinweg!
Ein internationales Team um den Chilenen Alejandro Rossi hat als Resultat ihrer Studie den hohen Oxytocinspiegel von Hunden als „Signatur für Offenheit“ betitelt (Rossi et al., 2018). Sie schauten sich das Erkundungsverhalten von Hunden in einem ihnen unbekannten Raum an und beobachteten auch die Reaktion und Spielfreude der Hunde gegenüber einem freundlichen Fremden. Parallel dokumentierten sie den Stresshormon- und Oxytocingehalt im Stoffwechsel der Tiere. Auch in dieser Situation hatten Hunde mit mehr Oxytocin im Blut mehr Aufgeschlossenheit und traten der Herausforderung offener entgegen als Hunde, die gestresster waren. Ein Ergebnis, das wiederum zu den Erkenntnissen von Theresa Romero und Co-Autor:innen (2014) passt. Hier konnte beobachtet werden, dass sowohl das soziale Verhalten von Hunden gegenüber Menschen und vierbeinigen Artgenossen freundlicher und intensiver wurde, wenn man ihnen Oxytocin als Nasenspray verabreichte, dass aber auch der Oxytocinspiegel bei Hunden stieg, wenn Artgenossen oder Menschen sich freundlich ihnen gegenüber zeigten.

Oxytocin wird also sowohl durch Augenkontakt als auch durch freundliche Interaktion vermehrt ausgeschüttet und befeuert die Bindung nicht nur intraspezifisch, also zwischen Hunden oder Menschen, sondern auch interspezifisch zwischen Mensch und Hund. Diese Erkenntnisse aus der Neurophysiologie zeigen uns, wie wichtig Körperlichkeit, Zärtlichkeit, Nähe und Blickkontaktsuche für eine stabile, innige Hund-Mensch-Bindung sind!

Beim fröhlichen Zusammensein kommt es zur Oxytocinausschüttung und gegenseitiger emotionaler Ansteckung.

Aus der Forschung

JA, ES IST LIEBE!

An den Universitäten von Budapest und Atlanta wurden in den vergangenen zehn Jahren viele bahnbrechende Studien mit Hunden durchgeführt, die darauf trainiert worden waren, mindestens sieben Minuten regungslos im Scanner eines Magnetresonanztomographen zu liegen. Entscheidend dabei war, dass die Hunde das Stillliegen an dem sehr merkwürdigen Ort, unter noch merkwürdigeren Bedingungen (Gewichte auf dem Kopf, um kleinste Bewegungen zu verhindern, Kopfhörer auf den Ohren) freiwillig und vor allen Dingen gern absolvierten. Der wichtige Grund: ein gestresstes Gehirn würde nicht auf die verschiedenen Testsituationen so reagieren, wie es dies im normalen Leben tun würde. Um dies zu erreichen, bedienten sich z. B. die ungarischen Forscher der „Model Rival" Methode (siehe S. 176) und entzündeten so in den Hunden sehr schnell die Begeisterung fürs Liegen in der Röhre. Der Trainingsaufwand hat sich gelohnt, denn die Erkenntnisse zeigen uns, wie Hundegehirne Sinneseindrücke oder erworbene Kompetenzen kognitiv und emotional verarbeiten.

BINDUNGSVERHALTEN VON HUNDEN

Die Analyse der Hundegehirnscans aus dem fMRI haben viel über das Bindungsverhalten von Hunden verraten und sollen hier kurz vorgestellt werden.

Unser Geruch macht glücklich! Den Hunden wurde während des Stillliegens im fMRI der Geruch von fremden Personen,

Hunde reagieren emotional auf Stimme und Geruch ihrer Menschen.

Hunden und vertrauten Artgenossen und ihren Menschen vorgesprüht. Nur bei ihren Halter:innen gab es ein Feuerwerk im Belohungssystem – so konnte zum ersten Mal Bindung zwischen Hunden und ihren Menschen auf neurochemischer Ebene nachgewiesen werden (Berns et al., 2015).
Unsere Stimme macht glücklich! Spielte man den Hunden die Stimme ihrer Menschen oder von Fremden vor, so war die Reaktion im *Nucleus Accumbens,* der für die emotionale Reaktivität verantwortlich ist, höchst unterschiedlich. Beim Fremden gab es kaum eine, beim eigenen Menschen feuerten die Synapsen. Auch hier konnte also ein deutliches Anzeichen für eine emotionale Bindung zwischen Hunden und ihren Menschen gefunden werden (Andics et al., 2014; Gábor et al., 2021).
Hunde sind eifersüchtig! Hunde mussten ihre Menschen dabei beobachten, wie sie einen Eimer (= neutrales Objekt) oder einen anderen Hund herzten und ihm Leckerlis gaben. Dabei wurde das Gehirn der Hunde genau beobachtet. Die Reaktion auf neurologischer Ebene glich dem, was man auch im Feldversuch beobachten konnte. Für Hunde sind Eimer egal, aber Artgenossen im herzlichen Kontakt mit uns können ein echtes Ärgernis sein. Wir als Bindungspartner sind eben eine wichtige Ressource für unsere Hunde, die man nicht verlieren und auch nicht mit einem anderen teilen möchte (siehe S. 156, Studie: Cook et al., 2018).
Hunde bevorzugen soziales Lob dem Leckerli! Wie schon beschrieben, zeigen Hunde eine klare Präferenz für ein freundliches, soziales Feedback gegenüber der Aussicht auf eine Leckerei (siehe S. 268). Allerdings ging das nicht allen getesteten Kandidaten so – für zwei Exemplare schien die Erwartung, ein Leckerchen zu bekommen, aufregender zu sein. Hier spielen sicherlich individuelle Vorlieben und ganz sicher Trainingsgewohnheiten eine große Rolle (Cook et al., 2016).

Je stabiler die Bindung, desto entspannter schlafen Hunde auch an fremden Orten.

Qualitativ besser gebundene Hunde schlafen erholsamer, wenn ihr Mensch vor Ort ist! Diese Studie wurde nicht im fMRI durchgeführt, aber mithilfe eines EEG wurde überprüft, ob Hunde ein entspannteres Schlafmuster zeigen, wenn ihre Menschen in der Nähe sind – und wie unterschiedlich erholsam der Schlaf war, je nachdem, wie gut die Bindung zwischen Mensch und Hund vorher in einem Bindungstest bewertet wurde. Die Auswertung der EEG´s zeigte, dass je enger die Mensch-Hund-Bindung war, desto besser konnten die Hunde ihren Schlaf trotz fremder Umgebung zur Erholung nutzen. Hier wurde noch einmal offensichtlich, wie wichtig der Effekt des „sicheren Hafens“ für unsere Hunde für ein entspanntes Leben an unserer Seite ist und es für sie alles andere als egal ist, ob wir vor Ort sind oder nicht (Studie: Carreiro et al., 2022).

GLÜCKLICHE HUNDEHALTER SIND GESÜNDER

Die segensreichen Wirkungen der Kontakte zu Hunden sind für Menschen auch an der Basis der vielfältigen gesundheitlichen Effekte zu sehen, etwa bei der Reduktion von Arztbesuchen, bei der achtfach höheren Überlebensrate von Hundehaltern nach dem ersten Herzinfarkt und anderen, wiederholt gefundenen, medizinischen Erkenntnissen (siehe S. 338 sowie Zusammenfassung in Gansloßer und Kitchenham, 2019).

BINDUNGSBEDÜRFNIS KÖNNTE ÜBER GENE GESTEUERT SEIN

Das **Vasopressin** spielt ebenfalls eine wichtige Rolle bei der Entstehung und Aufrechterhaltung wertvoller Bindungen. Es wird gern als das „Eifersuchtshormon" bezeichnet. Aber es bewirkt nicht nur die aggressive Verteidigung der Beziehung gegen Eindringlinge und Rivalen, sondern ist auch für die individuelle Erkennung und für die individuelle Fixierung des Bindungsbildes verantwortlich. Nur wer den Bindungspartner individuell kennt, wird ihn auch möglicherweise hinterher beschützen oder die Beziehung verteidigen. Das Vasopressin aktiviert zwar auch das als Kampfhormon bezeichnete Noradrenalin, was zu einer besonders hohen Aufmerksamkeit, evtl. auch zu einer leichteren Reizbarkeit, und zu einer leichteren Gedächtnisfixierung der in diesem Zustand erlebten Ereignisse führt. Es hat aber auch Rezeptoren in verschiedenen Regionen des Gehirns, die dafür sorgen, dass man sich den individuellen Geruch, das individuelle Aussehen und andere individuelle Merkmale des Beziehungspartners merkt. Laborstudien an paarweise lebenden Wühlmausarten und ihren nah verwandten, nicht paargebundenen Schwesterarten zeigten, dass ein Transfer des für die Bindungsstellen des Vasopressins verantwortlichen Gens von einer Art in die andere durchaus auch zu einer Veränderung des Paarbindungsverhaltens führen kann. Diese Mechanismen sind bisher auch beim Menschen belegt; die unterschiedliche Zahl von Vasopressinrezeptoren verändert bei Männern das Bindungsverhalten (Prato Previde und Valsecchi, 2014).

Es ist zu vermuten, dass auch bei Hunderassen mit unterschiedlicher Bindungsfähigkeit hier unterschiedliche Vasopressinrezeptorverhältnisse vorliegen dürften, die Belege für diese Überlegung stehen aber noch aus.

STABILE BINDUNGEN MACHEN STRESSRESISTENT

Neben dem Oxytocin-Vasopressin-System ist als zweites, für die Bindungsregulation wichtiges Hormonsystem noch das System der beiden Stressachsen zu erwähnen. Die bereits erwähnten Typen des Kampf- und Fluchtsystems (**Adrenalin** und **Noradrenalin**) und des Kontrollverlustsystems (hauptsächlich **Cortisol**) sind an der Regulation des Bindungsverhaltens erheblich beteiligt. So reagieren sicher gebundene Kinder wesentlich weniger mit Stresshormonproduktion auf die Trennungssituation, bei unsicher gebundenen oder desorganisiert gebundenen Kindern erhöht sich der Spiegel des Stresshormons Cortisol erheblich (Schöberl et al., 2013). Sicher gebundene Kinder reagieren hauptsächlich mit einer Reduzierung der parasympathischen Aktivitäten, also mit einer Reduzierung der Aktivitäten des autonomen Nervensystems. Wird die Wiederzusammenführung hergestellt, aktiviert sich auch das parasympathische, erregungsdämpfend und beruhigend wirkende, autonome Nervensystem wieder. Die Aktivierung des Katecholaminsystems, also der aktiven Stressantwort, ist dagegen, wie auch Untersuchungen an verschiedenen Labortierarten zeigen, für die Protestphase in der frühen Trennung verantwortlich (Zusammenfassung siehe Gansloßer, 2020; Gansloßer et al., 2020). Iris Schöberl hat diese Versuche nochmals mit Hunden wiederholt und auch dort

Ein herzlicher Umgangsstil sorgt für besonders stressresistente Hunde.

die Trennungsreaktion von Hunden mit der Beziehungsqualität zu ihrem Menschen, den Halterpersönlichkeiten und dem Stressmanagement durch Dokumentation des Cortisolhaushaltes abgeglichen (Schöberl et al., 2107, siehe S. 84). Ihre Ergebnisse zeigen, dass unsere Persönlichkeit und unser Bindungsverhalten einen großen Einfluss auf die Resilienz unserer Hunde haben kann.

SOZIALE UNTERSTÜTZUNG BERUHIGT IN STRESSMOMENTEN

Die Dämpfung der Aktivitäten des Stresshormonsystems durch soziale Unterstützung in Krisensituationen wurde bei mehreren, auch hundebezogenen Studien belegt. Wie bereits erwähnt, konnten Marta Gácsi und Co-Autoren 2013 zeigen, dass Hunde in Anwesenheit ihres Hundehalters eine Bedrohungssituation („Strange Situation Test") durch einen aufdringlichen Fremden mit einer wesentlich geringeren Erhöhung von Blutdruck und Herzfrequenz „wegsteckten" und dann in der Wiederholung dieser Situation ohne ihren Menschen ebenfalls recht ruhig blieben. Wurde dagegen die erste Bedrohungssituation in Abwesenheit des Hundehalters durchgeführt, stieg nicht nur in dieser Vereinsamungssituation der Herz- und Kreislaufwert der Hunde erheblich an. Auch bei einer Wiederholung, dann in Anwesenheit des Hundehalters, zeigten sich noch erheblich stärkere Auswirkungen auf das Stresssystem.

Dieser Befund ist, gerade im Hinblick auf die unsäglichen Wesensprüfungen in der Gefahrhundebewertung, nicht hoch genug in seiner Bedeutung einzuschätzen.

Doch wie sieht es mit der oft sehr unterschiedlichen Art und Weise der sozialen Unterstützung im Alltag der Hunde durch ihre Menschen aus – könnte dies nicht auch eine Auswirkung auf das Stresserlebnis und die Bindungsqualität zwischen Mensch und Hund haben? In Wien hat sich das Clever Dog Lab dieser Fragestellung angenommen und untersucht, ob es einen Zusammenhang zwischen den unterschiedlichen Umgangsweisen von Menschen mit ihren Hunden und der Art der Bindung geben könnte (Cimarelli et al., 2016, 2017). Dazu wurden zunächst verschiedene Kategorien von Umgangsstilen ermittelt und anschließend Hund und Mensch in den „Strange Situation Test" geschickt. Hier zeigte sich, dass ein warmer, herzlicher Umgangston maßgeblich dazu beitrug, dass sich Hunde in der Nähe ihrer Menschen sicher fühlen konnten (siehe Studienkasten auf der nächsten Seite).

Aus der Forschung

UMGANGSSTIL UND BEZIEHUNGSQUALITÄT

In Wien hat sich Giulia Cimarelli in zwei aufeinander aufbauenden Studiendurchläufen angeschaut, wie sich unterschiedliche Interaktionsstile von Menschen mit ihren Hunden auf die Bindung zwischen Mensch und Hund auswirken und welchen Einfluss diese unterschiedlichen Umgangsweisen auf die Stressresistenz der Hunde haben könnte (Cimarelli et al., 2016, 2017).

VERSUCHSAUFBAU

Für diese Studien fokussierte sich Cimarelli auf die Untersuchung einer einzelnen Rasse: insgesamt 220 Border Collies von 187 Halterinnen und 33 Haltern nahmen an der Versuchsreihe teil, in der in insgesamt acht standardisierten Situationen der Umgang der Menschen mit ihren Hunden beobachtet wurde. Dabei wurde die individuelle Art, miteinander zu spielen genauso betrachtet, wie das Beibringen durch die Halter:innen, wie man einen Behälter öffnet, um an Futter zu gelangen. Doch auch potenziell stressige Aktionen für die Hunde sollten durchgeführt werden, z. B. die Konzentration auf ein Signal während einer ablenkenden Situation, das Anziehen eines T-Shirts oder die Abnahme von Speichelproben. Alle Situationen wurden mit im Raum in unterschiedlichen Ecken installierten Videokameras aufgezeichnet.

VERSUCHSANALYSE

Die anschließende Analyse sollte möglichst objektiv erfolgen, deshalb entschieden sich die Forscher:innen für ein speziell hergestelltes Codierungsschema. Dabei wurden Punktzahlen vergeben für soziale Unterstützung, Wärme, Enthusiasmus, Spielstil ebenso wie Häufigkeit von Verhaltensweisen wie Streicheln, Loben, Signale geben und das Nutzen von Geräuschen, um die Aufmerksamkeit des Hundes zu gewinnen. Zwanzig Verhaltensvariablen wurden insgesamt gemessen und am Ende der Analyse konnten drei Interaktionsstile von Hundehalter:innen gefunden werden: „warm/herzlich", „sozial unterstützend" und „kontrollierend". Spannenderweise decken sich diese drei Interaktionsstile von Menschen mit ihren Hunden den gängigen Umgangsformen von Eltern mit Kindern!

1. Menschen, die ihrem Hund gegenüber offen ihre Zuneigung zeigten und in positiven Situationen enthusiastisch den

Eine dem Hund zugewandte, herzliche Kommunikation zeigt Hunden, ...

Hund zum gemeinsamen Spiel oder dem Lernen einer neuen Aufgabe ermunterten, gehörten in die Interaktionskategorie **„warm/herzlich"**. Nach der Trennung zeigten diese Halter:innen ein besonders herzliches Begrüßungsverhalten.
2. Menschen, die während der stressigen Situation (T-Shirt anziehen oder DNA-Probe entnehmen) ihre Hunde aktiv beruhigten und darin unterstützten, die Situation meistern zu können, wurden der Gruppe **„Soziale Unterstützung"** zugeordnet.
3. Menschen, die als **„kontrollierend"** eingestuft worden waren, forderten z. B. während des Zerrspiels oder der Gehorsamsübung ständig die Aufmerksamkeit des Hundes ein und nutzten im Umgang viele Signale.

Bei der Auswertung wurden diese Faktoren mit der Persönlichkeit des Menschen abgeglichen, die aus der Beantwortung eines Persönlichkeitsfragebogens ermittelt werden konnte. Dabei wurde keine Übereinstimmung zwischen dem Interaktionsstil und dem Geschlecht des Menschen gefunden. Doch es schien eine altersabhängige Tendenz zu geben: Ältere Halter:innen zeigten sich dem Hund gegenüber weniger sozial unterstützend in stressigen Situationen und/oder verhielten sich weniger warm im Umgang.
Weitere Zusammenhänge wurden deutlich beim Interaktionsstil „Herzlichkeit" und „Offenheit": Jüngere Halter:innen erzielten höhere Werte bei „Herzlichkeit" und „sozialer Unterstützung". Menschen, die gern kontrollierten, hatten weniger Punkte im Persönlichkeitsbereich „Offenheit" und ältere Menschen erzielten höhere Punkte bei „Kontrolle". Menschen mit einer geringeren Punktzahl im Persönlichkeitsfaktor „Gewissenhaftigkeit" konnten dafür in der Kategorie „warm/herzlicher Umgangston" punkten.

Um den Einfluss der unterschiedlichen Umgangsstile auf die Bindungsqualität untersuchen zu können, wurden die Mensch-Hund-Teams final in eine weitere Versuchsrunde geschickt. Hier wurden die Hunde gemeinsam mit ihren Menschen mit einer sich seltsam verhaltenen, fremden Person in Kontakt gebracht. Die Reaktionen der Hunde wurden genau analysiert. Hier zeigte sich, dass Hunde von Halter:innen, die hoch im Umgangsstil „Herzlichkeit" abgeschnitten hatten, mehr Nähe während der merkwürdigen Situation zu ihren Menschen suchten.
Dies zeigt uns deutlich, dass nicht nur unsere Persönlichkeit, sondern auch wie wir mit unseren Hunden im Alltag umgehen einen Einfluss auf den Faktor „Erträglichkeit" und dadurch die Bindungsqualität hat.

... dass sie sich richtig verhalten, geliebt werden und für ihre Leistung Anerkennung bekommen.

Verlassen werden und das Gefühl von Kontrollverlust kann auch bei Hunden …

ERREGUNGSSTOFFE MACHEN SÜCHTIG

Die vierte Gruppe von Botenstoffen, die mit emotionalen Bindungen zu tun hat, sind einige der hirneigenen Opioidverbindungen, auch als **Endorphine** und nicht ganz zutreffend als Glückshormone bezeichnet. Eine Substanz in diesem Zusammenhang, als μ-opioid bezeichnet, ist beispielsweise wohl für romantische Liebe und für die bei Liebeskummer und Trauer verantwortlichen Reaktionen des Gehirns mit verantwortlich. Untersuchungen an Menschen mit Liebeskummer zeigen nicht nur eine Veränderung des Spiegels des genannten Botenstoffes, sondern bei Menschen mit schwerem Liebeskummer auch eine Veränderung der Rezeptordichte für μ-opioid (Fisher et al., 2013). Die Trauerreaktion, die wir durchaus auch bei Hunden nach dem Verlust eines geliebten zwei- oder vierbeinigen Kumpels beobachten können, spricht dafür, dass selbiges auch beim Hund passiert. Wir werden uns dazu im Folgenden noch mehr Befunde anschauen.

MESOLIMBISCHES BELOHNUNGSSYSTEM

Im Bereich des Gehirns spricht man von einem emotionalen Netzwerk, das von Jaak Panksepp (2011), der Gruppe um Helen Fisher (2005, 2006, 2010, 2013) oder, speziell auf den Hund bezogen, von der amerikanischen Arbeitsgruppe rund um Gregory Berns (Berns et al., 2014) untersucht wurde. Die Studien von Berns et al. zeigen zum Beispiel, dass Hunde sowohl den Duft persönlich bekannter Menschen, als auch den Duft persönlich bekannter Hunde mit eindeutiger Aktivierung des genannten, dem Emotionssystem zugeordneten Gehirnteils beantworten. Während im Riechkolben, also im ersten Teil des Riechhirns, die Aktivierung bei bekannten und unbekannten Düften gleich stark war, reagierte ein als *Nukleus caudatus* bezeichneter Teil des Gehirns nur dann, wenn die bekannten Düfte vorgespielt wurden.

Die Untersuchungen der Gruppe von Helen Fisher zeigen des Weiteren, dass an einer Bindung mehrere ganz unterschiedliche An-

... zu depressiven Verstimmungen führen.

triebssysteme im Gehirn beteiligt sind. Zum einen das mit sexueller Aktivität verbundene, von Jaak Panksepp als **Lustsystem** bezeichnete Gebiet, das aus einem Teil des Mandelkerns, einem Teil des vorderen, unteren Zwischenhirns und einigen anderen Regionen besteht. Zum anderen das **Attraktivitätssystem**, das mit Dopamin, also der Selbstbelohnungsdroge, verknüpft ist und im Bereich des unteren Mittelhirns angesiedelt ist. Und das **Belohnungssystem**, das einerseits aus Regionen rund um den Hohlraum im Mittelhirn, des sogenannten dritten Hirnventrikels besteht, aber auch mit Teilen des oberen Zwischenhirns und sogar mit dem Großhirn verbunden ist. Diese als **mesolimbisches Belohnungssystem** bezeichneten Teile des Gehirns sind stammesgeschichtlich schon sehr alt. Die von ihnen ausgehenden Emotionen können daher zumindest allen höheren Wirbeltieren, und keineswegs nur den höchst intelligenten Säugetieren, zugeschrieben werden. In der gemeinsamen Aktivierung von Belohnungssystem, Individualerkennungssystem und den Attraktivitätszentren besteht dann die Ausbildung einer individualisierten, als wertvoll eingeschätzten Bindung. Die Trennung vom Sexualsystem, die bereits erwähnt wurde, erlaubt z. B. platonische Liebesbeziehungen zwischen Hund und Mensch, ebenso wie zwischen Menschen ohne jeden sexuellen Hintergrund.

DER LEIDENSSCHALTKREIS

Analog dem bisweilen auch als Vergnügungsschaltkreis (pleasure circuit) bezeichneten Belohnungssystem, gibt es übrigens auch den pain circuit, den Leidensschaltkreis. Auch hier sind mehrere Gehirnregionen, u. a. Teile der grauen Substanz rund um den dritten Hohlraum und des Mandelkerns, miteinander verknüpft. Der Leidensschaltkreis wird nicht nur aktiviert, wenn einem etwas wirklich Schlimmes zustößt. Auch unerwartet auf die Zunge geträufelter Bitterstoff kann den Leidensschaltkreis aktivieren. Schon kleine negative Erfahrungen informieren den Organismus darüber, dass er vielleicht unter gefährlichen Bedingungen lebt. Wir sollten also sehr wachsam sein, welche Erziehungsmaßnahmen und eventuell belastende Lebenssituationen wir unseren Hunden zumuten.

Die Aktivierung des Leidensschaltkreises ist auch das große Problem bei der Verwendung von sogenannten aversiven Methoden, also von Bestrafung oder anderen unangenehmen Zuständen im Umgang mit dem Hund. Wer nämlich nicht in der Lage ist, nach Aktivierung des Leidensschaltkreises schnell und wirkungsvoll Abhilfe für die unangenehmen Zustände zu schaffen und ein Alternativverhalten zu bestärken, der gelangt sehr schnell in den Zustand des Kontrollverlusts. Und eine wiederholte oder gar andauernde Kontrollverlusterfahrung führt in der Regel zu einer längerfristigen Aktivierung der Cortisol-Stresssysteme und damit potenziell auch zu einer depressiven oder anderweitig negativ verstimmten Persönlichkeit.

AUS DER PRAXIS: FALSCHES VERHALTEN WIRD IGNORIERT!

Die Halterin von Jack Russell Terrier „Jack" hatte sich vorgenommen, ihren Hund mit sanften Methoden zu erziehen, die jegliche Strafe überflüssig machen würden. Mit der Zeit hatte sie jedoch das Gefühl, der Welpe würde sie „austesten" und Grenzen regelrecht einfordern. In der Hundeschule wurde ihr geraten, dieses „falsche" Verhalten zu ignorieren und „richtiges" Verhalten zu beachten. Auf diese Weise würde der Welpe schnell lernen, welche Verhaltensweisen sich „lohnen". Der Hund wurde deshalb nicht zurechtgewiesen, wenn er an Martinas Beinen hochsprang, er wurde ignoriert, wenn er auf Zuruf nicht sofort kam, und bekam keine Reaktion, wenn er andere Hunde über die Wiese hetzte.

Erziehungskonzept ohne Erfolg

Der erhoffte Effekt stellte sich leider nicht ein, für Jack schienen alle „falschen" Verhaltensweisen trotzdem lohnenswert: Da er nicht am Hochspringen gehindert wurde, sprang er immer höher, besonders als er merkte, dass manche Menschen – vor allem Kinder – Signale der Angst zeigten und in hohen Tönen quiekten. Er orientierte sich zunehmend unabhängig von seiner Halterin im Park und entdeckte die Vergnügungen der Kaninchenjagd im Dickicht. In der Folge wurde er nur noch an der Leine geführt, was ihn schnell stresste und frustrierte. Seine aufgestauten Energien konzentrierten sich deshalb bald auf Artgenossen, die nicht angeleint auf ihn zugelaufen kamen. Als ein fremder Rüde erschrocken reagierte, nachdem Jack aus anfänglicher Überforderung knurrte, erwies sich diese Strategie für den kleinen Terrier als erfolgreich. In der Folge entwickelte er immer stärkeres Bellverhalten an der Leine. Seine Halterin verlor aufgrund dieser Fehlentwicklungen die Geduld und wechselte genervt die Strategie. Sie begann jetzt, den Hund massiv anzugehen, nach ihm zu greifen und ihn sogar auf den Rücken zu drehen, sobald er in ihren Augen „Fehlverhalten" zeigte. Jack reagierte auf diesen radikalen Kurswechsel gestresst, er wich ihr immer häufiger verunsichert aus und schnappte schließlich in einer Stresssituation nach ihrer Hand. Dies war der Moment, an dem zum ersten Mal die Trennung von Jack im Raum stand.

Ein letzter Versuch

In Einzeltrainingsstunden lernte sie, angemessen aber deutlich Abbruchsignale in Situationen zu senden, die unerwünscht waren, und sofort positiv mit Stimme und Körpersprache zu reagieren, wenn Jack sich richtig verhielt. Der Hund bekam also in stressigen Momenten von ihr eine Orientierung und Auswege geboten, er durfte lernen, was richtig und was falsch war. Gleichzeitig begann sie damit, ihn durch Suchspiele geistig zu beschäftigen, und besuchte einen Mantrailing-Kurs, bei dem Jack lernte, sich auf eine Sache zu konzentrieren. Es war erstaunlich, wie schnell sich die Beziehung der beiden wandelte: Jack konnte sich zunehmend entspannen, orientierte sich an Martinas Führung und es begann sich eine fester werdende freundschaftliche Bindung zu entwickeln, die von wachsendem, gegenseitigen, Vertrauen geprägt war.

Mut auftanken im „sicheren Hafen“ hilft beim aufregenden Weltentdecken.

BINDUNG AUF DEN HUND BEZOGEN

Nach diesem Exkurs zu den allgemeinen Grundlagen und Funktionen einer sicheren Bindung, sollen im Anschluss daran noch fünf speziell auf den Hund bezogene neuere Erkenntnisse genauer behandelt werden.

SOZIALE UNTERSTÜTZUNG

Da ist zunächst das weit verbreitete Phänomen der sozialen Unterstützung. Bereits in Studien an persönlich individuell gebundenen Affenarten, Meerschweinchen und anderen Säugetieren, die zu individuellen Bindungen befähigt sind, konnte man immer wieder zeigen, dass nur die Anwesenheit des persönlichen Bindungspartners, nicht aber die Anwesenheit eines anderen vertrauten, aber eben nicht persönlich gebundenen Gruppenmitglieds eine stressdämpfende Wirkung hatte. An dieser Stelle sei nochmals auf die bereits erwähnten Untersuchungen in Budapest hingewiesen, wonach eben nur die Anwesenheit des individuell gebundenen Menschen eine stressdämpfende Wirkung im Sinne des sicheren Hafens, oder eine unterstützende Wirkung bei Erkundungs- und Lernverhalten im Sinne des sicheren Basis-Effekts hat (siehe S. 116).
In letzter Zeit sind im Zusammenhang mit Mensch und Hund noch weitere Erkenntnisse dieser Art gewonnen worden.

— Streichelt der Mensch den Hund oder sehen sie sich gegenseitig an, senkt sich bei beiden Beteiligten der Stress- und steigt der Oxytocinpegel (siehe S. 127), Herz- und Kreislaufwerte, Blutdruck und Herzfrequenz verändern sich zum positiven (siehe S. 131).

- Hunde, die von ihren Halter:innen als Sozialpartner und wichtige Begleiter im Alltag angesehen werden, haben weniger Stresshormonproduktion, die intensive Beziehung zwischen Mensch und Hund scheint hier eine wesentliche Bedeutung zu haben (Studien von Schöberl et al., 2013, 2016, 2017; siehe S. 104, 108).
- Aber auch der Umgangsstil hat großen Einfluss auf das Wohlbefinden und den Umgang mit einer unheimlichen Situation (Giulia Cimerelli et al., 2018; siehe S. 132 ff.).
- Gerade für ein erfolgreiches und effektives Lernen ist die Anwesenheit des Bindungspartners förderlich, wie durch Versuche mit Kleinkindern aber auch aus Labortierstudien immer wieder bekannt wird. Das Bindungshormon Oxytocin ist demnach besonders wirkungsvoll für eine aufgeschlossene Grundhaltung (Studie von Rossi et al., 2018; siehe S. 127) und katalysiert dadurch die Lernfreude und die anschließende Verankerung von gewonnenem Wissen im Langzeitgedächtnis, besonders wenn danach gespielt und positiv interagiert wurde (Studien von Nadia Affenzeller, 2017 und 2019).
- Auch bei der Lösung von Aufgaben ist es ein Unterschied, ob der eigene Mensch oder eine fremde Person anwesend ist (Studie von Lisa Horn et al., 2013; siehe S. 117). Diese Ähnlichkeit im Verhalten von Hunden zu Kleinkindern zeigt deutlich, dass die Mensch-Hund-Beziehung der Eltern-Kind-Beziehung gleicht, als auch die wichtige und stressdämpfende Wirkung, die Sozialpartner auf die Bewältigung von Herausforderungen im Leben haben können.

Hilfe in stressigen Situationen

Menschliche Nähe und Zuwendung kann einen beflügelnden Einfluss auf das Lernverhalten unserer Hunde haben, als auch bewusst von uns im Umgang mit traumatisierten oder Tierschutzhunden bei der Sozialisierung mit der Umwelt eingesetzt werden.

Bemerken wir z. B. frühzeitig, dass ein Hund von einer Situation leicht gestresst ist, können wir durch unsere Gegenwart und das feste Streicheln vom Nacken zum Schwanzansatz, mit dem wir das Lecken der Welpen durch die Mutterhündin imitieren, den Hund beruhigen. In Kombination mit freundlichen Lobworten kann so die Ausschüttung von Oxytocin gefördert werden, das als Gegenspieler des Cortisols für ein Absenken des Stresshormonlevels sorgt.

Auch Fremde können eine stressreduzierende Wirkung haben

Doch nicht immer ist Vertrautheit die Voraussetzung für einen beruhigenden Effekt sozialer Unterstützung. Bei einer Untersuchung von Michael Hennesy konnten Tierheimhunde vom freundlichen, zugewandten Umgang mit Menschen profitieren, auch wenn diese keine spezifische Bindung zueinander hatten (Hennesy et al., 2002 a, b). Eine wichtige Erkenntnis, die mit Daten unterfüttert, was wir schon geahnt haben – freundlich und sozial unterstützend sein, kann auch auf fremde Individuen, die sich in stressigen Lebenssituationen wie der Unterbringung im Tierheim befinden, einen beruhigenden Effekt haben.

TRENNUNGSREAKTIONEN

Eine Trennungsreaktion mit moderatem Stressgefühl auf die Abwesenheit des Halters ist, wie wir schon sehen konnten (siehe S. 114), ein Zeichen für eine sichere Bindung. Dagegen können extreme Reaktionen ein Hinweis für eine unsicher-ambivalente Bindung oder Trennungsstörung sein. Bei manchen Hunden ist die Trennungssituation mit so viel Stress verbunden, dass sie zu unterschiedlichen Verhaltensauffälligkeiten führen können, die sich mit der Zeit immer weiter manifestieren und verstärken. Dies kann langfristig wiederum die Beziehung zwischen Mensch und Hund massiv stören, weshalb es so wichtig ist, dass hier frühzeitig Einfluss genommen wird. Doch gerade in diesem Bereich wird im Training oft völlig gegen die bindungspsychologischen Erkenntnisse verstoßen.

Voraussetzungen und Maßnahmen

Rebecca Sargisson hat 2014 eine Forschungsübersicht zum Thema „Trennungsangst bei Hunden" zusammengestellt. Dort berichtet sie über Erkenntnisse zur Voraussetzung der Entstehung von Trennungsangst und Behandlungsmöglichkeiten. **Laut ihrer Literaturanalyse sind Faktoren für die Entwicklung einer Trennungsangst das Geschlecht, die Herkunft und die zu frühe Trennung von Mutter und Geschwistern.** So neigen mehr Rüden als Hündinnen, häufiger Hunde aus dem Tierschutz und mehr Hunde, die vor dem 60. Lebenstag von ihren Geschwistern und ihrer Mutter getrennt wurden, zu problematischen Verhaltensweisen während der Trennungssituation von ihren Halter:innen. Die Zusammenstellung der aktuellen Studien durch die neuseeländische Wissenschaftlerin konnte aber auch vorbeugende Maßnahmen gegen Trennungsangst ermitteln: Ein erlebnisreiches Umfeld in der wichtigen Sozialisierungsphase zwischen dem 5. und 10. Lebensmonat mit viel Kontakt zu mehreren Menschen und vielfältigen Erfahrungen in der Umwelt, stabile Routinen im Haushalt, kein Einsatz massiver körperlicher Strafen in der Hundeerziehung und ein umsichtiges Gewöhnungstraining des Alleinseins im Alltag konnten maßgeblich dazu beitragen, dass Hunde gelassen mit Trennungen von ihren Menschen umgehen konnten. Auch ein regelmäßiges, ausgelassenes Spielen mit dem Hund könnte das Risiko minimieren, Trennungsproblematiken zu entwickeln (siehe Gansloßer und Käufer, 2022). Als mögliche Therapiemaßnahmen konnten eine systematische Gewöhnung und Gegenkonditionierung, ergänzt in extremen Fällen mit medizinischer Unterstützung bei den ersten Trainingsschritten als besonders erfolgreich bewertet werden. Zusätzlich muss natürlich noch Beziehungsarbeit geleistet werden, am besten in Begleitung einer erfahrenen Hundetrainerin/eines erfahrenen Hundetrainers.

Ein Faktor für Trennungsangst ist die zu frühe Trennung von der Mutter und den Geschwistern.

Nicht immer lässt sich vom Verhalten auf den tatsächlich inneren Zustand schließen.

Weitere Risiken für Trennungsangst

In neueren Studien konnten weitere Risiken identifiziert werden, die zu Trennungsangst beim Hund führen können:

Individuen reagieren unterschiedlich empfindlich auf Trennungssituationen!

Das individuelle Serotoninsystem im Gehirn von Menschen oder eben auch Hunden kann für das Verhalten in emotionalen Stresssituationen verantwortlich sein. In genetischen Untersuchungen an Menschen konnte bereits ein Zusammenhang zwischen einer geringeren Anzahl an Rezeptoren für Serotonin in Teilen des Gehirns mit Schizophrenie oder Angstzuständen nachgewiesen werden. In der Studie eines schwedischen Genetikerteams wurde 2009 an Hunden untersucht, ob es einen Zusammenhang zwischen dem Rezeptorgen 5-HT2A mit starker Trennungsangst geben könnte. Dazu wurden 16 Hunde mit großen Trennungsproblematiken und Furchtverhalten mit 22 Hunden ohne Trennungsängste verglichen. Das Ergebnis der Analyse zeigt, dass es tatsächlich abhängig von der Häufigkeit der Rezeptoren in bestimmten Bereichen der rechten und linken Gehirnhälfte zum Ausbleiben oder Auftreten von Angstzuständen bei Hunden kommen kann. Hunde mit entsprechenden Problemen hatten weniger Rezeptoren für den Botenstoff Serotonin im Gehirn, der den Zustand der Gelassenheit auslösen kann (Vermeire et al., 2009).

Hunderassen reagieren unterschiedlich empfindlich auf Trennungssituationen!

Neben der individuellen Veranlagung, könnte es auch eine rassespezifische Grundlage für mehr Gelassenheit oder Aufregung in der Trennungssituation geben. Das ungarische Team um Peter Pongrácz hat hierzu Hunderassen verglichen, die gezielt für enge, kooperative Zusammenarbeit mit Menschen oder auf Eigenständigkeit gezüchtet wurden (Pongrácz et al., 2020). Die erste Gruppe bellte häufiger und zeigte mehr Bewegung in der Trennungssituation, allerdings nur, wenn ihr Mensch im Fragebogen angegeben hatte, dass der Hund von Trennungsängsten betroffen sei. Die Hunde mit Trennungsängsten der „unabhängigen Rasse" äußerten sich weniger durch Bellen oder Unruhe in der Trennungssituation. Fiepen und Winseln wurde bei beiden Rasseschlägen dokumentiert. In Bezug auf die stressanzeigenden Verhaltensweisen während der Trennung von ihrem Menschen konnte ein signifikanter Zusammenhang zwischen Rasseschlag und Trennungsangst gefunden werden. Leider wurden vor Studienstart und während der Trennungsversuche keine Cortisolproben aus dem Speichel entnommen. Wie uns die vergleichende Studie mit alten versus jungen Hunden in Trennungssituationen ja schon zeigen konnte (siehe S. 150), lässt sich nicht immer vom gezeigten Verhalten auf den tatsächlichen inneren Zustand schließen (Anmerkung Kitchenham). Aber vor allen Dingen beeinflusst der Umgangsstil und die Beziehung zwischen Mensch und Hund die Entstehung und Etablierung von Trennungsängsten. Besonders von der Forschergruppe des Family Dog Project in Budapest um Peter Pongrácz wurden hierzu einige spannende Untersuchungen durchgeführt.

Beziehung zum Menschen kann Trennungsangst beeinflussen!

Konok et al. (2019) untersuchten mit Hilfe von Fragebögen, ob es einen Zusammenhang zwischen Bindungsstil (stabil, unsicher, unsicher-ambivalent, siehe S. 122 ff.) und dem Auftreten von Trennungsangst gibt. Hunde, die von ihren Menschen als problematisch in Bezug auf Trennung eingeschätzt wurden, konnten durch die Auswertung der Fragen zur Bindungsqualität gleichzeitig der Gruppe mit der unsicher-ambivalenten Bindung zugeordnet werden. Natürlich spielen für die Entwicklung einer Trennungsangst immer mehrere Faktoren eine Rolle. Aber trifft dieser entspechend genetisch oder durch Vorerfahrungen vorgeprägte Hund auf einen Menschen, der sich wenig auf die Bedürfnisse von Hunden in Punkto Bindung und die individuelle Biographie seines Tieres einlässt, dann wird diese Kombination natürlich sowohl die Bindungsqualität verschlechtern, als auch parallel die Trennungsangst verschärfen.

„Loneliness Cry" – wo bist du?

Zu betonen ist zunächst, dass das bei Hunden wie auch bei Wölfen kurz nach der Trennung hörbare Heulen offensichtlich keineswegs ein Ausdruck einer Trennungsdepression, möglicherweise noch nicht einmal ein Ausdruck der Protestphase ist. Es handelt sich dabei eher um den von Konrad Lorenz in seinen Gänsestudien so schön mit dem Ruf „Hier bin ich, wo bist du?" übersetzten Stimmfühlungslaut (für Wölfe: „Loneliness Cry").

In einem amerikanischen Wolfforschungszentrum führte man einzelne Mitglieder einer Wolfsgruppe an der Leine für 20 Minuten aus der Gruppe heraus spazieren und bestimmte anschließend sowohl den Cortisolgehalt (als Stresshormon), als auch die Häufigkeit und Intensität des Heulens bei den Zurückgebliebenen. Zwei interessante Abhängigkeiten ergaben sich dabei: Zum einen wurde häufiger und heftiger von allen zusammen geheult, wenn ein ranghohes Tier das Rudel verließ, zum anderen individuell von den einzelnen Wölfen besonders dann heftig geheult, wenn ihr bevorzugter Bindungspartner nicht mehr da war. Speichelproben zur Bestimmung des Stresshormons Cortisol zeigten hier bemerkenswerterweise keinen Zusammenhang zwischen der Intensität des Heulens und der Höhe des Cortisolspiegels. Einzelerkenntnisse auf der Basis einiger weniger Hunde aus der Arbeitsgruppe von Daniel Mills (2014) lassen vermuten, dass ähnliche Zusammenhänge auch bei Hunden bestehen. Auch dort gibt es Hunde, die nach der Trennung vom Menschen überhaupt keine Verhaltensreaktion zeigen, dafür eine sehr starke Cortisolausschüttung haben, andere, die sehr deutliche Verhaltensreaktionen zeigen, aber wenig Cortisolerhöhung haben, und echt coole Socken, die offensichtlich mit der Trennung sehr gut zurechtkommen. Individualität zeigt sich eben auch in physiologischen Messwerten.

Die Budapester Gruppe hat sich mit der Lautäußerung von Hunden während einer Trennungssituation näher befasst und konnte feststellen, dass Hunde, die von ihren Halter:innen als poroblematisch in Bezug auf Trennung beschrieben wurden, sehr viel früher mit dem Winseln starteten als Hunde, die sich hier entspannter verhielten und so auch von ihren Menschen eingeschätzt worden waren. Damit könnte nach Ansicht der Autor:innen der Studie das frühzeitige und anhaltende Winseln ein guter Indikator für ein starkes Stresserlebnis von Hunden in Trennungssituationen sein (Pongrácz et al., 2017).

Unterschiedliche Trennungsreaktionen

Untersuchungen an Hundewelpen zeigten, dass es drei verschiedene Reaktionsmöglichkeiten bei einer Trennung vom Menschen gibt (Frank et al., 2007):

1. einige zeigten sich sehr erkundungsfreudig und spielten sehr viel,
2. einige waren ausgesprochen passiv,
3. einige zeigten durch Lecken, Gähnen, Kratzen und andere Übersprunghandlungen ihr Unbehagen.

Der zeitliche Verlauf der Trennungsreaktion wurde von Lund und Jorgensen (1995) untersucht. Zum einen gibt es eine zyklische Komponente, mit einem Zyklus von ca. 23 bis 28 Minuten, innerhalb derer die Verhaltensweisen immer wieder heftiger und dann wieder abgeschwächt auftreten. Die zweite Komponente ist ein Langzeiteffekt: je länger die Trennung anhält, desto mehr geht die Aktion des Hundes insgesamt zurück. Die Beobachtung der Hunde in dieser Studie zeigte auch, dass weder Ungehorsam noch Langeweile, sondern bisweilen auch Frustration die Ursache für die meisten Verhaltensauffälligkeiten, zumindest zu Beginn der Trennung, sein konnte. Heulen und Winseln waren dagegen überwiegend mit Furcht und Angst zu erklären, Bellen mit dem allgemeinen Erregungsgrad. Hunde, die sehr starkes Zerstörungsverhalten zeigten, waren auch sehr viel mit Objektspiel beschäftigt. Mills et al. (2014) diskutieren auch die Trennungsreaktion sehr ausführlich und sehr differenziert im Zusammenhang mit den verschiedenen, von Jaak Panksepp (2011) beschriebenen Emotionssystemen: Furcht, Panik oder auch Wut = Frustration, und das belohnungssuchende Seekingsystem, das speziell zur Zerstörung, Objektspiel und anderer „Ablenkung" führt. Dazu passt, dass Rita Lenkei et al. (2021) in einer Studie des Budapester Family Dog Project einen Zusammenhang zwischen einer geringen Frustrationstoleranz der Hunde im Alltag und Trennungsangst feststellen konnten.

ECHTE TRENNUNGSSTÖRUNG

Bei der echten Trennungsstörung reagieren Hunde entweder mit Unsauberkeit, Zerstörung, hektischem oder stereotypem Verhalten. Diese Störung ist teilweise mit der desorganisiert-chaotischen Bindung gekoppelt. Nach Ansicht von John Bradshaw ist allein durch die Tatsache, dass immer mehr Mensch-Hund-Beziehungen eine Pflegebeziehung statt einer echten sozialen Bindung sind, eine Zunahme von Trennungsstörungen zu erwarten. Hunde mit Trennungsstörungen sind in der Begrüßung des Menschen wesentlich aktiver und lassen die Abnahme der Allgemeinaktivität bei längerer Trennung nicht erkennen. Sie zeigen aber interessanterweise, so eine Studie von Vera Konok (2019) aus der Budapester Gruppe, keinen Unterschied im freundlichen oder soziopositiven Verhalten ihrem Menschen gegenüber. Bereits daraus ergibt sich, dass die häufig behauptete zu enge Bindung als Ursache einer Trennungsstörung schlichtweg nicht existiert. Die Vorgeschichte von Hunden mit Trennungsstörung zeigt oftmals bereits lange vor dem Auftreten des Trennungsproblems die eigentlichen Risikofaktoren. Hunde, die in der späten Welpen- oder frühen Junghundezeit zwischen der 8. und 14. Woche medizinische oder psychische Probleme hatten, tendieren später im Alter von über einem halben Jahr wesentlich stärker zu Trennungsstörungen. Auch Bellstereotypien, Angst, Probleme mit Kindern oder ähnliche Verhaltensschwierigkeiten sind bei diesen Hunden besonders häufig. Hunde, die im Lauf des ersten Jahres in einer abwechslungsreichen und sozial gut strukturierten Umwelt leben konnten, sind nahezu völlig immun gegen eine Trennungsstörung. Untersuchungen in der Arbeitsgruppe von John Bradshaw zeigten im Gegensatz zu den dort beschriebenen Studien keinen Unterschied zwischen Mischlingen und Rassehunden, und auch nicht zwischen Tierheimhunden und solchen, die vom Züchter in die Familie kamen (z. B. in Bradshaw, 2014).

Optimisten/Pessimisten und ihre Reaktion auf Trennung

Auch die Untersuchungen von Michael Mendl et al. (2010) über optimistische und pessimistische Hunde lassen erkennen, dass pessimistische Hunde häufiger zu Trennungsstörungen neigen. Hunde mit Trennungsangst, so zeigte die amerikanische Verhaltensmedizinerin Karen Overall (1997), haben mit hoher statistischer Wahrscheinlichkeit auch Geräusch- oder Gewitterangst. Die umgekehrte Korrelation ist nicht so deutlich: Nur in etwa zwei Drittel der Fälle hatten Hunde mit Geräuschangst auch Trennungsstörungen, Hunde mit Gewitterangst sogar nur in der Hälfte der Fälle. Das zeigt auch, dass die drei nicht nur von Laien oftmals verwechselten Verhaltensauffälligkeiten ganz unterschiedlicher Herkunft sind.
Untersuchungen aus der italienischen Arbeitsgruppe um Carmen Borelli (2022) zeigen, dass Hunde sicherer Halter bei der Durchführung eines „Strange-Situation-Tests“ (siehe S. 120) in Anwesenheit ihres

Eine moderate Trennungsreaktion ist ein Zeichen für sichere Bindung.

Menschen mehr und in Abwesenheit ihres Menschen weniger Erkundungsverhalten zeigten als Hunde von unsicheren Menschen. Beim ersten Zusammentreffen nach der Trennung konnten die Hunde unsicherer Halter durch stärkeres Erkundungsverhalten von denen der sicheren Hundehalter unterschieden werden. Kam es zu einer zweiten Trennung und der Fremde kam wieder hinzu, so waren diese Unterschiede noch stärker. Unterschiede unsicherer Hunde, die auf die Rückkehr des Fremden ähnlich oder noch stärker als auf die Rückkehr des eigenen Menschen reagierten, zeigten dadurch deutlich, dass ihre Bindungsqualität zu wünschen übrig ließ. Sie waren oft vom unsicher-meidenden Typ und näherten sich in der Trennung sogar dem Fremden häufiger an. Entsprechend spielten sie auch in Anwesenheit ihres eigenen Halters weniger, in Abwesenheit mehr mit dem Fremden, genau die umgekehrte Reaktion, wie wir sie bei sicheren und souveränen Hundehalter:innen erleben. Hunde sicherer Halter:innen orientierten sich mehr in Richtung der Tür, was als Nähe-suchendes Verhalten interpretiert wird und der klassischen Trainermeinung völlig entgegenläuft, die behaupten, dass der Hund nach dem Weggang des Menschen nicht hinter der Wohnungstür liegen darf.

VERLÄSSLICHKEIT

Hier zeigt sich deutlich, dass wir gerade im Fall einer wenig stabilen und/oder noch nicht vollständig entwickelten Bindungsqualität viel Wert auf Zuverlässigkeit und auf Trennungs- und Begrüßungsrituale legen sollten. Hinzu kommen weitere Verhaltensweisen des Menschen, die dem Hund Verlässlichkeit signalisieren und dadurch die Vertrauenswürdigkeit des Beziehungspartners stärken.

Hunde sicherer Menschen waren bei der Begrüßung wesentlich intensiver und dynamischer als die der unsicheren Menschen. Hunde von sicheren Menschen zeigten in Anwesenheit des Fremden kaum, Hunde von unsicheren dagegen sehr intensives Bellen (Borelli et al., 2022). Diese Ergebnisse zeigen, wie wichtig ein verlässliches Auftreten, die Vermittlung von Sicherheit und das Zulassen von Wiedersehensfreude für die Entwicklung einer stabilen Bindung ist.

IN-DIE-IRRE-FÜHREN

Hunde mit einer gesicherten, stabilen Bindung lassen sich übrigens auch von ihrem Halter seltener und weniger in die Irre führen. In der Arbeitsgruppe von Emilia Prato Previde (2011) wurde gezeigt, dass ein Hundehalter, der sich scheinbar sehr intensiv, laut schmatzend und begeistert mit einem kleinen, aus uninteressantem Trockenfutter bestehenden Futterhäufchen beschäftigt, seinen Hund zu diesem lockt, auch wenn direkt daneben ein großer Haufen leckerer Wurstscheiben auf den Hund warten würde. Diese Irreführung gelingt, wie Borba Turcsan und Enikö Kubinyi aus Budapest zeigen konnten, bei einem sicher gebundenen Hund nur ein oder wenige Male. Unsicher-ambivalent gebundene Hunde zeigen dieses Verhalten wesentlich deutlicher.
Die daraus resultierende Veröffentlichung lautete dann auch, dass abhängige Hunde leichter zur Diät zu überreden wären. Josef Topal und Co-Autoren aus Budapest zeigten übrigens schon 1997, dass unsicher-ambivalent gebundene, dort auch als abhängig bezeichnete Hunde, sich in Erkundungsverhalten, bei der Beschäftigung mit schwierigen bis unlösbaren Intelligenzspielen und anderen, anstrengenden und konzentrationsfordernden Situationen weniger ausführlich und weniger erfolgreich zeigten, als Hunde aus sicheren und stabilen Bindungen.

Hunde können auf den Verlust eines Bindungspartners mit Trauer reagieren.

VERLUST EINES BINDUNGS-PARTNERS

Was aber, wenn der vertraute und geliebte Bindungspartner endgültig verlorengeht? Wir kennen viele Fälle, in denen ein Hund nach dem Tod seines Hundepartners die Nahrung verweigerte, nicht mehr spielen wollte, nicht mehr spazierengehen wollte, und auf diese Weise deutlich zeigte, dass er in eine echte Depressionsphase gefallen war (siehe S. 151). Bisweilen passiert so etwas auch, wenn Hunde zu früh oder in die falsche Hundepension gegeben werden. So hatten wir einen Fall von einem Hund, der nach ca. fünf Monaten Aufenthalt in der menschlichen Familie in eine Hundepension kam, in der er auch von seinem Hundepartner getrennt wurde und kein einziges seiner vertrauten Spielzeuge, Decke oder andere ihm vertraute Objekte mitnehmen durfte. Bereits nach wenigen Tagen war dieser Hund in der totalen Trennungsdepression, er nahm um weit mehr als 10 % an Gewicht ab und war auch nach dem Nachhausekommen monatelang nicht mehr an Spielen, sportlichen Aktivitäten oder Spaziergängen mit seinen Menschen interessiert.

In solchen Fällen (nicht bei schlechten Tierpensionen, die sollte man einfach meiden!), wenn der vertraute Mensch oder der vertraute Zweithund durch Tod oder andere Ereignisse unwiederbringlich verlorengeht, muss besonders darauf geachtet werden, den Hund durch Ausgleichsmaßnahmen, z. B. durch Beschäftigung, moderate sportliche Tätigkeiten und andere Aktionen aus seiner Depression herauszuholen. Sollte es nicht gelingen, innerhalb von zwei Wochen zumindest eine merkliche Besserung im Verhalten des Hundes zu erzielen, empfehlen wir dringend, den Hund dem Tierarzt vorzustellen, da gerade eine übermäßige Ausschüttung von Cortisol in solchen Trennungstraumata zu schweren Organschäden führen kann. Man kann also sowohl an gebrochenen Herzen als auch an kaputter Leber und kaputten Nieren sterben, Letzteres also nicht nur dann, wenn man als Mensch seinen Kummer in Alkohol ertränkt.

»Wer seinen Hund abgeben muss, sollte immer versuchen, die direkte Vermittlung in die neue Familie zu ermöglichen.«

Beziehungsaufbau bei Assistenzhunden

Nachgewiesen ist, dass Hunde auch in höherem Alter immer noch in der Lage sind, neue Beziehungen und auch Bindungen zum Menschen aufzubauen. Sowohl in der Gruppe Prado Previde als auch Marta Gácsi in Budapest haben dies am in Italien und Ungarn ähnlich wie in Deutschland üblichen System der Blindenhundeausbildung studiert. Auch dort werden die Junghunde, die zunächst in einer Adoptivfamilie leben, im Alter von meist um oder über einem Jahr in die Ausbildung gebracht und nach Abschluss der Ausbildung schließlich an ihren blinden Partner vermittelt. Trotzdem ist ganz offensichtlich die Wahrscheinlichkeit, dass ein Hund zu seinem Blinden eine gesicherte und stabile Bindung aufbaut, nicht höher und nicht geringer als bei Hunden, die direkt aus der Züchterfamilie in ihre neue und dann auch bleibende menschliche Familie verbracht werden.

Beziehungsaufbau bei Tierheimhunden

Auch an Tierheimhunden wurden ähnliche Untersuchungen durchgeführt. Auch hier zeigte sich, wie bereits die Studien von Tuber et al. sowie Hennesey et al. gezeigt haben, dass Hunde aus Tierheimen in Gegenwart von fremden Menschen durchaus stressdämpfende Wirkungen erfahren können (Zusammenfassung siehe Gansloßer und Kitchenham, 2012). Weitere Untersuchungen zeigen, dass Hunde aus Tierheimen in Gegenwart von fremden Menschen ein höheres Maß an Aufmerksamkeit und Nähesuchen im Verhalten gegenüber dem Fremden zeigen, als Familienhunde, dass die Interaktion von Tierheimhunden mit fremden Menschen Erregung und furchtsames Verhalten deutlich verringert, und dass auch Tierheimhunde im Bowlby-Ainsworth-Test die gleiche Wahrscheinlichkeit zu einer sicheren Bindung haben. Sie zeigen jedoch mehr Aktivität und sind etwas bewegungsaktiver als Hunde ohne eine zwischengelagerte Tierheimerfahrung (von Schiverdeck et al., 2013; Barrera et al., 2012).
Es ist also völlig unbegründet, wenn man pauschal Tierheimhunden eine mangelnde Bindungsfähigkeit und damit eine schlechte Einpassung in menschliche Familien unterstellt. Zu beachten ist jedoch, dass Hunde, die bisweilen und keineswegs abfällig als Wanderpokalhunde bezeichnet werden, also Hunde, die mehrfach und immer wieder ins Tierheim zurückgebracht, neu vermittelt, wieder zurückgebracht werden, irgendwann sehr wohl in das Stadium der erlernten Hilflosigkeit verfallen können, und zur erlernten Hilflosigkeit gehört eben dann auch leider eine mangelnde Bindungsfähigkeit. Diese sind jedoch sicher die Ausnahmen, und in der Regel sind das auch nicht Hunde, die einmal, sei es wegen Scheidung, Umzug oder wirklicher oder vorgetäuschter Allergie in der menschlichen Familie den Umweg übers Tierheim in die Zweitfamilie wählen müssen. Trotzdem sollte die Abgabe eines Hundes in solchen Situationen nicht leichtfertig geschehen.

Das Leben in einem Tierheim bedeutet für die meisten Hunde großer Stress.

Liebevolle Betreuung hilft, ...

... das Trauma der Trennung besser zu ertragen.

Hunde aus dem Tierheim zeigten auch, dass sie im gesamten Bindungstest mehr Fortbewegung, mehr körperliche Aktivität zeigten, ganz besonders aber dann, wenn sie allein waren (zusammengefasst bei Prado Previde und Valsecci, 2014). Sie spielten weniger mit dem Halter und mit dem Fremden, ließen sich vom Fremden auch weniger zum Spielen aktivieren. Sie hielten mehr visuellen Kontakt, mehr Blickkontakt mit dem Menschen, ganz besonders bei der Zusammenführung mit ihrem Halter nach der Trennung. Diese Ergebnisse zeigen, dass Tierheimhunde im Vergleich zu Familienhunden ohne ein solches Zwischenstadium durchaus eine Veränderung in ihrem Verhalten aufweisen. Es lässt sich jedoch daraus zumindest beim derzeitigen Stand nicht auf eine weniger sichere Bindung schließen. Genauso gut möglich ist, dass hier negative Lernerfahrungen im Verhalten selbst eine Veränderung hervorgerufen haben, durch die unangenehme Erfahrung des einmal Zurückgelassenwerdens bei der ersten Trennung von der früheren Familie.

BEZIEHUNGSPROBLEME DES MENSCHEN

Ganz egal, welche Verfehlungen uns im Leben passiert sind – ein Hund weiß nichts von diesen Lastern und Schwächen und bleibt mit seiner Zuneigung konstant, auch wenn Familie und Freunde sich enttäuscht von uns abwenden. Doch sind Hunde deshalb der Inbegriff der wahren Treue? Tatsächlich sind problematische Menschen, bzw. Menschen mit problematischem Bindungsmuster gegenüber zweibeinigen Artgenossen durchaus in einer höheren Prozentzahl noch in der Lage, gesicherte Bindungen zu Haustieren, speziell Hunden, aufzubauen. Diese Tatsache zählt zu den Besonderheiten im Mensch-Hund-Bindungssystem. Der Psychologe Henri Julius (Universität Rostock, Julius et al., 2012 und Schöberl et al., 2013) versucht, hierfür einige Erklärungen zu finden.

SIND HUNDE DIE BESSEREN BINDUNGSPARTNER?

Sichere Bindungen von Menschen zu Hunden sind offensichtlich viermal häufiger als sichere Bindungen von Mensch zu Mensch. Zum einen korreliert das Bindungsmuster von Mensch zu Mensch nicht mit dem von Mensch zu Haustier. Dies kann daran liegen, dass das Haustier auf unsichere oder desorganisierte Bindungsmuster des Menschen nur in Extremfällen tatsächlich komplementär, also mit den gleichen Verhaltensweisen und Defiziten, reagiert. Negative Erwartungen, die der Mensch an seine zweibeinigen Artgenossen hat, werden so auch weniger bestätigt und festigen sich nicht als Vorurteil für die nächste Bindung.

Auch lassen Haustiere in der Regel ein höheres Maß an sozialer Körperpflege, Kraulen, Streicheln und körperlicher Nähe zu, als Menschen dies tun. Daraus entsteht ein geringeres Gefühl der Zurückweisung beim Menschen, wenn er sich mit einem Haustier anstatt mit einem Zweibeiner einlässt. Hunde sind außerdem in ihrer Reaktion sicher konsequenter und konstanter, reagieren unmittelbar und ehrlich auf das Verhalten des Menschen. Sie sind also leichter einschätzbar, sie beurteilen und bewerten den Menschen zumindest nicht sicht- und für ihn erkennbar und akzeptieren ihn in der Regel auch unabhängig von menschlichen Normen. Auch dies führt dazu, dass eine Erwartung von Zurückweisung in der Tier-Mensch-Beziehung weniger bedeutsam ist, als in der Mensch-Mensch-Beziehung. Die Bedürfnisse von Tieren sind, was das Pflegeverhalten betrifft, wesentlich einfacher, nicht so komplex, und der Mensch ist daher leichter in der Lage, sie zu bedienen.

ZU VIEL KONTROLLE ZERSTÖRT DIE BINDUNG

Jedoch hat auch diese Toleranz des Hundes ihre Grenzen. Hunde, die aufgrund von Depression, Schizophrenie, Persönlichkeitsspaltung und anderen schwerwiegenden psychischen Erkrankungen des Menschen, oder aufgrund eines massiv gestörten Bindungsverhaltens ihres Menschen, leiden und, daraus entstehend, eigene Verhaltensstörungen entwickeln, haben wir in unserer Beratungspraxis durchaus schon öfter erlebt. Gerade das übermäßige Kontrollierenwollen von Menschen mit desorganisierter oder selbst unsicherer Bindungspersönlichkeit wirkt sich irgendwann auf den Hund aus. Wenn dies dann noch ideologisch gefordert wird, weil man beispielsweise dem Hundehalter erzählt, er dürfe auf die Bedürfnisse des Hundes nicht eingehen, um diesen nicht dominant werden zu lassen, ist das Scheitern einer qualitativ hochwertigen Beziehung nahezu vorprogrammiert. Es bleibt zu hoffen, dass diese Einschätzungen doch irgendwann überwunden werden, zum Wohle einer stabileren Mensch-Hund-Beziehung und auch zum Wohle einer besseren Einpassung des Hundes in unsere Gesellschaft.

AUS DER PRAXIS: WENN KONTROLLE ZUM PROBLEM WIRD

Was geschehen kann, wenn ein Hund im Sinne des Behaviorismus komplett kontrolliert wird, musste der Border Collie Jack erleben: Sein Halter wollte ihm ein möglichst stressfreies Leben bieten und entschied sich dazu, ihn von allen potenziell belastenden Situationen fernzuhalten. Spazierrunden und Toben mit den Hunden der Nachbarschaft gab es nicht, um Konflikte und sich daraus entwickelnde Verhaltensprobleme zu verhindern. Aus diesem Grund verbot er ihm auch von Anfang an, im Wohngebiet zu markieren.

Kastration und fehlende Außenreize

Der Rüde wurde mit sieben Monaten kastriert und durfte nur mit wenigen ausgewählten Hunden Kontakt haben. Im Alltag ruhte er in seiner Box, in den Wachphasen hatte sein Halter ein aufwendiges Beschäftigungsprogramm entwickelt, das den Rüden, der aus einer Arbeitslinie stammte, geistig und körperlich auslasten sollte. Der Rüde zeigte schon früh Angstattacken, hechelte ohne Anlass mitten in der Nacht, entwickelte große Angst beim Autofahren und wirkte mit fünf Jahren nur noch entspannt und glücklich, wenn er arbeiten durfte. Gerade die Kombination aus totaler Kontrolle, Kastration und weitgehendem Fehlen von Außenreizen führte hier zu Problemen.

Einfluss von Sexualhormonen

Einerseits wirken, wie viele Erfahrungsberichte in unserer Praxis, aber auch systematische Studien an verschiedenen Tierarten gezeigt haben, die Sexualhormone im Gehirn stressdämpfend sowie angst- und furchtmindernd. Andererseits wächst gerade der Teil des Gehirns (Dach des Mittelhirns), der mit Fähigkeit zu aktiver Problemlösung (und infolgedessen mit wachsender Selbstsicherheit) zu tun hat, auch mit seinen Aufgaben, d. h., mit jeder erfolgreich bewältigten, neuen Situation. Versuchen wir unseren Hund zu sehr vor allen möglichen alltäglichen (Kontakt zu Hunden der Umgebung) und aufregenden (Ärger auf der Hundewiese) Momenten in seinem Leben zu „schützen", dann verhindern wir damit die Ausbildung der Fähigkeit, Stress auszuhalten und Situationen flexibel begegnen zu können. Es entstehen Angstzustände, die der Hund auch aufgrund der fehlenden Hormone nur schwer selbst bewältigen kann.

Aufregende Alltagssituationen können das Stresssystem trainieren.

BINDUNGS-VERÄNDERUNG

IM ERSTEN LEBENSJAHR

Im Lauf des Hundelebens verändern sich die Einstellungen und Möglichkeiten zur Bindungsausbildung erneut. Wie bereits Josef Topal (2014) zeigen konnte, sind Hundewelpen ab dem Alter von 16. Wochen durchaus in der Lage, in einem Bowlby-Ainsworth-Test bereits die ersten Effekte einer beginnenden Bindung an ihren Menschen, ihre Hauptbezugsperson, aufzuweisen. Dies gilt sowohl für Hunde, die von ihrer Mutter in familiärer Umgebung aufgezogen wurden, als auch für handaufgezogene Hunde. Selbst handaufgezogene Wölfe sind aber in dieser Situation noch nicht in der Lage, im Bowlby-Ainsworth-Test, etwa in Bezug auf ihre Reaktion auf Fremde, bindungsanzeigendes Verhalten zu demonstrieren. Im Lauf der späteren Monate verbessert sich die Bindung des Hundes an seinen Menschen, bei erneuter Testung im Alter von zehn bis zwölf Monaten sind alle Familienhunde bereits als gut bis sicher gebunden eingestuft worden. Vor dem Alter von 14 Wochen dagegen ist für die meisten Hundewelpen, wie wir gesehen haben, die individuelle Bindung an den Menschen oft relativ flexibel (siehe S. 27).

Um eine weitere Fehleinschätzung zu korrigieren: Eine Territorialität im Sinne einer Verteidigung von eigenen Wohngebieten beginnt bei Hunden frühestens im Alter von 24 Wochen, also ca. 6 Monaten. Zuvor zeigen Hunde möglicherweise das als Xenophobie gezeigte Ablehnen unbekannter bis fremder oder gar furchteinflößender Personen, Situationen und Lebewesen, aber dies ist eben keine Revierverteidigung.

Im Alter sinkt auch beim Hund die Fähigkeit, mit Stress im Leben gut umzugehen, z. B. einer Trennung.

BEIM HUNDESENIOR

Im Alter verändert sich dann die Bindungsqualität nochmals. Gerade in der Trennungsphase steigt die Cortisolproduktion bei Hundesenioren stärker an als bei erwachsenen oder jüngeren Hunden (Mongillo et al., 2013). Das Verhalten war etwas mehr Kontakt suchend, änderte sich aber weniger deutlich als die hormonelle Reaktion. Sie suchten mehr die Nähe des Menschen, waren weniger aktiv und weniger an Fremden interessiert. Die Alltagserfahrung in vielen Fällen zeigt, dass gerade Hundesenioren häufiger Trennungsprobleme aufweisen. Es ist zu vermuten, dass hier eine geringere Fähigkeit zur Raum-Zeit-Orientierung, die abnehmende Schärfe der Sinnesorgane und der im Alter ohnehin ansteigende Cortisolspiegel gemeinsam zu diesen Phänomenen beitragen. Gerade bei Senioren sollte darauf geachtet werden, dass man sie keinen unnötigen Trennungen aussetzt, und wenn, dass sie zumindest die vertraute Umgebung, vertraute Objekte und möglichst vertraute Ersatzpersonen in ihrer Nähe haben.

»Katzen haben die Option, mit dem Menschen eine Bindung einzugehen, Hunde dagegen haben dafür ein ausgesprochenes Bedürfnis.«

Kurt Kotrschal

TRAUER UM DEN BINDUNGSPARTNER

Die Depressionsphase nach einem Trauerereignis ist übrigens nach neueren neurobiologischen Erkenntnissen nicht nur, wie man lange Zeit gedacht hat, einfach eine Nebenwirkung des nicht mehr aktiven Bindungssystems. Lange Zeit dachte man, dass der Abfall von Oxytocin, Dopamin und den genannten μ-Opioiden, also all der Botenstoffe, die den Spaß an einer sozialen Bindung aktivieren, zum Gegenteil, nämlich zur Trennungsdepression und Verzweiflungsphase führt. Zweifellos ist dies auch neurochemisch der Grund für diese Inaktivität. Aber die Inaktivitätsphase hat auch einen wichtigen Vorteil. Durch den starken Cortisolanstieg in der plötzlichen Trauer wird nämlich auch ein Teil des Gehirns zerstört: Im Hippocampus, dem Gebiet, das u. a. für Antrieb, Neugierverhalten und Aktivität zuständig ist, gehen Zellen zugrunde. Die Reparaturarbeiten, die diese Nervenschäden wieder ausgleichen können, brauchen Ruhe, und dazu ist wohl die Trauerphase ebenfalls notwendig. Zudem können Gruppen in der Phase intensiver Trauer, in der sie mehr mit sich selbst beschäftigt sind, eben auch das durch den Weggang eines Gruppenmitglieds gerissene und teilweise zerstörte Beziehungsnetz wieder herstellen. Hier sind wir gefragt, uns einfühlsam und geduldig mit dem trauernden Hund zu zeigen.

ZEIT ZU TRAUERN

Man sollte also seinem Hund die Zeit zur Trauerarbeit gönnen. Wenn er das Lieblingsspielzeug oder die Lieblingskuscheldecke des verstorbenen Zweithundes ins Körbchen schleppt, sollte man ihm das auch ermöglichen und erlauben. Langsam, aber sicher sollte man dann allerdings auch, ggf. in Form einer „Zwangsbespaßung“, versuchen, ihn wieder stundenweise ins Leben zurückzuholen. Ein intensiv trauerdepressiver Hund ist eine der wenigen Situationen, in denen auch notfalls gegen seinen Willen sportliche Aktivitäten gestartet werden sollten. Es geht hier vor allem um langes, regelmäßiges Laufen, ggf. auch Joggen oder Am-Fahrrad-Mitlaufen. Gerade diese regelmäßigen Tätigkeiten aktivieren die Botenstoffe, die dann im Gehirn der Trauerreaktion am besten entgegenwirken können, nämlich die Katecholamine und die genannten Endorphine.

All diese Befunde lassen erkennen, wie wichtig die Bindung des Hundes zum Menschen für beide Beteiligte ist. Und letzten Endes gibt es wohl keine andere Haustierart, die sich so sehr auf den Menschen eingelassen hat, wie der Hund das tut.

Das Bedürfnis der Hunde nach Bindung an uns Menschen gehört zweifellos nicht nur zu den angenehmsten und schönsten Seiten der Hundehaltung, sondern ist auch eine Grundanforderung an jeden, der einen Hund zu sich holt. Wer dazu nicht in der Lage ist, sollte keinen Hund haben. Kompromisse dürfen nicht zu Lasten des Hundes gehen.

MEHRHUNDEHALTUNG – AB WANN IST EINER ZUVIEL?

Der Trend zur Mehrhundehaltung setzt sich immer mehr durch. Vielfach entsteht der Wunsch, die Probleme mit dem Ersthund durch einen Zweithund zu kompensieren. Doch nur in den wenigsten Fällen wird das zu einer Gesamtverbesserung führen.

Auch bei der Betrachtung des Beziehungsnetzes in einer Mehrhundehaltung ist es hilfreich, wenn wir uns wieder an unser Marktplatzmodell erinnern (siehe S. 103). Je größer die Erträglichkeit der Hunde untereinander ist, was eben eine gut strukturierte Alterspyramide erleichtert, je größer die Attraktivität der einzelnen Hunde zueinander ist, und je weniger ein Hund versucht, die Verfügbarkeit eines anderen einzuschränken, umso besser wird das Ganze harmonieren.

DIE ALTERSPYRAMIDE

Gerade das Stichwort „Alterspyramide" möchten wir aus unserer Erfahrung heraus besonders betonen. Eine Pyramide heißt Pyramide, weil sie pyramidenförmig aussieht. Wer z. B. einen 2-monatigen mit einem 10-monatigen Hund zusammen hält und sich dann wundert, dass dort keine geordneten Familienverhältnisse einkehren, der schafft schlichtweg eine Jugend-WG ohne Sozialarbeiter. Wenn dagegen der älteste Hund wenigstens zwei oder sogar drei Jahre älter ist als der nächstjüngere, und auch der Dritte wiederum einen ordentlichen Abstand zum Zweiten hat, ist die Chance einer geordneten Struktur wesentlich größer. Gerade die Ausführungen von Bonanni et al. (2014) zeigen, dass in Hundegruppen die Anführerbeziehung wie auch die Dominanzbeziehung durch altersgestufte Mechanismen erleichtert sind (siehe S. 91). Neuere Studien konnten zeigen, dass ab einem bestimmten Alter die nachwachsenden Tiere durchaus eine höhere Stellung erreichen können; hier scheint die Persönlichkeit des Hundes darüber zu entscheiden, ob der ältere Hund dem jüngeren, aber erwachsenen ab einem bestimmten Stadium die Führung überlässt (Vékony et al., 2022).

ES GIBT KEINEN WELPENSCHUTZ!

In diesem Zusammenhang muss auch warnend vor dem leider immer noch bisweilen verwendeten Begriff des Welpenschutzes kritisch haltgemacht werden. Einen generellen Welpenschutz, wie ihn die frühere, auf Artniveau argumentierende Verhaltensforschung etwa zu Zeiten von Konrad Lorenz forderte, gibt es nachweislich weder bei Wölfen, noch bei ihren Verwandten. Welpen werden nur dann im Sozialverband geduldet und geschützt, wenn sie zur eigenen Familie gehören oder zumindest gehören könnten. Fremde Welpen werden eher unfreundlich behandelt, im Sinne einer Konkurrenzvermeidung für den möglichen eigenen Rudelnachwuchs. Erfahrungen, dass Hunde plötzlich, nachdem die menschliche Familie ein Baby bekam oder einen Welpen ins Haus brachte, auf Spaziergängen äußerst unfreundlich gegen andere Welpen, Junghunde, aber auch gegen Kinder anderer Familien reagierten, werden uns immer wieder geschildert.

Verantwortlich dafür ist wahrscheinlich auch, ebenso wie für die Jungtierbetreuung, die Wirkung des sogenannten Elternhormons Prolaktin (Schradin, 2007), das nicht nur die Babysittertätigkeit, sondern ggf. auch alles, was mit dem Schutz des Nachwuchses zu tun hat, reguliert. **Prolaktin wird von Rüden und Hündinnen, sowohl von kastrierten wie von intakten Individuen, produziert, da es aus der Hirnanhangsdrüse kommt** (siehe Ganslоßer und Krivy, 2021; Strodtbeck und Ganslоßer, 2011). Es ist nämlich für das Phänomen der Jungtierverteidigung verantwortlich, und auch hier wirken Menschen und Hunde gleichermaßen als auslösende Faktoren. Ein Hund, der die schwangere Halterin verteidigt, oder ein Hund, der in Anwesenheit eines familieneigenen Welpen andere Menschen oder andere Hunde möglichst weit auf Distanz hält, handelt durchaus im Sinne der Natur. Dass dieses Verhalten unter Umständen nicht gesellschaftsverträglich ist, ist an anderer Stelle noch ausführlicher zu diskutieren.

Über Mehrhundehaltung an sich gibt es eine Reihe von sehr guten Büchern, z. B. von Ursula Lockenhöff (2018). Im Folgenden werden jedoch die für die Mechanismen der Gruppenzusammenführung und der Gruppenaufrechterhaltung notwendigen Befunde nochmals ausführlicher beschrieben.

Das Zusammenleben mit mehreren Hunden kann wunderschön sein – wenn das Management stimmt.

DIE SOZIALE STRUKTUR

Sie setzt sich, wenn wir den Begrifflichkeiten von Robert Hinde folgen, aus dem Netzwerk aller in dieser jeweiligen Sozialeinheit üblichen Einzelbeziehungen zusammen. Dass nicht immer eine lineare, von oben bis unten durchstrukturierte Rangordnung existiert, wird nicht nur aus der neueren verhaltensbiologischen Literatur, sondern auch aus den Erfahrungsberichten vieler erfahrener Trainer:innen immer wieder geschildert (siehe Baumann, 2013). Stattdessen existiert, wie zuerst von John Bradshaw (2011) und auch durch die Studien unserer eigenen Arbeitsgruppe (Ettner et al., 2015) belegt, ein Netzwerk, das sowohl aus Bindungen und Freundschaften, aus Dominanzbeziehungen, aus Anführer- und Gefolgschaftsbeziehungen und aus Allianzen und Koalitionen besteht (siehe S. 91 ff.).

GRUPPENZUSAMMENFÜHRUNG

Zur Etablierung dieses Netzwerks bedarf es vor allem eines: nämlich Zeit. Untersuchungen zur Gruppenbildung verschiedenster Tierarten, und auch Erfahrungsberichte gerade in der Zusammenführung von Hundegruppen, haben gezeigt, dass es wesentlich zielführender ist, zunächst einen Hund mit dem Neuling zusammenzuführen, dann den nächsten und dann evtl. den übernächsten. Als Ausgangspunkt für die Zusammenführung sollte man nicht unbedingt den Ranghöchsten in seiner Ausgangsgruppe wählen, sofern es einen solchen überhaupt gibt. Stattdessen ist ein sozial stabiler, geselliger, anderen Hunden gegenüber freundlicher, aber möglichst souveräner Hund besonders gut geeignet.
Wird ein Welpe oder junger Junghund in eine bestehende Gruppe eingeführt, sollte man sich denjenigen wählen, der möglicherweise „Babysitterqualitäten" hat. Wichtig ist auch, dass die Zusammenführung auf neutralem Grund stattfinden sollte, also auch außerhalb der üblichen Spazierwege, Tobeplätze etc.
Unsere Erfahrung hat gezeigt, dass z. B. in diesem Zusammenhang ein längeres, gegenseitiges Kennenlernen auf Distanz besonders hilfreich sein kann, wenn die Zeit und räumlichen Gegebenheiten vorhanden sind. Man führt also einige Tage jeden der beiden neu zusammenzuführenden Hunde abwechselnd auf dieses Gelände und lässt ihn dort ungestört schnüffeln und markieren. Dann wiederum wird der Neue oder der zur Integration zunächst vorgesehene Kandidat auf dieses Gelände geführt und soll die Duftmarken ausführlich beschnuppern, bevor er/sie dann seine Kommentare dazu schreibt.
Weitere Vorsichtsmaßnahmen bei der Zusammenführung betreffen selbstverständlich den Einsatz von Maulkörben und ggf. auch erregungsdämpfende Maßnahmen durch Nahrungsergänzung, Pheromone etc. Dies muss im Einzelfall, möglichst unter Einbeziehung eines kompetenten Beraters oder einer kompetenten Beraterin, entschieden werden.

GEREGELTE BEZIEHUNGEN
Es muss betont werden, dass die wichtige Eigenschaft einer Gruppe darin besteht, dass möglichst viele Individuen geregelte und vorhersagbare Beziehungen zueinander haben. Die Diskussion darüber, ob Menschen und Hunde gemeinsam ein Rudel bilden können oder nicht, ist weitgehend müßig. Wichtig ist jedoch, dass auch bei Anwesenheit mehrerer Hunde in der Familie alle Familienmitglieder, Zwei- und Vierbeiner, durch geregelte Beziehungen miteinander verknüpft sind.

VORLIEBEN UNTER HUNDEN

Das Marktplatzmodell erlaubt uns auch zu verstehen, warum nicht jeder Hund mit jedem Hund genau gleich gern und gleich erfolgreich agieren kann. Die Beziehungen haben eben ihre unterschiedliche Wertigkeit, und die Attraktivität eines neuen Gruppenmitglieds muss nicht unbedingt mit der Kompatibilität einhergehen.

Die Persönlichkeiten und Vorgeschichte sollten analysiert werden, individuelle Vorlieben bzw. Hobbys für unterschiedliche Beschäftigungen könnten ebenfalls mit herangezogen werden, bevor man eine möglichst optimale Mehrhundehaltung zusammenstellt. Unbewusst wählen übrigens viele Menschen den Zweithund so, dass seine Persönlichkeit die des ersten ergänzt.

AUS DER PRAXIS: EINE NEUE GRUPPENSITUATION

Die Beaglehündin Trine lebte sieben Jahre lang mit ihrer Halterin Katrin zusammen, als diese beschloss, einen weiteren Beagle in die Zweier-Wohngemeinschaft aufzunehmen. Joe war bei der Ankunft in ihrem neuen Zuhause 10 Wochen alt und stellte das Leben von Trine und Katrin ordentlich auf den Kopf. Katrin bemühte sich sehr, ihre gesetzte Hundedame weiterhin viel zu beachten, um ihr nicht das Gefühl zu geben, sie wäre jetzt weniger wichtig. Aber natürlich braucht ein junger Hund mehr Zeit und Aufmerksamkeit als eine bereits etablierte Hündin mittleren Alters.

Zeit und Geduld

Die Reaktion von Trine war erschreckend: Die einst aktive, fröhliche und für einen Beagle ungewöhnlich kooperative Hündin zog sich zurück, ließ buchstäblich die Ohren hängen und interessierte sich außerhalb der eigenen vier Wände kaum noch für Katrin. Nach ein paar Wochen hatte sich die Beziehung der beiden radikal verändert: Trine lief Hasen hinterher, kam selten auf den sonst sicheren Rückruf und demonstrierte auf diese Weise zunehmend ihre Unabhängigkeit. Katrin besuchte daraufhin mit Trine einen Einzelkurs in einer Hundeschule, in der Wert auf das Erlernen neuer Fähigkeiten wie Fährtensuche oder Dummytraining gelegt wurde.

Tatsächlich gelang es nach anfänglich hartem Ringen, Trine langsam für diese neue Beschäftigung zu interessieren – schließlich kehrte ihr alter Lerneifer zurück. Katrin und Trine erlebten auf diese Weise gemeinsame Erfolge, freuten sich übereinander und konnten wieder ein Stück zusammenwachsen und an die alte Beziehung neu anknüpfen. Trotzdem brauchte es fast zwei Jahre, bis Trine sich mit der neuen Situation abgefunden und ganz gelöst und glücklich wirkte, wie zuvor. In diesem Fall war es das Lernen einer neuen Herausforderung, sowie Geduld und Zeit, die dazu führten, dass der Hund sich mit der neuen Gruppensituation wohlfühlen konnte.

Familienzuwachs wird nicht immer sofort mit Begeisterung wahrgenommen.

Gemeinsame Interessen können auf die Gruppenbildung verbindend wirken.

EINMISCHUNG DURCH DEN MENSCHEN

Der Mensch sollte sich hüten, in einer allzu kontrollierenden Art und Weise alles zu regeln, was in einer Hundegruppe vorfällt. Man schafft sonst nur abhängige Dominanzen und darf die Hunde dann nicht mehr allein lassen, ohne Gefahr zu laufen, dass sie solche, von Menschen künstlich erzwungene Strukturen umsteuern und neu regeln wollen. Dies betrifft gerade das leider immer noch bei vielen Mehrhundehaltern und auch bei deren Trainer:innen gängige Hierarchiekonzept. Es gibt keine von oben bis unten geregelte Rangordnung, und dementsprechend sollte der Mensch auch nicht von oben bis unten alles gliedern: erst seine Ehefrau, dann das älteste, dann das jüngere Kind, dann den älteren Hund, dann den jüngeren Hund begrüßen oder gar in dieser Reihenfolge mit Streicheleinheiten, Leckerli und anderen Privilegien versehen. Im Gegenteil, normalerweise dient es der Stabilisierung in einer Gruppe wesentlich mehr, wenn gerade die Zuteilung von Leckerli, Streicheleinheiten und anderen Privilegien in einer unterschiedlichen Reihenfolge geschieht, und die Freigabe der Futternäpfe sollte auch möglichst nicht in immer gleicher, sondern in unterschiedlicher Reihenfolge geschehen. Oder man gibt die Näpfe für alle Hunde gleichzeitig frei, wenn dies organisatorisch möglich ist. Ausnahmen von dieser Regel betreffen den Schutz von Senioren oder von Hunden mit Behinderung, die unter der besonderen Fürsorge des Menschen stehen müssen. Man muss sich aber darüber im Klaren sein, dass man diese nur noch unter menschlicher Aufsicht mit dem Rest der Gruppe zusammenlassen kann.

UNSTIMMIGKEITEN UND EIFERSUCHT

Unser Beziehungsmodell erlaubt uns zu verstehen, dass es bei manchen Hunden länger dauert, bis sie sich arrangiert haben. Passen Attraktivität und Erträglichkeit, kann es sehr viel schneller gehen.

Gewarnt werden muss aus unserer Erfahrung auch mit anderen Gruppenzusammenführungen ganz anderer Tierarten, vor solchen Situationen, in denen die beiden Tiere einander weitgehend nicht zur Kenntnis nehmen und einfach nur nebeneinanderher leben. Oftmals kommt es in solchen Konstellationen in unerwarteten Momenten, oft Wochen später, aus nichtigem Anlass plötzlich zu heftigen Auseinandersetzungen. Der zeitliche Faktor des Aneinandergewöhnens ist also gerade in einer Mehrhundehaltung von besonders großer Bedeutung.
Gerade bei der Zuteilung von Privilegien, Belohnungen etc. muss berücksichtigt werden, dass deren subjektive Wertigkeit für die verschiedenen Hunde sehr unterschiedlich sein kann. Manche Hunde lieben Streicheleinheiten über alles, für sie sind Kuschelstunden mit dem Menschen extrem wichtig. Andere ertragen es mehr oder weniger stoisch, manche lehnen es sogar ab. Unabhängig von eventuellen Beziehungsnetzen in der Gruppe ist es deshalb für den Menschen wichtig, sich auch solcher subjektiver Unterschiede bewusst zu sein und entsprechend zu agieren.

UNTERSCHEIDUNG: BELEBTES UND UNBELEBTES OBJEKT

Hunde können, das hat eine Untersuchung von Christine Harris und Caroline Prouvost (2014) gezeigt, sehr wohl eifersüchtig reagieren. In einem Versuch, in dem die Hundehalter entweder ein unbelebtes Objekt oder einen anderen Hund streichelten, oder sich sonst wie freundlich mit ihm beschäftigten, zeigten die Hunde sehr viel mehr aufmerksamkeitsheischendes Verhalten (Schnappen, Abdrängen, Berühren, Abgrenzen des Konkurrenten), wenn es sich um einen lebendigen Hund handelte und nicht um ein unbelebtes Objekt. Dies zeigt nicht nur, dass die gleichen Mechanismen wie bei menschlichen Kindern auch bei Hunden existieren. Es zeigt auch wieder einmal, wie hoch die kognitiven Leistungen von Hunden sind, die auch geistig sehr wohl zwischen einem Artgenossen und einem unbelebten Gegenstand unterscheiden können. Nebenbei bemerkt, sind diese Versuche auch eine klare Absage an die Pauschalaussage, dass hier nur Ressourcen verteidigt würden. Eine Ressource (hier den Menschen bzw. die Beziehung zu ihm) verteidigt man ohne Ansehen der Person, und nicht abgestuft nach der potenziellen Rückwirkung auf später.

GEWÖHNUNG AN EINE SITUATION

Die Studie von Prouvost und Harris wurde von einem Forscherteam aus Atlanta wiederholt (Cook et al., 2018). Dafür trainierten die Wissenschaftler:innen 13 Hunde, für mindestens sieben Minuten regungslos in einem funktionellen Magnetresonanztomographen (fMRT) zu liegen und dabei keinen Stress zu haben. Die 13 dazugehörigen Hundehalter:innen mussten den CBARQ Fragebogen ausfüllen, ein spezielles Augenmerk wurde dabei auf die Hund-Hund-Aggression gelegt. Während die Hunde zusehen mussten, wie ihr Mensch einen Stoffhund füttert oder Futter in einen Behälter gibt, wurde im fMRT die Aktivität der Amygdala gemessen, die zuständig für emotionale Erregungszustände ist. Bei der Abgleichung mit den Ergebnissen des Fragebogens wurde deutlich, dass Hunden, die aggressiver eingestuft wurden, eine erhöhte Amygdala-Aktivität beim Füttern des Stoffhundes nachgewiesen werden konnte. Die Antwort der Amygdala wurde allerdings schwächer, wenn der Hund die Szene oft beobachten musste. Diese Beobachtung zeigt, das eine regelmäßige Konfrontation mit einer für einen Hund problematischen Situation zur Gewöhnung und dadurch Verbesserung der Reaktion bei potenziell agressiven Hunden führen kann („Habituation").

PROBLEMFÄLLE

Einige Problemfälle in Zusammenhang mit der Beziehung mit Mehrhundegruppen müssen noch einzeln aufgegriffen werden.

PROBLEM 1: ANGEBLICHE GESELLIGKEIT VON AUSLANDSHUNDEN

Da sind zunächst die sogenannten Auslandshunde. Häufig wird die Pauschalaussage geäußert, dass diese Hunde sehr sozial verträglich und sozial kompetent mit anderen Hunden wären und bestenfalls mit Menschen vorübergehende Probleme haben könnten. In der Realität sieht das allerdings manchmal anders aus. Die Sozialstruktur selbst von echten verwilderten Haushunden, den sogenannten echten Straßenhunden, ist situationsabhängig sehr unterschiedlich. Die Untersuchungen von Macdonald und Carr (1995) haben deutlich gezeigt, dass in kleineren Ortschaften und bei verteilter Nahrungsversorgung eine sogenannte fuchsartige Struktur auftritt, bei der die Hunde zwar gemeinsam eine Gruppe bilden, um das Revier zu verteidigen, sich bei der Nahrungssuche jedoch meist unabhängig voneinander bewegen. Auch die Anwesenheit von Babysittern und sogar gemeinsame Aufzucht von mehreren Müttern inklusive Säugen kommt bei der Jungtierbetreuung und Aufzucht bei Hunden, die sehr menschenfern leben zwar vor, wie Langzeitstudien aus Indien zeigen konnten (Paul und Bhadra, 2017, 2018a). Doch obwohl gerade dieser Faktor, wie bereits ausgeführt, einen wichtigen Einfluss auf den Persönlichkeitsfaktor „Geselligkeit" hat, muss darauf hingewiesen werden, dass dieser enge Familienzusammenhalt bei halbwild lebenden Hunden vorkommt, die für ein Zusammenleben in unseren beengten Verhältnissen denkbar ungeeignet wären (Zusammenfassung siehe Gansloßer, 2011).

Unterschiedliche Herkunft, unterschiedlich sozial

Die Realität sieht meistens so aus, dass Hunde als freilaufende Besitzerhunde zu uns kommen und dann tatsächlich sehr gut sozialiert sind, oder aber durch Leben auf Gehöften, an Ketten oder sogar in Verschlägen wenig bis gar keine Umwelterfahrungen sammeln oder gar Sozialisierungsprozesse durchlaufen konnten. Diese Hunde pauschal als „gesellig" zu beschreiben, hat also überhaupt keinen Sinn und ist sogar kontraporduktiv für das Finden des geeigneten Menschen für diese Hunde. Vielfach kommt auch bei Hunden aus sogenannten Shelter eine äußerst unangenehme Erfahrung in der Jugend dazu, wenn sie z. B. als Welpen oder junge Junghunde ohne menschliches Eingreifen und ohne menschliche Aufsicht in größeren Gruppen gehalten und dort möglicherweise auch attackiert und gemobbt worden sind. Auch rassetypische Eigenheiten der Hunde können zu Missverständnissen führen: Wenn z. B. Rottweiler auch beim Spielen knurren,

»Lebensraumprägung, Sozialisationsfaktoren, die Ressourcenlage in der ursprünglichen Heimat und andere individuelle Faktoren beeinflussen sehr wohl, wie gesellig oder ungesellig ein Auslandshund ist.«

wird dies nicht nur von zartbesaiteten Menschen (solche finden sich leider auch oft in Genehmigungsbehörden!), sondern häufig auch von anderen Artgenossen als Aggressivität missverstanden. Auch ein hütender Border Collie oder Australian Shepherd kann durch seine vorne-tief-und-hinten-hoch-gestellte, lauernde Körperhaltung bei anderen z B. Unsicherheit simulieren und dann entsprechende Reaktionen hervorrufen.

PROBLEM NR. 2: TYPISCH RÜDE/ TYPISCH HÜNDIN?

Unterschiede im Verhalten zwischen Rüden und Hündinnen sind gerade in Mehrhundehaltungen oft zu beobachten. Theoretische Überlegungen lassen auch verstehen, warum Auseinandersetzungen zwischen Rüden zwar häufiger sind, dann aber auch oft schneller wieder beseitigt werden und nicht immer zu dauerhaften Belastungen des Zusammenlebens führen. Für Hündinnen sind Ressourcen, vor allem eben Futter, Lebensraum und andere, potenziell für die Jungtieraufzucht wichtige Dinge und Situationen, sehr viel wichtiger. Ein Rüde hat es relativ einfach, eine Portion Samen zu produzieren. Und wenn er einmal nicht zum Zuge kommt, hat er auch nicht so viel verloren. Eine Hündin dagegen hat nur einen Wurf pro Jahr, jedenfalls normalerweise. Den gilt es dann in jedem Fall, so gut und erfolgreich wie möglich aufzuziehen, und da ist auch eine Auseinandersetzung mit einem anderen Artgenossen oder gar einer Rivalin sehr viel mehr Wert. Zudem sind bei vielen Hunderassen ebenso wie bei den wilden Vorfahren, die Rüden schwerer, kräftiger und auch mit kräftigerer Muskulatur und kräftigeren Schädeln und Gebissen besser bewaffnet. Verhaltensökologische Überlegungen und Beobachtungen an sehr vielen Tierarten bestätigen, dass, je kräftiger bewaffnet und damit potenziell gefährlicher der Gegner ist, desto mehr man sich auch an vorgegebene Spielregeln in Form eines ritualisierten Kampfes hält. Wer dagegen weniger bewaffnet ist, kann es sich auch leisten, eher zu eskalieren, da die Verletzung für beide Beteiligten ja geringer ist. Diese theoretischen Überlegungen, die in Lehrbüchern der Verhaltensbiologie (z. B. Kappeler, 2012) ausführlich begründet werden, gelten auch für die Unterschiede zwischen Rüden und Hündinnen. Nebenbei bemerkt sind dies wesentliche Argumente gegen die Sinnhaftigkeit einer sogenannten 20:40-Regelung, wie sie in manchen Bundesländern in der Gefahrhundeverordnung steht. Bei vielen Rassen sind die Rüden darüber, die Hündinnen darunter, und trotzdem wird aus den genannten verhaltensökologischen Gründen ein Rüde oft weniger gefährlich als eine Hündin. Auch dies gilt durchaus wieder für kastrierte wie auch für intakte Hunde, da die wenigsten Auseinandersetzungen direkt aus sexueller Konkurrenz entstehen und nur diese (und möglicherweise die souveräne, statusbewusste Form der Territorialität) von den Sexualhormonen gesteuert werden.

PROBLEM NR. 3: HUNDE MIT MANGELHAFTER SOZIALISATION

Letztlich gibt es Hunde mit Sozialisationsdefekten. Hunde, die entweder als Einzelwelpen und dann gar noch mit der Flasche aufgezogen wurden, Hunde, die in ihrer Ontogenese nur unangenehme Erfahrungen mit Artgenossen gemacht haben, oder Hunde, die aus medizinischen oder anderen Gründen in den sensiblen Phasen kaum ausgedehnte Spiel- und Tobephasen haben durften, neigen später oft dazu, mit anderen Artgenossen mehr Probleme zu haben. Auch schlecht geführte Welpen- und Junghundekurse, etwa die unter dem Motto stehen: „Das machen die unter sich aus", oder solche, in denen zu große Zahlen von Hunden untereinander toben, gehören zu den Risikofaktoren.

GRUPPENGRÖSSEN BEI KANIDEN

Eine aus der Gehirngröße und Gehirnstruktur abgeleitete Hypothese des britischen Verhaltensbiologen Robin Dunbar besagt, dass aufgrund der Größe und Struktur des Großhirns Hundeartige wahrscheinlich zwischen 20 und 25 soziale Beziehungen maximal aufrechterhalten können (Dunbar und Bever, 1998). Gruppen von über 15 sind dementsprechend auch bei den wilden Vorfahren und verwilderten Verwandten unseres Haushundes nur sehr selten. **Die maximale Gruppengröße liegt oftmals irgendwo um die 12 Erwachsene, der Rest sind Jungtiere, die noch nicht vollständig und individuell in das Beziehungsnetz eingegliedert sind.** Dies gilt aber nicht nur für erwachsene Hunde und ihre vollständigen und stabilen Beziehungen in dauerhaften Gruppen. Die Fähigkeit, nur eine bestimmte Zahl von Individuen zu beobachten und ihre Verhaltensreaktionen abzuschätzen, betrifft ganz sicher auch Welpen.

GRÖSSE VON WELPENGRUPPEN

Daher ist die Größe einer Welpengruppe von so entscheidender Bedeutung, und mehr als fünf bis sechs sollten es möglichst nicht sein. Untersuchungen von Bonanni et al. (2010) zeigen übrigens, dass Hunde gut bis 6 zählen können, darüber hinaus wird es dann ungenau. Das oft geäußerte Argument, bei größeren Gruppen würden dann zwei Trainer auf dem Terrain stehen, zieht insofern nicht, da der einzelne Welpe ja trotzdem alle, einschließlich der Trainer und anderer dort anwesender Menschen, im Blick behalten muss. Und mit mehr als sechs bis sieben Bällen kann auch ein Hund nicht gleichzeitig jonglieren.

Raufereien mit Gleichaltrigen stimulieren …

VOM UNSINN ANGEBORENER RUDELSTELLUNGEN

Aus leider immer noch aktuellem Anlass muss auf ein weiteres, vor einigen Jahren in Hundehalter- und Trainerkreisen tragischerweise weit verbreitetes Konzept eingegangen werden. Es gibt keinerlei wissenschaftliche Begründung und auch keinerlei fundierte und praktische Belege für die These von den sogenannten angeborenen Rudelstellungen. Ein Hund wird nicht mit einer Rolle geboren, und es kommt auch nicht automatisch zu Spannungen in einer Gruppe, wenn mehrere, für die gleiche Rolle vorgesehenen Hunde gleichzeitig anwesend sind, und bestimmte, für die Gruppenstruktur zentrale Persönlichkeiten fehlen. Die Erblichkeit von Persönlichkeitsmerkmalen (siehe S. 44 ff.) und der Einfluss der Umwelt (siehe S. 167) wurden bereits besprochen, dem gibt es eigentlich nichts mehr hinzuzufügen. Traurigerweise werden jedoch an einigen Stellen sogar hochgradig tierschutzwidrige Empfehlungen aus dieser, eben weder wissenschaftlich noch praktisch belegbaren Überlegung abgeleitet (vergleiche Ganslοßer und Baumann, 2014).

... die Reifung wichtiger Gehirnbereiche (siehe auch S. 75).

MOBBING IN HUNDE-GRUPPEN

Zum Abschluss dieser Betrachtungen eines Beziehungsgeflechts in Mehrhundegruppen muss noch ganz kurz auf den leider sehr häufig missbrauchten Begriff des Mobbings eingegangen werden. **Echtes Mobbing bedeutet, dass man sozial gemeinsam gegen jemanden agiert, um sich selbst einen Vorteil zu verschaffen.** In diesem Zusammenhang gibt es durchaus Gruppenangriffe, z. B., wenn in einer Vereinsgruppe, Hundestaffel oder auch in einer Gassigruppe plötzlich ein neuer Hund auftaucht, gegen den die gesamte Belegschaft dann gemeinsam Front macht. Echtes Mobbing ist es auch, wenn sich auf der Hundewiese mehrere Hunde zusammentun, um aggressiv gegen einen Einzelnen vorzugehen. Das Stichwort dabei ist jedoch aggressiv. Viele der sogenannten Mobbingszenen sind keine echten, sozial motivierten Mobbingattacken. Vielfach handelt es sich dabei schlichtweg um Rudeljagdszenen, bei denen ein unglücklicher Einzelhund, der vielleicht zusätzlich auch noch etwas unrund läuft oder sich anderweitig gehemmt bewegt, die Rolle des Hasen übernehmen muss (siehe Gansloßer, 2014). Erkennbar sind solche, aus dem Jagdverhalten stammende Szenen an der Körperhaltung und dem restlichen Ausdrucksverhalten der Jagenden, die keinerlei mimische oder sonstige Zeichen von Aggression, Drohverhalten oder Ähnliches zeigen. Auch ein einzelner Hund kann einen anderen Hund in dieser Weise durch fehlgeleitetes Beutefangverhalten schikanieren, und die Vorgehensweise des Hundehalters zum frühzeitigen Erkennen und Abbrechen solcher Verhaltensweisen muss ähnlich wie bei echten Hasenjagden stattfinden und hat nichts mit einer sozialen Beziehungsregulation zu tun.

AUSDRUCK „MOBBING"

Noch eine sprachliche Anmerkung dazu: Ein Einzelner kann einen anderen nicht mobben (es sei denn, er hat eine multiple Persönlichkeitsstörung), denn ein Mob ist nun mal eine Ansammlung und kein Individuum. Im englischen Sprachgebrauch wird hier sehr viel korrekter von „bullying" gesprochen. **„Bullying" ist das Ärgern, Schikanieren oder sonst wie Unterdrücken von Schwächeren, an denen man sein Ego aufbauen kann.** Und das trifft sicher für etliche Hunde zu. Gerade hier müssen aber auch sehr kompetente und differenzierte Vorgehensweisen der Verhaltenskorrektur und der Verhaltensbeeinflussung stattfinden,

Ein Hobby kann unsichere Hunde durch die erlebten Erfolgserlebnisse selbstsicherer machen.

denn in der Regel handelt es sich bei diesen „Bullys" um schwache, unsichere oder sonst wie beeinträchtigte Tiere, denen man nicht einfach nur „eins auf den Deckel" geben darf, um sie von diesen Tendenzen abzuhalten.

ABHILFE BEI MOBBING

Persönlichkeitsaufbau und Persönlichkeitsförderung sind hier wichtig – z. B. durch Finden eines Hobbys für den Hund. Damit kann sein Selbstbewusstsein gestärkt werden, weil er für die erbrachte Leistung Anerkennung und bei der Teamarbeit intensive Zuwendung erfährt. Gleichzeitig sollten wir ein Abbruchsignal auf Distanz einüben, das den Hund vom Bullying abhält. Aber das Trainieren eines Abbruchsignals gehört in die Hände von kompetenten Trainer:innen.

DER MENSCH UNTER HUNDEN

Der Mensch kann in diesem Beziehungsnetz deshalb vollständig integriert agieren, weil er durch die doppelte Artgenossenidentität des gut sozialisierten Familienhundes für diesen zum Pseudoartgenossen geworden ist. Eine zentrale Stellung des Menschen in solchen Beziehungsnetzen, als Leittier und, wer es denn gern hören möchte, formal dominantes Individuum, ist zweifellos von großer Bedeutung. Genauso wichtig ist aber, dass auch die anderen zwei- und vierbeinigen Familienmitglieder durch individuelle Beziehungen miteinander vernetzt sind. Eine sternförmige Anordnung, bei denen alle, auch alle Hunde, nur auf einen Menschen zentriert sind, während sie untereinander nichts miteinander zu tun haben, ist keineswegs als Mehrhundehaltung zu sehen. Wie die Beschreibung der sozialen Schichten von Robert Hinde schon angibt: Auch bei der sozialen Struktur ist das Ganze mehr als die Summe der Teile, und man versteht eine Gruppe nicht, wenn man die Einzelbeziehungen nicht versteht. Man kann aber die Gruppe auch nicht vollständig in ihrer Dynamik erklären, wenn man nur die einzelnen Beziehungen kennt und erklärt. Trost spenden, Streit schlichten, gemeinsames Vorgehen gegen Dritte, Eifersucht und dadurch resultierendes Eindringen in bereits laufende Interaktionen, alles das gehört eben auch zum Verständnis und zur Beschreibung einer Gruppenstruktur dazu. Und so ist ein harmonisches Miteinander in der Regel nur dann möglich, wenn alle Beteiligten sozial kompetent, empathisch und gleichzeitig auch wohl überlegt agieren.

AUS DER PRAXIS: BESCHÄFTIGUNG HÄLT VOM BULLYING AB

Der Vizsla-Rüde Anton lebte als sicher gebundener Familienhund mit zwei Kindern unter Menschen, auch zu Hunden pflegte er feste, soziale Beziehungen. Wenn er ihm vertraute Hundekumpels traf, wurden intensive Begrüßungszeremonien gezeigt und anschließend abwechslungsreich, kreativ gespielt. Nur wenn fremde Hunde in die Gruppe kamen, war es mit der Harmonie vorbei: Anstatt freundlich Kontakt aufzunehmen, versuchte Anton jeden Neuen durch Kläffen und Anspringen zum Wegrennen zu animieren. Gelang es ihm, dann jagte er hinterher, versuchte ihn umzurempeln und dann weiter zu hetzen. Besonders befeuert wurde diese Beutesequenz, wenn der fremde Hund Defizite beim Rennen oder Signale der Überforderung und Unsicherheit zeigte. Begleitet wurde Antons Hetzjagd oftmals von seinen laut bellenden Freunden, die vergleichbar der Situation „Klopperei auf dem Schulhof" die Szenerie erregt kläffend anspornten. Antons Halterin lernte mithilfe eines Trainers, das Treiben des Rüden bereits im Ansatz zu erkennen, zu unterbinden und bot ihm im Gegenzug ein neues Hobby – in diesem Fall Mantrailing – an, das von dem Rüden mit Leidenschaft angenommen wurde. Mit der Zeit vergaß Anton seine alte Passion und konnte sich durch seine „Ersatz-Erfolgserlebnisse" beim Mantrailing mit der Ankunft neuer Artgenossen im festen Gruppengefüge immer besser abfinden.

Verbale Abbruchsignale helfen, auf Distanz Verhaltensansätze zu stoppen.

ERZIEHUNG UND LERNEN — *warum und wozu?*

WAS IST ERZIEHUNG?

Immer wieder werden wir mit der Frage konfrontiert, ab wann man eigentlich anfangen sollte, einen Welpen zu erziehen?

Diese Überlegung vieler Neu-Hundehalter zeigt, dass hier ein grundsätzlicher Erklärungsbedarf besteht, was genau „Erziehung" eigentlich ist. „Erziehen" wird häufig mit „Trainieren" verwechselt, also dem Einüben von Tricks oder gezielten Fertigkeiten wie Sitz, Platz und Fuß. **Erziehung aber meint viel mehr – sie fängt mit der Geburt des Welpen an, setzt sich in Jugend und Pubertät fort. Wie wir den Hund durch all diese wichtigen Stationen seines Großwerdens begleiten, ist wegweisend für das weitere Leben und unsere Beziehung zueinander – das ist Erziehung.**

ERZIEHUNG ALS TEIL DER SOZIALISATION

Erziehung ist also ein wegweisender Teil der Sozialisation, denn hier wird dem Lebewesen eine Reihe von wichtigen, allgemeinen Regeln und Leitlinien für das Zusammenleben mit Artgenossen und seiner sonstigen Umwelt mitgegeben. Doch wo und wer übernimmt die Erziehungsverantwortung im Falle eines kleinen, neugeborenen Welpen? Im (für den Hund) besten Fall liegt der Ort beim verantwortungsvollen, mit Herzblut und Wissen agierenden Züchter und setzt sich als „Pädagogenteam" neben dem Menschen auch aus erziehenden Artgenossen, also der Mutter und idealerweise mehreren „Babysittern" zusammen (evtl. auch einer hundekundigen Katze). Alle sollten im Haus eine zusammenlebende Gemeinschaft bilden, eben so, wie es im späteren Leben der Hunde sein wird. Hier hat der kleine Hund vom ersten Lebenstag an engen Kontakt mit liebevoll agierenden Menschen und allen normalen Geräuschen und Gerüchen unseres Alltags (zur Erinnerung: Geschirrspülmaschinen, Staubsauger oder Smoothie-Mixer produzieren laute Geräusche oder bewegen sich auch noch merkwürdig).

Alles, was der heranwachsende Hund als soziales Feedback erlebt, ist Erziehung.

VIER FAKTOREN FÜR DIE PERSÖNLICHKEITSENTWICKLUNG

Neben dem Aufwachsen im häuslichen Rahmen haben vier weitere Faktoren einen entscheidenden Einfluss auf die Persönlichkeitsentwicklung und die Entwicklung des Bindungspotenzials eines heranwachsenden Hundes. Nebenbei: Wahrscheinlich „ticken" hier alle sozial lebenden Tier ähnlich.

1. Die fürsorgliche Mutterhündin

Dieser Punkt wird leider häufig vernachlässigt, dabei verdient er so viel mehr Aufmerksamkeit! Denn ähnlich wie bei Menschenfrauen gibt es auch Hündinnen, die sich mehr oder weniger leidenschaftlich für Welpen begeistern können. Dies äußert sich zum einen in ihrer Persönlichkeit, zum anderen auch im ruhigen Umfeld, in dem

DEFINITIONEN

Erziehung

Erziehung findet im Alltag statt, sie kann deshalb nicht in zeitlich begrenzten, formalen Übungsstunden absolviert werden. In allen Situationen, die das Leben so hergibt, lernen Kinder, Hunde und andere soziale Wesen die gesellschaftlichen Umgangsregeln und unsere Hausregeln kennen. Unter Hunden findet Erziehung oft nebenbei statt, so dass sie dem Laien gar nicht als Erziehung auffällt – ein strenger Blick, ein kleines Heben der Lefze, danach lässt der Welpe den Knochen lieber doch liegen, lernt, mit Frustration umzugehen, seine Impulse zu kontrollieren, und dass er trotz Verfehlungen weiter geliebt und Teil der Gemeinschaft bleibt. Unter Hunden wird nach einem „Fehltritt" und einer kurzen Zurechtweisung nämlich kein Kontakt abgebrochen oder ein junger Hund lange ignoriert – das Leben geht ganz normal weiter und er bekommt die Möglichkeit, es besser zu machen. Diese fürsorgliche, aber klare Führung sollten wir uns unbedingt abschauen. So kann sich der Hund durch unsere einfühlsame Anleitung in vielen Situationen des ganz normalen Lebens oder durch die Erziehung durch Artgenossen auf der Hundewiese zu einem sozialkompetenten Mitglied der Menschen- und Hundegemeinschaft entwickeln.

Training

Training beinhaltet zwar auch das Einstudieren bestimmter Verhaltensabläufe wie Sitz, Platz, Bleib oder Fuß. Aber diese Übungen dienen einem „höheren Zweck", denn Hunde, die gelernt haben abzuwarten, haben eine gute Impulskontrolle, können besser beobachten, eigene Schlüsse aus ihren Beobachtungen ziehen und dadurch besser lernen. Dabei hilft das Sitzen-Lernen am Anfang, wenn die Kleinen noch „Hummeln im Mors" haben. Als erwachsene Hunde können sie „Abwarten in aufregenden Situationen" dann auch im Stehen absolvieren. Diese erworbenen Kompetenzen können uns unseren Alltag mit Hund und seine Integration in die Gesellschaft erleichtern (sozialer Benimm). Die Übergänge sind fließend zur Dressur.

Dressur

Dressur wird eingesetzt, um Hunden Bewegungsabläufe beizubringen, die ihnen eigentlich eher fremd sind wie z. B. Skateboardfahren, DogDancing oder Medical Training. Durch entsprechende Konditionierung können sie diese Bewegungsformen oder Berührungen irgendwann als positiv wahrnehmen, einen positiven Effekt auf die Mensch-Hund-Bindung ist dabei aber nicht zwangsläufig gegeben.

eine Hündin ihre Welpen großziehen kann. Die Umgebung der Welpen sollte in den ersten Lebenswochen entsprechend entspannt sein (kein Besuch der Verwandtschaft und gesamten Nachbarschaft inklusive aufgeregter kleiner Kinder, um das Ereignis zu feiern!) und der Mutterhündin viel Ruhe und Vertrautheit schenken, damit sie möglichst fürsorglich agieren kann. Studien an Militärhunden aus Schweden konnten zeigen, dass die Fürsorglichkeit und Zeit, die eine Mutterhündin in die Pflege ihrer Welpen in den ersten drei Lebenswochen investiert, die weitere Persönlichkeitsentwicklung entscheidend beeinflussen kann. Welpen fürsorglicherer Mütter zeigten mit 18 Monaten im Eignungstest eine bessere Kontrollierbarkeit ihres Aggressionsverhaltens, eine höhere Bereitschaft zur Kooperation mit dem Menschen und allgemein mehr Gelassenheit und Offenheit (Foyer et al., 2016). Weitere Untersuchungen kamen zum gleichen Ergebnis – je größer das Engagement der Mutter war, desto offener gegenüber unbekannten Menschen und Orten und stressresistenter zeigten sich z. B. 8 Wochen alte Beaglewelpen in einem Isolationstest und einem Test in unbekannter Umgebung mit einem fremden Menschen (Guardini et al., 2017). Neben den Persönlichkeitseigenschaften eines Hundes hat an dieser stabilen und offenen Geisteshaltung die Entwicklung unseres endokrinen Systems einen großen Einfluss. Das Stress- und Bindungssystem wird, wie wir heute wissen, schon während der Trächtigkeit und in den ersten Lebenswochen maßgeblich „programmiert" und beeinflusst stark unsere zukünftige Einstellung dem Leben gegenüber. So entscheidet sich hier, ob wir das Leben als Abenteuer oder potenziell als Überforderung wahrnehmen. Dies liegt an der Aktivierung von Botenstoffsystemen, die das Gehirn z. B. für das Bindungshormon Oxytocin oder den Lernbotenstoff Dopamin empfänglich machen (Weaver et al., 2004). Jeder verantwortungsvolle Züchter sollte deshalb eine Hündin aus der Zucht nehmen, die so wenig Zeit wie möglich in die Aufzucht der Welpen investiert – egal, wie viele Championtitel sie über der Wurfkiste hängen hat. Natürlich gilt auch hier, dass diese erste Prägung zwar langzeitstabil, aber nicht irreversibel ist – deshalb gelingt es besonders begabten Erzieher:innen häufig, aus unsicheren Tierschutzhunden noch fantastische Begleiter fürs Leben zu machen. Aber die Weichen für Offenheit und Gelassenheit werden, in der Wurfkiste der Mutterhündin, im Zuhause des liebevoll agierenden Züchters gestellt.

2. Die Anwesenheit von erziehenden Artgenossen

Doch nicht nur die Fürsorglichkeit der Mutterhündin spielt eine wichtige Rolle bei der Sozialisation eines Welpen. Auch das sonstige soziale Umfeld nimmt mit jeder Woche an Bedeutung zu. Idealerweise lebt die Mutterhündin deshalb nicht allein mit

Die Freude an Berührung und sozialer Interaktion wird in den ersten Lebensmonaten gesät.

ihrem Wurf, sondern mehrere andere Hunde unterstützen sie ab der 3./4. Lebenswoche bei der Erziehung, sodass sie sich erholen und die Welpen bis zur 7./8. Woche langsam entwöhnen kann. Diese „Erzieher" weisen Welpen in ihre Schranken, die im sozialen Miteinander zu übergriffig werden und nehmen auf diese Weise entscheidenden Einfluss auf die Persönlichkeitsentwicklung. Sie erziehen die Welpen, bringen ihnen bei, ruhig zu werden, abwarten zu können, sich kontrollieren zu können – ganz nebenbei, durch kurze Maßnahmen und Eingrenzungen, aber auch liebevolles Interagieren wie Spielen, Belecken und Beknabbern. Fehlen diese freundlichen, aber auch erzieherisch eingreifenden Artgenossen und der Wurf Welpen wird sich selbst überlassen, wie dies leider häufig im Tierschutz aus Personalmangel der Fall ist, dann können sich schon frühzeitig Lebensrollen wie die des „Raufers" oder „Opfers" etablieren. Junge Hunde alleingelassen, bekommen keine Grenzen aufgezeigt oder werden nicht geschützt und fühlen sich in der Folge ausgeliefert oder empfinden Lustgefühle beim hemmungslosen Agieren gegenüber anderen. Eine denkbar schlechte Ausgangsbedingung für das Hineinwachsen in ein entspanntes Hundeleben in unserer Welt.

3. Fürsorgliche Züchter

Doch nicht nur mehrere erziehende erwachsene Artgenossen sind wichtig für die ersten Lebenserfahrungen eines Welpen. Bei Hunden gehört auch der Pseudoartgenosse Mensch zum sozialen Umfeld. Entsprechend kommt den ersten menschlichen Bezugspersonen eine sehr wichtige Aufgabe zu – sowohl, was die soziale Prägung, als auch was die Offenheit gegenüber neuen und herausfordernden Situationen anbelangt. Schon in den 60er-Jahren wurden einige Studien durchgeführt, die Welpen in ihrer Entwicklung verglichen, die die ersten Lebenswochen mit viel versus wenig Zuwendung durch Menschen verbracht hatten. Dabei zeigten durch fürsorglich agierende Züchter aufgezogene Welpen deutlich mehr Erkundungsverhalten in neuen Situationen und fingen auch viel später an zu winseln, wenn sie alleingelassen wurden – sie hatten ein deutlich stabileres Stresssystem entwickeln können (Fox und Stelzer, 1966; Fox, 1971).

Eine Erkenntnis, die neben einigen anderen Studien auch der italienische Forscher Angelo Gazzano und sein Team bestätigen konnte. Er untersuchte den Effekt von früher zärtlicher Zuwendung durch Züchter und das Aufwachsen im Haus versus des Aufwachsens im Zwinger mit der späteren emotionalen Stabilität der Welpen im Alter von acht Wochen.

Emotionale Stabilität wird auch als „Resilienz" bezeichnet. Diese „psychische Widerstandsfähigkeit" beschreibt die individuelle Möglichkeit, mit stressigen Situationen gut umgehen zu können.

Dabei nahm Gazzano 43 Welpen von sieben Würfen in den Fokus und führte im Alter von acht Wochen einen Test mit ihnen durch, bei dem die Welpen allein in einem Raum gelassen wurden oder dabei beobachtet wurden, ob und wie sie einen neuen Raum erkundeten. Die Auswertung der Videoaufnahmen offenbarte auch hier deutliche Unterschiede im Verhalten der Welpen, die außerhalb des familiären Rahmens aufgewachsen waren: Die „Zwinger-Welpen" reagierten schneller gestresst von der fremden Umgebung und fingen im Isolationstest früher an zu winseln, während die Welpen aus dem familiären Umfeld aufgeschlossener der neuen Situation und dem fremden Ort begegneten (Gazzano et al., 2008). Auch das Team um die polnische Forscherin Katarzyna Majecka von der Universität Lodz und viele weitere Studien zeigten die Bedeutung des Züchterumfeldes für die Persönlichkeitsentwicklung von

Der Mensch als Pseudo-Artgenosse sollte vom ersten Tag an liebevoll präsent sein.

Hunden. Das polnisch-britische Forscherteam machte mit 264 Welpen von 21 unterschiedlichen Rassen aus 44 Würfen Temperamenttests und untersuchte, ob unterschiedliche Aufzuchtbedingungen einen Einfluss auf die Testergebnisse haben könnten. Auch hier wuchs eine Gruppe in den ersten Wochen im Haus des Züchters (160 Welpen) auf, die andere Gruppe hatte die ersten Lebenswochen in einem Zwinger mit gelegentlicher Betreuung durch den Menschen verbracht (104 Welpen). Die Verhaltensunterschiede waren auch hier deutlich, denn die Welpen, die bislang in Zwingern gelebt hatten, zeigten eine erhöhte Tendenz für unterwürfiges Verhalten und eine größere Wahrscheinlichkeit, aus Furcht motiviertes Aggressionsverhalten zu entwickeln. Außerdem waren auch sie weniger gut in der Lage, sich in einer neuen Situation zurechtzufinden (Majecka et al., 2020).
Wie liebevoll ein Züchter mit seinen Welpen interagiert und wie stark er sie am normalen Leben der Familie teilhaben lässt, hat also großen Einfluss auf die emotionale und kognitive Entwicklung von Welpen.

4. Das neue Zuhause

Doch die Verantwortung endet nicht beim Züchter. In dem Moment, in dem der Welpe bei uns einzieht, muss er mit dem Leben bei uns und unserer Umwelt vertraut gemacht werden, hier beginnt seine Sozialisierungsphase (siehe S. 30 f.). So konnte Nicolai Hoppe zeigen, dass die **Risiken der Aufmerksamkeits- und Hyperaktivitätsstörung bei Familienhunden sinkt, wenn sie mit viel sozialer Zuwendung aufgewachsen sind, viel mit dem Hund gespielt wurde und er mit vollem Familienanschluss schlafen durfte** (Hoppe et al., 2017).
Wie viele und welche Erlebnisse ein junger Hund in seinem ersten Lebensjahr haben kann, wie sensibel er dabei von seinen Menschen angeleitet wird und in welchem Maß ihm ermöglicht wird, eigene Erfahrungen in einem sicheren Umfeld zu sammeln, trägt ebenfalls nicht nur maßgeblich zur Bindungsintensität zwischen uns und unserem Hund, sondern auch zur Entwicklung von Begeisterung für neue Erfahrungen und neuen Lernstoff bei (vgl. Appleby et al., 2008; Bradshaw, 2008).

Welpen lieben Höhlen, aber keine geschlossenen Boxen. Nur im Auto sind sie sinnvoll.

Aus der Forschung – von Dr. Barbara Felde

UNTERBRINGUNG IN EINER HUNDEBOX

Die immer wieder empfohlene Methode, einen Welpen durch Einsperren in einer Box/einem Kennel an die Nachtruhe oder das Alleinbleiben zu gewöhnen, zur Stubenreinheit zu erziehen oder ihn auch während des Tages so zur Ruhe zu bekommen, stellt einen Verstoß gegen das Tierschutzrecht dar – auch wenn die Unterbringung des Welpen nur zeitweise in der geschlossenen Box erfolgt.

TIERSCHUTZGESETZ

Nach § 2 des Tierschutzgesetzes müssen Hunde verhaltensgerecht untergebracht werden. Die Tierschutz-Hundeverordnung schreibt Mindestmaße für die Größe von Räumen vor, in denen Hunde untergebracht/gehalten werden dürfen. Das Bundesministerium für Ernährung und Landwirtschaft (BMEL), befragt zur zeitweisen Unterbringung von Welpen in der geschlossenen Box, äußerte sich per E-Mail in der eben beschriebenen Richtung: Als „Räume" im Sinne von § 5 der Tierschutz-Hundeverordnung gälten auch Hundeboxen. Handelsübliche Transportboxen erfüllten die in § 6 Abs. 2 Tierschutz-Hundeverordnung vorgesehenen Maße an die Bodenfläche nicht. Ein Hund sei darin also nicht verhaltensgerecht untergebracht. Eine Unterbringung in einer Transportbox sei nur in den in § 1 Abs. 2 Tierschutz-Hundeverordnung genannten Ausnahmesituationen zulässig. Würde ein Hund in einer nicht unter die Ausnahmen fallenden Situation in der Box untergebracht, so stellte dies einen Verstoß gegen §§ 5, 6 Tierschutz-Hundeverordnung und gegen § 2 TierSchG dar.

AUSNAHMEREGELUNGEN

Eine dieser Ausnahmesituationen, nach der Hunde zeitweise in eine Box gesperrt werden dürfen, ist der Transport, siehe § 1 Abs. 2 Nr. 1 Tierschutz-Hundeverordnung: „Die Vorschriften dieser Verordnung sind nicht anzuwenden während des Transportes, ...". Auch diese Ausnahme hat einen klaren Hintergrund: Während der Fahrt in den Urlaub, zum Spaziergang usw. können die durch die Tierschutz-Hundeverordnung vorgeschriebenen Mindestmaße an die Unterbringung von Hunden schlicht nicht eingehalten werden.

Eine weitere rechtlich zulässige Möglichkeit, einen Hund zeitweise in einer Box – und damit in einer von den Vorgaben der Tierschutz-Hundeverordnung abweichenden Weise – unterzubringen, kann sich aus einer tierärztlich notwendigen und tierärztlich angeordneten Behandlung ergeben, wie § 1 Abs. 2 Nr. 2 Tierschutz-Hundeverordnung erhellt: „Die Vorschriften dieser Verordnung sind nicht anzuwenden (...) während einer tierärztlichen Behandlung, soweit nach dem Urteil des Tierarztes im Einzelfall andere Anforderungen an die Haltung notwendig sind, (...)." Im Rahmen einer tierärztlichen Behandlung sind Abweichungen von den Vorgaben der Tierschutz-Hundeverordnung – beispielsweise durch zeitweises Einsperren des Hundes in einer Box – also zulässig, soweit sie nach dem Urteil des Tierarztes/der Tierärztin zur Unterstützung der Genesung oder zum Schutz anderer Hunde vor Erkrankungen erforderlich sind. Der Tierarzt/die Tierärztin muss den Verhältnismäßigkeitsgrundsatz beachten. Diese Einschränkung darf nur dann angeordnet werden, wenn sie nach Art, Ausmaß und Zeitdauer unumgänglich ist. Ebenso sieht dies der Tierschutzbeirat des Landes Rheinland-Pfalz, auf dessen Website sich folgende Stellungnahme befindet. „Der Einsatz der Hundebox mit geschlossener Tür ist im Einzelfall im Rahmen einer tierärztlichen Behandlung möglich. Der Tierarzt muss ausführen, dass die restriktive Unterbringung des Hundes notwendig ist, um die Gesundung des Hundes zu erreichen. Unter „tierärztlicher Behandlung" können nicht nur die körperliche Genesung, sondern auch die Behandlung von Verhaltensauffälligkeiten, -störungen und -erkrankungen verstanden werden. (...) Die Unterbringung eines Hundes in der geschlossenen Hundebox ist möglich. Sie darf nur auf tierärztliche Anordnung (nicht auf Anordnung eines Hundeerziehers oder -therapeuten, der nicht auch Tierarzt ist) erfolgen. Der Tierarzt muss den Einsatz begleiten." (https://tierschutzbeirat-rlp.de/themen/hundebox/index.php)

Zum Transport eines Hundes oder auf tierärztliche Anweisung darf ein Hund also zeitweise in einer geschlossenen Box untergebracht werden. Zur Gewöhnung an die Nachtruhe oder das Alleinbleiben, zur Erziehung der Stubenreinheit oder um den Hund tagsüber zur Ruhe zu bekommen, ist die Unterbringung von Hunden in einer geschlossenen Box tierschutzrechtlich nicht zulässig und damit verboten.

ÜBER DIE AUTORIN

Dr. Barbara Felde ist Richterin am Verwaltungsgericht in Gießen sowie die Stellvertretende Vorsitzende der Deutschen Juristischen Gesellschaft für Tierschutzrecht e. V. Darüber hinaus ist sie im Rahmen von Lehraufträgen an der Justus-Liebig-Universität Gießen vertreten sowie an der Hessischen Hochschule für Polizei und Verwaltung. Ab der Viertauflage des bekannten Kommentars zum Tierschutzgesetz von Hirt/Maisack/Moritz, die Mitte 2022 erschienen ist, gehört sie zum Team der Herausgeber des nunmehr lautenden Hirt/Maisack/Moritz/Felde.

BEZIEHUNG ALS VORAUS-SETZUNG FÜR ERZIEHUNG

Bevor wir den Welpen oder Tierschutzhund erziehen können, müssen wir eine Beziehung zu unserem Hund etabliert haben. Erziehung fällt zumindest wesentlich leichter, in manchen Fällen ist sie sogar nur dann möglich, wenn vorher eine Beziehung oder gar eine Bindung besteht.

BEZIEHUNGSAUFBAU VOR DEM EINZUG

Diese Beziehung etablieren wir in den ersten Kontaktaufnahmen zu unserem Welpen oder dem Tierschutzhund, der bald bei uns einziehen soll. Deshalb ist es nicht nur fair für den Hund, sondern erleichtert auch die Bindungsentstehung, wenn wir im Vorfeld häufiger den Tierschutzhund auf seiner Pflegestelle oder im Tierheim besuchen und ihm die Möglichkeit bieten, auch uns kennenzulernen, bevor man zusammenzieht.
Die „Bestellung auf Klick" nur nach Foto und dann anschließender Abholung am Treffpunkt aus dem Auto oder vom Flughafen, wie sie immer noch häufig von Tierschutzorganisationen betrieben wird, kann manchmal gutgehen. Häufig ist diese Form von „Blind Date" leider im gegenseitigen Unverständnis zwischen Mensch und Hund gemündet, wenn die Chemie einfach nicht stimmt oder der Mensch nicht die soziale Kompetenz und das Wissen mitbringt, einen oft traumatisierten Hund einfühlsam und klar in der Kommunikation ins eigene Leben hineinwachsen zu lassen.
Aufgrund von Unwissenheit über die Bedürfnisse von Tierschutzhunden, Überforderung oder mangelnder sozialer Passung landen diese Hunde aktuell gerade zuhauf in den ohnehin schon überfüllten Tierheimen. Um dies zu verhindern, sollten auch im Tierschutz Hunde und Menschen die Möglichkeit bekommen, sich gegenseitig kennenzulernen, bevor „man zusammenzieht". Ganz ähnlich, wie dies auch im Haus eines guten Züchters geschieht, der die zukünftigen Welpenhalter:innen gern mehrmals bei sich zu Besuch empfängt und mit dem Welpen der Wahl interagieren, vielleicht sogar schon einmal kurz etwas allein zusammen erleben lässt. So ist dieser Mensch für den Welpen zu einem „guten Bekannten" geworden, er ist bei der Abholung kein Fremder mehr für den Hund. Die herausfordernde Situation der gemeinsamen Fahrt nach Hause kann so aufgrund des anfänglichen Vertrauensverhältnisses viel besser gemeinsam bewältigt werden. Die ersten Tage im neuen Zuhause dienen dann der Fortsetzung und weiteren Ausbildung dieses Vertrauensverhältnisses (siehe S. 168 f.).

Geruchskontrolle durch die Mutter dient u. a. …

KÖRPERLICHE NÄHE

Hunde sind sehr körperliche Tiere – wer einmal beim Züchter beobachtet hat, wie intensiv körperlich und liebevoll eine fürsorgliche Mutterhündin und die Babysitter durch Belecken, Beknabbern oder gemeinsames Liegen und das Aneinanderreiben von Körpern mit den Welpen interagieren, kann vom innigen Sozialverhalten dieser Spezies nur berührt sein. Nebenbei passieren hier aber noch viele weitere Dinge im hormonellen System der Welpen: Das endokrine System der kleinen Hunde wird darauf „programmiert", Beziehung und Bindung „toll" zu finden. Durch die körperliche Interaktion und das Miteinander-in-Kontakt-Treten werden im Gehirn Rezeptoren für Wohlfühl-Botenstoffe wie Oxytocin, Dopamin und Serotonin aktiviert. Gleichzeitig werden spielerisch oder beim Interagieren leichte Grenzen gezogen oder Ruherituale etabliert, die für die Entwicklung einer guten Impulskontrolle wichtig sind (siehe S. 166). Im Spiel und in der Körperlichkeit findet also erste Erziehungs- und Sozialisierungsarbeit und potenziell ein intensiver Beziehungsaufbau zueinander statt. Wenn wir zu unserem Hund eine stabile Bindung herstellen möchten, dann sollten wir uns von diesen hundlichen Pädagogen ganz viel für die erste Zeit abgucken. Diese erste Zeit sollten wir sehr viel mit Kontakt im Nahbereich, beim Spielen und gemeinsamen Ruhen verbringen (Hoppe et al., 2017). Beziehung und personalisierte Bindung ab ungefähr der 14. Lebenswoche erfährt in diesen ersten Momenten mit uns ihre grundlegende Basis, auf der wir jegliche Erziehung in den nächsten Wochen und Monaten aufbauen können. Wir sollten uns dem jungen Hund oder dem Hund aus dem Tierschutz, in diesen ersten Erlebnissen mit uns, als einen verlässlichen, liebevoll interagierenden Beziehungspartner präsentieren. Tierschutzhunde brauchen am Anfang oft mehr Zeit, bevor sie Nähe zulassen. Aber ist dies gegeben, dann ist gerade die Körperlichkeit und spielerische Beschäftigung miteinander ein guter Ansatz für die Entwicklung einer guten Beziehung – und das federleichte Sprungbrett in eine stabile Mensch-Hund-Bindung.

GEMEINSAMES SPIEL

Neben der Körperlichkeit ermöglicht uns gerade die spielerische Interaktion sehr viele Möglichkeiten, sich gegenseitig immer besser kennenzulernen, immer vertrauter im Umgang miteinander zu werden und daraus eine stabile Bindung zu entwickeln, die von Anfang an von positiven Emotionen getragen wird. Hunde mögen Menschen mit

… der Einübung eines Ruherituals …

… und der Akzeptanz sozialer Regeln.

Das Erfassen der inneren Gestimmtheit des Spielpartners gelingt schon Welpen.

Humor – hier gab es in den letzten Jahren einige Studien, die dies zeigen konnten. So bevorzugen Hunde Menschen, die sich vorher beim Spielen mit Artgenossen besonders albern und nicht kontrollierend gezeigt haben (Rooney und Bradshaw, 2006), und sie ordnen merkwürdiges Verhalten eines Menschen als nicht bedrohlich, sondern als „Spiel" ein, wenn sie vorher mit diesem Menschen albern interagiert haben (Gyori et al., 2010). Spielen ist also ein wunderbarer Bindungskatalysator und sollte unbedingt zum Beziehungsaufbau eingesetzt werden (vgl. Gansloßer und Käufer, 2017, 2022).

DOCH WAS IST MIT SPRACHE?

Sollten wir neben unserem Verhalten auch unsere Stimme einsetzen, um den Hund über unsere emotionale Gestimmtheit zu informieren? Tatsächlich sind Hunde wunderbar in der Lage, die Intonation in unserer Sprache zu erfassen, wie Studien aus dem MRT gezeigt haben (Andics et al., 2016). Und eine britische Studie konnte zeigen, dass Hunde, vor die Wahl gestellt, Menschen mit „emotionaler" Sprache und Intonation bevorzugen und Menschen mit nüchternen Ausdrucksweise eigentlich gar nicht interessant fanden (Benjamin und Slocombe, 2018). Emotionalität, Verlässlichkeit und Planbarkeit im Auftreten, der Einsatz von körperlichem Ausdrucksverhalten und Herzlichkeit sind also bestens geeignet, eine stabile Bindung zum Hund herzustellen (siehe S. 176 f.). Dies könnte daran liegen, dass Hunde nicht nur als soziale Lerntiere geboren werden und dadurch durch Beobachtung und Interaktion am besten lernen, sondern ziemlich wahrscheinlich durch die lange Domestikationsgeschichte an unserer Seite eine Art „genetische Schablone" für das Interpretieren menschlichen Verhaltens und die Fähigkeit zum kommunikativen Austausch und Kooperation mit uns in sich tragen. Auf soziales Lernen zu setzen, durch das Spiegeln von Emotionen passend zu den jeweiligen Situationen, ergibt also sehr viel Sinn (siehe S. 175 f.), wenn wir eine stabile Bindung aufbauen und unseren Hund möglichst „hundgerecht" erziehen möchten.

Aus der Forschung

SOZIALES LERNEN

Hunde sind soziale Lerntiere – das bedeutet, dass sie mit dem Moment, in dem ihre Sinne im Alter weniger Wochen anfangen zu funktionieren, ihre Umgebung beobachten, Verhaltensstrategien ausprobieren und verwerfen und sich so im Lauf ihrer Lebensjahre immer mehr Wissen über sich und die Welt aneignen. Wir Menschen nutzen im Training dagegen meistens Methoden, die wie bei uns in der Schule auf dem „individuellen Lernen" basieren: Hier werden Hunden Fertigkeiten mithilfe der „operanten Konditionierung" beigebracht, indem richtiges Verhalten mit Leckerlis (bei uns: Noten oder Gehaltserhöhung) belohnt und „nicht erwünschtes" Verhalten ignoriert oder abgebrochen wird. Auch wenn diese Methode bei Hunden gut funktioniert, haben viele Studien in den letzten Jahren Formen des sozialen Lernens in den Fokus genommen. Sie zeigen uns, was wir im Umgang mit Hunden beachten können, damit Lernen nicht nur hundgerechter, sondern auch schneller funktioniert und die Bindung enorm befeuern kann.

BLICK-ZURÜCK-STUDIEN

Schon Welpen zeigen die Blickkontaktsuche, um sich in merkwürdigen Situationen oder bei der Problemlösung am Menschen zu orientieren (Fugazza et al., 2018). Dies geschieht im ersten Fall zur Gefahrenminimierung, im zweiten dient es wahrscheinlich der Frage nach Hilfe, besonders wenn die Lösung der Aufgabe nicht möglich ist, oder mit dem Anliegen zu kommunizieren (Hin- und Hersehen zwischen Steak auf dem Grill und Mensch, vgl. Worsley und O'Hara, 2018). Studien haben hier untersucht, ob es Unterschiede gibt, wie schnell und häufig Hunde Blickkontakt herzustellen versuchen (z. B. Hori et al., 2013). Entscheidend scheint das Alter zu sein (alte Hunde wissen aus Erfahrung, ob man ein Futter erreichen kann oder nicht), die Rasse (Hüte- und viele auf Kooperation gezüchtete Jagdhunde schauen schneller), das Geschlecht (Hündinnen suchen mehr Blickkontakt als Rüden) und die emotionale Verfassung (Oxytocin befeuert die Blickkontaktsuche). Diese Faktoren können eine Rolle spielen, wie schnell zum Menschen geguckt und wie gut von den einzelnen Hunden mit Menschen kooperiert wird.

LERNEN DURCH BEOBACHTUNG

Welpen und erwachsene Hunde beobachten Artgenossen oder Menschen bei einer Problemlösung und imitieren anschließend das beobachtete Verhalten, um an ein Spielzeug oder leckeres Futter zu kommen

Im spielerischen Kontext kann das Einüben bestimmter Bewegungen oder das Wartenlernen viel Spaß machen.

(Pongrácz et al., 2001). Dabei lernen in der Rangordnung höher stehende Hunde lieber durch die Beobachtung eines Menschen, in der Rangordnung tiefer stehende Familienhunde lernen genauso gern vom ranghöheren Hund in der Mehrhundegruppe der Familie wie vom Menschen (Pongrácz, 2008).

DER SICHERE BASIS-EFFEKT

Hunde, die vor die Lösung einer Aufgabe gestellt werden, können diese schneller lösen, wenn ihr Mensch im Versuchsraum ist – ganz egal, ob dieser sich ermunternd oder ruhig verhält. Ist hingegen ein Fremder oder gar kein Mensch vor Ort, ist die Motivation zur Lösung der Aufgabe kaum noch vorhanden – selbst dann, wenn der Fremde sich dem Hund ermunternd zuwendet. Das zeigt uns, wie wichtig allein die Anwesenheit einer vertrauten Bindungsperson für erfolgreiches Lernen für unsere Hunde ist.

MODEL RIVAL (= „MODELLRIVALE")

Lässt man bereits ausgebildete Hunde die Übung vormachen (z. B. ein verstecktes Dummy apportieren), und einen „Lehrling" beobachten, wie der „tolle" Hund die Aufgabe löst und dafür von seinem Menschen ausgiebig gelobt wird, dann wird dieser Hund für den ungeübten Hund zum „Rivalen" und die Motivation wächst bei den allermeisten Hunden, diese Fähigkeit auch zu erwerben und dafür gelobt zu werden. So können durch das Beobachten des ausgebildeten Hundes beim „Lehrling" viele kleine Schritte im Training übersprungen werden, weil der Hund motivierter ist und vorher erkennen kann, was genau von ihm verlangt wird. Dieser Methode des „Modellrivalen" hat sich z. B. Mártha Gácsi bedient, um möglichst viele Hunde schnell an den ungewöhnlichen Raum und das merkwürdige Gerät, sowie an das Stillliegen im funktionellen Magnetresonanzthomographen zu gewöhnen (siehe Gansloßer und Kitchenham, 2019).

SPIELERISCHES LERNEN

Wenn wir neuen Lernstoff mit positiven Emotionen verknüpfen, kann dieser besonders schnell im Langzeitgedächtnis abgespeichert werden. Dies konnten z. B. die Studien von Nadja Affenzeller zeigen, die nach dem Lernen einer neuen Lektion mit den Hunden entweder ausgelassen gespielt hat, oder sie hat ruhen lassen. Die Hunde aus der „Spielgruppe" brauchten nach 24 Stunden nur die Hälfte der Wiederholungen als die Gruppe der „Schläfer" – und dieser Effekt war sogar noch nach einem Jahr nachweisbar, als sie die Hunde zur Wiederholung der Lerneinheit an die Universität einlud. Gemeinsames Spielen nach dem Lernen und fröhliche Interkation kann also ein langfristiges Abspeichern von Lernstoff befeuern.

STIMMUNGSÜBERTRAGUNG

Hunde beobachten uns genau und orientieren sich an unserer Bewertung der Welt (siehe S. 316). Ähnlich wie bei der Blickkontaktsuche dient dieses Verhalten, das wir auch von kleinen Kindern kennen, der Gefahrenvermeidung. Wir können diese Fähigkeit der Hunde nutzen, um Gegenstände interessant zu machen (z. B. Dummys beim Dummytraining) oder über unsere Stimme Situationen als normal oder toll bezeichnen. Eine Studie aus England konnte zeigen, dass Hunde Menschen, die emotionaler reden, viel interessanter fanden als Menschen, die neutral redeten (Benjamin und Slocombe, 2018).

SOZIALES LOB STATT LECKERLI

Natürlich lernen Hunde gut über Futterbelohnung, doch das soziale Feedback scheint für sie eine höhere Wertigkeit zu haben. Zum einen haben indische Forscherinnen dokumentieren können, dass der Kontakt zwischen Streunern und einem fremden Menschen schneller vertrauter wurde, wenn dieser bei den wiederholten Treffen statt

Emotionale Ansteckung zwischen Mensch und Hund – fröhliche Hunde haben fröhliche Menschen.

Leckerlis dem Straßenhund freundliche, soziale Interaktion angeboten hatte (Bhattacharjee et al., 2017). Eine Studie des Teams aus Atlanta hat diese Beobachtung durch eine Studie mit Hunden im Magnetresonanztomographen bestätigen können: Hier wurden Hunde vorher darauf trainiert, Symbole mit einer zu erwartenden Belohnung zu verknüpfen. Ein Objekt stand dabei für soziales Lob durch den Menschen, ein anderes Objekt für ein Leckerchen, das dem Hund hingeschoben wurde. Im anschließenden Versuch, bei dem die Reaktion bestimmter Gehirnareale beobachtet wurde, zeigten die meisten Hunde eine stärkere Reaktion im Belohnungssystem, wenn die soziale Rückmeldung durch den Menschen angekündigt wurde (Cook et al., 2016). Das Elegante an diesen Studien ist, dass die erhöhte Stoffwechselaktivität anzeigt, welche Gehirnregion besonders beansprucht wird.

DO AS I DO

Eigentlich wollten Ádam Miklósi und Claudia Fugazza untersuchen, wie Hunde sich erinnern und wie lange eine Beobachtung wieder abgerufen werden kann. Dazu entwickelten sie das „Do as I do" Training, bei dem Hunde lernen, Bewegungsabläufe des Menschen zu beobachten und anschließend zu imitieren. Diese Trainingsmethode erwies sich als äußerst erfolgreich, so dass sie sogar dem Klickertraining überlegen ist, das auf dem individuellen Lernen basiert. Dies könnte daran liegen, dass Hunde beim Sozialen Lernen emotional aktiver sind (siehe „spielerisches Lernen") und zu „generalisieren" lernen. So können sie immer schneller neue und komplizierte Bewegungsabläufe nachmachen, wie z. B. sich an eine bestimmte Reihenfolge bei der Überwindung von Hindernissen zu erinnern oder eine Glocke mit der Pfote zu betätigen (Fugazza und Miklósi, 2016).

SOZIALKOMPETENZEN ALS ERZIEHER

Einen Hund zu erziehen, erfordert aber nicht nur ein gutes Bauchgefühl in Kombination mit Wissen um Hundeverhalten und grundlegende Lernprinzipien, sondern auch eine gehörige Portion sozialer Kompetenz. Sie ermöglicht uns, flexibel auf das sich entwickelnde Individuum Hund an unserer Seite eingehen zu können. Die Voraussetzung für einen gut erzogenen Hund ist laut Daniel Mills et al. (2014) für solch einen sozial kompetenten Erzieher deshalb in seiner Vorgeschichte zu sehen. Die Erziehung eines Hundes erfordert ein völlig anderes Verhaltensmanagement, weg vom rein behavioristisch ausgerichteten Gehorsamstraining zu einem umsichtigen Erziehungsprozess. Das bedeutet: Wir müssen mit den sozialen und kognitiven Fähigkeiten des Hundes vertraut sein und die komplexen, sozialen und kognitiven Fähigkeiten von Hunden berücksichtigen.

Diese Erziehungsprozesse bedürfen deshalb auch seitens des Menschen einer höheren sozialen Intelligenz und der Fähigkeit, situativ die richtigen Werkzeuge aus dem Köcher zu holen (siehe S. 261 ff.). Nur wer mit den richtigen Werkzeugen arbeitet, wird auch ein gut geformtes Ergebnis erzielen. Und dazu gehört, das Wesen von Hunden zu verstehen und aus dieser Perspektive heraus eine hundgerechte Erziehung angehen zu können.

UNTERSCHIEDE PRIMATEN – KANIDEN

Wenn Menschen Hunde erziehen, dann kommt es immer noch häufig zu klassischen Missverständnissen, die auf unterschiedlichen Prinzipien des Zusammenlebens unserer verschiedenen Spezies zurückzuführen sind.

WEGNAHME VON RESSOURCEN

So zeigen McGreevy et al. (2012) in einer tabellarischen Zusammenstellung, dass die Wegnahme von Ressourcen durch den Menschen, z. B. Wegnahme von Futter oder Spielzeug, für den Hund wesentlich mehr mit der innerartlichen sozialen Struktur und mit dem verhaltensökologisch bedingten Ressourcenwert zu tun hat. Bei Kaniden gilt hier das „Besitzrecht", d. h., dass eine wertvolle Ressource demjenigen gehört, der sie unter den Pfoten oder im Maul hat – relativ unabhängig von seiner sozialen Stellung in der Gruppe. Unter Primaten – zu denen ja auch wir Menschen zählen – gilt dies meist nicht, hier nimmt der „Anführer" kostbare Ressourcen „Untergebenen" auch gern einmal ab. Durch diesen unterschiedlichen Umgang mit Ressourcen bei Kaniden und Primaten muss hier mit besonderer Vorsicht das „Besitzrecht" beim Training beachtet werden (siehe S. 95).

Wenn dagegen der Hund vom Menschen in einem unbeachteten Moment Futter klaut oder sich verbotenerweise im Bett breit macht, sobald wir aus dem Haus gehen, ist

»Soziales Lernen, Beobachtungsfähigkeiten und die Fähigkeit, Interaktionen zwischen unbeteiligten Dritten einzuschätzen und als Handlungsanweisung zu übernehmen, sind einige der heute häufig genannten Trainingsschritte, die wir für eine gelungene Hundeerziehung brauchen.«

Körperliche Kontrollen kennen Welpen …

… aus ihrer Welpenzeit (siehe S. 172).

dieser „Gesetzesbruch" aus Hundesicht absolut legitim. Schließlich sind wir ja nicht anwesend und erheben in dem Moment gar keinen Anspruch auf die Ressource „Fressen" oder „Liegeplatz". Für uns Primaten ist aber die Ressource grundsätzlich unser Eigentum! Wir reagieren betroffen, fühlen uns hintergangen und möchten dieses unerwünschte Verhalten unterbinden. Hier werden vom Hund zwar ebenfalls Elemente der innerartlichen Sozialstruktur übertragen, die rein operational ausgerichtete Lernmethodik dagegen, die Konditionierung, kann hier wesentlich einfacher sein. In diesem Fall lernt der Hund aus Erfahrung, dass wir in Abwesenheit Futterklau und Bettnutzung oftmals überhaupt nicht bemerken. Der „Gesetzesbruch" hat also einen positiven Effekt für den Hund, er lohnt sich – und wird deshalb immer wieder ausgeführt.

GEWÖHNUNGSTRAINING

Manchmal muss ein Hund Dinge akzeptieren, die für unseren normalen Alltag wichtig, einem Hund aber nicht angenehm sind. Dazu gehören z. B. die Fellpflege, beim Pudel die Schur, bei allen Hunden das Absuchen nach festgetretenen Steinchen zwischen den Pfotenballen oder das Vorbereiten auf den Tierarztbesuch durch ein Medical Training. Bei der Gewöhnung an diese Handlungen geht es rein um die Konditionierung, vorwiegend eben durch ein Gewöhnungstraining. Gute Pudelzüchter fangen schon im Alter weniger Tage an, den Rasierapparat laufen zu lassen oder vorsichtig und kurz in die Nähe des Körpers zu bringen. So ist das Geräusch und die Berührung schon ganz früh ganz normal. Doch auch für andere Situationen und Rassen gilt: Ressourcenwert und soziale Faktoren spielen hierbei nur eine sehr geringe Rolle. Gleichzeitig ist Hunden diese „Körperkontrolle" durch uns Menschen oft unangenehm, da in der innerartlichen Kommunikation in diesem Kontext gefordert wird, sich vom anderen „untersuchen" zu lassen, was besonders bei unklarer Rangbeziehung als „degradierend" wahrgenommen werden und Auslöser für Konflikte sein kann. Um keine unangenehmen Gefühle beim Hund entstehen zu lassen, spielen konditionierte Prozesse des Lernens, durch einschlägige Gewöhnungstrainingsschritte, hier eine sehr große Rolle, gern auch mit Futterbelohnung. Pflegt und putzt dagegen der Hund den Menschen, so entstammt dies wiederum überwiegend dem innerartlichen Sozialverhalten, das der Beziehungspflege dient und nur selten etwas mit Ressourcenorientierung oder Kontrollwahn zu tun hat, was Hunden häufig leider immer noch vorschnell unterstellt wird.

Futterbelohnung funktioniert im Training super – Erziehung erfordert aber viel mehr.

ERZIEHUNG DURCH FUTTER-BELOHNUNG

Bei allgemeinen Erziehungsprozessen spielen besonders **ressourcenwertige Belohnungen in Form von Futter oder Ähnlichem für die innerartliche, soziale Beziehungspflege überhaupt keine Rolle.**

Wir Menschen dagegen versuchen auch im Erziehungsprozess überwiegend mit Futter als Belohnungsanreiz zu arbeiten. Möglicherweise ist dies einer der Gründe, weshalb Hunde häufig sehr gut trainiert und abgerichtet, aber trotzdem absolut unerzogen und dadurch teilweise auch gefährlich sind.

KOMMUNIKATION VON HUNDEN

In unserer Beratung finden wir sehr oft Hunde, die trotz sehr gut bestandener Gehorsamsprüfungen, sei es im Sport, sei es als Begleithundeprüfung oder Hundeführerschein, Aggression, Angst oder andere, auch sozial störende Verhaltenseigenschaften zeigen. Erfolgreicher Umgang mit dem Hund ist kein Hundemimikry, also nicht der Versuch, sich als Mensch hundlich zu geben und den Hund nachzuahmen. Trotzdem ist das Verständnis der hundlichen Kommunikation z. B. dort besonders wichtig, wo es um die Vermeidung von Beißvorfällen und anderen aggressiven Akten in Abwesenheit von Angst, Furcht und ähnlichen negativen Emotionen geht (McGreevy et al., 2012). Eine falsche Bewegung kann eben einen Biss auslösen, auch wenn der Mensch vorher den Hund nicht bewusst bedroht, noch sonst irgendwie negativ beeinflusst hat. So neigen viele Menschen dazu, den Hund nach Menschenart vornübergebeugt zu begrüßen und ihn auf den Kopf zu tätscheln. Pfotenauflegen und Überstellen bedeutet im agonistischen Kontext aber reine Provokation und kann entsprechend beim Hund Abwehrreaktionen auslösen. Hier ist Kenntnis über hundliches Verhalten wichtig, um Unfälle zu verhindern. Deshalb sind Projekte mit geprüften Schulbesuchshunden zu begrüßen, in denen Kindern die Wahrnehmungswelt des Hundes erklärt und der richtige Umgang mit fremden Hunden beigegebracht wird! Übrigens, es gilt auch umgekehrt: Hunde verteidigen ihre Menschen, wenn diese z. B. auf dem Sofa liegen und jemand sich über sie beugt.

Entgegen innerartlichen Verhaltens

In manchen Fällen ist es aber sogar nötig, die Handlungen entgegen den Gepflogenheiten des hundlichen, innerartlichen Sozialverhaltens auszuführen. Auch hier ein Beispiel: Normalerweise ist Blickkontaktvermeidung, das Vermeiden von längerem Fixieren oder starrem Anblicken, ein wesentliches Element des innerartlichen Sozialverhaltens. Konflikte werden entschärft oder entstehen gar nicht erst, wenn längere oder gar starre Blickkontakte vermieden werden. Zwar wird die Art und Weise und damit Wirkung des Blickkontaktes von der Beziehungsform beeinflusst: Kontrahenten werden Blickkontakt vermeiden oder ihn zur Provokation gezielt einsetzen. **Vertraute Bindungspartner können sich lange in die Augen schauen – das ist zur Kommunikation und Kooperation sogar unabdingbar.** So testen Hunde die Motivation und innere Gestimmtheit ihres Gegenübers immer wieder durch kurzes Hinsehen aus, vermeiden aber bei Unsicherheit zu langen Blickkontakt, denn dies könnte bei unklarer Rangbeziehung als Provokation gewertet werden.

Vertrauen zum Menschen

Eine vertrauensvolle Beziehung zum Menschen ist also von Vorteil, besonders wenn auf hoher Ebene mit dem Menschen kooperiert werden soll, z. B. beim Zusammentreiben von Schafherden oder in der Behindertenbegleithundeausbildung. Für manche Formen der Zusammenarbeit zwischen Hund und Mensch ist es also unumgänglich, dass Mensch und Hund im längeren Blickkontakt bleiben, oder einer den anderen durch ein starkes und länger andauerndes Anschauen motiviert. Dass es hierbei noch Unterschiede zwischen Rassen, Persönlichkeiten und anderen individuellen Gegebenheiten gibt, dass sogar der Bau des Schädels und der Bau der Netzhaut im Augenhintergrund hierfür besonders wichtig sind, zeigen eine Reihe von Untersuchungen aus den vergangenen Jahren. Nichtsdestotrotz ist es allgemein wichtig, die Aufmerksamkeit des Hundes auf den Menschen zu konzentrieren, bevor man ihm ein Signal gibt. Dies haben z. B. die Versuche von Braem und Mills (2010) gezeigt, auf deren Bedeutung wir im Zusammenhang mit dem Training nochmals eingehen werden (siehe S. 262). Blickkontakt zwischen vertrauten Individuen, egal ob in einer Beziehung von Artgenossen oder Mensch-Hund kann sogar bindungsfördernd sein, da es parallel und wechselseitig befeuernd zum Ausstoß des Bindungshormons Oxytocin kommt (Nagasawa et al., 2015; siehe S. 124).

UNTERSCHIEDE WOLF–HUND

Es sind übrigens möglicherweise stärkere Unterschiede zwischen Wolf und Haushund entstanden, als bisher gedacht wurde. Morell (2014) referiert eine Reihe von Befunden über Unterschiede in der Dominanzstruktur und im Ressourcenzugang zur Nahrung zwischen Wölfen und Haushunden. Dabei ergaben offensichtlich neuere Ergebnisse von Range et al. (2023), dass Hunde stärker dominanzbezogen agieren, wenn sie in einer Futterkonkurrenz stehen als Wölfe dies täten.

Jedoch sind andererseits Hunde durchaus in der Lage, mit Artgenossen zu kooperieren oder auch eigenständig Probleme zu lösen. Im Lauf ihres längeren Zusammenlebens als Individuum mit dem Menschen, verlieren sie oftmals diese Fähigkeiten oder sie schwächen sich ab, evtl. weil der Mensch sie aktiv unterbindet oder zumindest nicht unterstützt. Hunde, die von ihren Halter:innen gut ausgebildet und dazu aufgefordert und angehalten werden, Probleme selbstständig zu lösen, tun dies teilweise sehr hartnäckig und lösungsorientiert (siehe S. 191, 200).

SOZIALE ORDNUNG

Die Einpassung in eine soziale Ordnung hilft dem Tier einerseits zu lernen, gegen wen es Ressourcen verteidigen und wem es diese besser überlassen sollte, als auch zu erkennen, mit wem es im Zweifelsfall kooperieren, auf wen es sich in einer Krisensituation verlassen kann, und wer auch seinerseits vielleicht Interesse an einem engeren Sozialkontakt über die momentane Situation hinaus haben könnte.

ZURÜCKSTELLEN EIGENER INTERESSEN

Doch wie können wir einen Hund davon überzeugen, dass es sich lohnt, sich an unsere Regeln und Gesetze zu halten? Gerade, wenn es in sozialen Gruppen darum geht, im Zuge der Erziehung eigene Interessen zurückzustellen (gemütlicher Liegeplatz/lecker duftendes Essen auf dem Tisch) und sich dadurch besser in das Gefüge des sozialen Netzwerks einer Gruppe einzubringen, ist die Akzeptanz für diesen kurzfristigen, eigenen Nachteil nur dann vorhanden, wenn es auch Langzeitvorteile gibt. Und diese sollten durch die Vorteile von Beziehungen und Bindungen gegeben sein. Gerade im Zusammenleben mit Hunden spielt diese Grundtatsache immer wieder eine wichtige Rolle. Es mag zwar ohne weiteres möglich sein, einen Hund auch ohne existierende Grundbeziehung oder gar Bindung für eine Turnierprüfung vorzubereiten und dadurch auch evtl. hohe Punktzahlen zu erzielen. Doch weder solche Turniersportarten noch die allgemeineren Formen von Begleithundeprüfungen, Hundeführerscheinprüfungen etc. sind eine Garantie – und wahrscheinlich noch nicht einmal eine notwendige Voraussetzung für eine gut funktionierende Beziehung.

AUS DER PRAXIS: JAGDVERHALTEN AUSSER KONTROLLE

„Liebe geht durch den Magen" – diesen Spruch wird die Futtermittelindustrie lieben, denn er sorgt mit Sicherheit dafür, dass die Erziehung über Leckerligabe so viele Anhänger:innen hat. Doch der Futterbeutel als Bindungsgrund ist ein trauriger Ersatz für das, was wir Hunden an Attraktivität bieten könnten. Ein Beispiel: Bevor der dreijährige Labradormischling Fridolin sein Zuhause bei Gisela und deren 13-jähriger Tochter Jenny gefunden hat, wurde er durch zwei Familien gereicht. Die beiden Frauen wollten etwas Gutes tun und entschieden sich, den armen Kerl aus dem Tierheim zu holen. Das Problem war die große Jagdpassion, die ihn angeblich davon abhielt, Bindungen zu Menschen aufzubauen. Fridolin interessierte sich auch nicht sonderlich für seine beiden „Retterinnen", obwohl diese ihn mit leckerem Futter und Streicheleinheiten verwöhnten. Draußen vor der Haustür zeigte er noch weniger die erhoffte „Dankbarkeit", sondern begeisterte sich ausschließlich für andere Hunde und das Wild im Unterholz.

Attraktivität durch Futter?

Der zu Rat gezogene Trainer sah ganz richtig mangelnde Attraktivität von Menschen als Grund für die Bindungsschwäche des Hundes. Doch leider war für ihn ausschließlich Futter das Mittel der Wahl, um Fridolin für seine Menschen zu begeistern. Deshalb sollte er zu Hause nur aus der Hand und auf Spaziergängen für jeden Blick in Richtung seiner Menschen, Gehorsam und Übungen mit Futter belohnt werden. Ansonsten wurden die beiden Frauen dazu angehalten, den Hund zu ignorieren: Ressourcenzugänge, wie erhöhte Liegeplätze auf dem Sofa, wurden Fridolin verweigert und er wurde weggeschickt, wenn er es wagte, statt in seinem Körbchen auf dem Fußboden zu liegen. Durch diese Maßnahmen sollten Gisela und Jenny für den Rüden interessant werden. Leider zeigte sich nur ein kurzfristiger Erfolg, danach schien es Fridolin körperlich und psychisch schlechter zu gehen. Der Tierarzt riet, ihn wieder normal zu füttern. Dadurch verloren die „Bezugspersonen" allerdings sofort wieder ihren Reiz für den jungen Rüden, der sich ansonsten zurückzog und nur wenig Nähe suchte.

Erlebniswanderungen

Vom Bild des glücklichen, aus dem Tierheim „geretteten" Hundes war Fridolin weit entfernt. Deshalb wurde ein zweiter Trainer hinzugezogen, der den Fokus auf gemeinsame Erlebnisse und spannende Erziehung statt kontrollierter Gassirunden. Besser lange, erlebnisreiche Wanderungen allein oder in von Profis geführten Hundegruppen. Außerdem vermittelte er in Einzeltrainings ein Erziehungsprogramm, das auf spielerische Impulskontrolle setzte und damit jeder „Bleib"-Übung einen Spaßfaktor verpasste. Zusätzlich sollte Fridolin an langer Schleppleine nach Jenny suchen, die sich vorher mit seinem Lieblingsspielzeug oder einer Leckerei im Wald versteckt hatte. So lernte er, positive Momente mit seinen Menschen zu verknüpfen, Jennys Spur spannender zu finden als die von Hasen, und konnte schließlich sogar in einer Mantrailing-Gruppe als Ausnahmetalent brillieren. Auf diese Leistungen waren Jenny und Gisela besonders stolz. Diese Anerkennung spiegelte sich in starker körperlicher Nähe zu Fridolin wider, die von ihm jetzt mit Freude angenommen wurde. Am Ende dieses „Multi-Methoden-Trainings" haben die drei sich endlich als tolles Team schätzen und auch sehr lieben gelernt.

GEHORSAMER VERSUS GUT ERZOGENER HUND

Daniel Mills und sein Team unterscheiden sehr deutlich zwischen einem wohlerzogenen und einem gehorsamen Hund (Mills et al., 2014). Während der gehorsame Hund tut, was man von ihm verlangt, ohne darüber nachzudenken, handelt der erzogene Hund gewissermaßen vorausschauend. Er schafft es, in verschiedenen Situationen jeweils die angemessenen Reaktionen auf das Tun seines Halters zu finden, stört diesen dann nicht, wenn er das nicht möchte, und kann auch die Verhaltensweisen seines Menschen mehr oder weniger präzise vorhersehen und sich darauf einstellen. Gut erzogene Hunde sind gegenüber gehorsamen Hunden zu bevorzugen, so Mills et al., weil sie auch in der Lage sind, Konflikte bereits im Vorfeld zu erkennen und abzubiegen, und auch mit ihrem Menschen zusammen eine sehr viel reichere und damit erfreulichere Beziehung pflegen.

BEISPIEL ANNÄHERUNG

Mills et al. zeigen am Beispiel der Annäherung eines Hundes an den Menschen, was der Unterschied zwischen Gehorsam und guter Erziehung ist:

Ein gehorsamer Hund wird sich von seinem Menschen jederzeit wegschicken lassen, möglicherweise irgendwann sogar aufgeben, seinen Menschen überhaupt noch aus eigenen, freien Stücken aufzusuchen. „Komme nie zu deinem Fürst, wenn du nicht gerufen wirst", ist die Maxime dieses oftmals auch im Rahmen der sogenannten Dominanzerziehung geforderten Hundes.

Ein wohlerzogener Hund dagegen erkennt, wann sein Mensch Kontaktbedürfnis hat, nähert sich dann an, fordert ihn zum Spielen oder zu anderen sozialen Aktivitäten auf. Er hält sich aber mit seinen Kontaktversuchen zurück, wenn der Mensch gerade anderweitig beschäftigt ist oder gar gestresst und abgelenkt.

STRAFENDE VERSUS POSITIV BESTÄRKENDE ERZIEHUNG

Nicola Rooney und Sarah Cowan (2011) verglichen eine Reihe von Mensch-Hund-Teams, die sich in den Trainings- und Erziehungsmethoden unterschieden, und daraus entstehende Verhaltensunterschiede für die Hunde. Hunde, deren Menschen auf Strafe, evtl. sogar auf körperliche Züchtigung, stärker Wert legten, waren im Umgang mit fremden Menschen wesentlich zurückhaltender und auch sehr viel weniger verspielt. Hunde, deren Menschen mit mehr Belohnung und positiven Mechanismen arbeiteten, zeigten sich bei neuen Trainings- und Problemlösungsaufgaben findiger und insgesamt erfolgreicher. Auch Hunde, deren Menschen selbst verspielter und lockerer mit dem Hund umgingen und im Training geduldiger waren, zeigten sich besser in der Lage, eine völlig neue Trainingsaufgabe schnell und erfolgreich zu absolvieren. Eine weitere Untersuchung hat die unterschiedlichen Umgangsstile von Halter:innen in den Blick genommen. Fazit: Ein einfühlsamer Erziehungsstil, mit sozialer Unterstützung, erzielt viel stabilere und verlässlichere Hunde (Cimarelli et al., 2017).

Hunde müssen lernen, dass wir …

Grenzen setzen

An dieser Stelle muss jedoch deutlich darauf hingewiesen werden, dass eine rein positive Hundeerziehung, also ohne jegliche Abbruchsignale, nicht erfolgversprechend ist. Auch bei der Erziehung unserer Kinder müssen wir Grenzen setzen, um sie vor Gefahren zu schützen und um sie zu sozialen, wertvollen Mitgliedern der Gemeinschaft zu erziehen – das Gleiche gilt für den Nachwuchs im Wolfsrudel oder in Streunerhundegruppen. Das Senden und Empfangen von Abbruchsignalen ist Hunden also schon aus der Wurfkiste oder im Umgang mit Tanten, Onkels oder sonstigen Gruppenmitgliedern vertraut. Deshalb können und sollten sie zwischen Mensch und Hund eingesetzt werden, um dem heranwachsenden Jungspund oder „ungebildeten" Tierschutzhund – angepasst an seine Persönlichkeit und Biographie – Orientierung zu bieten. Abbruchsignale werden artübergreifend gut verstanden und funktionieren durchaus sowohl zwischen Mensch und Hund als auch zwischen Hund und Hund, Wolf und Wolf (Kehr et al., 2014). Der situationsbedingt richtige Einsatz eines Abbruchsignals kann so zum Stoppen der unerwünschten Handlung führen. In der Sozialisation von Hunden, das werden Mehrhundehalter, Züchter mit mehreren Babysittern zu Hause etc. auch jederzeit bestätigen, werden Abbruchsignale systematisch einstudiert und dann auch zur Entspannung sozialer Konfliktsituationen erfolgreich eingesetzt (siehe S. 95). Auch unsere eigenen Studien haben gezeigt, dass richtig platzierte Abbruchsignale nicht zu einer Belastung der Beziehung, zu einem Abbruch der Kontakte zwischen dem Zurechtgewiesenen und dem Zurechtweisenden oder zu länger anhaltenden Stresssituationen führen (Kehr et al., 2014). Voraussetzung dafür ist aber die Versöhnung, wie sie von Baan et al. (2014) für Wölfe oder in einer Reihe von einschlägigen Arbeiten auch für Haushunde nachgewiesen wurde (siehe S. 118). Für uns Menschen im erzieherischen Umgang mit Hund gilt deshalb: Nur wer der Situation und der Persönlichkeit des Hundes angemessen den Hund mit Abbruchsignalen stoppen kann, hinterher sofort die Versöhnung einleitet und ihm die Möglichkeit bietet, es im zweiten Anlauf besser zu machen, ermöglicht dem Hund einen Lerneffekt und wird den optimalen Erziehungserfolg erzielen (vgl. z. B. Kitchenham, 2019, 2023).

... noch andere Interessen haben.

So können sie zu mehr Entspannung finden.

AUS DER PRAXIS: AUSSER RAND UND BAND

Die stattliche, schwarze Schönheit erwartete mich (KK) schon aufgeregt bellend an der Haustür, ein beeindruckender Hund von 50 Kilogramm Körpergewicht mit einem wachen, neugierigen Gesichtsausdruck. Die Familie liebte und zweifelte an ihrem „Traumhund": Sie waren mit Tyson von Anfang an in die Welpenschule gegangen, die damit warb, „straffrei" und ausschließlich mit „positiver Bestärkung" zu arbeiten. Allerdings gerieten Trainer und Halter bald an ihre Grenze, denn der junge Rüde hatte sich das Anspringen und Zwicken zum Hobby erkoren. Das Ignorieren seitens seiner Menschen schien ihn nicht davon zu überzeugen, das unerwünschte Verhalten zu unterlassen. Im Gegenteil: Die Familie hatte mittlerweile Angst vor ihrem Hund und wagte nicht mehr, mit ihm zu spielen.

Abbruch von Verhalten

Um zu testen, wie das Anspringen aussieht, motivierte ich den Hund, indem ich neben ihm ein Stück herlief – sofort sprang er an mir hoch und zwickte in meinen Ärmel. Deutlich sagte ich „Nein" und schubste ihn leicht zur Seite – um gleich anschließend weiterzulaufen und den verwirrten Hund freundlich aufzufordern, neben mir herzulaufen. Sobald er unten blieb und ruhig lief, freute ich mich und redete positiv. Sobald er testend den Ansatz zum Anspringen zeigte, unterbrach ich ihn durch Stimme und Seitwärtsgehen, sodass er aus dem Gleichgewicht geriet und sich fürs Untenbleiben entschied. Es waren exakt drei Wiederholungen nötig, um dem Rüden zu zeigen, welches Verhalten von mir positiv bewertet und welches mit negativer Reaktion beantwortet wurde. Er hatte verstanden, dass Anspringen und Zwicken unerwünscht war.

Keine Verunsicherung

Tyson war von dieser deutlichen Ansage in keiner Weise verunsichert, im Gegenteil: Er blieb für den Rest meines Besuches in meiner Nähe und wollte am Ende sogar mit in mein Auto springen. Traurig für die Halter, aber das Verhalten zeigte deutlich, wie dankbar der Hund für die wahrscheinlich erste deutliche Orientierung in seinem Leben war – und wie sehr er sich nach Orientierung und Sicherheit durch klare, freundliche Führung gesehnt hatte.

Besonders „Pubertiere" testen uns aus.

Grenzen schenken Struktur und Frieden.

Aversive Methoden sind abzulehnen!

Der gezielte, an Situation und Persönlichkeit des Hundes angepasste Einsatz von Abbruchsignalen, Versöhnung und Möglichkeit zur Verbesserung muss deutlich von aversiven Trainingsmethoden unterschieden werden, die leider in manchen Bereichen der Hundeerziehung immer noch anzutreffen sind. Hunde, die überwiegend mit sogenannten aversiven Methoden, also Bestrafungen und lautstarken, verbalen Zurechtweisungen erzogen wurden, taten sich nicht nur beim Lösen von neuen Lernaufgaben und beim Erwerb neuer Fähigkeiten schwerer, sondern hatten auch ein höheres Risiko für Beißvorfälle und eine nicht so stabile Bindung zu ihren Menschen (Blackwell et al., 2008; Herron et al., 2009; Casey et al., 2014). **Eine überwiegend auf aversiven oder gar strafenden Maßnahmen aufgebaute Erziehung führt also zu lernschwächeren und im Umkehrschluss auch sozial problematischeren Hunden.**

Aggressive Handlungen gegen bekannte Personen und Familienmitglieder werden offensichtlich ganz besonders bei Hunden beobachtet, die mit massiver, auch körperlicher Zurechtweisung „erzogen" wurden (Herron et al., 2009). Auf Konfrontation ausgerichtete Beziehungsmethoden sind daher auch im Umgang mit dem Hund nicht nur aus tierschutzrechtlicher und ethischer, sondern auch aus unfallverhütender Sicht dringend abzulehnen und gehören endgültig in die Mottenkiste veralteter Erziehungsansätze.

Mimik im Nahbereich lesen lernen dürfen, bereitet den Weg in ein sozial reiches Leben.

HUNDESCHULE VERSUS DO-IT-YOURSELF

Studien von Emily Blackwell und ihrem Team zeigten Mitte der 2000er noch einen anderen, sehr bemerkenswerten Zusammenhang (Blackwell et al., 2008). Hunde, die in formalen Trainingseinheiten, also in der klassischen „Sitz, Platz, Fuß"-Hundeschule waren, zeigten damals in der Häufigkeit unerwünschten Verhaltens im häuslichen Umfeld keinerlei Unterschied zu solchen, die keine formalen Trainingseinheiten absolvierten. **Die Teilnahme an gut geführten Welpengruppen dagegen war eine der wesentlichen Voraussetzungen für ein statistisch geringeres Risiko von unerwünschtem Verhalten gegen andere Hunde.** Ein Ergebnis, das auch andere Studien erzielen konnten, z. B. von einer Forschungsgruppe um Ángela González-Martínez, die über C-BARQ Fragebögen untersuchen wollten, ob es zwischen freundlichem und aufgeschlossenem Verhalten als erwachsener Hund und dem Besuch von Welpen- und Junghundegruppen im ersten Lebensjahr einen möglichen Zusammenhang geben könnte. Tatsächlich zeigten diese Hunde weniger Aggressionsverhalten gegenüber fremden Menschen und Hunden, eine bessere Trainierbarkeit und mehr Freude an körperlicher Zuwendung (González-Martínez et al., 2019).

»Lebenslanges Lernen macht gelassen und hält Hunde länger fit.«

Für Hundehalter, die ohne formal korrekte Anleitung eines Trainers selbst zu Hause versuchten, mit Trainingseinheiten zu arbeiten, konnte ein höheres Maß an Aggression bei ihren Hunden dokumentiert werden und entsprechend schlechtere Werte in Trainierbarkeit und Zuwendung zum Menschen.

FORMALE ERZIEHUNG IN HUNDESCHULEN

Emily Blackwells Studie hat analysiert, dass gerade Verhaltensprobleme im Bereich der Kontrolle durch den Halter (z. B. An-der-Leine-Ziehen, Futter stehlen oder Jagen von Radfahrern, Joggern) in keiner Weise durch die Teilnahme an formalen Hundeschultrainingskursen beeinflussbar waren. Betrachtet man die Art des Umgangs mit dem Hund, so waren gerade bei den genannten Kontrollproblemhunden die, die mit allen Formen der Erziehung (positive Verstärkung, Bestrafung, negative Verstärkung wie z. B. Ignorieren – siehe Kasten S. 222 –, Wegschicken oder Vorenthalten von Belohnung) ausgebildet wurden, besonders anfällig. Bei unerwünscht aufmerksamkeitsforderndem Verhalten waren sogar diejenigen Hunde, die mit einer Kombination aus Belohnung und negativer Verstärkung erzogen wurden, wesentlich häufiger auffällig, als jene, die mit einer Kombination aus positiver Verstärkung und Abbruchsignalen erzogen wurden. Auch wenn in allen untersuchten Problemkategorien (Aggression, Furcht und Vermeidung, Kontrollprobleme sowie unerwünschtes Verhalten gegen fremde Menschen und Hunde) diejenigen, die mit Belohnung erzogen wurden, bessere Werte erzielten, waren die Effekte in den verschiedenen Problemverhaltensgruppen doch sehr unterschiedlich. In einigen Bereichen, etwa unerwünschtem Verhalten gegen unbekannte Menschen, war sogar der Unterschied zwischen reiner Belohnung und Kombination aus positiver und negativer Verstärkung nahezu nicht existent.

Die Herkunft der Hunde hatte übrigens einen sehr starken Effekt: Hunde aus dem Tierheim zeigten nicht nur ein höheres Maß an aufmerksamkeitsforderndem und trennungsbezogenem Verhalten, auch in anderen Bereichen des problematischen Verhaltens waren Hunde, die aus seriöser Zucht kamen, weniger auffällig als Hunde anderer Herkunft. Geschlecht oder Kastration des Hundes hatten dagegen keinen Einfluss auf die Häufigkeit von problematischem und unerwünschtem Verhalten.

LERNEN HÄLT FIT

Diese Ergebnisse bedeuten nicht, dass jegliches Lernen in Hundeschulen für Hunde unnütz sei – es kommt wie immer auf die Umstände – also die Art des Lernens und die Beziehung zwischen Mensch und Hund an. So konnte Elisabeth Hare durchaus einen positiven Zusammenhang zwischen einem hohen Grad an Ausbildung und mehr Gelassenheit und weniger Aggressionsbereitschaft feststellen, indem sie in einer Fragebogenanalyse das Alltagsverhalten von Rettungshunden mit dem von normalen Familienhunden verglich (Hare et al., 2018). Ein Ergebnis, das auch Lisa Wallis vom Family Dog Project der Universität Budapest in ihrer umfangreichen Persönlichkeitsstudie an 1 207 Hunden aus Ungarn feststellen konnte. Hier korrelierte die Anzahl an Aufgaben, die ein Hund ausführen konnte, positiv mit einer höheren Aktivität und mehr

Offenheit für neue Trainingseinheiten. Andersherum zeigten Hunde, die Minimum nur eine Aufgabe ausführen konnten, eine höhere Ängstlichkeit und Aggressivität gegenüber anderen, nichtmenschlichen Tieren und Menschen.
Auch auf das geistige Altern hat ein Leben mit mehr Input anscheinend einen positiven Einfluss: Hunde, die lebenslang viel lernen durften, zeigten eine verlängerte Aufmerksamkeitsspanne bei der Aufgabenbewältigung gegenüber Hunden, die während ihrer Lebenszeit nicht viel geistige Anregung erhalten hatten (Wallis et al., 2020). Zusammengefasst konnten Wallis et al. durch die Befragung der Halter zur Veränderung der Hundepersönlichkeit im Lauf eines Hundelebens drei wichtige Erkenntnisse gewinnen:

1. Lernbegeisterung, Erregung, Aktivität, Aggressionspotenzial wandelt sich im Lauf des Lebens.
2. Mehr Training sorgt für weniger Ängstlichkeit und mehr Lernbegeisterung.
3. Besonders Spielen und lebenslanges Training hat eine starke Wirkung auf eine bessere Konzentrationsfähigkeit im Alter.

Zusammenhang zwischen Ausbildungsart und Lösen von Problemen

Eine andere Forschungsgruppe, ebenfalls aus Budapest, hat sich die Frage nach dem Einfluss der Art der Ausbildung auf die Problemlösefähigkeit von Hunden gestellt. Dazu konfrontierten sie Familien-, Assistenz- und Therapiehunde mit einem Apparat, der vom Hund manipuliert werden musste, um an Futter zu kommen. Beim Lösen dieser Aufgabe bedienen sich Hunde meist zweier Strategien. Ein Teil der Hunde versucht, durch Blickkontakt mit dem Menschen dessen Hilfe anzufordern – diese Strategie wird als „soziale Strategie" bezeichnet. Andere Hunde zeigen eine größere Hartnäckigkeit und versuchen längere Zeit, selbst auf die

Auch ältere Hunde freuen sich über das gemeinsame Üben und Erfolge feiern mit Freunden.

Lösung des Problems zu kommen. Vorherige Untersuchungen konnten bereits zeigen, dass Hunde mit einer geringen Problemlösekompetenz schneller zum Menschen schauen.

Das Team um Fabricio Caballo interessierte in dieser Studie, ob Training einen Effekt auf die Fähigkeit haben könnte, eine eigenständige Problemlösefähigkeit zu entwickeln. Dazu wurde das Verhalten von insgesamt 90 Hunden verglichen, die in drei Gruppen unterteilt wurden:

- untrainierte Hunde (Gruppe 1),
- für Obedience und Agilitysport ausgebildeten Hunde (Gruppe 2),
- Arbeitshunde, die eine Ausbildung als Assistenz- oder Therapiehund erhalten hatten (Gruppe 3).

Gemessen wurde die Zeit, die sich die Hunde mit dem Apparat beschäftigten und wie schnell sie zum Menschen schauten. Die Hunde der Gruppe 1 erreichten die höchste Punktzahl im Bereich der sozialen Strategie, gefolgt von den Obedience- und Agility-Hunden. Assistenz- und Therapiehunde hatten die niedrigsten Punkte in der „sozialen Strategie", sie beschäftigten sich am längsten und erfolgreichsten mit der Lösung der Aufgabe. Die Forscher:innen schließen daraus, dass spezielles Training und Arbeitserfahrung die Fähigkeit zur unabhängigen und erfolgreichen Problemlösung gefördert haben. Aber auch generelles Training scheint die Problemlösefähigkeit zu steigern, wie die Werte der Agility- und Obediencegruppe zeigen konnten.

Ein hohes Trainingspensum scheint sogar Rasseunterschiede in der Fähigkeit zur Lösungsfindung für schwierige Aufgabe auszugleichen. Die Wiener Gruppe des Clever Dog Labs um Sarah Marshall-Pescini hat 128 Hunde aus vier Rasseschlägen (Retriever, Hütehunde, Mastiff-Artige und Mischlinge sowie sonstige Rassen) ausgesucht, die entweder sehr viel oder kaum Trainingserfahrung hatten. Auch hier zeigte sich, dass die gut ausgebildeten Hunde besser darin waren, einen Apparat zu bedienen oder zu erkennen, dass man einen Umweg laufen muss, um an eine Belohnung zu kommen – unabhängig von ihrer Rassezugehörigkeit (Marshall-Pescini et al., 2016)! Frühere Studien hatten deutliche Rasseunterschiede in der Fähigkeit zur Kooperation mit dem Menschen gezeigt (Wobber et al., 2009), die aber anscheinend durch ein hohes Trainingspensum ausgeglichen werden können.

BEZIEHUNG ALS ERFOLG VON ERZIEHUNG

Die wichtigste Voraussetzung für ein erfolgreiches Lernen und glückliches Zusammenleben ist, dass der Hund mit seinem Menschen in einer vertrauten und stabilen Langzeitbeziehung lebt. Annouk Haverbeke et al. (2010) untersuchten am Beispiel belgischer Militärdiensthunde den Einfluss des Gewöhnungs- und Vertrautheitsprogramms im Zusammenhang mit Furchtsamkeit und Aggressivität. Hunde, die mit ihren Menschen permanent zusammenlebten, hatten insgesamt eine sehr geringe Anfälligkeit für Aggressionsverhalten, zeigten eine aufrechtere Körperhaltung, also größere Souveränität, und auch seltener Übersprungverhalten wie etwa Gähnen. Hunde, die bei gleichem Dienstprogramm ohne das genannte Vertrautheits- und Beziehungspflegemanagement in einer Kontrollgruppe gehalten wurden, hatten in all den genannten Verhaltensbereichen wesentlich höhere Werte. Andrea Kerepesi und Co-Autoren aus der Gruppe von Ádam Miklósi zeigen des Weiteren, dass in Situationen, in denen entweder Angst, Furcht oder andere negative Begleitumstände für den Hund herrschen, die Anwesenheit des Hundehalters durch keine andere, auch keine andere bekannte Person ersetzt werden kann (Kerepesi et al., 2014).

ERZIEHUNG ZU EIGENSTÄNDIGEM DENKEN

Forscher wie Miklósi konnten beobachten, dass Hunde, die nicht unter „Dauerkontrolle" ihrer Menschen stehen, sondern frei laufen, Hund sein dürfen und eigene Lösungen für Probleme finden lernen können, viel besser in der Lage sind, Aufgaben eigenständig zu lösen (Interviewaussage in „Wissen Hunde, dass sie Hunde sind", Kitchenham, 2013). Leider wird Hunden oft von klein an jedes eigene Denken abgenommen. Sehen sie sich konfrontiert mit einem Graben, werden sie darüber gehoben anstatt weiter hinten den Baumstamm entdecken zu dürfen, über den man balancieren kann. Spannt sich beim Spaziergang die Leine, weil ein Laternenpfahl im Weg steht, dann entwirren besorgte Halter:innen diese, ohne dem Hund die Gelegenheit zu geben, zu lernen, dass man Hindernissen mit Leine geschickt ausweichen kann.

FÖRDERUNG DER PROBLEMLÖSE-FÄHIGKEIT

Besonders erste Versteckaktionen fördern die Problemlösefähigkeit. Dazu müssen wir die Verstecke nach und nach schwieriger gestalten und den Hund zum „Suchen und Finden" animieren – ein Erfolgserlebnis, das ihn darin bestärkt, immer länger konzentriert nach einer eigenen Lösung zu suchen.

WOZU IST EIGENSTÄNDIGES DENKEN GUT?

Zum einen macht es Spaß, einen Hund zu führen, der Freude daran hat, selbst nachzudenken und Problemlösungen auszuprobieren. Zum anderen fühlt sich Schlausein einfach gut an. Das kennen wir aus eigener Erfahrung: Wenn uns Nachdenken nicht abgenommen wird, sondern wir eigenständig eine Aufgabe lösen, fühlen wir uns toll. Und noch toller, wenn wir Anerkennung für unseren Pioniergeist und unsere Leistung von Personen bekommen, die uns wichtig sind. Unser Selbstbewusstsein wird gestärkt – eine Folge der Problemlösung, die gerade für den häufig verunsicherten, pubertierenden Junghund oder Hunde aus dem Tierschutz eine stärkende Erfahrung ist (viele Ideen dazu in Kitchenham 2023, 2015).

Man sollte dem Hund nicht alle Denkaufgaben abnehmen, sondern sein eigenes Erleben, Erkunden, Denken und Erinnern fördern und ihn dadurch klug und mutiger machen.

Eine gute Problemlösekompetenz und Hartnäckigkeit können auch Hunde erwerben.

Aus gestrecktem Lauf plötzlich innehalten – eine wichtige Fähigkeit (hier Abstoppen mit der Pfeife).

Bei Verhaltenstests, die sich mit Gehorsamsprüfungen oder mit dem Verhalten gegenüber einem selbstsicher auftretenden anderen Menschen (Abrufen von Futter, simulierte Tierarztuntersuchung) befassten, war dagegen kein Unterschied zwischen dem Hundehalter und der anderen, bekannten Person erkennbar. In Testsituationen, in denen Gehorsam vom Hund verlangt wurde, war ein vorangehendes, formales Training hilfreich und der Effekt der bekannten Person gegenüber dem Haupthundehalter noch schwächer, wenn der Hund vorher formale Trainingseinheiten mitgemacht hatte.

Diese Befunde zeigen sehr deutlich, dass Erziehung mit Beziehung zumindest einfacher wird. Gerade dort, wo es um allgemeine Umweltsicherheit, Vermeidung negativer Emotionen und daraus entstehende potenzielle Gefahren geht, ist der Hundehalter, der auch der Hauptbeziehungspartner des Hundes ist, durch einen anderen nicht ohne weiteres ersetzbar. Geht es um reinen Gehorsam, ist die vorangehende Beziehung sehr viel weniger bedeutsam.

Eine weitergehende Untersuchung, ebenfalls aus der Gruppe von Haverbeke und Diederich (2009), zeigte auch, dass das Risiko, von seinem eigenen Hund gebissen zu werden, für diejenigen Militärdiensthundeführer erheblich sank, die auch außerhalb des Dienstes mit dem Hund im familiären Umfeld zusammenlebten. Hundeführer, deren Hunde außerhalb des Dienstes weitgehend oder gar ausschließlich im Zwinger lebten, hatten ein sehr viel höheres Risiko, selbst von ihrem eigenen Hund irgendwann gebissen zu werden. Dies ist ein sehr gutes Argument dafür, dass auch und gerade bei einem sehr anspruchsvollen und bisweilen stressvollen Zusammenarbeiten mit dem Hund die im Hintergrund stehende soziale Beziehung eine wichtige Rolle in der Regelung von potenziellen Konfliktsituationen hat.

Wir können also zusammenfassend in jedem Fall nur davor warnen, den Hund einseitig zu reglementieren, von der sozialen Gemeinschaft auszuschließen, oder einseitig durch konditioniertes Gehorsamstraining kontrollieren zu wollen. Alle einschlägigen Versuche zeigen, dass daraus nicht nur ein geistiger Rückzug des Hundes und eine Verkümmerung seiner hohen sozialen und kognitiven Fähigkeiten resultiert, sondern oftmals auch eine dauraus folgende Problemsituation entsteht, die bisweilen nicht nur störend und lästig, sondern sogar gefährlich werden kann.

IMPULSKONTROLLE UND BEDÜRFNISAUFSCHUB

Eine der wichtigsten Leistungen im Lauf des Erwachsenwerdens ist, wenn man seine Bedürfnisse, Emotionen und Gefühle etwas besser kontrollieren kann.

Schon Kinder müssen lernen, frustrierende Situationen bewältigen und ihre Motivationen kontrollieren zu können, z. B. an der Ampel auf das „Grün"-Zeichen zu warten, bis sie über die Straße zu ihren Freunden auf der anderen Seite rennen dürfen. Kontrolle der unmittelbaren Verhaltensaktivität, Zurückhaltung, auch mal überlegen und eventuell sich gegen ein momentan stark aufkommendes Bedürfnis erfolgreich zur Wehr zu setzen, gehört zu den wesentlichen Voraussetzungen, damit man auch mit Artgenossen und anderen Sozialpartnern erfolgreich zusammenleben und auf höherer Ebene kooperieren kann. Dies gilt für Hunde in der Pubertät und während des Erziehungsprozesses genauso wie für Menschen und nebenbei, wie wir sehen werden, eine ganze Reihe anderer Tierarten.

Wir dürfen jedoch nicht vergessen, dass diese Selbstkontrolle nur dann möglich ist, wenn die Rahmenbedingungen funktionieren. Rahmenbedingungen zum Thema Selbstkontrolle sind vor allen Dingen eine gute Beziehung zum Menschen, dem man den Gefallen der Kontrolle tun möchte (siehe S. 104), und ein entsprechendes vorangegangenes Training, das vor allen Dingen den umsichtigen Aufbau der „Bleib-Übung" beinhaltet hat.

SELBSTKONTROLLE KOSTET ENERGIE

Dass Impulskontrolle nicht nur schwierig sein kann, sondern auch einen erhöhten Energieverbrauch nach sich zieht, haben Miller et al. (2010) sehr eindrucksvoll belegt. Hunde wurden entweder für einen Zeitraum von zehn Minuten in eine Hundebox gebracht oder mussten mit dem Signal „Sitz und Bleib" zehn Minuten in einem Raum allein bleiben. Im Anschluss daran erhielten beide Versuchsgruppen einen mit Futter gefüllten Apparat, bei dem sie aus Erfahrungen wussten, wie man sich das Futter erarbeiten kann. Im Gegensatz zu der Trainingsperiode davor, war der Apparat nun so verändert, dass kein Futter herauskam. Hunde, die vorher zehn Minuten mit dem Bleib-Signal zur Selbstkontrolle gezwungen worden waren, zeigten sehr viel weniger Beharrlichkeit und gaben sehr viel früher bei der schwierigen Aufgabe auf. Hunde, die zwar auch ruhig waren, dies aber gezwungenermaßen durch die Hundebox, arbeiteten länger (im Durchschnitt über 140 Sekunden, im Gegensatz zu unter 50 Sekunden bei den Hunden der Bleib-Gruppe).

Aus der menschlichen Psychologie wurde die Hypothese übernommen, dass dies etwas mit der Energieversorgung im Gehirn zu tun haben könnte. Ein Teil der Hunde erhielt daher vor der Beschäftigung mit dem schwierigen Apparat einen Glucosetrank, die andere Gruppe einen zuckerfreien Kontrolltrank. Und schon änderten sich die Ergebnisse. Während die Ergebnisse der Kontrollgruppe, die vorher in der Box war, mit und ohne Glucosetrank etwa gleich blieben, erhöhte sich die Ausdauer der Bleib-Signalhunde nach Genuss des Glucosetranks um das Doppelte. **Selbstkontrolle erfordert also sehr viel Energie, was wir berücksichtigen müssen, wenn wir unseren Hunden langwieriges, ruhiges Sitzen oder andere schwierige Aufgaben in der Kontrolle abverlangen.**

JAGDAUSLÖSENDE REIZE

Nach einschlägigen, und oftmals auch unangenehmen, Erfahrungen der meisten Hundehalter:innen und auch Trainer:innen ist die schwierigste Form der Selbstkontrolle bei Hunden sicherlich die, einem jagdauslösenden Reiz nicht hinterherrennen zu wollen. Einerlei, ob es sich nun um Radfahrer, echte Hasen, Bällchen und andere Wurfgeschosse oder im schlimmsten Falle auch um tanzende Kringel im Sonnenlicht handelt. Das Verlangen, diese sich schnell bewegenden Reize zu verfolgen, scheint für viele Hunde nahezu unkontrollierbar zu sein. Gerade hier ist also die Einstudierung von Selbstkontrolle und Bedürfnisaufschub ganz besonders wichtig – aber scheint eben auch besonders schwierig zu sein.

Ein Blick auf die Hirnstrukturen

Warum dies so ist, kann uns bereits ein Blick auf die beteiligten Hirnstrukturen erklären. Wie der französische Verhaltenstierarzt Bertrand Deputte (2007) in einer Zusammenstellung dargelegt hat, hat Jagdverhalten schon deshalb mit Aggression nichts zu tun, weil es von ganz anderen Regionen des Gehirns gesteuert wird. Das Jagdverhalten nimmt seinen Ausgang nicht im Bereich des emotionalen Zentrums des Gehirns, und auch das Großhirn ist nur wenig beteiligt. Stattdessen sind die für Jagdverhalten zustän-

Schritt für Schritt lernt Olga sich hinzusetzen, auch wenn Astrid weitergeht.

Zur Belohnung wird fröhlich gelobt und gespielt. Beide freuen sich über den Erfolg.

»Es hat Sinn, Aufgaben zur Selbstkontrolle mit positiven Erlebnissen zu verknüpfen, sie z. B. in ein Spiel zu integrieren und den Hund mit der Stimme positiv zu bestärken.«

digen Schaltkreise überwiegend im Mittelhirn angesiedelt, werden von dort direkt an den Hirnstamm durchgeschaltet und von da geht es dann in die Bewegungsmuskulatur, die ihre Befehle erhält. Das beteiligte Botenstoffsystem ist überwiegend das des Acetylcholins. Verknüpfungen von der Großhirnrinde nach unten sind nur sehr schwach ausgebildet, das Jagdverhalten läuft daher weitgehend ohne die Kontrolle des Großhirns ab.

Die für Impulskontrolle und Bedürfnisaufschub verantwortlichen Zentren im Gehirn befinden sich dagegen in der vorderen Region der Großhirnrinde. Im unteren Bereich des Stirnhirns sind zunächst die Bereiche angesiedelt, die zielgerichtete Entscheidungen treffen. Die Selbstkontrolle wird dann durch darüber geschaltete, aus dem oberen und seitlichen Stirnhirn stammende Fasern ausgeübt. In beiden Fällen sehen wir, dass es sich nicht um eine Region handelt, die primär mit dem Jagdverhalten assoziiert ist. Untersuchungen von Chen (2014) zeigen, dass kognitive und affektive Konfliktbewältigung offensichtlich in verschiedenen Regionen des Gehirns stattfindet. Wer also mit einer Aufgabe konfrontiert wird, die er durch Nachdenken und durch Einsatz von höherer Intelligenz lösen muss, der arbeitet mit einem anderen Teil des Gehirns, als wenn es sich um die Kontrolle einander widerstrebender oder in die Umweltsituation gerade unpassender Gefühle und intuitiver Bedürfnisse handelt.

Botenstoffe des Jagens

Auch die beteiligten Botenstoffe sind andere. Im Bereich der Selbstkontrolle im vorderen Stirnhirn spielen das Serotonin und das Dopamin die wichtigste Rolle. Ein ständig steigender Dopaminspiegel wird regelmäßig, auch bei Labortierstudien beobachtet, wenn Tiere sich sehr lange unter starker Selbstkontrolle aufhalten müssen, oder wenn sie schwierige Aufgaben lösen müssen, bei denen sie ihre impulsartigen oder gar reflexähnlichen Entscheidungen korrigieren müssen. Beispielsweise werden Tiere in eine Wahlapparatur gesetzt, bei der sie dann einen Knopf auf der rechten Seite drücken müssen, wenn auf der linken Seite ein Bild erscheint und umgekehrt. Diese und ähnliche Versuche, die auch mit Menschen durchgeführt werden, zeigen, wie schwierig es ist, gegen die Intuition solche Handlungen auszuführen. Muss das über einen längeren Zeitraum geschehen, steigt der Dopaminspiegel an, der Serotoninspiegel nimmt immer mehr ab. Wie wir später sehen werden, ist gerade die Aktivierung des Serotoninsystems in der vorderen Großhirnrinde, also dem vordersten Stirnhirn, sehr wichtig für eine erfolgreiche Impulskontrolle in Richtung der emotionalen Zentren. Wenn aber, wie beim Jagdverhalten, die emotionalen Zentren gar nicht beteiligt sind und dadurch eine direkte Faserverknüpfung von der Großhirnrinde ins Mittelhirn erfolgen müsste, wird die Sache noch schwieriger als z. B. bei einer sozialen oder anderen, mit emotionalem Bezug ausgestatteten Aufgabe.

AUS DER PRAXIS: VERBIETEN HEISST, IM GEGENZUG ETWAS BIETEN

Familie Jungbluth hatte sich in die Rasse English Setter verliebt, fürchtete aber, dass der Hund zum Jäger und ein entspannter Spaziergang im Wald unmöglich werden würde. Die um Rat gefragte Hundeschule legte deshalb von Anfang an Wert auf das Training der Impulskontrolle – Welpe Flint lernte deshalb „nebenbei" als spannendes Spiel getarnt, dass „Bleib" etwas sehr Positives ist.
Meistens bedeutete das Signal, dass gleich gespielt würde oder ihn eine spannende Aufgabe wie das Suchen und Finden des Spielzeugs und dann ein fröhliches Spiel erwartete. Deshalb lernte der Hund, immer länger zu warten. Als Junghund konnte er bereits Ablenkungen wie rennende Familienmitglieder/fliegende Bälle aushalten und warten, bis er das Signal zum Spielen oder Suchen bekam. Die Bleib-Übung wurde dann in alle Bereiche des Lebens verlagert: Im Dickicht musste er warten, bis sich die Familie versteckt hatte und dann dort gesucht werden durfte – um mit viel „Hallo" anschließend gemeinsam zu spielen. So lernte er, sich für den Geruch seiner Menschen und nicht für den von Hasen und Rehen zu begeistern.

Gewöhnungstraining: Der Welpe lernt, Enten ruhig zuzuschauen.

Blick ja, Verfolgung nein

Rehe und Hasen durfte sich Flint immer in Ruhe ansehen und wurde nicht durch Leckerlis abgelenkt – er wurde abgesetzt und durfte gucken. Jede Anspannung der Muskeln, die ein „Verfolgenwollen" andeutete, wurde schon im Ansatz durch ein klares „Nein" unterbrochen. So lernte er, den Anblick fliehender Rehe im Unterholz zu ertragen und fand sich schnell damit ab, dass Rehe, Hasen und Jogger zu jagen leider verboten, viele lustige Spiele mit seinen Menschen, die dem Jagdbedürfnis entgegenkommen, aber erlaubt waren. Entspannte Spaziergänge durch die Natur waren für Familie Jungbluth mit Flint nie ein Problem – durch das frühe und fröhliche, aber zielführende und intensive Training zur Impulskontrolle.

Stopp-Signal

Parallel wurde geübt, den Hund auch aus der Bewegung heraus abzusetzen und abzulegen. Diese Übung wurde wiederum als Jagd „getarnt", die Menschen liefen, er musste sich abrupt hinsetzen, durfte dann auf Zuruf wieder aufholen und es wurde gespielt. Am Ende konnte er aus vollem Galopp am Rad durch einen Pfiff gestoppt werden und setzte sich sofort hin – um danach dem weiterfahrenden Fahrrad wieder nachrennen zu dürfen. Dieses Training baut darauf auf, dass im Gehirn Stoffe freigesetzt werden, die Selbstkontrolle und Konzentrationsfähigkeit verbessern helfen. Ein Stopp-Signal im Rahmen dieser Übung erzeugt leichten Stress, der das Tier besonders zu Beginn des Trainings leicht verunsichert. Doch sobald der Hund richtig reagiert, geht das Spiel nach kurzer Anspannung weiter – dadurch steigt der Dopamingehalt im Blut und das neu Gelernte kann schnell fixiert werden.

Körperliches Halten kann ungestümen Hunden helfen, ruhiger zu werden.

IMPULSKONTROLLE IM ERSTEN JAHR

Wissenschaftliche Studien zeigen uns deutlich, dass wir Ruhe- und Entspannungstraining sowie die große Gelassenheit bei einem Hund individuell üben müssen.

Erfolgreich sein können wir aber nur dann, wenn diese Fähigkeit bereits vor der Aktivierung der einschlägigen, erregbaren und erregenden Schaltkreise abwechslungsreich und langsam steigernd mit dem Hund geübt wurde. Nur der Hund, der bereits ruhig und entspannt liegen kann, auch wenn eine Schulklasse mit Bällen um ihn herumtobt, wird später keine große Anfälligkeit zum Bällchenjunkie entwickeln. Gleiches gilt für andere, vor allem schnelle und bewegungsintensive Sportarten oder auch für alle Formen der Arbeit, an die der Hund mit Ruhe und Entspannung herangehen muss, um eine schwierige, bisweilen auch körperlich sehr anspruchsvolle Aufgabe zu lösen. Dies ist übrigens ein Vorgehen, das früher bei Jägern, Schäfern und auch immer noch z. B. in der Diensthundeausbildung bei kompetenten Behörden so gehandhabt wird. Nach unserem Kenntnisstand nimmt keine Polizeibehörde Diensthunde vor dem Alter von 1,5-Jahren in die Ausbildung, und auch Schäfer und Jäger nehmen sich ein Jahr nur für die Erziehungs- und Beziehungsarbeit ihrer Hunde Zeit, bevor sie sie dann zum ersten Mal mit ihrer eigentlichen Arbeit konfrontieren. Lediglich der Turbowahn vieler pokalsüchtiger, leider im Vereinswesen als Trainer:innen sehr häufig anzutreffender Personen führt heutzutage dazu, dass die Hunde bereits im Alter von sechs Monaten in gezieltes, sportliches Training gebracht werden. Man muss sich dann nicht wundern, wenn diese Hunde später ein Suchtpotenzial entwickeln.

ERST BEZIEHUNG, DANN TRAINING

Die dringende Empfehlung, die auch durch viele Trainererfahrungen gestützt wird: Das erste Lebensjahr ist bei Hunden für Beziehung und Erziehung (siehe S. 165) und für das große Ruhetraining und das Einstudieren von Entspannungsritualen wichtig. Erst wenn der Hund diese, in seiner Biologie eigentlich nicht automatisch angelegte Fähigkeit zu Bedürfnisaufschub und Selbstkontrolle hat, kann im zweiten Lebensjahr vorsichtig und kompetent mit einschlägigen Trainings- und Ausbildungsmaßnahmen begonnen werden.

BOTENSTOFFE FÜR IMPULSKONTROLLE

Wie wir gesehen haben, sind auch die beteiligten Botenstoffe in Zusammenhang mit der Affektkontrolle andere als diejenigen, die z. B. das Jagdverhalten steuern. Acetylcholin hat auch etwas mit dem Kurzzeit- und Ultrakurzzeitgedächtnis zu tun, diese beiden Gedächtnisformen werden durch Acetylcholin im Wesentlichen vermittelt. Sobald eine Information ins Arbeitsgedächtnis und später auch ins Langzeitgedächtnis übergeht, sind neurobiologisch andere Botenstoffe beteiligt, z. B. Glutamat als Impulsverstärker und eine Reihe anderer, chemisch sehr komplizierter Substanzen. In diesem Zusammenhang ist bemerkenswert, dass Studien an menschlichen Patienten gezeigt haben, wie man Affekt- und Impulskontrolle verbessern kann: **Man schult das Arbeitsgedächtnis.**

Patienten, die z. B. unter einer ADHS-Störung leiden und die im Lauf eines mehrmonatigen Trainings gelernt haben, ihr Arbeitsgedächtnis zu verbessern und damit die mittelfristige Informationsspeicherung im Gehirn trainiert haben, sind plötzlich auch zu einer besseren Impulskontrolle befähigt. Auch wenn die direkte neurobiologische Verbindung zwischen den dabei aktiven Botenstoffen noch nicht für diese Aufgabe belegt wurde, lassen die bereits gemachten Beobachtungen und früheren Erfahrungen aus der Neurobiologie des Lernens diese Schlussfolgerung zu (Schweizer et al., 2013; Hare et al., 2009; Koechel et al., 2014; u.a.).

GEWÖHNUNG AN REIZE

Auch die Gewöhnung an den Reiz hat eine positive Auswirkung auf die Kontrollierbarkeit impulsiven Verhaltens, wie eine Studie aus dem funtkionellen Magnetresonanztomographen (MRT) in Atlanta zeigen konnte (siehe S. 269). Hier lernten die Hunde im ersten Schritt außerhalb des MRT auf ein Signal hin mit der Nase eine Scheibe zu berühren. Im zweiten Schritt wurde zusätzlich zum Pfiff ein Handzeichen eingeführt, auf das der Hund mit Stillliegen reagieren sollte – und damit Impulskontrolle zeigen musste (Pfiff plus Handzeichen bedeutete, die Schnauze NICHT zu bewegen). Jetzt konnte der Test in den MRT verlagert und die Reaktionsmuster im Gehirn der Hunde bei dieser Kontrollsituation beobachtet werden. Deutlich wurde zum einen, dass die gleichen Hirnareale wie bei uns Menschen bei der erfolgreichen Impulskontrolle aktiv waren. Gleichzeitig konnte beobachtet werden, dass gut trainierte Hunde eine höhere Aktivität aufwiesen als junge Hunde oder Hunde, die auch im echten Leben keinen besonders gut ausgeprägten Bedürfnisaufschub praktizieren konnten, was durch Halterfragebögen zusätzlich ermittelt worden war. Das bedeutet im Umkehrschluss, dass sich der Grad der Impulskontrolle in der Gehirnaktivität widerspiegelt – und durch Gewöhnung steigerbar ist (Cook et al., 2016).

FÄHIGKEIT ZUM BEDÜRFNISAUFSCHUB

Ein weiteres US-Wissenschaftsteam hat sich der Erforschung der Impulskontrollfähigkeit bei Hunden verschrieben und herausgefunden, dass sie – ganz ähnlich wie bei uns Menschen – in unterschiedlichen Situationen verschieden gut ausgebildet sein kann. So fällt es manchen Menschen leicht, sich im kalten Winter in die Busschlange einzureihen und geduldig zu warten, bis alle ausgestiegen sind und man ins Warme kann – andere haben damit lebenslang zu kämpfen, können dafür aber ihren Appetit gut zügeln oder auch nicht. Die Verhaltensforscher:innen brachten die Hunde in unterschiedlich verführerische Situationen und konnten auch bei Hunden hier individuell sehr unterschiedliche Reaktionen und Talente beobachten. Die gute Nachricht lautet also: Impulskontrolle lässt sich auch erlernen, wenn man ein eher impulsiver Typ ist – aber man braucht dafür eben eventuell etwas länger.

Marshmallow-Test

Kaye (2008), Dalley et al. (2002) und vor allem die als Marshmallow-Test durchgeführten Untersuchungen von Mischel et al. (zusammengefasst 1989) zeigen, wie sehr die Fähigkeit zum Bedürfnisaufschub und damit auch zur Selbstkontrolle mit anderen Verhaltensbereichen verknüpft ist. Der Marshmallow-Test bestand darin, dass Kinder die Wahl hatten, entweder sofort eine Süßigkeit zu erhalten oder, wenn sie sich beherrschen konnten, einige Zeit später mehr davon zu bekommen. Bemerkenswert ist, dass diese, im Alter von vier Jahren getestete Fähigkeit zur Selbstkontrolle offensichtlich auch weitergehende Persönlichkeitseigenschaften vorhersagen lässt. So waren Menschen, die im Marshmallow-Test als Vierjährige zum Bedürfnisaufschub leichter befähigt waren, als Erwachsene zu besserer Selbstkontrolle und besserer Arbeitsorganisation befähigt und waren zielstrebiger und erfolgreicher in Schule und Ausbildung. Sie konnten auch besser mit Rückschlägen umgehen, waren sozial kompetenter und hatten seltener Probleme mit Drogen. Die ungeduldigen, emotional Instabileren schnitten in der Schule schlechter ab, obwohl sie nicht weniger intelligent waren. Menschen mit guter Selbstkontrolle, so lässt sich an Untersuchungen der Gehirnaktivität ablesen, nutzen ihre Neuronetzwerke effektiver, und auch das ist offensichtlich ein stabiles Merkmal, das sich über längere Zeit immer wieder erneut in gleicher Weise testen lässt. Kinder mit weniger Geduld haben auch im Erwachsenenalter ein größeres Zeitdefizit, weil sie irrelevante Informationen schwerer beiseiteschieben und dann auch mehr Fehler machen. Diese Fähigkeit lässt sich aber, wie Untersuchungen an Labortieren, bisweilen auch bei menschlichen Patienten mit Schizophrenie, ADHS-Störung und ähnlichen Phänomenen gezeigt haben, durchaus trainieren. Wichtig ist hier zu beachten, dass dieser Effekt sicher nur für Kinder und auch Hunde gilt, die nicht wiederholt durch falsche, nicht eingelöste Versprechungen ge- bzw. enttäuscht wurden. Heranwachsende mit derlei negativen Erfahrungen in aufregenden Situationen entwickeln anstatt einer guten Bedürfniskontrolle dann eher eine pessimistische Lebenseinstellung.

Die Fähigkeit, das eigene Bedürfnis aufzuschieben, kann im Lauf des Lebens verbessert werden.

Aus der Forschung

TRAINING FÜR MEHR INTELLIGENZ

— Dummyarbeit und Mantrailing

Im Kapitel Persönlichkeit haben wir bereits die fünf Persönlichkeitsachsen kennengelernt (siehe S. 47), die natürlich Einfluss auf die Art und Weise haben, wie wir mit unseren individuellen Hunden neue Dinge lernen und ihnen die Welt zeigen sollten. Jeder Hund hat zusätzlich noch seine eigene Biographie und bringt Rasseeigenschaften mit, die er in sich trägt. Das ergibt ein Potpourri an Bedingungen, die wir für das soziale Miteinander und in Lernsituationen beachten sollten. Dies erfordert von uns natürlich eine ziemlich große Portion sozialer Kompetenz, Wissen und eine gute Intuition, um zu erkennen, was für diesen einzigartigen Hund der richtige Weg ist, in die Welt geführt und angeleitet zu werden.

BEISPIEL GEWISSENHAFTIGKEIT

Am Beispiel der Gewissenhaftigkeit lässt sich schön darstellen, wie man diese beim Hund fördern kann. **Sie beschreibt die Fähigkeit, sich lange und eigenständig mit der Lösung eines Problems zu beschäftigen.** Auch wenn es sich hier natürlich um eine Charaktereigenschaft handelt, kann die Konzentrationsdauer und der Ehrgeiz zum eigenen Nachdenken auch bei Hunden gefördert oder unterdrückt werden. Ein Hund, der gern nachdenkt und eigene Lösungen für Probleme findet, ist sehr häufig ein selbstbewusster Hund – deshalb hat es z. B. Sinn, unsicheren Hunden viele kleine Erfolgserlebnisse beim Lösen von Problemen zu verschaffen, die sie immer selbstbewusster werden und begeisterter lernen lassen. Eine große Lernfreude wiederum kann uns dann dabei unterstützen, den Hund an immer neue Herausforderungen heranzuführen, sodass er irgendwann ein ganz normales, glückliches Hundeleben an unserer Seite führen kann.

Wie fördert man die Gewissenhaftigkeit?

Gewissenhaftigkeit fördern wir am besten, indem wir den Hund vor Aufgaben stellen, bei deren Lösung er sich immer länger konzentrieren und bereits gemachte Lernerfahrungen auf neue Situationen übertragen lernt. So lernt er bei der Beschäftigung mit Dummys z. B. im ersten Schritt, Dummys zu apportieren. Dann lernt er uns zu beobachten, wie wir im Garten Gegenstände variationsreich und immer schwieriger verstecken. Irgendwann werfen wir Dummys nicht nur,

»Impulskontrolle, Hartnäckigkeit bei der Problemlösung und Trainierbarkeit (Offenheit für neue Erfahrungen) – lässt sich erlernen!«

Hunde lernen zu „zählen", ...

... merken sich verschiedene Fallstellen ...

... und rennen nur zu dem Dummy, ...

... das durch den Menschen angezeigt wird.

sondern verbuddeln sie z. B. in einem Maulwurfshügel, kommen zurück zum Hund, schicken ihn zum Holen – und er muss sich an die vorher gemachte Beobachtung erinnern und das nicht sichtbare Dummy ausbuddeln und dann bringen. Das klingt simpel, führt aber dazu, dass, durch diese kleinen Erfolgserlebnisse befeuert, der Hund immer genauer beobachtet und immer flexibler beim Suchen agiert. Irgendwann kann ein Hund dann am Stück fünf Dummys (und mehr) nacheinander suchen und finden, die sehr unterschiedlich geworfen und versteckt wurden, teilweise außerhalb seines Sichtfeldes, so dass er sich erinnern, mit der Nase suchen, auf verschiedenen Ebenen suchen und einen nach dem anderen erfolgreich zurückbringen kann. Der Hund erwirbt bei diesen aufeinander aufbauenden Aufgaben verschiedene Kompetenzen:

- Konzentrationsfähigkeit
- Beobachtungsgabe
- verbesserte Impulskontrolle
- Hartnäckigkeit zum Lösen einer langwierigen Aufgabe (fünf Dummys finden und bringen)

Eine andere tolle Möglichkeit ist das Finden von Menschen beim Mantrailing, das besonders für unsichere Tierschutzhunde geeignet ist, um z. B. Furcht vor Fremden abzuschwächen oder zu überwinden. Hunde mit der Neigung zum Vorwärtsstürmen oder starkem Außenfokus sollten dagegen Aufgaben gestellt bekommen, die mit Ruhe und Zusammenarbeit verknüpft sind (siehe S. 280 f.).

RITUALE FÜR MEHR ENTSPANNUNG

Entspannungsübungen, die man durchaus mit einem Ritual verbinden und mit Entspannungssignalen oder anderen akustischen Informationen abrufen kann, sind für solche Zwecke geeignet. Gerade die für Entspannung notwendigen hormonellen und neurochemischen Bedingungen, etwa die Ausschüttung des sogenannten Bindungs- und Vertrauenshormons Oxytocin, lassen sich sehr gut konditionieren. Einen Hund mit einer Entspannungsmassage zu beruhigen und dann diesen Wohlfühleffekt mit einem Signalwort zu verknüpfen, gehört hier zum Standardrepertoire im Stressmanagement von hyperaktiven, aber auch ängstlichen oder gar panikgesteuerten Hunden.

Dummys können auch versteckt werden.

REDUKTION DER SUCHTGEFAHR

Die Umverlagerungen im Gehirn, die gerade in der Pubertät stattfinden, haben in vielfältiger Weise positive Auswirkungen. Tops et al. (2014) zeigten, dass eine Umverlagerung der Zuständigkeiten aus dem für suchtähnliches, schwer kontrollierbares Bestreben (und übrigens auch für rhythmische Bewegungsaktivitäten und Stereotypien) verantwortlichen Bereich des Streifenkörpers an der Basis des Großhirns, nach oben in den Bereich des seitlichen Stirnhirns (das wir schon für die Impulskontrolle kennengelernt haben), zu einer wesentlichen Reduktion der Suchtgefahr im späteren Leben führt. Die hier, in den Studien von Tops und Mitarbeitern als besonders wichtig identifizierten Hirnregionen sind diejenigen, die eben „Nestwärme“, das Wohlfühlerlebnis in der Umgebung bekannter und vertrauter Personen, im Gegensatz zu eher impulsivem Drängen und Bestreben des genannten Streifenkörpers, auslösen. Hier ist wiederum das Oxytocin, das Bindungs- und Vertrauenshormon, in der Jugendentwicklung mit entscheidend. Wer in einer stabilen, gesicherten und mit sozialem Wohlfühleffekt ausgestatteten Familie aufwächst, dem wird diese Aufgabenumlagerung vom drängenden Bestreben zur Betonung des familiären Wohlfühleffektes nahezu automatisch im Gehirn eingebaut. Auch wenn es dazu noch keine statistisch abgesicherten Daten gibt, erscheinen uns Hunde aus schlechten Aufzuchtbedingungen leichter zum Suchtpatienten zu werden.

SCHULUNG DER KONZENTRATION

Es ist durchaus sinnvoll, wenn wir unseren Hunden in diesem, für die Ausbildung der neuronalen Strukturen so wichtigen Zeitraum zu bewältigende, schwierige Aufgaben stellen, die für Konzentration und für eine Schulung des mittelfristigen Arbeitsgedächtnisses geeignet sind.

ZWANGSSTEREOTYPIEN

Noch in einem anderen Bereich spielt das Dopaminsystem im Streifenkörper eine wichtige Rolle: Studien aus der Arbeitsgruppe von Georgina Mason (zusammengefasst 2010) zeigten an Labor-, Nutz- und Zirkustieren, dass eine reizarme und wenig heraus-

Hier ist Erinnerungsvermögen und Naseneinsatz gefragt.

fordernde Umwelt in den ersten Lebensmonaten zu Defiziten in der Ausbildung des Dopaminsystems gerade im Streifenkörper führt. Es gibt bei diesen Tieren weniger dopamingesteuerte Fasern als bei Tieren, die in einer reizangereicherten, abwechslungsreichen und interessanten Umwelt aufwachsen. Die Folge ist, dass im späteren Alter gewissermaßen das Gehirn nach jedem Tropfen Dopamin lechzt, den es in diesen Regionen noch bekommen kann. Früher oder später entwickeln die meisten Tiere dann ihre Stereotypie, eine rhythmisch wiederholte Zwangshandlung, um sich diesen Dopaminkick selbst verschaffen zu können. Das Aufwachsen in einer interessanten, angereicherten Umgebung ist daher eine der wesentlichen Voraussetzungen, um später gegen die Entstehung solcher stereotyper Zwangshandlungen geschützt zu sein. Die Bedeutung einer sorgsamen Sozialisierung mit der Umwelt wird auch in der Studie unter der Leitung von John Bradshaw deutlich. Wuchsen Hunde im Zeitraum zwischen dem 6. und 12. Lebensmonat in einer sozial abwechslungsreichen und aufmerksamkeitsfördernden Umwelt auf, entwickelten diese später praktisch nie Trennungsprobleme. Dabei spielte die Rasse oder der Mischlingsstatus genauso wenig eine Rolle, wie die Herkunft, also ob die Hunde aus dem Tierschutz oder vom Züchter stammten (Bradshaw et al., 2002).

SELBSTKONTROLLE

Auch im vorderen Großhirn spielt Dopamin eine wichtige Rolle, bei dem es um Selbstkontrolle oder dem Gegenteil geht. Serotonin und Dopamin sind hier Gegenspieler. Gerade proaktive A-Typen, Individuen der Katecholaminsteuerung, werden dann in einer Erwartungssituation ganz besonders überdreht, hektisch und hyperaktiv. Da das Dopamin als lernverstärkende Substanz im Gehirn wirkt, führt das früher oder später dazu, dass Handlungen, die dem Abbau bzw. der gleichmäßigen Produktion von Dopamin dienen, als erlernte Verhaltensstrategien fixiert werden. Auch das sind oft wieder Stereotypien, die dem Tier den Kick verschaffen, wenn schon die Umwelt ihn momentan nicht bietet. An dieser Stelle, so haben Untersuchungen von Ijichi et al. (2014) deutlich gezeigt, besteht auch die Gefahr durch besonders schmackhafte oder anderweitig besonders hochwertige Belohnungen.

Gerade proaktive, zur Hyperaktivität neigende A-Typen sind von besonders schmackhafter und qualitativ besonders hochwertiger Belohnung in eine so hohe Erwartungshaltung versetzt, dass schon im Vorfeld dieser kaum kontrollierbaren Erwartungsphase heftige, bisweilen auch stereotype Bewegungsabläufe gezeigt werden. Gerade bei solchen Kandidaten ist es also besonders wichtig, wenn man auf ruhige Stimme oder auf ruhige soziale Zuwendung als Belohnung setzt.

CHAOS IN DER UMWELT SORGT FÜR CHAOS IN DER SEELE

Noch ein weiterer Bereich der Kontrollmöglichkeiten, während der Jugend und vor allem im Bereich der Pubertät, rückte durch verschiedene Labortier- wie auch humanpsychiatrische Studien in den Fokus der Aufmerksamkeit: Die Fähigkeit, während der Jugend und speziell im Zeitraum rund um die Pubertät Kontrolle über seine Umgebung ausüben zu können, also Vorhersagbarkeit und Planbarkeit zu haben, führt zu einer Stärkung serotoninabhängiger Zellen in der Großhirnrinde, zu einer Schwächung der serotoninabhängigen Regionen im Bereich des Mandelkerns und zu einer verstärkten Durchschaltung von serotoninabhängigen, dämpfenden Fasern aus der vorderen Großhirnrinde in den Bereich des Mandelkerns (de Boer et al., 2009; Marquez et al., 2013). Dies führt dazu, dass auch später Wut, Ärger und andere negative Emotionen besser kontrolliert werden können.

Labortiere oder auch jugendliche Menschen, die mit permanentem Druck, mit sehr viel Aggression und mit einer permanenten Empfindung des Kontrollverlusts und des hilflosen Ausgeliefertseins in der Pubertät konfrontiert

Hunde müssen auch lernen dürfen, schwierige Situationen selbst zu bewältigen.

werden, entwickeln diese Fähigkeiten nicht. Sie werden später oft durch antisoziale und unkontrollierbare Wutaggression auffällig. Die Labortiermodelle sind hier erschreckend ähnlich dem, was man leider bei manchen menschlichen Jugendkriminellen erlebt: Die Mäuse beißen unkontrolliert in Hals, Kehlkopf und Bauchregion von narkotisierten, beschwichtigenden, sich unterwerfenden oder sonst absolut harmlosen Artgenossen und sind durch nichts von diesen schwer beschädigenden Attacken abzubringen. Zum Glück kennen wir nur wenige Hunde, die diesem System entsprechen, aber einige haben wir in unserer Beratungspraxis durchaus schon kennengelernt, die mit Druck, Aggression und anderen rauen Methoden in der Pubertät derartig verändert wurden, dass sie später zu solchen Wutattacken neigten. Es ist dann nur äußerst mühsam und nur mit sehr kompetenter Trainerhilfe möglich, diese Hunde von diesem Trip wieder herunterzuholen.

ZUTRAUEN IN DEN EIGENEN HUND

Auch in harmloserer Weise ist Frustrationsbewältigung ein wesentlicher Teil des Erziehungsprozesses. Wer lernt, durch eigenes, selbstständiges Tun eine schwierige Situation zu lösen und sich dadurch eine erfolgreiche Problemlösung zurechtzulegen, bei dem werden im Bereich des Mittelhirndaches die für das aktive Stressmanagementsystem (das adrenerge System) zuständigen Zellschichten verdickt. Die Zellzahlen erhöhen sich und die von dort ausgehenden Nervenfasern werden vermehrt. Dies bedeutet, dass auch dieser Teil des Gehirns mit seinen Aufgaben wächst. Im Gegensatz zum passiven Stresssystem ist jedoch ein verstärktes aktives Stresssystem auch lernbereit und in der Lage, sich Problemlösungen nicht nur zu überlegen, sondern auch sehr schnell erfolgsabhängig anzueignen. Eine Vergrößerung der Rechner- und Leitungskapazität in diesem Bereich des adrenergen Systems im Mittelhirn ist also eine wichtige Voraussetzung, um auch später schwierige, langwierige und eventuell nicht ganz ungefährliche Aufgaben erfolgreich bestehen zu können. Neurobiologisch gesehen spielen alle diese Prozesse zusammen und sind in der Welpen- und Junghundezeit ganz besonders wichtig. Auch ältere Hunde können diese Art von Affekt- und Impulskontrolle noch lernen, aber dann wird es wesentlich schwieriger, und zumindest an ihrem Ausdrucksverhalten erkennt man, dass ihr Stresshormonpegel in dieser Situation der erzwungenen oder eingeforderten Selbstkontrolle höher zu sein scheint. Hunde, die im Lauf ihres Erziehungsprozesses in der Jugend bereits mit diesen Fähigkeiten ausgestattet und dafür auch belohnt wurden, haben es später sehr viel einfacher, auf bereits vorhandene Schaltkreise und Nervenverknüpfungen zurückzugreifen.

SYSTEM DER ABWECHSLUNG

Beobachtet man das Spiel von erwachsenen oder älteren Hunden mit heranwachsenden, pubertierenden Jungspunden, so sieht man genau dieses System der Abwechslung: Da wird heftig und temperamentvoll gespielt und gebalgt, dann kommt plötzlich ein Abbruchsignal und der gestoppte Jugendliche ist keineswegs sauer und verlässt auch nicht schmollend die Gruppe. Stattdessen hält er inne, legt sich eventuell sogar hin, nimmt kurz eine Distanz zum Sender dieses Signals ein, und meist beginnt das Spiel dann an der gleichen Stelle wieder. Hier ist die Kombination von verschiedenen neurochemischen Maßnahmen offenbar zur Perfektion geworden. Durch das heftige, überschäumende Spielen werden Botenstoffe im Gehirn freigesetzt, die zu einer Strukturierung und Verbesserung gerade jener Regionen führen, die mit Selbstkontrolle, Konzentrationsfähigkeit etc. zu tun haben (siehe S. 197).

Innehalten nach überschäumendem Spiel fördert die Impulskontrollfähigkeit.

Durch das Abbruchsignal wird eine sanftere Belastung erzeugt, die das Tier in eine gewisse Unsicherheit versetzt. Kaum hat es aber richtig auf dieses Abbruchsignal reagiert, also aktiv die Problemlösung durch selbstständiges Tun gefunden, beginnt das Spiel von neuem. Und die Kombination aus diesem, durch den sanften Druck des Gestopptwerdens leicht erhöhten Stresshormonpegels, mit dem anschließenden durch die Fortsetzung des Spiels nochmals gesteigerten Dopaminpegels, ist optimal für eine Fixierung eines Lerninhaltes.

SELBSTBEHERRSCHUNG UND RUHERITUALE

Es kommt also auch im Umgang mit unseren Hunden nicht darauf an, das eine zu Lasten des anderen zu tun. Überschäumendes Spielen ist nötig, aber die dazwischengeschalteten Ruhe- und Selbstkontrolleinheiten sind es eben auch. Schwierige, aber lösbare Aufgaben sind ebenso geeignet, den Hund in diesen Zufriedenheitszustand zu versetzen.

Druck, Kontrollverlust und das Ausüben von gewalttätigen Maßnahmen führen dagegen nur zu einer Verschlechterung der Impulskontrollfähigkeit, und können bisweilen bei bestimmten Hunderassen auch zu schwerwiegendem bis gefährlichem Problemverhalten führen.

WIE VERHALTEN SICH HUNDE?

Am besten ist es, wie immer, zu schauen, was Hunde so machen; hier wechseln Jagdsequenzen mit Ruhesequenzen ab, je nach emotionaler Befindlichkeit der beteiligten Tiere. Da lässt sich auch ein erwachsener Hund von einem Jungspund einmal zu einem Jagdspiel überreden, das dann plötzlich zu wild und deshalb vom erwachsenen Tier deutlich abgebrochen wird. Anschließend wird vom Junghund genau geschaut und das emotionale Befinden des Gegenübers taxiert – um dann angemessen weiterzuspielen oder die erneute Spielaufforderung besser sein zu lassen. Oder der Althund reagiert demonstrativ nicht auf die Aktionen eines Jungspunds, um dann plötzlich mit einem einzigen Abbruchsignal seine penetrante Nerverei zu beenden – und anschließend liegen alle einträchtig ruhend wieder beieinander. Nach diesen lehrreichen Vorbildern aus der Hundewelt können auch wir im Spiel Impulskontrolle oder im Alltag gezielte Entspannung üben (Gansloßer und Kitchenham, 2017). Der Effekt lohnt sich.

PUBERTÄT – GERADE JETZT IST ERZIEHUNG WICHTIG

Eben noch hatten wir einen Junghund, der zu unserer großen Freude kinderleicht zu erziehen war und auf viele Signale wie den Rückruf oder Sitzen und Bleiben schon sicher reagiert hat.

Doch plötzlich bellt er an einem Tag fremde Menschen verängstigt an, ohne dass wir den Grund erkennen können. Gleich am nächsten Tag kennt er das Signal „Komm" nicht mehr, provoziert, scheinbar größenwahnsinnig geworden, einen erwachsenen Rüden auf der Hundewiese und legt es auf eine handfeste Auseinandersetzung an.
Warum aber ein eigenes „Kapitel" für diesen recht kurzen Lebensabschnitt? Ganz einfach: Weil diese wilde Zeit für das Thema unseres Buches – die Bindung zwischen uns und unserem Hund – richtungsweisend sein kann. Leider sind aber gerade in dieser, für den Hund so sensiblen Phase viele Menschen nicht bereit, die plötzliche Veränderung im Wesen des Hundes mit liebevoller Konsequenz zu begleiten – und resignieren stattdessen oftmals geradezu persönlich beleidigt. Dabei braucht der Hund gerade jetzt unsere sichere Führung und freundliche Unterstützung auf dem Weg, die Welt durch einen veränderten Blickwinkel neu und ohne Angst wahrnehmen und mit dem damit einhergehenden Stress umgehen zu können. Dabei stimmt es nicht, dass wir in dieser Lebensphase „von vorne anfangen" und „alles bereits Gelernte wieder neu erarbeiten müssen". Der umsichtige Aufbau einer stabilen Mensch-Hund-Bindung in der Welpen- und Junghundezeit ist die beste Voraussetzung, um weniger stürmisch durch diese entscheidende Phase in der Entwicklung der Hundepersönlichkeit zu kommen. Dieser Erfahrungswert vieler erfahrender Trainer:innen und Hundehalter:innen wird jetzt durch eine neuere Studie gestützt. Von Kindern wissen wir bereits, dass es einen Zusammenhang gibt zwischen einer unsicheren Eltern-Kind-Bindung, einer frühzeitigen Geschlechtsreife und mehr Konfliktpotenzial in der Beziehung zu den Erwachsenen während der Pubertät.

PUBERTÄT

Streng genommen müsste man von Adoleszenz sprechen, denn der Begriff Pubertät ist eigentlich reserviert für das Erreichen der rein körperlich/sexuellen Geschlechtsreife. Aber im allgemeinen Sprachgebrauch hat sich der Begriff „Pubertät" auch für jenen Zeitraum eingebürgert, in dem zwar die physische, die rein sexuelle Geschlechtsreife schon erreicht ist, das Tier aber noch keineswegs „sozial fertig" ist. In diesem Sinn werden auch wir diesen Begriff hier verwenden.

Erziehungsversäumnisse während der Pubertät haben nicht selten dieses traurige Ende.

AUFLEHNUNG VS. SICHERE BINDUNG

Doch auch Hunde zeigen unterschiedliche Intensität im Bestreben nach Eigenständigkeit und Auflehnung, je nachdem, wie gut aufgehoben sie sich in ihrem Zuhause während ihrer Jugend gefühlt haben. Das zumindest hat die Studie eines britischen Forschendenteams um Lucy Asher ergeben. Sie testete die Bindungsintensität von 70 Hündinnen der Rassen Deutscher Schäferhund, Labrador und Golden Retriever zu ihren Halter:innen. Mittels dieser Bindungstests konnten stabile und unsichere Bindungsbeziehungen ermittelt werden. Parallel gaben von den Menschen ausgefüllte Fragebögen Auskunft über die Intensität des pubertären Verhaltens der heranwachsenden Hündinnen. Im Ergebnis konnten die Forscher:innen zeigen, dass Hunde mit unsicherer Bindung zu ihrem Menschen in der Pubertät weniger auf bereits gelernte Signalwörter reagierten und eine deutlich schlechtere Trainierbarkeit zeigten als gleichaltrige Artgenossinnen, die eine stabile, auf Vertrauen basierende Bindung zu ihrem Menschen in den Bindungtests gezeigt hatten (Asher et al., 2020). Leider führt gerade dieses „unzuverlässige, freche“ Verhalten pubertärer Hunde häufig dazu, dass sich manche Hundehalter:innen „persönlich enttäuscht von ihrem Hund“ zeigen und sich als Reaktion aus der Erziehungsverantwortung zurückziehen. Eine dramatische Entwicklung, denn zusätzlich zur unsicheren Bindung wird der heranwachsende, orientierungssuchende Hund allein gelassen und muss selber Strategien entwickeln, wie er soziale und reizintensive Situationen für sich lösen kann. Ohne Anleitung sind hier natürlich den beschriebenen Suchtgefahren (siehe S. 202) Tür und Tor geöffnet, die gerade jetzt zu einer sehr schnellen und langfristigen Etablierung von Verhaltensproblemen führen können. Ein Teufelskreis, bei dem nicht selten der ehemals „ach so schlaue“ Welpe als einjähriger Hund plötzlich im Tierheim sitzt. Damit genau dies nicht passiert, lohnt sich nicht nur ein guter Bindungsaufbau (siehe S. 202 ff.), sondern auch umfassendes Wissen um die wichtigen Entwicklungsprozesse während der Pubertät unserer Hunde.

ANFANG UND ENDE DER PUBERTÄT

Stimmungsschwankungen und emotionale Instabilität sind wichtige Erkennungszeichen für die beginnende Pubertät.
Wie bereits erwähnt, hat der amerikanische Verhaltensbiologie William Mason die Sozialisation, also die Verhaltensentwicklung eines höher entwickelten Tieres, in mehrere Aufgabenbereiche unterteilt:

1. Vertrautheit mit den nicht sozialen Umweltreizen.
2. Einübung der artspezifischen, sozialen Verhaltensweisen.
3. Einpassung in die aktuell gerade vorliegende Gruppensituation, das Beziehungsnetz, in dem man sich befindet, mit allen dort üblichen Regeln und Gepflogenheiten.

Gerade der letzte Bereich ist ein wesentlicher Teil des Erziehungsprozesses, und ein sehr großer Teil dieses Prozesses läuft bei höher entwickelten sozialen Säugetieren (und auch etlichen Vögeln) in der Pubertät ab. Bislang hat der Welpe/Junghund alles hingenommen, was ihm begegnet ist und sich an uns orientiert. Jetzt muss er vieles noch einmal neu aus verändertem Blickwinkel (nämlich unter Hormoneinfluss) erleben und abspeichern (was ist gefährlich, was ist harmlos).
Der Beginn der Pubertät ist bei unseren Hunden relativ einfach festzustellen: Rüden beginnen, das Bein zu heben und bei Hündinnen zeigt sich der erste Anflug einer Vor-Läufigkeit, also die Vorbereitung der ersten, manchmal allerdings noch stillen Hitze.
Das Ende ist wesentlich schwieriger zu definieren. Aber da geht es den Hunden nicht anders als uns, auch bei unseren zweibeinigen jugendlichen Artgenoss:innen ist das Ende der Pubertät nicht so genau festzustellen. Für Hunde können wir nur eine Faustregel anbieten: Wer schon einmal eine Hündin durch die Pubertät begleitet hat, weiß, dass sie zumindest während der ersten drei Läufigkeiten jedes Mal ein Stück weit erwachsener wird. Wir könnten also annehmen, das Ende der Pubertät bei der Hündin wäre frühestens erreicht, wenn die dritte Läufigkeit mit allen danach folgenden Erscheinungen wie Scheinmutterschaft und Scheinschwangerschaft abgelaufen ist. Bei Rüden dürfte es sich um einen ähnlichen Zeitraum handeln, bei größeren Rassen eher noch etwas länger.

ENTWICKLUNG VON SOZIALVERHALTEN

Welche wichtigen Aufgaben die Pubertät gerade für die Entwicklung des Sozialverhaltens hat, zeigen z. B. die Untersuchungen von Norbert Sachser an Meerschweinchen eindeutig. Die Pubertät ist also keineswegs ein Vorrecht von besonders hochintelligenten Arten wie Menschenaffen, Elefanten oder eben auch den Hunden. Bei Studien an afrikanischen Huftieren wie z. B. Thomsongazelle (Fitzgibbon, 1994), Mandrills (Setchell, 2003), Gnus und den genannten Meerschweinchen zeigte sich, dass erhöhte Risikobereitschaft, Stimmungsschwankungen und andere Verhaltenseigenschaften der Pubertät durchaus auch in ähnlicher Weise wie bei uns Menschen zu beobachten sind – sogar bei Alligatoren wird Pubertät beschrieben (Gansloßer, 2023). Die Studien an Mandrill, Orang-Utan und anderen Affenarten haben auch belegt, dass für den Anstieg des aggressiven Verhaltens und für die insgesamt emotionale Instabilität während der Pubertät überwiegend nicht der Anstieg der Sexualhormone, sondern die Schwankungen im Bereich der Stresshormone, speziell des Cortisols, verantwortlich sind.

VOM RISIKO DER UNABHÄNGIGKEIT

Eine sehr bemerkenswerte Beobachtung im Zusammenhang mit permanenten Regelübertretungen wurde zunächst von Marc Bekoff an seinen Kojoten, in Folge auch an anderen Hundeartigen berichtet: Wer permanent beim Spielen unfair ist, sich also immer wieder gegen die sozialen Regeln verhält und auch nicht bereit ist, durch Entschuldigungen oder andere, konfliktreduzierende Verhaltensweisen den Schaden wieder einzugrenzen, wird mit der Zeit tatsächlich gemieden. Und diese, dann längerfristig wirklich geschnittenen und ignorierten Zeitgenossen verlassen als Erste das elterliche Rudel und suchen ihr Glück in der Fremde. Hierzu scheint es, zumindest bei Rüden, auch eine erbliche Komponente zu geben: Untersuchungen am amerikanischen Rotwolf, einer mit Kojoten nahe verwandten und hoch bedrohten Art von Kaniden, zeigten Rüden eine genetische Komponente des Abwanderungsverhaltens. Die Erblichkeit ist jedoch auch hier wieder nur so hoch, dass Umweltfaktoren den größeren Teil an der Steuerung dieses Verhaltens übernehmen, aber immerhin so groß, dass auch die Abwanderungsstrategie von Söhnen und Enkeln der ihres Vaters bzw. Großvaters ähnelt und das auch berechenbar ist. Das Abwandern aber, das zeigten schon Bekoffs Beobachtungen an den Kojoten, ist eine riskante Strategie und man kann dabei auch sehr leicht Schaden nehmen oder sogar umkommen. Aus diesem Grund, weil das Abwandern einerseits gefährlich ist und nur mit einem geringen Prozentsatz an Erfolg in der Fremde tatsächlich zur eigenen Fortpflanzung führt, besteht die gemischte Strategie: Abwandern oder Zu-Hause-Bleiben in Abhängigkeit vom sozialen Umfeld und von den sonstigen Umweltfaktoren. Oft scheint es, als seien Hunde aber auch junge Menschen im Stadium der Pubertät zwischen diesen beiden Bedürfnissen – Eigenständigkeit versus Heimeligkeit – hin- und hergerissen.

SCHILDDRÜSE UND PUBERTÄT

Ein weiteres, gerade bei unseren Haushunden oftmals falsch interpretiertes Verhaltensproblem bezieht sich auf die Wirkung der Schilddrüsenhormone (vgl. Gansloßer und Strodtbeck, 2012). Die Schilddrüse beginnt gerade im Zeitraum der Pubertät mit einer besonders wichtigen Aktivität: Nur durch einen Anstieg der Schilddrüsenhormone können Nervenwachstumsfaktoren und andere, für die Reifung des Gehirns notwendigen Botenstoffe in ausreichendem Maß im Gehirn freigesetzt werden. Daher zeigen sich die Probleme einer möglichen beginnenden Schilddrüsenunterfunktion beim Hund oft gerade mit Beginn der Pubertät. Das wiederum verleitet viele sogenannte Fachleute zu der sehr vorschnellen Empfehlung, diesen Hund schnellstens kastrieren zu lassen, da er nun anfangen würde, „dominant zu werden". Hiermit wird aber ein Teufelskreis in Gang gesetzt, denn die Kastration erhöht das Risiko einer Schilddrüsenunterfunktion auf das Dreifache. Die genannten Probleme, etwa Konzentrationsschwäche, Stimmungsschwankungen, unerklärliche Aggressionsanfälle sind oftmals Begleitsymptome des beginnenden Thyroxinmangels und haben mit den Sexualhormonen direkt nichts zu tun. Doch auch bei normaler Schilddrüsenfunktion werden durch die Frühkastration teilweise fatale Wirkkreise in Bewegung gesetzt: Nimmt man dem Tier die Sexualhormone weg, wird der Reifungsprozess des Gehirns weitgehend gestoppt, und die Verhaltensprobleme beginnen nun aus zweierlei Ursachen: einerseits als Folgen einer sich nun noch häufiger entwickelnden, echten Schilddrüsenunterfunktion, andererseits durch den Wegfall der ordnenden und reifungsfördernden Wirkungen der Sexualhormone im Gehirn direkt. Gerade die Umorganisation der Verantwortung vom emotionalen System in die Großhirnrinde fällt dann weg.

WAS MACHT DIE KASTRATION MIT MEINEM HUND?

WAS PASSIERT ANATOMISCH BEI DER KASTRATION?

Die chirurgische Kastration bedeutet die Entfernung der Hoden (beim Rüden) und die Entfernung der Eierstöcke (plus ggf. Gebärmutter bei der Hündin). Die Produktion der Sexualhormone (Testosteron, Östrogen und Progesteron) wird dadurch weitestgehend gestoppt. Eine Kastration ist nicht zu verwechseln mit einer Sterilisation, bei der lediglich die Eileiter (bei der Hündin) und die Samenleiter (beim Rüden) durchtrennt werden und der Hormonhaushalt unberührt bleibt. Eine Alternative zur chirurgischen Kastration ist der Probelauf mittels Kastrationschip (für Rüden), der unter die Haut injiziert wird und für eine gewisse Zeitspanne ebenfalls die Produktion der Sexualhormone unterdrückt, jedoch mit dem großen Vorteil, reversibel zu sein (Strodtbeck und Gansloßer, 2011).

WAS PASSIERT AUF HORMONELLER EBENE?

Durch die Entfernung der Gonaden entfällt die Produktion der Sexualhormone, da beim Rüden das Testosteron überwiegend in den Hoden und bei der Hündin das Östrogen und Progesteron in den Eierstöcken produziert werden.

Die Sexualhormone erfüllen viele Aufgaben im Hundekörper und sind als wichtige Drahtzieher für weitere Hormone und Botenstoffe von Bedeutung. Ein sehr wesentliches Wechselspiel besteht zwischen den Sexualhormonen und dem Stresshormon Cortisol. Dabei üben die Sexualhormone eine stressdämpfende Wirkung aus. In einfachen Worten: Wenn die Sexualhormone als Gegenspieler abflauen, dann steigt das Cortisol darauffolgend an (Henry und Stephens, 1977). Ein Hund kann somit nach einer Kastration gestresster, ängstlicher und panischer

Darstellung der Wechselwirkung des Stresshormons Cortisol mit den Sexualhormonen als Gegenspieler.

sein aufgrund der wegfallenden „Stoßdämpfer" des Cortisols. Dass ein ohnehin schon ängstlicher Hund daher nie kastriert werden sollte, versteht sich beinahe von selbst.

WAS MACHT ES MIT DEM VERHALTEN MEINES HUNDES?

Die Wunschliste an kastrationsbedingten Veränderungen ist lang, jedoch steht eines fest: Eine Kastration ersetzt keine angemessene Bindung und Beziehung zum Hund, welche im Vordergrund bei jeder Hundeerziehung stehen sollten.
Ein oft genannter Kastrationsgrund ist die Aggressivität. Doch gerade diese Verhaltensweise weist ein großes Spektrum an Unterformen auf. Während die Angstaggression cortisolgesteuert ist und sich nach einer Kastration sogar verschlimmern oder gar erst postoperativ auftreten würde, sind auch die Selbstverteidigungs- und Futterverteidigungsaggression nicht sexueller Natur und würden sich nach einer Kastration ggf. verschlechtern. Auch die Aggressivität aus Eifersucht hängt nicht per se mit den Sexualhormonen zusammen, sondern rührt aus einem anderen System, bei dem das Vasopressin, Oxytocin und Östrogen maßgeblich beteiligt sind.
Aufgrund der hormonellen Veränderungen und vermutlich vieler damit zusammenhängender Faktoren können sich Probleme im Hundeverhalten entwickeln sowie bereits vorhandene Auffälligkeiten bestehen bleiben oder sich verschlimmern. Kastrierte Rüden weisen laut Kaufmann et al. (2017) vermehrt Stress, Panik und Aggressionen auf und unterscheiden sich hier signifikant von ihren unkastrierten Artgenossen (Abb.).

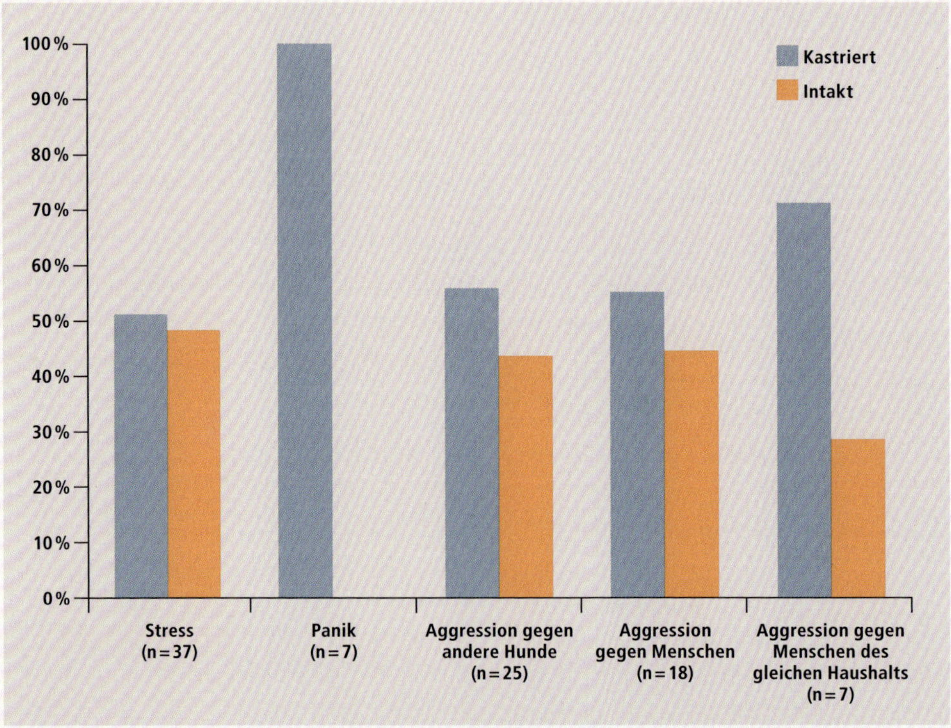

Prozentualer Vergleich der 54 Fallstudien aus der Kastrationsstudie der Rüden (Kaufmann et al., 2017)

WAS MACHT ES MIT DER GESUNDHEIT MEINES HUNDES?

Neben Veränderungen im Hundeverhalten kann auch die Gesundheit des Hundes durch eine Kastration in Mitleidenschaft gezogen werden. Die Zahl an Studien über kastrationsbedingte Veränderungen wächst stetig an. So deuten Hart und Hart (2021) auf ein erhöhtes Erkrankungsrisiko für Diabetes, Schilddrüsenunterfunktion, Hüftdysplasien, Kreuzbandrisse, Prostatakrebs oder Mastzelltumoren hin. Laut Sundburg et al. (2016) steigt auch das Risiko für Autoimmunerkrankungen (wie Colitis oder Atopische Dermatitis) nach einer Kastration enorm an. In Bezug auf die am meisten gefürchteten Gesäugetumoren sei hier kurz darauf verwiesen, dass die Panik zwar oft sehr groß ist, das tatsächliche Risiko und die aktuellen Zahlen jedoch ganz anders aussehen. Hier sollte sich weniger auf irreführende Fallzahlen berufen werden.

WAS PASSIERT, WENN ES ZUM FALSCHEN ZEITPUNKT PASSIERT?

Bei der Frage nach einer Kastration kommt es vor allem auf den richtigen Zeitpunkt an. In erster Linie sollte niemals zu früh kastriert werden, da es andernfalls zu erheblichen gesundheitlichen Folgen kommen kann. Von einer Frühkastration wird gesprochen, wenn der Eingriff vor der Beendigung der Pubertät durchgeführt wird. Als Richtwert hilft es, sich an der Hündin der jeweiligen Rasse zu orientieren. Wenn die dritte Läufigkeit vollzogen ist, kann die Pubertät als beendet angenommen werden. Kleinere Hunde sind hier oft schneller (nach ca. 1,5 bis 2 Jahren), größere brauchen mitunter etwas länger (nach 2,5 bis 3,5 Jahren).
Da während der Pubertät lebensnotwendige Entwicklungsschritte stattfinden, würde einem frühkastrierten Hund ohne die Sexualhormone dieser enorme Reifesprung fehlen. Frühkastraten weisen daraufhin einen weniger robusten Knochenbau sowie deformierte Knochen und Gelenkserkrankungen auf, leiden folglich oft unter Schmerzen und besitzen neben ihrem schlaksigen Gang und einem höheren Infektionsrisiko oft kognitive Einschränkungen wie Orientierungslosigkeit (Hart und Eckstein, 1997; Salmeri et al., 1991; Torres de la Riva et al., 2013; Hart et al., 2014; Howe et al., 2001).
In jedem Fall wäre eine Frühkastration der falsche Schritt, um eine leichtere Erziehbarkeit zu erreichen, zumal es in der Pubertät zu Serotonin- und Thyroxinschwankungen kommt und diese ebenso Gegenspieler vom Cortisol sind bzw. der Cortisolabbau durch das Thyroxin veranlasst wird (Strodtbeck und Gansloßer, 2011).

WAS SAGT DAS TIERSCHUTZGESETZ?

Laut dem Tierschutzgesetz ist eine Kastration nur mit ärztlicher Indikation erlaubt. Unter § 6 Abs. 1 TierSchG steht geschrieben, dass eine Amputation von Körperteilen verboten ist. Ausgenommen seien Fälle „zur Verhinderung der unkontrollierten Fortpflanzung". Allerdings gilt es hier genauer hinzuschauen und ebenso die Kommentare zum § 6 zu beachten. So sind diese Ausnahmefälle nicht grundsätzlich auf Hunde anwendbar, da ihre Fortpflanzungssituation durchaus kontrollierbar ist. Eine Kastration, die ohne medizinische Indikation durchgeführt wird, steht demnach auf juristisch wackeligen „Pfoten" (Bartscherer et al., 2021).

ÜBER DIE AUTORIN

Carina Kolkmeyer (geb. Kaufmann) promoviert an der Universität Vechta im Fachbereich Biologie. Ihr Forschungsschwerpunkt ist das Sozialverhalten kastrierter und intakter Hunde. Da die Kastration ein großer Einschnitt ins Hundeleben bedeutet, bietet sie gemeinsam mit der Mammalia AG individuelle Einzelberatungen an. Neben ihrer Leidenschaft für die Hundeforschung, widmet sie sich auch der Forschung im Zootierbereich.

ABWANDERUNG BEI WILDKANIDEN

Betrachten wir die Vorgänge rund um die Pubertät zunächst auf ökologischer und evolutionsbiologischer Ebene, so lassen sich gerade hier auch Studien an verschiedenen Wildkaniden im Vergleich etwa zu verwilderten Haushunden sehr gut als Modell für unseren Haushundumgang und dessen Erziehung anführen. **Ein absolutes Muss in der Pubertät sind soziale Kontakte, und das eben auch durch positive, freundliche, spielerische und andere, dem gegenseitigen Wohlfühlen dienliche Verhaltensweisen.**

AUF IGNORIEREN FOLGT IN DER NATUR ABWANDERUNG!

Das leider von vielen Hundeschuleinrichtungen empfohlene längere Ignorieren eines pubertierenden Jungspunds zur Strafe für seinen Ungehorsam ist eine Verhaltensweise, die man bei wildlebenden Kaniden (z. B. Schakale, in Moehlmann, 1989) nur kurz vor dem Abwandern sieht. Es gibt nur eine Situation, in der Schakaleltern oder auch andere Kanideneltern ihre heranwachsenden und herangewachsenen, jüngeren Artgenossen längere Zeit schneiden und nicht beachten: Wenn sie ihnen die Kündigung nahe legen, d. h. sie zum Verlassen des „Hotels Mama" und dem dazugehörigen Territorium auffordern möchten.

DAS BISCHOFFSCHE MODELL

Das Bischoffsche Modell geht davon aus, dass der Sicherheitsanspruch eines Jugendlichen vor und während der Pubertät immer mehr abnimmt, der sogenannte Autonomieanspruch, der auch unter anderem eine Folge einer höheren Aktivierung eines Erregungssystems ist, dagegen zunimmt.

In allen anderen Fällen werden die Babysitter und jugendlichen Hilfskräfte mit Spielverhalten, sozialer Körperpflege und ab und zu auch mit Futterversorgung bei Laune gehalten. Wer also, und sei es auf Anraten eines noch so bekannten Trainers, seinen Hund in dieser Situation ignoriert, verhält sich wie ein Schakalelter, der, sei es aus Nahrungsmangel oder anderen Gründen, gern die Familie verkleinern möchte und deshalb den ältesten, schon weitgehend Selbstständigen das Abwandern nahebringen möchte. Das Abwanderungsverhalten bei Kaniden ist übrigens keineswegs eine Reise ohne Wiederkehr. Claudio Sillero-Zubiri (zusammengefasst 2008) hat an mehreren Arten dargelegt, dass auch abgewanderte und bereits voll erwachsene Nachkommen irgendwann ins elterliche Rudel zurückkehren können, sei es nur kurzfristig auf Besuch (dann werden sogar Spieleinheiten mit den gerade anwesenden jüngsten Geschwistern getätigt), oder sei es auch auf Dauer, z. B., wenn man einige Jahre lang in der Fremde keinen Erfolg hatte.

VERLOCKENDER DUFT VON ABENTEUER

Betrachtet man z. B. die Vorgänge rund um die Abwanderung von Wölfen, wie sie etwa der kanadische Wolfsforscher Francois Messier (1995) beobachtet hat, so lassen sich diese verblüffend gut mit dem vom Züricher Psychologen Norbert Bischoff entwickelten Steuerungsmodell der Pubertät in Einklang bringen (Gansloßer et al., 2020 und Kasten). Die ansteigende Suche nach erregenden und aufregenden neuen Erlebnissen und gleichzeitig die Langeweile in der gewohnten, familiären Umgebung spielen einander gegenseitig zu und führen insgesamt zu einer Verlängerung und Erweiterung von Erkundungsausflügen. Das letzten Endes hat Messier genau bei seinen Wölfen beobachtet: Je älter sie werden, desto weiter bleiben sie bei Gruppenwanderungen mal hinter dem

Ignorieren von Fehlverhalten ist in der Pubertät kein guter Rat – bei Wolfsrudeln führt dies zur Abwanderung des Jungwolfes.

Rudel zurück, desto länger dauert es, bis sie sich dem Rudel wieder anschließen, und schließlich übernachten sie auch mal auswärts. Diese Auswärtsübernachtungen nehmen zu und eines Tages bleiben sie eben ganz weg.

Bei einer ganzen Reihe von Säugetierarten (Löwen, Gorillas, Wüstenspringmäusen, und anderen, Zusammenfassung siehe Gansloßer, 2020) wurde deutlich, dass auch eine mangelnde Vertrautheit der Heranwachsenden mit den in der Gruppe gerade „regierenden" Leittieren ein Anlass für die Abwanderung sein kann. Wechselt z. B. der Gruppenanführer, oder werden die Jungtiere eine Zeitlang durch einen künstlich eingebrachten Zaun am regelmäßigen Sozialkontakt mit dem Rest der Familie gehindert, so wandern sie schneller und früher ab.

ÖKOLOGISCHER GRUND FÜR ABWANDERUNG

Der ökologische Grund für die forcierte Abwanderung ist ganz oft, und auch das zeigen u. a. Beobachtungen an Wölfen und anderen Wildkaniden, in einem sich ankündigenden Nahrungsmangel begründet. Manche Wolfsrudel reagieren auf Nahrungsknappheit mit einer Vergrößerung des Streifgebietes und gleichzeitiger Beibehaltung der Kopfzahl, andere behalten die Reviergröße bei und reduzieren die Kopfzahl, eben dann durch Abwanderung vor allem der ältesten noch anwesenden Babysitter und Junghelfer. Nach all diesen Ausführungen sollte klar sein, dass eine Kürzung der Ration und gleichzeitiges Ignorieren in der Phase der Pubertät eine völlig verfehlte Vorgehensweise ist, wenn es darum geht,

Wer die Pubertät gut überstanden hat, kann sich auf ruhigere Zeiten freuen.

einen Hund für seinen Ungehorsam oder einfach nur für sein pubertierend überschießendes Temperament zu maßregeln. Die Überdrussreaktion, die Suche nach dem Kick, die erhöhte Risikobereitschaft ist übrigens gerade auch bei Antilopen und anderen Huftieren, und keineswegs nur bei Affen oder unseren eigenen Artgenossen, immer wieder beschrieben worden. Neurobiologisch gibt es dafür auch einen Grund, den wir später noch kennenlernen werden (siehe S. 218 ff.).

ABWANDERUNGSTENDENZEN

Den von Bischoff angesprochenen Bindungsaufbau bzw. -umbau zu erzielen und einen Herangewachsenden auf Dauer in den elterlichen Sozialverband zu integrieren, ist durchaus eine mühsame Geschichte. Leitplanken, soziale Regeln und Richtlinien kann man nur kennenlernen, wenn man sie austestet, auch mal überschreitet, und dann erkennt, was anschließend passiert. Gerade dieses Grenzenaustesten findet man sehr häufig bei anderen Tierarten, beschrieben wurde es z. B. bei Gorillas und anderen höher entwickelten Affenarten. Wer einen pubertierenden und einen erwachsenen Hund gleichzeitig zu Hause hat, erkennt auch am Gesichtsausdruck des erwachsenen Tieres, wie genervt es bisweilen von den ständigen Regelüberschreitungen und Regelverletzungen des Jungspundes sein kann. Gerade ein pubertierender A-Typ ist hier ganz besonders prädestiniert, anderen auf den Nerven herumzutrampeln. Auch dafür gibt es eine neurobiologische Erklärung (siehe S. 221).

NEOTÄNIE

Glücklicherweise sind Haushunde neotän, d. h., sie werden – besonders in der Beziehung zu uns Menschen – nie vollständig erwachsen. Eine Folge dieser Neotänie, dieses permanenten Jugendlichbleibens, ist auch eine veränderte und weniger stark entwickelte Abwanderungsstrategie. Freilandstudien an verwilderten Haushunden zeigen in verschiedenen Ländern von Indien bis Italien, dass verwilderte Haushunde durchaus auch bis zum Seniorenstadium in ihrem Geburtsfamilienverband bleiben (zusammengefasst bei John Bradshaw, 2012; Kitchenham (Hrsg), 2019). So etwas findet man normalerweise in freier Natur bei nicht-domestizierten Kaniden nicht. Trotzdem sollten wir uns nicht darauf berufen, dass Haushunde ja ohnehin nicht abwandern, und deshalb die bereits kritisierten Ignorier- und Futterkürzungen wieder einführen. Denn auch innerhalb eines Hundeverbandes, wie wir bereits gesehen haben, gibt es die Insider, die Außenseiter und die Eremiten (siehe S. 100, 154). Und auch wenn ein Haushund nicht abwandert, sondern nur Eremit oder vielleicht auch nur Außenseiter wird, ist das ja nicht die Art von sozialer Beziehung, die wir mit unserem vierbeinigen Kumpel haben wollen. Wir möchten ihn/sie ja als Familienmitglied im Insiderkern unserer zwei/vierbeinigen Familie haben.

ABBRUCH UND VERSÖHNUNG

Verhaltensbiologische Beobachtungen an Wölfen, Haushunden und anderen Arten zeigen auch, dass durchaus durch Abbruchsignale oder andere Zurechtweisungen die Regeln eingefordert und durchgesetzt werden. Wir haben aber auch bereits gehört, dass die Versöhnung im Anschluss daran besonders wichtig ist. Das gilt besonders in solchen Zeiten, in denen eigentlich eine gewisse Programmierung auf Abwanderung oder auch nur Distanzierung vom elterlichen Verband im Gehirn vorhanden ist.

WER WANDERT AB?

Bemerkenswerte Befunde zur Abwanderungsstrategie bei Hundeartigen lassen sich auch in den Arbeiten von Moehlmann und Hofer (1989, 1995) ableiten. Bei kleinen Fuchsarten wandern überwiegend die Rüden ab, und es gibt durchaus auch Gruppen von einem Rüden und zwei oder sogar drei weiblichen Tieren, die dann gemeinsam das Revier nutzen und evtl. sogar gemeinsam Junge bekommen. Die mittelgroßen Arten, etwa Schakale und auch große Fuchsarten, zeigen eher ein ausgeglichenes Abwanderungsverhalten, hier wandern Rüden und Hündinnen gleichermaßen ab. Bei den ganz großen Arten, etwa den Wildhunden, Wölfen und anderen großen Kaniden dagegen wandern überwiegend die Fähen ab, und die Rüden bleiben in der Überzahl. Dies geht sogar so weit, dass beim afrikanischen Wildhund oft mehrere, meist verwandte Rüden gemeinsam mit einem einzigen weiblichen Tier das Rudel bilden. Die erstaunlichsten Beobachtungen dazu stammen aus den Untersuchungen des Ehepaars Creel im ostafrikanischen Tansania: Junge weibliche Tiere bekommen mehr Rüden, und bauen damit u. U. eine größere und schlagkräftigere Familientruppe auf. Ältere Weibchen dagegen bekommen mehr Hündinnen, diese wandern ab und gründen neue Sozialverbände oder schließen sich einer Rüdengruppe an.
Einige anekdotische Beobachtungen an Haushunden lassen vermuten, dass die Größenabhängigkeit des Sozialverbandes bei verschieden großen Rassen ähnlich sein könnte. Wie wir bereits gesehen haben, hängt die Beteiligung der Rüden, und damit auch deren Integration in den Familienverband, u. a. von der Wurfgröße und vom Entwicklungszustand der Welpen bei der Geburt ab. Beides wiederum ist abhängig von der Größe der betreffenden Muttertiere. Größere Mütter bekommen größere Würfe, aber die Jungtiere sind weniger weit entwickelt, so dass der Vater wiederum einen höheren Beitrag leisten kann. Es wäre sehr spannend, hier einschlägige Befunde von Hundezüchtern verschieden großer Rassen zu vergleichen.

EVOLUTIVER ANLASS FÜR ABWANDERUNG

Der evolutive Anlass für die in der Pubertät sehr häufig auftretenden Abwanderungen ist einerseits in einer weitgehenden Vermeidung der Inzuchtgefahr, andererseits in einer Regulierung des Nahrungszugangs und einer möglichst geringen Konkurrenz zwischen Nachkommen und Eltern zu sehen.

»Es lohnt sich, auch im Zeitraum der Pubertät in die Erziehung und Weiterbildung unseres Hundes viel Zeit und Liebe zu investieren, auch wenn es uns manchmal völlig erfolglos erscheint.«

PROZESSE IM GEHIRN

Das Startsignal für die Pubertät wird von zwei sogenannten Pubertätsgenen gegeben, die passenderweise Kiss 1 und Kiss 2 heißen. Diese führen über einen hormonellen Regelkreis zu einer Erhöhung der Sexualhormone. Der Anstieg der Sexualhormone wiederum führt dann zu einer verstärkten Produktion von Schilddrüsenhormon, Nervenwachstumsfaktoren und anderen, in einem wahren Cocktail von Botenstoffen wirkenden Substanzen. Körperlich wird zu diesem Zeitpunkt so langsam das Längenwachstum abgeschlossen, die Wachstumsfugen an den langen Röhrenknochen schließen sich, es kommt aber auch zum Umbau im Bereich von Muskulatur, Herz- und Kreislaufsystem und im Bereich der Bewegungskoordination. Der merkwürdig schlaksige Gang von Jugendlichen, den wir durchaus auch bei Hunden sehen, ist also nicht nur eine Folge des absoluten Cool-sein-Wollens. Es kommt auch vom kurzfristig aus dem Gleichgewicht geratenen Größenwachstum der verschiedenen Extremitäten, der verschobenen Muskelansätze und auch der kurzfristig wegen Umbau eingeschränkten feineren Bewegungskoordination (vgl. Strodtbeck und Borchert, 2018).

UMBAUMASSNAHMEN

Sehr bedeutsam sind aber auch die Umbaumaßnahmen im Gehirn. Die Verknüpfung von Nervenfasern, und damit die leitende Verbindung zwischen verschiedenen Gehirnregionen, wird kurzfristig gelockert und Verknüpfungen werden abgebaut. Dies führt durchaus auch zu einer Verlangsamung der Übermittlungsgeschwindigkeit und bisweilen auch zu einer altersbedingt sehr hohen Vergesslichkeit und Konzentrationsschwäche. Diese, auch bei Hunden z. B. von Lisa Wallis und ihrem Team aus Wien nachgewiesene Konzentrationsschwäche bei Hunden in der Pubertät ist bildlich betrachtet u.a. dadurch erklärbar, dass sozusagen noch keine Glasfaserkabel eingezogen, aber die alten Kupferdrähte aus dem Schaltapparat bereits entfernt worden sind. Gleichzeitig konnte aber auch an einer Reihe von Hunden unterschiedlichen Alters gezeigt werden, dass gerade während der Pubertät die Lernfähigkeit dieser Hunde besonders hoch ist. Gerade in dieser Zeit, in der sie zunächst durch eine verringerte Aufmerksamkeitsspanne und verringerte Konzentrationsfähigkeit charakterisiert sind, ist es besonders wirkungsvoll, Formen des Trainings zu fördern, die das eigene Nachdenken und die eigene Konzentrationsfähigkeit erhöhen (siehe S. 191). Hunde, die in dieser Zeit mit konzentrations- und problemlösungsfördernden Maßnahmen konfrontiert wurden, zeigten eine Verbesserung der Konzentrationsleistung und eine besonders gute Lernfähigkeit. Einige Gehirnregionen vermehren ihre Zuständigkeiten und ihre Verknüpfungen während der Pubertät dramatisch, andere geben Aufgaben ab. Zu den „Verlierern“ der

Pubertätszeit zählen eindeutig die Mandelkerne, das als Emotionszentrum bezeichnete zentrale Element des limbischen Systems. Rezeptordichten im Mandelkern nehmen ab, sogar Nervenzellenzahlen können verringert werden, und der Mandelkern wird zunehmend durch von oben herabkommende Fasern unter die Kontrolle und Aufsicht der Großhirnrinde gestellt. Die Großhirnrinde dagegen nimmt an Verantwortung zu, die abwärts steigenden Fasern von verschiedenen Regionen der Großhirnrinde zum Mandelkern sind meist erregungsdämpfender Natur, die Rezeptordichten im Großhirn steigen und dadurch besteht auch die Chance, künftig etwas überlegter und rationaler zu handeln. Diese Umbaumaßnahmen betreffen das Gehirn insgesamt, jedoch sind einige Zuständigkeitsbereiche ganz besonders davon betroffen.

Emotionale Kontrolle

Der erste, sehr stark davon betroffene Bereich ist der der emotionalen Kontrolle. Während der Mandelkern und die anderen Teile des limbischen Systems bei Welpen und jungen Jugendlichen noch weitgehend unkontrolliert agieren können, was zu einem sehr stark intuitiven und „bauchgesteuerten" Verhalten führt, werden die Emotionen nach veränderter Pubertät sehr viel stärker durch die rationalen Überlegungen der Großhirnrinde im Zaum gehalten.

Empathie

Ein zweiter Bereich, der während der Pubertät umgebaut wird, betrifft das Einfühlungsvermögen, die Fähigkeit zur Empathie und zum Erkennen der emotionalen Gestimmtheit des Gegenübers. Auch diese Fähigkeit sitzt bei Kindern und jungen Jugendlichen im Mandelkern und wird später in die Großhirnrinde verlagert. Während also Welpen und junge Junghunde noch intuitiv erkennen, wie es einem Artgenossen geht, sind sie wohl als Erwachsene eher auch rational dazu befähigt, aus der eigenen Situation auf die des Artgenossen zu schließen. Zumindest ist dies beim Menschen so und die Prozesse sind nun einmal neurobiologisch sehr ähnlich.

Erfolgserlebnisse sorgen besonders jetzt für langzeitstabile Verknüpfungen im Gehirn.

Die Herausforderungen sollten der Tagesform angepasst werden.

Problemlösung und Konzentration

Der dritte Bereich betrifft die Fähigkeit zur Problemlösung, zum konzentrierten Arbeiten. Hierfür ist besonders der Bereich des linken, seitlichen Stirnhirns zuständig, und dort werden während der Pubertät vor allem die dopaminabhängigen Regionen gestärkt. Das heißt, dass es nun auch Spaß machen kann, sich längere Zeit mit einer Aufgabe konzentriert zu beschäftigen, auch wenn diese möglicherweise nicht sofort zu einem lustbetonten, schnellen Ergebnis führt.
Die Kontrolle des Großhirns, gerade über die Problemlösung, zeigt sich auch darin, dass Erwachsene auch dann weiterarbeiten (sollten!), wenn der unmittelbare Spaß an der Arbeit aufhört. Dass dies keineswegs nur beim Menschen so ist, zeigen Ausbilderberichte von Rettungs-, Dienst- und anderen Hunden für gefährliche oder schwierige Aufgaben. Dort sind oft die nach den letzten Auswirkungen der Pubertät voll erwachsenen Hunde wesentlicher konzentrierter und wesentlich zuverlässiger bei der Arbeit, und gerade in solchen Jobs müssen Kastraten dann oft irgendwann aus der Arbeit herausgenommen werden, weil ihnen diese Durchhaltefähigkeit entgegen dem eigenen Lustgewinn oft fehlt.

ZWEITE, WICHTIGE UMWANDLUNG

Neben der verstärkten Kontrolle, gerade über Problemlösung, aber auch über soziales Beziehungsmanagement durch das Großhirn insgesamt, gibt es noch eine zweite, sehr wichtige Umwandlung: Die Gehirnregionen übernehmen nun mehr Zuständigkeiten in kleineren, eng miteinander vernetzten Zellgruppen. Nicht nur durch die Beobachtung der elektrischen Aktivität, sondern auch durch die Messung des Energieverbrauchs und des Hirnstoffwechsels lassen sich all diese Umbaumaßnahmen erkennen. Gerade der höhere, aber nur noch auf kleinere Gruppen von Zellen beschränkte, angestiegene Energieverbrauch, bei besonders konzentrierter oder schwieriger Arbeit, ist einer der wesentlichen Erfolge der Umstrukturierung nach vollendeter Pubertät.

DEFIZITE IN DER ÜBERGANGSZEIT

Da jedoch alle diese Umbaumaßnahmen bei laufendem Betrieb stattfinden müssen, bleiben in der Übergangszeit Defizite und Funktionsmängel nicht aus. Wenn der Mandelkern die Zuständigkeiten bereits teilweise verloren hat, das Großhirn oder die von ihm ausgehenden Verknüpfungen dagegen noch nicht vollständig ausgereift sind, ist eben niemand da, der die Aufgabe schnell und zuverlässig erledigt. Das wirkt sich nicht nur auf die bereits erwähnte Konzentrationsschwäche aus, genauso finden wir auch bei Pubertierenden die mangelnde Empathiefähigkeit, die dann wiederum dazu führt, dass man auch anderen auf den Nerven herumtrampelt, ohne es zu merken oder sich dafür groß zu interessieren, und eine erhöhte Risikobereitschaft.

BEDEUTUNG DER PUBERTÄT

Ziehen wir zum Schluss noch einmal die Frage nach der Bedeutung und nach der Wichtigkeit dieses lebensgeschichtlichen Abschnitts heran, so ist klar zu erkennen, dass es eben ohne Pubertät nicht geht. Wer sich in ein bestehendes Beziehungsnetz, in eine bestehende soziale Gruppe integrieren und dort einen Platz als selbstständig agierender Erwachsener finden will, darf nicht so sehr darauf Rücksicht nehmen, welche Risiken er dabei eingeht. Er muss auch riskieren, sich den Unmut seiner Artgenossen zuzuziehen. Sogleich darf es ihm auch nicht so sehr viel bedeuten, wenn er sie dabei in ihren eigenen Interessen einschränkt und ihnen Unbehagen bereitet.

AUTONOMIE VOR SICHERHEIT

Ebenso trifft es für denjenigen zu, der sich für die Abwanderungsstrategie entscheidet. Das Risiko, das man in der Fremde antreffen wird, muss man momentan zumindest als geringer einschätzen als die Verlockungen, die einen dort möglicherweise erwarten werden. Daher ist ein erhöhtes risikosuchendes Verhalten durchaus eine notwendige Voraussetzung für eine erfolgreiche Loslösung von der Familie. Der Autonomieanspruch muss über das Sicherheitsbedürfnis siegen, sonst kommt man nie von der heimischen Familie weg.

Erzieherisch ist die Gradwanderung zwischen einem Einstudieren von Regeln, Grenzen und sozialen Gepflogenheiten, dem immer wieder erfolgenden Auffangen und Reintegrieren eines möglicherweise dadurch frustrierten Jugendlichen eine Meisterleistung, leider auch bei unseren Zweibeinern. Umso erstaunlicher ist es, dass sehr viele Hunde durch diese schwierigen Zeiten besser hindurchfinden und sich trotzdem noch in ihren menschlichen Familien wohlfühlen.

HOHE FEHLERTOLERANZ

Wie wir bereits gesehen haben, sind sie ja Menschen gegenüber sehr viel nachsichtiger, als andere Menschen das zu sein pflegen. Es könnte aber auch eine Folge der permanenten Verjugendlichung sein – oder beides zusammen. Aber das soll nicht unbedingt Gegenstand unserer Betrachtungen sein. Wir sollten jedoch keineswegs diese Erfahrungen zum Anlass nehmen, uns allzu hemdsärmelig und bedenkenlos über die Interessen unseres pubertierenden Junghundes hinwegzusetzen, nach dem Motto: „Hunde sind doch Optimisten und nicht nachtragend, da müssen wir uns nicht allzu sehr bemühen, es ihnen recht zu machen.“ Wie schon erwähnt, wir wollen ja keine Außenseiter oder gar Eremiten, wir wollen Insider aus unseren Hunden machen, und dazu gehört auch eine Reihe von Anstrengungen seitens der Zweibeiner in dieser Familie.

FRUSTRATION

Wer nie lernt, was Frustration bedeutet, kann sich auch nicht in andere hineinfühlen, denen gerade etwas Frustrierendes passiert ist. Das Hinnehmenkönnen von etwas im Augenblick nicht Angenehmem ist also nicht nur wichtig für die Selbstkontrolle (S. 197), sondern auch für das Entwickeln von Einfühlungsvermögen in die Emotionen des Gegenübers.

GEWALTFREIE ERZIEHUNG – EIN BELIEBTES ETIKETT

An vielen verschiedenen Stellen im Kontext von Hundeerziehung – seien es Artikel, Bücher oder Webseiten von Hundeschulen – stoßen wir seit einigen Jahren immer häufiger auf den Begriff „Gewaltfreie Erziehung". Dieser gilt als Etikett für eine zeitgemäße, den Hund als fühlendes Lebewesen berücksichtigende Art der Erziehung. Vermutlich stimmen die allermeisten Leser zu, dass eine solche Art der Erziehung absolut wünschenswert ist. Schauen wir jedoch genauer hin, ist es ein durchaus buntes Treiben, das unter diesem Begriff zu finden ist. Dies allein wäre noch nicht weiter bedenkenswert. Bunt ist erst einmal Vielfalt und eine Vielfältigkeit der Erziehungsmethoden kann (bei sinnvoller Auswahl versteht sich) unseren Hunden, mit ihren ganz individuellen Persönlichkeiten, nur in die Karten spielen. Mehr als nachdenklich sollten wir jedoch werden, wenn wir einmal genauer hinschauen, welche Erziehungsmethoden teilweise unter dem Etikett „Gewaltfreie Erziehung" angewendet werden und tatsächlich auch, welche Erziehungsmethoden unter Berufung auf eine gewaltfreie Erziehung ausgeschlossen werden. Und gar nicht so selten wird sogar ein und dieselbe Methode von einigen Menschen unter dem Etikett „Gewaltfreie Erziehung" angewendet, von anderen Menschen unter Berufung auf eben dieses Etikett ausgeschlossen. Da erscheint das bunte Treiben zurecht wie ein heilloses Durcheinander.

DEFINITIONEN FÜR GEWALT

Dieses Durcheinander ist nicht weiter verwunderlich, existiert doch nicht einmal in Bezug auf den Menschen eine einheitlich anerkannte Definition von „Gewalt" bzw. „Gewaltfreiheit" – auch nicht innerhalb ein und derselben Wissenschaftsdisziplin. Das bedeutet nicht, dass es keine Definition gäbe. Es gibt sie sogar in zahlreicher Form. Die Definitionen sind nur sehr unterschiedlich. Hier drei Beispiele:

„Gewalt wird hiermit als jegliche Schaden anrichtende körperliche Kraft definiert."
(Carter, 1996)

Diese Definition blickt aus der Sicht des Adressaten der Gewalt. Weder Adressat noch Akteur werden näher bezeichnet. Die als „körperliche Kraft" charakterisierte Gewalthandlung muss tatsächlich Schaden anrichten. Mit der Formulierung „jegliche[r] Schaden" sind den Auswirkungen sehr weite Grenzen gesetzt.

„Gewalt wird deshalb als jegliche vermeidbare Tat betrachtet, die im weitesten Sinne ein Menschenrecht verletzt oder die Befriedigung eines der Grundbedürfnisse des Menschen verhindert."
(Salmi, 1993)

Auch diese Definition fasst „Gewalt" aus Sicht des Adressaten. Eindeutig geht es um menschliche Adressaten, der Akteur bleibt hingegen wie auch in der obigen Definition unbestimmt. Interessant ist die genauere Bestimmung dessen, was in Bezug auf den Adressaten verletzt bzw. verhindert wird: ein Menschenrecht oder die Verwirklichung eines grundlegenden Bedürfnisses. Die Gewalthandlung muss als solche zudem „vermeidbar" sein. Es werden hier also alle Handlungen aus der Definition ausgeklammert, die – aus welchen Gründen ist dabei nicht genauer bestimmt – unausweichlich sind.

„Gewalt ist der tatsächliche oder angedrohte absichtliche Gebrauch von körperlicher Kraft oder Macht, die gegen die eigene Person, eine andere Person oder gegen eine Gruppe oder Gemeinschaft gerichtet ist und die tatsächlich oder mit hoher Wahrscheinlichkeit Verletzungen, Tod, psychischen Schaden, Fehlentwicklung oder Deprivation zur Folge hat."
(Krug et al. 2002)

Diese Definition ist aus der Perspektive des nicht genauer bestimmten Akteurs gefasst. Sie unterscheidet sich von den beiden vorangegangenen Definitionen deutlich in dem Punkt, dass es sich auch dann schon um Gewalt handelt, wenn diese nur „angedroht" wird, und es muss nur mit „hoher Wahrscheinlichkeit zu Verletzungen, Tod, psychischen Schäden, Fehlentwicklungen oder Deprivation" kommen. Verletzt wird durch körperliche Kraft oder Macht. Adressaten können die eigene Person, eine andere Person, eine Gruppe oder eine Gemeinschaft sein.
Ist es nicht erstaunlich, dass ein Begriff, den wir so selbstverständlich nutzen, der so fest im Sprachgebrauch des Alltags verwurzelt ist, nicht einheitlich gefasst ist? Eigentlich nicht. „Gewalt" bzw. „Gewaltfreiheit" sind abstrakte Begriffe, auf jeden Fall wesentlich abstrakter als sagen wir einmal der Begriff „Stuhl". Und schon dieser Begriff ist unglaublich schwierig zu definieren. Ein Stuhl hat nämlich nicht notwendigerweise vier Beine, wie wir vielleicht im ersten Moment denken würden und die Verteilung der Beine hat auch eine nicht zu verachtende Relevanz dafür, dass auf dem Stuhl auch gesessen werden kann. „Vier Beine, Sitzfläche und Lehne" reicht also bei Weitem nicht für eine wasserdichte Definition aus. Trotzdem würde ich behaupten, dass wir alle erkennen, wann wir einen Stuhl vor uns haben (obwohl uns gewisse Designikonen da hart an die Grenzen führen) und darin auch große Einigkeit herrscht. In Bezug auf den Begriff der „Gewalt" bzw. „Gewaltfreiheit" ist dies nicht so. Hier herrscht ganz offensichtlich keine Einigkeit. Wenn wir uns darüber bewusst sind, ist schon einmal viel geholfen. Denn das sollte uns dazu bringen, viel darüber zu sprechen und zu hinterfragen, ob Gewaltfreiheit nur drauf steht oder auch wirklich drinsteckt. Und solange wir uns nicht einig sind, was Gewaltfreiheit wirklich bedeutet oder wenn wir uns unsicher sind, ob eine Erziehungsmethode wirklich gewaltfrei ist oder nicht, schauen wir am besten auf den individuellen Hund und fragen uns auf einer grundlegenden Ebene losgelöst von Begrifflichkeiten, wie wir unseren Hund erziehen sollten.

ÜBER DIE AUTORIN

Bettina Hinte-Breindl hat Philosophie studiert und beschäftigt sich seit vielen Jahren mit angemessener Hundehaltung und -erziehung. In ihrer interdisziplinären Doktorarbeit widmet sie sich der Frage nach den Grundbedürfnissen von Haushunden. Sie arbeitet als Förderzentrumslehrkraft und hat eine eigene Hundeschule in Lübeck, Schleswig-Holstein.

Sympathie und Empathie bedienen Grundbedürfnisse.

UMWELTEINFLÜSSE AUF ERZIEHBARKEIT UND PUBERTÄT

Zum Glück sind heute viele Menschen bereit, Hunden aus dem Tierschutz eine neue Chance zu geben, auch wenn dieser Weg manchmal etwas beschwerlicher sein kann als mit einem Hund von einem guten Züchter. Wie wir schon erfahren haben, können diese Tiere aber immer noch sehr feste Bindungen entwickeln, besonders wenn wir uns bei der Erziehung einfühlsam und kenntnisreich zeigen (siehe S. 81, 280).
Bei Hunden aus Tierschutz, Ausland oder ähnlichen benachteiligten Situationen kann es jedoch zu einer Verschiebung der beginnenden Pubertät und damit auch dem Zeitraum der sozialen Lernfähigkeit kommen. Besonders häufig sind Beobachtungen von Hündinnen, die erst mit einem Jahr oder noch später zum ersten Mal läufig werden, oder Rüden, die erst im Alter von über einem Jahr langsam und zaghaft beginnen, das Bein zu heben. Auch die verzögerte Lernbereitschaft ist häufig Thema der Anfragen der besorgten Hundehalter:innen und ihrer Trainer:innen. Aber keine Sorge, es kann schon noch werden.

STRESS, KLIMA UND NAHRUNGSMANGEL

Auswirkungen von Umweltfaktoren auf die Entwicklung der Geschlechtsreife und die damit verbundene veränderte Trainierbarkeit wurden bereits an einer Reihe von Labortierstudien, aber auch in Übersichtsartikeln an Wildtieren immer wieder beschrieben.

Ernährung

John Vandenbergh (2004) hat an einer Reihe von Nagetierarten gezeigt, dass jede Störung während der Trächtigkeit (Verletzung der Mutter, Ernährungsmangel, Umweltgifte und andere Chemikalien) den Beginn der Pubertät bei den gerade ausgetragenen Jungtieren sehr stark beeinflussen kann. Die Einflüsse der Sexualhormone in dieser Zeit haben wir bereits kennengelernt, diese verschieben die Pubertät eher nach hinten, zumindest wenn es sich um einen Testosteronüberschuss handelt (siehe S. 211, 218). Place und Cruickshank (2010) zeigen, dass eine reduzierte Kalorienzufuhr zu einer verlängerten Fortpflanzungstätigkeit bei älteren Weibchen, aber auch zu einer Verschiebung der Pubertät führen kann. Die Auswirkungen der Ernährung hat Battaglia (2009) bei Hunden dargelegt.

Hunde aus dem Tierschutz verdienen eine zweite Chance und einen Menschen, ...

Welpen, die bereits unmittelbar nach der Geburt mit einem höheren Spiegel einer mehrfach ungesättigten Fettsäure (DHA, Docosahexaensäure, eine Omega-3-Fettsäure) versorgt wurden, hatten nicht nur eine schnellere Gehirn- und Augenentwicklung in dieser Zeit, sondern waren auch später wesentlich besser trainierbar. Zudem sind sie emotional stabiler geworden.

Temperatur

Bei vielen Haustierformen wurde belegt, dass die Pubertät in tropischen Regionen später erreicht wird als in gemäßigten Regionen (Zusammenfassung z. B. bei Hafez, 1964). Die Temperaturabhängigkeit ist jedoch keineswegs eindeutig linear, auch bei besonders starker Kälte, wie sie in manchen besonders langen Wintern eintritt, ist eine Verschiebung der Pubertät möglich.

Stress

Erika Crespi und Co-Autoren (2013) haben die Literatur über Zusammenhänge zwischen Cortisolproduktion und Geschlechtsreife und anderen lebensgeschichtlichen Stadien bei verschiedenen Tierarten überprüft. Die Zusammenhänge sind nicht ganz eindeutig. In vielen Fällen jedoch wurde eine Verschiebung der Geschlechtsreife nach hinten durch einen sehr starken Glukokortikoidanstieg, also durch eine erhöhte Tätigkeit des Nebennierenrinden-Stresssystems beobachtet. Ursächlich dafür ist wahrscheinlich u. a. die erhöhte Stoffwechselrate bei stark gestressten Tieren. Die dabei im Grundstoffwechsel verbrannten Energieeinheiten können nicht mehr für Wachstum und Entwicklung, etwa der Geschlechtsorgane, herangezogen werden. Die genannten Autoren weisen jedoch darauf hin, dass die Zusammenhänge noch nicht endgültig geklärt sind, möglicherweise haben auch Rezeptordichten, Transporteiweiße und andere komplexere biochemische Systeme hier einen Einfluss. Jedoch sind gerade diese, von Crespi et al. diskutierten Befunde häufig genau das, was uns beim Umgang mit Tierschutzhunden, Auslandshunden und anderen beeinträchtigten Vierbeinern geschildert wird.

... der weiß, was auf ihn zukommt.

Ebenfalls untersucht, vor allem an Labortieren, sind die Zusammenhänge zwischen frühem, sozialem Stress und der späteren Geschlechtsreife und sozialen Strategien. Werden Ratten- oder Mäusemütter längere Zeit von ihren Jungtieren ferngehalten, so kommt es in der Regel nicht nur zu den bereits besprochenen Effekten auf emotionale Instabilität, Angstanfälligkeit und daraus resultierender Aggressionsbereitschaft. Auch die Entwicklung des Sexualverhaltens, der sexuellen Reifung und damit der Beginn der Pubertät werden beeinflusst. Bodensteiner (2014) zeigt, dass männliche Rattenjunge, die längere Zeit von ihrer Mutter getrennt waren, einen späteren Beginn der Pubertät verzeichneten und auch im Erwachsenenstadium ein wesentlich vermindertes Sexualverhalten hatten. Es wird vermutet, dass hier die Stresshormonachse von Zwischenhirn und Hirnanhangsdrüse zu den Geschlechtsorganen direkt in ihren Regelkreiseigenschaften beeinflusst und verstellt wird.

Auch Lévy et al. (2003) konnten bei Rattenjungen zeigen, dass eine längere Trennung von der Mutter zu einer verzögerten Geschlechtsreife und zu anderen Einflüssen auf die soziale Reifung und auf die späteren sozialen Strategien geführt hat.
Gerade die letztgenannten Studien sind, auch wenn sie an Modelltierarten im Labor angefertigt wurden, wegen ihrer hohen inhaltlichen Übereinstimmung mit den Erfahrungsberichten von Hunden aus benachteiligten Geburtsverhältnissen für uns besonders wichtig.

HERKUNFT EINES HUNDES

Erinnern wir uns an McMillan und seine Co-Autoren (2013), die über die Hunde aus dem Einkaufszentrum, aus den Welpenfabriken, geschrieben haben: „Gerade solche, in vielerlei Hinsicht beeinträchtigte und benachteiligte Hunde, profitieren besonders von Training, sinnvollem Umgang und sinnvoller Erziehungsarbeit."
Wer also einen Hund aus benachteiligten Verhältnissen zu sich nimmt, selbst wenn dies bereits im Alter von wenigen Monaten als Welpe oder Junghund geschieht, muss bereit sein, diese Möglichkeiten der Förderung und Forderung von Gehirn, Nervensystem und Verhaltensprogramm geduldig und kompetent durchzuführen.
Wer den einfachen, unkomplizierten und sich leicht anpassenden Familienhund möchte, ist unter Umständen besser dran, sich bei einem wirklich guten und professionellen Züchter ein Tier mit bekannter Vorgeschichte und bekannten Verhaltenstendenzen zu holen. Dass auch dann noch Wundertüteneffekte eintreten können, ist aus unseren Ausführungen sicher klar geworden, aber sie sind zweifellos berechenbarer und nicht ganz so extrem.
Und auch wenn es die Tierschützer:innen und Tierheimmitarbeiter:innen nicht gern hören: In Familien mit kleinen und/oder problematischen Kindern sind typische

Ein hyperaktiver Junghund sollte ...

Tierschutzhunde oder gar Auslandshunde wirklich nicht gut aufgehoben. Dass Hunde mit Tierschutzhintergrund sehr wohl in der Lage sind, Bindungen zu einem Menschen aufzubauen, von gleicher Qualität wie die Hunde aus guter Züchterhand, haben die bereits zitierten Studien sowohl in Budapest als auch in Padua gezeigt. Dass sie aber eine erhöhte Anfälligkeit für Aggressionsprobleme, auch gegenüber eigenen Familienmitgliedern, haben können, ist eben auch durch eine Reihe von Studien belegt (siehe S. 104). Für das organisatorische und ggf. auch emotionale Chaos in Familien mit kleinen und/oder problembehafteten menschlichen Zweibeinern ist ein aus stabiler und gut sozialisierender Züchterumgebung stammender Hund besser vorbereitet als einer, der noch eigene Probleme mit seiner emotionalen Stabilität und vielleicht auch seinem eigenen Pessimismus (siehe S. 53) hat. Ebenfalls bereits besprochen haben wir die Befunde von Jaak Panksepp und seiner Arbeitsgruppe (Siivy und Panksepp, 2012),

... besonders viel Kontakt zu souveränen Spielpartnern haben.

wonach nur durch das Raufen, Balgen und Toben eines in der Pubertät eben auch mal überschießenden, körperbetonten Sozialspiels die Nervenwachstumsfaktoren (IGF 3) und das Dopamin im Gehirn freigesetzt werden, die zu einer sowohl erhöhten Konzentrationsfähigkeit (linkes vorderes Stirnhirn), wie auch der sozialen Kompetenz führen.

HYPERAKTIVE JUNGHUNDE

Bemerkenswert ist noch eine Studie, die mit menschlichen ADHS-Patienten durchgeführt wurde (Köchel et al., 2014). Die ADHS-Kinder waren wesentlich schlechter in der Lage, ärgerliche Gesichter von Mitmenschen auf Bildern zu erkennen und darauf schnell und intuitiv zu reagieren. Diese Untersuchung zeigt, dass nicht nur die Konzentration und damit die Lösung von schwierigen Aufgaben, sondern auch die Regulation der sozialen Kontakte, die Empathiefähigkeit und andere, für das zwischenmenschliche Zusammenleben notwendige Fähigkeiten bei einer ADHS-Störung beeinträchtigt sind.

SCHULUNG SOZIALER KOMPETENZ

Können wir diese Befunde auf den Hund übertragen, was angesichts anderer ADHS-Symptome (siehe die Studien der amerikanischen Arbeitsgruppe an Dopaminrezeptoren, durchaus nahegelegt wird, so sollten wir gerade bei hyperaktiven und zur Aufmerksamkeitsstörung neigenden Hunden auch speziell ihre soziale Kompetenz schulen, z. B. im Umgang mit ruhigen, sozialkompetenten, geduldigen aber keinesfalls allzu langmütigen zwei- und vierbeinigen Trainingspartnern (Siivy und Panksepp, 2012). Die Fähigkeit, Emotionen von Artgenossen oder auch von Menschen zu erkennen, muss möglicherweise bei solchen Hunden besonders gefordert und gefördert werden, um ihnen später eine bessere soziale Einpassung zu ermöglichen.

AUS DER PRAXIS: LEBEN OHNE ANGST

Die Straßenhündin Olga aus Russland wurde Petra und Rainer über ein Deutsches Tierheim vermittelt. Sie hatte einige Zeit in einer Pflegefamilie gelebt und dort erstes Zutrauen zu Menschen fassen und sich an das Leben in einer Wohnung gewöhnen können. Trotzdem war für die sieben Monate alte Hündin noch vieles neu und erschreckend. Die Kinder waren bereits ausgezogen, Petra lebte mit ihrem Mann allein in einem Einfamilienhaus in einer ruhigen Wohngegend. Am Anfang achteten beide besonders darauf, dass viel Ruhe herrschte und der Hund jeden Tag die gleichen Abläufe kennenlernte. So wusste Olga nach kurzer Zeit, was im Lauf eines Tages wann ungefähr passieren würde. Dieses „Wiedererkennen" von Abläufen schenkte ihr eine erste Orientierung und damit zunehmend Sicherheit.

Neue Eindrücke verarbeiten

Es dauerte nur wenige Tage, bis Olga sich nicht mehr vor den neuen Menschen fürchtete, sondern gezielt anfing, ihre Nähe zu suchen. Nach ungefähr einer Woche war sie sehr anhänglich, suchte ständig Körperkontakt und zeigte sich offener für die Welt jenseits des Gartenzaunes. Sie schien bereit für die ersten Ausflüge in die Umgebung. Hier reagierte sie aber extrem schreckhaft auf jeden neuen Eindruck. Deshalb versuchte Petra, sie sehr langsam mit der neuen Umwelt vertraut zu machen. Sobald irgendetwas sie in Panik versetzte, suchte Olga zu Anfang nicht Petras Schutz, sondern rannte auf direktem Weg zurück zum Haus. Zu ihrer eigenen Sicherheit und damit sie knatternde Motorräder und kreischende Kinder als gefahrlos kennenlernen konnte, musste sie deshalb lange an Geschirr und Leine laufen. Petra hatte und nahm sich bewusst viel Zeit für diesen gestressten Hund, um ihm ein Leben ohne Angst zu ermöglichen. Nach ungefähr einem halben Jahr waren bereits lange und entspannte Spaziergänge möglich, in vertrautem Gebiet auch ohne Leine.

Vertrauen aufbauen

Durch den Stress, unter dem Olga am Anfang lange litt, war sie zunächst kaum in der Lage, erste Signale zu lernen. Deshalb verzichtete Petra am Anfang auf Trainingseinheiten. Doch mit dem Grad des Zutrauens und dem Vermögen, auf neue Reize ohne Flucht, sondern mit Vertrauen zu reagieren, wurde sie empfänglicher für das Erlernen erster Begriffe. Hierbei bestätigte Petra ausschließlich positiv mit ihrer Stimme und Zuneigung im richtigen Moment. Druck musste Olga nur aushalten, wenn sie in Situationen nicht fliehen durfte, um sie kennenlernen zu können. Aber hier achtete Petra genau darauf, die Stärke des Außenreizes sehr langsam zu dosieren. Ihre erste Läufigkeit hatte Olga erst mit ungefähr 14 Monaten, kurz danach erschien sie ihrer Halterin viel selbstbewusster und offener für neue Eindrücke und Lerneinheiten. Mit vertrauten Hunden aus der Nachbarschaft zeigte Olga nach der Eingewöhnung entspanntes Spielen, neuen Hunden gegenüber war sie aber zunächst immer noch misstrauisch und wich bei Begegnungen weiträumig aus. Auch fremde Besucher mied sie und näherte sich erst nach längerer Anwesenheit vorsichtig von hinten oder unter dem Küchentisch an. Mit jeder Läufigkeit wurde Olga sicherer. Viel Geduld und Zeit haben sie dabei unterstützt, zu einer Hündin zu werden, die heute feinfühlig und sicher auf Petra reagiert, bei ihr Schutz sucht und mit erhobener Rute und – typisch für sie – fröhlich hochgezogenen Pfoten durch ihr Leben trabt.

SOZIALE KOMPETENZ

Die Erziehung eines Hundes ist ein ebenso schwieriges, oftmals sogar lebenslanges Thema wie bei unseren Zweibeinern auch. Mit einfachen, sei es nun durch gewaltbereite Methodik oder durch simples Konditionierungstraining ausgeführten Methoden kommen wir hier nicht weiter. Wir brauchen Erzieher:innen, die sich statt an starre Methoden auf ihre eigene soziale Kompetenz und Intuition, gepaart mit dem nötigen Wissen um Entwicklungsprozesse und Hundeverhalten, verlassen können. Besonders im Umgang mit jungen Hunden ist Mut zum schnellen, situationsangemessenen Handeln häufig gefragt, auch wenn dabei hin und wieder Fehler passieren können. Es ist immer besser, einmal zu laut oder zu leise als gehemmt durch zu viel Methodik überhaupt nicht oder immer wieder unangemessen zu reagieren. Wichtig ist, dass wir Fehler wahrnehmen und nicht wiederholen und dadurch unseren Weg mit dem einzigartigen Hund an unserer Seite immer weiter optimieren. **Hunde haben eine hohe Fehlertoleranz, die wir nicht überstrapazieren sollten, aber die es uns erleichtert, im Zusammenleben mit unserem Hund die individuell richtige Fahrtrichtung in der Erziehung zu finden.**

Zum Abschluss dieser Betrachtungen vielleicht noch ein Gedanke von John Bradshaw (2012): Es ist doch sehr erstaunlich und geradezu absurd, dass viele Leute, die mit Konditionierungsmethodik nur die einfachsten und primitivsten Hirnstammreaktionen des Hundes ausbilden und nutzen wollen, ihrem Hund gleichzeitig eine geradezu machiavellische Intelligenz und intrigante Kompetenz unterstellen. Zusätzlich wird dem Tier dann oft auch noch zugetraut, angeblich einen ranghohen Dominanzstatus oder gar eine Kontrolle über uns Menschen erreichen zu wollen. Beides, die einseitige und nur auf banalste Verhaltensmechanismen (die auch bei Regenwürmern, Meeresschnecken und anderen ursprünglichen Tierarten funktionieren) basierende Konditionierungspsychologie wie auch das Zuschreiben von intriganter Kompetenz und dem permanenten Streben nach Dominanz und Herrschaft über den Menschen, tun dem Hund gleichermaßen Unrecht.

Wie die Tabelle auf S. 230 ff. zeigt, sind die aus Bindungs- und Beziehungstheorie abgeleiteten Forderungen und Empfehlungen oftmals diametral entgegengesetzt der leider auch heutzutage noch in weiten Kreisen von Hundetrainer:innen so hoch geschätzten Konditionierungswut.

Hoffen wir, dass in der Hundeerziehung in den nächsten Jahren ein Umdenken einsetzt, wie es glücklicherweise vor knapp 40 bis 50 Jahren in der Erziehung unserer menschlichen Artgenossen stattgefunden hat und Hundeschulen, statt auf Konditionierungswahn und Anwendung starrer Methoden, wieder den individuellen Hund erkennen und die Halter:innen ermuntern und bestärken, genau diesen Hund umsichtig, flexibel und einfühlsam mit viel Intuition und Wissen zu erziehen.

Hunde sind hoch soziale Wesen, die es verdienen, dass wir sozial mit ihnen interagieren.

☞ TRADITIONELLE VS. ZEITGEMÄSSE HUNDEERZIEHUNG

TRAINER:INNEN-TIPP	PROBLEM	WIE MAN ES BESSER MACHT
Angst des Hundes ignorieren	Der Hund fühlt sich nicht von uns geschützt und muss Probleme allein lösen. Er verliert sein Vertrauen in uns als „sicherer Hafen" und entwickelt häufig angstaggressives Verhalten.	Körperlich Sicherheit bieten, indem wir uns z. B. vor den Hund stellen und vor aufdringlichen Artgenossen schützen, diese wegschicken. Langsam und positiv an Reize heranführen, die ihn überfordern. Bei ersten Erfolgen die Dauer der Stresssituation langsam verlängern.
Hund nicht begrüßen	Begrüßungsrituale etablieren und bekräftigen die Bindung. Eine aktuelle Studie hat gezeigt, dass Hunde, die nicht begrüßt werden, unter Stress stehen (siehe S. 121).	Den Hund begrüßen – auf ruhige, freundliche Art. Es ist übrigens auch total egal, wen aus der Familie Sie zuerst begrüßen – nehmen Sie unabhängig von der Rangfolge den, der zuerst an der Tür steht, und zeigen Sie, wie sehr Sie sich freuen!
Hund nicht verabschieden	Wenn wir immer plötzlich verschwinden, lernt der Hund, dass er uns besser nicht aus den Augen lässt. Besonders junge Hunde und Tierheimtiere stehen so praktisch unter Dauerstress, weil sie unseren Abgang nicht verpassen wollen.	Kommentieren Sie Ihr Weggehen mit einer unaufgeregten, deutlichen Ansage, z. B. „du bleibst hier". So lernt der Hund mit der Zeit, dass er nicht mitkommen und für längere Zeit allein sein wird. Er nutzt die Zeit deshalb für ein Schläfchen, statt angespannt auf unsere Heimkehr zu warten.
Den Hund generell nicht selbstständig schnüffeln/lauschen/erkunden lassen (nicht einmal im eigenen Garten)	Der Hund darf seinen natürlichen Bedürfnissen nach Erkundung seiner Umwelt und freier Kontaktaufnahme mit Artgenossen nicht nachkommen. Nach dem Bedarfsdeckungsmodell und auch den neueren Theorien zu „Leiden bei Tieren" ist ein Unterbinden des Informationsanspruches eine Wegnahme einer lebenswichtigen Bedingung und damit Leiden. Durch die Einschränkung seiner Erlebniswelt kann der Hund außerdem keine eigene Problemlösefähigkeit und dadurch Ängste und Unsicherheit entwickeln.	Hunde ausgiebig schnüffeln und die Welt erkunden lassen, Vertrauen haben in ihre Möglichkeit, Konflikte mit Artgenossen regeln zu können. Grundlegende Bedürfnisse müssen erfüllt werden, damit sie glücklich werden und zu einer stabilen Persönlichkeit heranwachsen können. Nur was ein Hund selber erlebt hat, kann er als Erfahrung verarbeiten.
Hund nicht beim Spiel aufhören lassen	Ständiger Spielabbruch durch uns stresst den Hund und er wird mit der Zeit die Lust am Spiel mit uns verlieren.	Hin und wieder beenden wir das Spiel – aber nicht immer. Unter Kaniden hat kein Rudelchef es nötig, immer der Spielverderber sein zu müssen – wozu auch?

TRAINER:INNEN-TIPP	PROBLEM	WIE MAN ES BESSER MACHT
Hund nicht beim Spiel gewinnen lassen	Der Hund verliert die Lust am Spiel. Rollentausch spielen nicht nur Kinder, sondern auch Hunde; der schüchterne Zeitgenosse darf auch mal „böse" tun und den Chef unterwerfen, der hilflos auf dem Rücken liegt – Kaniden lieben Anführer mit viel Humor und Schalk im Nacken!	Scheinbar hilflos hinter dem Hund herstolpern, dabei „wütend" tun und keine Chance haben, den „bösen" Hund zu erwischen – Hunde lieben dieses Spiel und es sorgt dafür, dass wir für so viel Albernheit einen großen „Wow-Effekt" erzielen. Wir haben es schlicht nicht nötig, uns ständig durchsetzen zu müssen.
Hund nicht beim Spiel anfangen lassen	Der Hund gibt irgendwann auf und fordert nicht mehr zum Spiel auf. Das ist schade, denn sich in das Zentrum des Interesses und ins Blickfeld zu bringen, erfordert viel Einfühlungsvermögen in sein Gegenüber. Die Entwicklung dieser wichtigen Fähigkeit drosseln wir mit der Nicht-Beachtung seiner Bemühungen.	Nicht immer aber oft auf die Spielaufforderung eingehen! Hunde können mit der Zeit sehr kreativ werden, sie spielen mit dem Seil, werfen es in die Luft, lassen es wie aus Versehen neben uns fallen und schauen aus dem Augenwinkel zu uns hoch – auf so viel Charme kann man nur hereinfallen! Damit der Hund nicht zur Nervensäge wird, sollten wir hin und wieder durch die klare Ansage „Nein" auch mal nicht auf die Spieleinladung eingehen.
Sich nie dem Hund nähern, sondern ihn heranrufen	Wenn wir ihm kein Bedürfnis nach Nähe signalisieren, wird unser Hund daraus schließen, dass wir kein Bedürfnis nach Nähe haben.	Kontaktaufnahme erfolgt in stabilen Bindungen von beiden Seiten. Wenn wir in Kuschelstimmung sind, können wir diese dem Hund signalisieren – wenn er ähnlich gestimmt ist, wird er darauf eingehen. Wenn nicht, werden wir es merken und ihm seine Ruhe lassen.
Hund ignorieren, wenn er Kontakt aufnehmen möchte	Der Hund wird mit der Zeit aufhören, Signale an uns zu senden, die Kommunikation verläuft dann sehr einseitig von uns in Richtung Hund, der immer weiter in die passive Rolle gedrängt und zum Signalempfänger degradiert wird.	Hunde, die lernen sich mitzuteilen, entwickeln mit der Zeit viel Talent darin, uns zu zeigen, was sie gern möchten – eine höhere Form der wechselseitigen Kommunikation wird möglich. Allerdings sollten wir natürlich nicht auf jedes aufmerksamkeitsheischende Verhalten eingehen, sonst ziehen wir uns schnell eine kleine Nervensäge heran.
Pfote-/Kopfauflegen verhindern	Ein Zeichen der Innigkeit und Annäherung wird verhindert – auf Dauer kann diese „Ablehnung" bindungsstörend wirken. Mit den Signalen will der Hund meist den Menschen milde stimmen und in vielen Fällen zu einer bestimmten Handlung motivieren.	Jedes Verhalten sollten wir immer situativ betrachten und uns entsprechend verhalten. Bettelt der Hund nach Futter, dann schicken wir ihn weg. Will er uns signalisieren, dass es Zeit ist für die Gassirunde oder ein bisschen Zärtlichkeit, dann können wir darauf eingehen, wenn uns auch danach ist.

TRAINER:INNEN-TIPP	PROBLEM	WIE MAN ES BESSER MACHT
Hund wecken und verscheuchen, wenn er schlafend im Weg liegt	So unhöflich würden sich Kaniden untereinander niemals benehmen. Hunde werden sich aufgrund ihrer hohen Fehlertoleranz wahrscheinlich nur stark über uns wundern, einen guten Eindruck als Chef machen wir damit auf sie jedenfalls nicht.	Falls Im-Weg-Liegen zu sehr nervt, sollten Sie ihm tolle Liegeplätze anbieten, auf denen er alles im Blick und gleichzeitig seine Ruhe hat.
Sich nicht auf eine Ebene mit dem Hund legen	Uns entgehen viele Momente der vertrauten Innigkeit und Möglichkeiten, uns im Nahbereich gut kennenzulernen.	So viel wie möglich mit dem Hund auf Augenhöhe sein – besonders Welpen und Junghunde können uns, unsere Mimik und Sprache im Nahbereich schneller und besser „verstehen lernen". Tierschutzhunde bedrängt man nicht, sondern lässt sie kommen und selbst Nähe zu uns suchen.
Vor dem Hund aus der Haustür gehen, ihn nicht vorauslaufen lassen	Wieder wird der Hund in seinen Bewegungs- und Erlebnismöglichkeiten eingeschränkt, was zu Unsicherheit führen kann.	In Kanidenrudeln laufen alle mal vorne oder hinten, ganz unabhängig von ihrer sozialen Stellung oder ihrem Alter. Entscheidungsträger sind die erfahrenen Leittiere, die irgendwann eine Richtung einschlagen. An der Haustür kann es praktisch sein, dem Hund beizubringen, dass er warten soll. Aber das ist eine individuelle Hausregel und sagt nichts über die Rangfolge aus.
Konflikten mit dem Hund aus dem Weg gehen/sie vermeiden	Die eigenen Interessen zurückstellen können, unangenehme Situationen kurz aushalten müssen – wer das nicht lernt, kann keine Stress- und Frustrationstoleranz entwickeln und wird uns nicht als verlässlichen Entscheidungsträger wahrnehmen.	Hin und wieder müssen wir auf die Einhaltung unserer Hausregeln bestehen. Das kurze Zurechtweisen oder Einschränken führt aber nicht zum befürchteten Bindungsabbruch, sondern sorgt im Gegenteil dafür, dass Hunde uns „toll" finden. Der Grund: Hunde lieben souveräne Leitfiguren, die genau wissen, was sie wollen.
Handlungskettenkonditionierung: hier soll das Beenden einer unerwünschten Handlung (Anspringen, Bellen, Vorwärtsstürmen) belohnt werden, indem man klickert oder mit Leckerli-Wurf von der Handlung ablenkt	Dem Hund wird beigebracht, sich erst „daneben zu benehmen", um ihn dann für das nachfolgende „Bravsein" zu belohnen.	Da deutliche Ansagen unter Kaniden üblich sind, verknüpfen Hunde sie deshalb schnell mit der entsprechenden Situation. Das Problem ist der Mensch, der oft nicht einschätzen kann, wie Abbruchsignale eingesetzt werden sollten. Wer unsicher ist, sollte sich deshalb unbedingt Hilfe vom richtigen Trainer holen.

Wenn wir nicht darauf eingehen, resignieren Hunde irgendwann und reduzieren ihre Kommunikation mit uns.

TRAINING IST KEINE ERZIEHUNG

WARUM TURNIERTANZ KEINE PAARTHERAPIE ERSETZT

Wie wir sehen konnten, zeigen sich sowohl in der Alltagserfahrung als auch in den dazu durchgeführten wissenschaftlichen Untersuchungen keinerlei Zusammenhänge zwischen Training, Alltagssicherheit und Erziehung.

FORMALER UND SOZIALER BENIMM

Weder in der Untersuchung von Nicola Rooney und Sarah Cowan (2011, siehe auch S. 185), noch in der vorangehenden (Blackwell et al., 2008) zeigten sich irgendwelche Zusammenhänge zwischen dem Besuch von formalen Trainingsstunden (die übliche Sitz-, Platz- und Fußausbildung) und dem späteren Auftreten von Verhaltensproblemen oder Schwierigkeiten im Alltag. Einen Unterschied in Bezug auf Alltagssicherheit von Hunden könnte die professionelle Ausbildung von Hund und Mensch als Team machen – Elisabeth Hare hat im Team um James Serpell an der Universität Pensylvania Fragebögen von über 1 100 Familienhundehaltern und 129 Haltern von Such- und Rettungshunden ausgewertet. Der direkte Vergleich konnte hier zeigen, dass die ausgebildeten Rettungshunde höhere Werte in Punkto Gelassenheit erzielen konnten und allgemein weniger Aggressionsverhalten gegenüber fremden Menschen und Artgenossen zeigten (Hare et al., 2018). Doch die alleinige Nutzung von bereits einstudierten Tricks ist für den Hund nicht besonders geistig herausfordernd. Vicky Melfi (2013) hat beispielsweise anhand der Dressurübungen für Zootiere zur Beschäftigung eindeutig dargelegt, dass ein verhaltensbereichernder Effekt nur während der Lernphase zu erwarten wäre. Sobald die Übung steht, ist es für das Tier keine geistige Herausforderung mehr, und damit fällt der verhaltensbereichernde Effekt weg.
Im Gegensatz dazu zeigt im Zusammenhang mit Mensch-Hund-Beziehungen eine Arbeit aus der Budapester Arbeitsgruppe (Kerepesi et al., 2015), dass zwar eine Reihe von Benimm-Übungen und ähnlichen Beschäftigungen, und auch solche Signale, die eher für den Hund eine positive Konsequenz haben, oftmals auch von anderen Familienmitgliedern oder freundlichen Nachbarn etc. für den Hund in gleicher Weise gegeben werden können und auch von vielen Hunden befolgt werden.

Sitzen, auch wenn der Mensch sich bewegt, ist Training und bringt Abwechslung in den Alltag.

Es gibt jedoch zwei Bereiche, in denen nur die Hauptbezugsperson des Hundes eine positive Wirkung hat: Einerseits sind dies Situationen, die für den Hund unangenehm sind (z. B. ein Trennungstest oder eine bedrohliche Annäherung), andererseits spielerische Interaktionen. In diesen beiden Fällen kann nur die Hauptbezugsperson tatsächlich für den Hund einen Unterschied machen, andere auch noch so bekannte Familienmitglieder können die Stelle des Hundehalters häufig nicht adäquat einnehmen. Dies zeigt bereits, an welchen Stellen eben die Beziehungsarbeit wichtiger ist als das Training, und lässt nochmal wiedererkennen, dass Training, Ausbildung und Benimm-Übungen bzw. auch ähnlich im Sport durchgeführte gemeinsame Aktionen nicht zwangsläufig die eigentliche Beziehung beeinflussen.

Sich auf seinen Menschen konzentrieren ...

ALLTAG VERSUS HUNDEPLATZ

Die Erfahrung zeigt, dass nicht wenige Hunde, die im Alltag unsicher, sogar auffällig und keineswegs wohlerzogen sind, gleichzeitig auf dem Hundeplatz Meisterleistungen im Obedience vollbringen. Diesen Vergleich des formalen und sozialen „Funktionierens" gibt es auch bei menschlichen Beziehungen: So gibt es etliche Ehepaare, die seit 50 Jahren sehr glücklich verheiratet sind, aber trotzdem überhaupt nicht zusammen tanzen können. Dagegen sind viele Turniertanzpaare sehr schnell geschieden und räumen trotzdem hinterher noch jahrelang die internationalen Pokale ab. Wie gut wir zusammen eingeübte Kunststücke vorführen können, sagt also nicht unbedingt etwas über die Qualität unserer Beziehung aus.
Selbst professionelle Rettungshunde sind in der Qualität ihrer Beziehung zu ihrem Menschen im Durchschnitt nicht zwangsläufig anders oder gar besser als Couchpotato-Familienhunde ohne jede gemeinsame Arbeit mit dem Menschen, wie die Untersuchung von Chiara Mariti et al. (2013) gezeigt hat (siehe auch Vicky Melfi, 2013; S. 235).

WAS BEDEUTET TRAINING EIGENTLICH?

Auch wenn Zirkustierdressur oftmals kritisch betrachtet wird – besonders, wenn es um die Dressur von Wildtieren geht –, ist eine Studie des Mitbegründers der Tierpsychologie Heini Hediger an Zirkustrainern beachtenswert, mit deren Hilfe grundlegende Erkenntnisse gewonnen werden konnten. Hier wurde untersucht, worin sich speziell anhand des Tierverhaltens ein erfolgreicher, guter Zirkustiertrainer auszeichnet (Zusammenfassung siehe Gansloßer et al., 2020).
In Hedigers Gefolge hat in diesem Bereich auch der Freiburger Nutztier-, speziell Pferdeforscher Klaus Zeeb gearbeitet.
Gelungene, gute Dressurakte im Zirkus oder auch in den Hundeschulen beruhen demnach meist auf enger, meist persönlicher Tier-Mensch-Beziehung und „bedeutendem Affektaufwand" (Hediger). Die Erkenntnisse Hedigers erklären auf diese Weise auch ganz nebenbei, weshalb die Forschungsresultate aus Labortier-Lernstudien für die

... und mit alltäglichen Ablenkungsreizen umgehen lernen.

Ausbildung von Haus-, Heim- oder auch Zirkustieren keine allzu große Bedeutung haben. Im wissenschaftlichen Experiment, so Hediger, werden normalerweise nur Verknüpfungen, Assoziationen zwischen neuartigen Situationen und bereits vorhandenem Verhalten abgefragt. Außerdem wird das Tier bei Versuchen zum Einsichtlernen bewusst mit dem Problem allein gelassen, um seine eigene Lösung zu finden. Bei Labortierexperimenten sollte auch ein möglichst unpersönliches oder besser gar kein Verhältnis zwischen Tier und Mensch bestehen.
Im Bereich des Tiertrainings hat sich aber gezeigt, dass Dressurleistungen ohne feste Bindung zwar abrufbar sind, anhand des Verhaltens des dressierten Tieres aber deutlich wird, ob eine vertrauensvolle Beziehung zum Ausbildenden besteht oder nicht.
Erst kürzlich konnte eine Gruppe von Autoren (Cook et al., 2014) sogar zeigen, dass je nach Temperament eines Hundes, seine Reaktion auf Trainingssignale im Gehirn zwischen bekannten und fremden Menschen variieren. Demnach scheint es so, dass entspannte, friedfertigere Hunde stabiler gebunden sind und sensibler gegenüber ihrem Menschen reagieren. So unterscheiden Hunde, die im Persönlichkeitsfragebogen aggressionsbereiter erscheinen, stärker zwischen belohnungsankündigenden und neutralen Handzeichen Fremder oder eines Computerbildes. Hunde, die sich im Persönlichkeitsbogen dagegen als weniger aggressiv, vor allem gegenüber Fremden, gezeigt haben, reagieren stärker auf den Unterschied der Signale, wenn diese vom Halter kommen. Eine erfolgreiche Zirkusdressur geht nach Hediger immer in mehreren, nicht notwendigerweise streng chronologischen Schritten vor sich:

— Erzielung des Verständnisses für die verlangte Aufgabe
— Überwindung von Hemmungen und Widerständen im Tier
— körperliches Training

SIEBEN VERHALTENSBIOLOGISCHE REGELN DER TIERAUSBILDUNG

In neuerer Zeit hat Klaus Zeeb die ethologischen Grundregeln der Tierausbildung, basierend auf den Erkenntnissen von Hediger und anderen, noch klarer formuliert:

1. Die wichtigste Erkenntnis ist: Ausbildung bedeutet „Gymnastizierung", das heißt, es wird versucht, eine Bewegungsharmonie zu erzielen.
2. Tiere sollen grundsätzlich nur zu solchen Handlungen ausgebildet werden, zu denen sie ihrer Natur nach auch befähigt sind.
3. Eine wichtige Erkenntnis: Ranghöchster Ersatzpartner sei der Mensch nicht mit Gewalt, sondern mit Hilfe des Verstandes und mit Hilfe guter Kenntnis des Verhaltens der betreffenden Art.
4. Verstehen der Signale des Menschen ist auch von Tierseite eine wichtige Voraussetzung. Entscheidend sind die Körpersprache des Menschen, Haltung und Körperbewegungen. Die Arme des Menschen können durch Hilfsmittel verlängert werden.
5. Verstehen setzt Gewöhnung an die Hilfen voraus: Heranholende Hilfen sind z. B. Stimme, Futter, die kritische Reaktion oder auch die Longe. Wegtreibende sind Stimme, Körpersprache oder Touchieren.
6. Jede Übung soll täglich einmal geübt werden, bis sie richtig ausgeführt wurde. Dann erfolgt die Belohnung. Leckerbissen sind nur als Belohnung, nicht als Bestechung vorher zu verwenden [Anmerkung des Verfassers: dies gilt auch und ganz besonders für die Frage nach der Beziehung!].
7. Tiere können ihre Anlagen nur dann voll entfalten, wenn sie sich hinsichtlich der Bedürfnisse in ihrer Umgebung, einschließlich Menschen, im Einklang befinden und keinen übermäßigen Belastungen ausgesetzt sind.

Zanghi et al. (2015) verglichen verschiedene kognitive Prozesse und kognitive bzw. lernbezogene Verhaltensreaktionen von Hunden, insbesondere im Zusammenhang mit dem Arbeitsgedächtnis. Das Arbeitsgedächtnis

Das Freigeben nach einer Phase der Konzentration wird zur Belohnung.

befähigt ein Individuum, sich lange an eine Aufgabe zu erinnern und sie auch zeitversetzt auszuführen. Dabei ließ sich deutlich zeigen, dass es keinen einheitlichen Lernprozess gibt. Während manche, beispielsweise einfache Unterscheidungslernprozesse, auch vom Alter und von der Persönlichkeit der Hunde weitgehend unabhängig sind, kann das raumbezogene optische Lernen eine deutliche Abschwächung im Alter bekommen (siehe S. 283). Auch motorisches Lernen folgt anderen Gesetzmäßigkeiten als das Unterscheidungslernen oder das räumliche Lernen. Zu erwarten, dass alle Hunde sich gleichermaßen gut an Abläufe in der Vergangenheit erinnern und Aufgaben in die Gegenwart übertragen können, ist bekanntermaßen ebenso unwahrscheinlich, wie auch gemeinsam unterliegende Prozesse der Gedächtnisbildung im Gehirn.
Gerade zur letztgenannten, siebten verhaltensbiologischen Grundregel der Ausbildung von Tieren, dem entspannten Umfeld eines optimalen Trainings, hat eine grundlegende Arbeit von Melissa Starling und Co-Autoren (2013) den Einfluss von Erregung und emotionalem Zustand auf den Erfolg von Trainings- und sogar einfachen Konditionierungsmaßnahmen dargelegt.

FAIRNESS UND GEWALT

Zwei Begriffe, die uns Menschen oftmals unbedacht und ohne eine exakte Definition von den Lippen gehen, sind im Zusammenhang mit diesen Prozessen bei Hunden von besonderer Bedeutung: Zum einen handelt es sich um den Begriff der Fairness, zum anderen um den Begriff der Gewalt. Gerade der Mythos der sogenannten gewaltfreien Hundeerziehung wird immer wieder, oftmals geradezu mantraartig vor sich hergetragen, wenn man behauptet, modern und nach neuesten wissenschaftlichen Erkenntnissen zu arbeiten (siehe auch S. 223).
In einigen unserer Arbeiten haben wir uns explorativ, zunächst einmal durch Umfragen bei Hundehalter:innen, mit Erziehungsmethoden beschäftigt, die für viele Menschen nicht so eindeutig wie etwa Stromhalsbänder, Schlagen oder Ähnliches mit Gewalt assoziiert sind. Da für uns die Dimension von Gewalt nicht nur körperliche Aktivitäten betrifft, sind auch Vorgehensweisen wie etwa Reizüberflutung, Wegtreiben, Langzeitignorieren des Hundes (nicht etwa störenden Verhaltens), oder die mit verschiedenen Namen belegte Futterbeutelerpressung immer wieder in diesem Zusammenhang zu nennen. Da es moralisch problematisch ist, die direkten Auswirkungen solcher Methoden z. B. über eine Videoanalyse zu prüfen, die Fazits der Arbeiten, die wir in diesem Zusammenhang durchgeführt haben, aber auch anhand von Fragebogenstudien durchaus aussagekräftig sind, können wir mit Fug und Recht annehmen, dass gerade die genannten, oft als tiergerecht oder gewaltfrei bezeichneten Methoden durchaus einen Verstoß gegen die Grundprinzipien der Bedürfnisdeckung eines Hundes darstellen. Eine gute Analyse lieferte z. B. eine Bachelorarbeit von Christof Viefhues (2018), der anhand von Videoaufnahmen eines bekannten TV-Hundetrainers zeigen konnte, wie häufig Menschen die bei diesen Methoden vom Hund gezeigten stress- oder belastungsanzeigenden Verhaltensweisen übersahen. Des Weiteren zeigte die Arbeit, dass nicht alles, was im TV läuft, auch den Methoden der modernen verhaltensbiologisch gestützten Erziehung entspricht. Selbst Menschen, die vorher informiert wurden, speziell auf Belastungsanzeigen der Verhaltensweisen der Hunde in den Videos zu achten, sahen meist nur wenige, und noch nicht einmal alle der auf schwerste Belastung des Hundes hindeutende Verhaltensäußerungen.

HUNDE ERKENNEN UNGERECHTIGKEIT

Ebenso wichtig ist es, den Begriff der Fairness in diesem Zusammenhang zu erwähnen. Am wichtigsten sind hier wahrscheinlich die z. B. in Wien durchgeführten Untersuchungen über die Vermeidung von Ungerechtigkeit durch einen Hund. Wenn ein Hund neben einem Artgenossen sitzt, und beide sollen eine einstudierte Übung abrufen, aber nur einer wird dafür belohnt, dann stellt der andere sehr schnell die Arbeit ein. McGetrick und Range (2018) zeigen in einer Zusammenfassung, dass Hunde zwar auf Unterschiede in der Qualität der Belohnung (bei Hunden: Brot- versus Wurststückchen) nicht so stark reagieren, wie die meisten daraufhin untersuchten Affenarten und weiter kooperieren. Einen totalen Belohnungsausfall quittierte die Mehrzahl der Hunde jedoch genau wie die Primaten mit empörter Arbeitsverweigerung, wenn der danebensitzende Artgenosse für die Ausführung der gleichen Übung jedes Mal weiterhin eine leckere Aufmerksamkeit erhalten hat. Rita Romero et al. (2019) konnten zeigen, dass diese Verweigerung aufgrund unfairer Behandlung bei Hunden durch Oxytocingabe beeinflussbar ist. Bei der genannten Extremtestsituationen, bei der nur einer der beiden Hunde überhaupt belohnt wird, arbeiteten Hunde nach einer Oxytocingabe besser mit. Da sie aber keine Änderung ihres positiven bzw. kontaktaufnehmenden Verhaltens zu den Menschen dabei zeigten, ist der Einfluss des Oxytocins wohl mehr auf die Entscheidungsfindung, und nicht auf dem Umweg über eine verbesserte Hund-Mensch-Beziehung erklärbar.

Rassen tragen Aufträge in ihren Genen.

IMPULSKONTROLLE IM TRAINING

Im Gegensatz zu den ursprünglichen Ansichten und Einstellungen der laborgestützten Konditionierungspsychologie, ist das Ergebnis einer Übung, einer Trainingseinheit und letztlich auch die Lösung eines einfachen oder gar schwierigen Problems durch ein Tier eben nicht jeden Tag mit gleicher Wahrscheinlichkeit und in der gleichen Perfektion zu erwarten. Der Erregungspegel, in dem sich das Tier befindet, beeinflusst z. B. die Leistungsfähigkeit der Sinnesorgane, oder auch die relative Wichtigkeit, mit der Informationen aus verschiedenen Sinnesorganen aufgenommen und verarbeitet werden (mehr dazu bei Impulskontrolle, S. 193).

HOHE ERBLICHKEIT

Gerade in diesem Zusammenhang sind, wie z. B. die Zusammenfassungen von Lindsay Mehrkam und Clive Wynne (2014) zeigen, große Rasseunterschiede zu erwarten. Auch eine neue genetische Arbeit einer großen Autorengruppe unter Führung von Gitan Gnanadesikan (2019) zeigt, dass Impulskontrolle und Exekutivfunktionen bei den erblichen Verhaltenseigenschaften von Hunden mit Abstand die höchsten Werte erreichen (bis zu 70%). Eine weitere Arbeit von Horschler und seinem Team (2019) lässt z. B. erkennen, warum kleine Hunde oftmals besonders impulsiv sind – in ihrem Gehirn ist offensichtlich kein Platz für viele dieser Exekutivfunktionen, jedenfalls sind Exekutivfunktionen bei großen Hunden wesentlich ausgeprägter als bei kleinen. Maike Foraita et al. (2021) zeigen, dass gerade frühwelpliche Einflüsse und das Ausmaß der Belastung in diesen frühen Stadien einen erheblichen Einfluss auf die Funktionsfähigkeit der Exekutivfunktionen haben. Auch Mariana Olsen (2018) lässt die Erkenntnisse über die Ausbildung von Exekutivfunktionen bei Hunden in den letzten Jahren Revue passieren. Sie greift jedoch auf, dass die vielfach aus der Primatenwelt oder der Kleinkindpsychologie übernommenen Tests nicht immer unbedingt für Hunde und Hundeartige besonders biologisch sinnvoll sind, und regt an, einerseits mit größeren Stichprobenzahlen und andererseits mit hundgerechteren Tests diese Fragen weiter zu verfolgen. Sie betont aber gerade deswegen, dass es sich hierbei nicht nur um Lehnstuhlwissenschaft handelt, da gerade die Verhinderung unerwünschten Verhaltens, die Ausbildung und das Training von Hunden durch die Exekutivfunktionen wesentlich beeinflusst werden. In diese Richtung geht auch die Argumentation der Arbeit von Mehrkam und Wynne, die darlegen, dass Hunde mit besser ausgebildeten Exekutivfunktionen oft in sogenannten Intelligenztests besser abschneiden. Und besser ausgebildete Exekutivfunktionen haben oftmals Hunderassen, die schon seit langem für die direkte Kooperation, die direkte Einweisung durch den Menschen selektiert wurden, anstatt selbstständig zu arbeiten (erstere Gruppe z. B. Treib- und Hütehunde, Apportierhunde; letztere z. B. die unter der Erde arbeitenden kleinen Jagd- = Bauhunde, oder die Herdenschutzhunde).

Retriever sind in der Lage, auf hohem Niveau mit Menschen zu kooperieren.

ABHÄNGIG VON DER AUFGABENSTELLUNG

Emely Bray et al. (2014) weisen ebenfalls auf die Kontextabhängigkeit der Selbstbeherrschung und Impulskontrolle bei Hunden hin, und betonen zudem, dass unterschiedliche Aufgabenstellungen hier zu unterschiedlichen Ergebnissen führen: Ein Hund, der sich gerade auf einem hohen Erregungslevel befindet, weil er einen, möglicherweise verfeindeten Artgenossen gesehen hat, reagiert ganz anders, möglicherweise sehr viel feinfühliger auf Bewegungsreize, da das Noradrenalinsystem u.a. auch die Erregbarkeit von Sinnesorganen und Nervenverknüpfungen steigert. Ein Hund, der sich dagegen in einer passiven, von Kontrollverlust gekennzeichneten Stresssituation befindet, regelt gerade die Nervenaktivität und Erregbarkeit im Bereich des Hippocampus, des für Neugier, Aufmerksamkeit und Lernbereitschaft zuständigen Hirnanteils, herunter. Er wird daher auf Handlungen, Signale und andere Hinweiszeichen seines Menschen sehr viel weniger aufmerksam und vielleicht auch weniger schnell reagieren. Bereits in der Einleitung stellt das genannte Autorenteam fest, dass die Wissenschaft hinter dem Prozess der operanten Konditionierung zwar detailliert, solide und sehr nützlich ist, trotzdem kein komplettes Bild der biologischen und psychologischen Prinzipien entwickeln kann. Auch das Beispiel, dass Hunde mit einem Trainer oder Ausbilder sehr viel besser arbeiten als mit einem anderen, kann durch die reinen Grundregeln der operanten Konditionierung nicht erklärt werden.

Das schnelle Erfolgserlebnis führt dazu, dass Hunde verstehen, was sie machen sollen.

UNTER- UND ÜBERFORDERUNG

Bezüglich der Erregung kann sowohl eine Unter- als auch eine Überreizung zu Veränderungen und Verschlechterungen der Lernfähigkeit und Lernbereitschaft führen. Ist der Erregungspegel zu niedrig, und eine schwache Reizkombination oder zu häufige, ermüdende Wiederholung wird angeboten, kann aus Desinteresse oder allgemeiner Unaufmerksamkeit eine verzögerte oder verschlechterte Reaktion erfolgen. Ist der Erregungspegel zu hoch, wird das Tier möglicherweise auf andere, derzeit wichtigere Informationskanäle fokussiert sein, und daraus wiederum eine schlechte Befolgung der vom Menschen gegebenen Hinweiszeichen resultieren. Optimale Erregungspegel sind häufig auch für jede Aufgabe anders, und müssen daher möglicherweise durch Versuch und Irrtum seitens des Trainers erst herausgefunden werden.

Grundsätzlich gilt: Schwierige Aufgaben sind möglicherweise leichter bei niedrigem Erregungspegel, einfache Aufgaben auch noch bei höherem Erregungspegel ausführbar. Allein schon aus diesen Gründen sollten sich Hundehalter:innen bemühen, das Ausdrucksverhalten ihrer Hunde möglichst gut lesen und die individuelle Persönlichkeit gut einschätzen zu können und, anstatt sturer Trainingspläne, situativ unterschiedliche Übungen abrufen und üben.

Belohnung muss Spaß machen – das kann auch ein Sprung übers Bein sein.

TRAINIERBARKEIT, EINE CHARAKTERFRAGE

Emotionale Zustände, aber vor allen Dingen Persönlichkeitseigenschaften wie die Einteilung in Optimisten und Pessimisten (siehe S. 45), sind ebenfalls von großer Bedeutung für das Ergebnis von Trainingseinheiten. Optimisten werden z. B. auch beim Prinzip der Intermittierenden Verstärkung (also dann, wenn eine Übung nicht mehr jedes Mal, nur noch jedes zweite, dritte oder auch vierte Mal belohnt wird) noch sehr gut mitarbeiten, u. U. ihre Leistungen sogar steigern. Dies ist das von vielen Trainer:innen bezeichnete Spielautomatenprinzip.

Die Zusammenfassung der Befunde zur Optimist-Pessimist-Unterteilung bei Hunden geht zunächst auf Arbeiten überwiegend aus dem Institut von Michael Mendl in Bristol hervor (siehe Oliver Burman, 2014). Neuere Erkenntnisse zu diesem Thema sind jedoch z. B. im Zusammenhang mit der Körpergestalt bzw. der Fettleibigkeit von Hunden aus der Budapester Arbeitsgruppe zu finden: Dicke bzw. verfettete Hunde sind offensichtlich nicht nur deshalb träger, weil ihnen die Bewegung schwerer fällt, sie sind tatsächlich auch pessimistischer wegen der Wechselwirkungen zwischen einigen, in gefüllten Fettzellen produzierten Hormonen (z. B. Leptin) und deren Einfluss auf das Antriebs- und Motivationszentrum im Gehirn (Näheres dazu in Gansloßer & Kitchenham, 2019). Rachel Casey und Co-Autorinnen (2021) haben noch einen weiteren wichtigen Zusammenhang dargelegt: Hunde, die mit einer Reihe von eher aversiven Methoden ausgebildet oder trainiert wurden, tendieren eher zu einer pessimistischen Grundeinstellung. Dies scheint auch bei anderen Säugetieren so zu sein. So zeigen z. B. Studien, dass Pferde, die auf einer offenen Weidehaltung oder zumindest im Offenstall gehalten werden, optimistischere Grundeinstellungen haben als solche, die in der Einzelbox stehen (siehe Gansloßer et al., 2020). Das Hauptproblem solcher Untersuchungen im Zusammenhang mit Hunden ist jedoch wiederum, dass der Begriff „aversive Methoden" oftmals sehr wenig definiert wird, und einem Hund „einen Fußtritt zu versetzen" ist etwas anderes, als ihm mit fester Stimme „Nein" zu sagen (siehe S. 185).

Wie einschlägige Untersuchungen gezeigt haben, beginnen Pessimisten bereits nach der dritten Wiederholung einer Übung, sie abgeschwächt oder gar nicht mehr zu zeigen, sobald die Belohnung nicht stimmt. Dass Belohnung nicht unbedingt aus Futter bestehen muss, wurde bereits beschrieben (S. 129).

Aus der Forschung

ERFOLGREICHES TRAINING FINDET IM ALLTAG STATT

Für das Trainieren von Signalen wie Sitz, Platz, Bleib, Komm und Aus empfiehlt es sich, diese nicht nur zu festgelegten Zeiten auf dem Hundeplatz, sondern vor allen Dingen integriert in den ganz normalen Tagesablauf zu üben. Dabei sollte nicht ein vorgegebenes Pensum im Kopf vorherrschen, sondern wir sollten immer auf die momentane Befindlichkeit und den Grad der Ablenkung durch die Umwelt eingehen. Besonders junge Hunde können sich nicht lange konzentrieren und die Freude am Lernen muss erhalten bleiben. Deshalb hat sich besonders bei Welpen und Junghunden bewährt, auf vier Dinge zu achten.

1. DER RICHTIGE ZEITPUNKT
Die Ablenkung von außen sollte nicht zu groß und die Hunde sollten ausgetobt und offen für Neues sein. Meist zeigen sie ein „Suchverhalten“, gucken sich nach neuen Reizen um, stromern ein bisschen ziellos umher. Dies ist der beste Zeitpunkt, um erste Lektionen, geschickt als Spiel getarnt, einzuüben!

2. LEKTIONEN ÜBER SPIEL EINÜBEN
So kann man das wichtige Signal „Aus“ herrlich als Spiel präsentieren. Beim Zerrspiel lernt der Hund, dass Ausgeben Spaß macht, weil das Spielzeug anschließend geworfen und fröhlich weitergespielt wird. Oder wir kombi-

Im Park zu üben, kann die Umweltsicherheit enorm erhöhen.

nieren das „Aus"- mit dem „Bleib"-Spiel und verstecken das Spielzeug an spannenden Orten, während der kleine Kerl gespannt zuguckt. Anschließend wird er aus seiner Spannung „erlöst" und wir schicken ihn zum Suchen. Auf diese Weise lernt der Hund trotz (am Anfang leichter, später immer größerer) Ablenkungen in der Umwelt, sich auf das Signalwort („Bleib") und auf uns zu konzentrieren. Ganz nebenbei können Versteckspiele die Problemlösefähigkeit des Hundes fördern.

3. ÜBUNGSORTE WECHSELN

Das ausschließliche Trainieren auf einem bestimmten Platz sorgt dafür, dass der Hund an diesem Ort zwar meist alles perfekt ausführt („formaler Benimm"), es aber nicht in den Alltag mit den vielfältigen Ablenkungsreizen übertragen kann. „Bleib" auf der Hundewiese oder in der Stadt erfordert mehr Konzentration und Übungsfreude als im Garten oder auf dem Trainingsplatz. Wenn Hunde aber trotz Ablenkung durch andere Hunde, kreischende Kinder oder vorbeiratternde Skateboards ein sicheres „Bleib" zeigen („sozialer Benimm"), haben wir viel erreicht.

4. IM ALLTAG „NEBENBEI" ÜBEN

Ganz wichtig: Wir üben wichtige Kompetenzen nicht eine halbe Stunde am Stück, sondern immer wieder eingestreut beim Spaziergang oder der Gartenarbeit, im Haus (während wir darauf warten, dass das Nudelwasser kocht) oder in der Einkaufszone. Genau hier zeigt sich dann auch, dass eine umsichtige, einfühlsame Erziehung im Alltag die beste Voraussetzung ist, damit der Hund trotz spannender Umwelteindrücke zu einer guten Zusammenarbeit mit uns motiviert ist und einen tollen, verlässlichen und fröhlichen Benimm zeigt. Und letztlich: Wer die Kompetenz „Geduldig-warten-Können" erlernt hat, kann die Fertigkeit „Bleib" sehr leicht erarbeiten (Kitchenham, 2023; Hinte-Breindl et al., 2023)

Besonders dann, wenn der Mensch …

… dem Hund viel Lernspaß vermittelt.

ÄNDERUNG EMOTIONALER ZUSTÄNDE

Emotionale Zustände können sich kurzfristig, aber auch langfristig ändern, und dann eventuell von „Jetzt auf Gleich" den Erfolg einer Trainingsstunde verändern, oder langfristig, eben zwischen verschiedenen Hundepersönlichkeiten, vorhersagbar die Ergebnisse beeinflussen. Gerade in Bezug auf die Erregungszustände müssen auch die verschiedenen Funktionskreise des Verhaltens getrennt voneinander betrachtet werden. Ein Tier kann derzeit in einem sehr hohen Erregungszustand bezüglich der Nahrungsaufnahme stehen, dagegen bezüglich Bewegungsaktivität, Fluchtreaktion oder anderen aktiven Tätigkeiten eher einen niedrigen Erregungszustand aufweisen. Der Einfluss des Sexualzyklus, und der damit verbundenen Kommunikation zwischen sexuell interessierten Artgenossen, ist wohl jedem schon in der Gruppenstunde aufgefallen.

DAS SUCH(T)SYSTEM

Gerade das von Jaak Panksepp und seiner Arbeitsgruppe sehr frühzeitig beschriebene Suchsystem („Seeking"- oder Wanting"-System genannt), hat nicht nur für die Nahrungsaufnahme, sondern auch für eine Reihe von Verhaltensweisen und Trainingsmaßnahmen, die aus dem Jagd- und Beutefangverhalten stammen, eine große Bedeutung. Es wird vermutet, dass es zu einer Überlagerung verschiedener Systeme kommt, die dann in unterschiedliche Formen von Aggressionsverhalten münden. So kann eine Überlagerung des Wut- und Furchtsystems bei defensiver Aggression stattfinden, wenn Hunde z. B. aus sozialer Überforderung motiviert in den Angriff gehen, um sich und ihre Individualdistanz zu verteidigen („Fighting like a cornered rat"). Auch aus Frustration oder aus einer Appetenz (Suchen nach einem Auslöser für ein Verhalten, das der Hund gern ausführen würde) heraus, kann sich offensive Aggression zeigen, z. B. wenn der Hund eine aus Frustration über Kontaktverbot gesteuerte Leinenaggression gegenüber Artgenossen zeigt und immer komplett ausrastet, sobald ein anderer Hund am Horizont auftaucht.

Wenn man diese Gegebenheiten richtig einschätzt und einsetzt, kann man emotionale Zustände selbst als Belohnung und Verstärkung in Trainingseinheiten einsetzen und benötigt dafür keine äußeren, möglicherweise auch futterbasierten oder auf anderen, kurzfristigen Belohnungen beruhende Maßnahmen mehr. Doch dazu ist eine sehr gute Kenntnis der beteiligten Botenstoffausschüttungen (siehe S. 125) der Hunde, auch ihrer individuellen Eigenschaften und der jeweiligen Situation, einschließlich des dabei gezeigten Ausdrucksverhaltens, Voraussetzung.

BEDEUTUNG VON ERREGUNGEN

In einer Reihe von dreidimensionalen Computersimulationen zeigt das Team um Melissa Starling (2013) die relative Bedeutung von positiven und negativen Erregungen, positiven und negativen Verstärkern und Strafreizen auf die Konditionierung von Hunden, z. B. zum Verfolgen einer Fährte, zum lockeren Leinelaufen, zur Befolgung des „Fuß"-Signals ohne Leine oder zur Befolgung des „Bleib"-Signals. Als Konsequenz ihrer Darlegungen empfehlen Melissa Starling et al., dass zunächst die Erregungs- und emotionalen Grundlagen eines Hundes im Training und in der Ausbildung festgelegt werden sollten, bevor man mit den eigentlichen operanten Konditionierungen beginnt. Dies ist nicht notwendigerweise ein völlig neuer

Eine schöne Leinenführigkeit ist das Ergebnis von Geduld und Einfühlungsvermögen.

Trainingsansatz und wird möglicherweise bereits von vielen auch intuitiv befolgt. Trotzdem ist es hilfreich, vor allem um ungeduldige Kunden zu beruhigen, die möglichst sofort in der ersten Stunde mit mindestens drei erfolgreich absolvierten Signalen vom Platz gehen möchten.

LEINENFÜHRIGKEIT

Gerade beim Thema der Leinenführigkeit ist das genannte Modell nochmals besonders deutlich: Die Wirksamkeit positiver und negativer Verstärkung, so das Modell, wird langsam aber sicher abnehmen, wenn der Erregungszustand des Hundes zunimmt. Auch ein zunehmend positiver, emotionaler Zustand, der den Hund dazu bringt, energetisch aufwändigeres Verhalten zu zeigen, kann hier der Leinenführigkeit entgegenwirken. Positive Verstärkung wird wahrscheinlich bei mittleren Erregungspegeln besonders wirksam sein.

Negative Verstärkung wirkt dagegen z. B. beim Fußgehen ohne Leine bei sehr hohen Erregungs- und sehr hohen positiven Emotionszuständen stärker als die positive Verstärkung, da sie möglicherweise die Aufmerksamkeit des Hundes zu fokussieren hilft. Diese und ähnliche Auswirkungen können in der Onlineversion des genannten Artikels auch in Farbgrafiken betrachtet und sogar interaktiv verändert werden (www.doi:10.3390/ani3020300). Überhaupt ist das Thema Leine, Leinenführung und der Umgang mit den daraus eventuell entstehenden Problemen (Hund zieht o.Ä.) in den letzten Jahren auch in den Fokus von anderen wissenschaftlichen Untersuchungen geraten. Die folgenden Seiten „Aus der Forschung" zeigen, dass es durchaus sinnvoll und wichtig ist, Hunde auch einmal von der Leine zu lassen, damit sie ihre Umgebung frei erkunden und Hunden frei begegnen können.

☞ **Aus der Forschung – von Jennifer Mausbach**

DIE „LEINENAGGRESSION"

Das Aggressionsverhalten an der Leine ist keine eigenständige Aggressionsform. Es gibt verschiedene Motive für Hunde, sich aggressiv zu verhalten und das eben auch an der Leine. Diese Motive können oft ungesehen bleiben. Ist ein Rüde z. B. sexuell motiviert und hat schon während des Spaziergangs die ein oder andere Hündin an ihrem Urin ausfindig gemacht, so könnte er an der Leine in einer Hundebegegnung mit einem intakten Rüden sexuell motiviert aggressiv reagieren. Trägt man beim Spaziergang jedes mal einen Futterbeutel bei sich und der Hund nimmt diesen als „Ressource" wahr, könnte der Hund aus „ressourenbedingter" futtermotivierter Aggression aggressiv an der Leine reagieren. Oder es kommt an der Leine zum Kontakt mit einem anderen Hund, und über die Leine wird Nähe zum Artgenossen erzwungen, können auch hier manche Hunde aggressiv reagieren. Ein weiteres Motiv für Aggressionsverhalten an der Leine kann die sozial motivierte Aggression sein, bei der der Hund Aggressionsverhalten an der Leine lediglich mit seinem Menschen zeigt. Wird er dagegen z. B. an einer Straßenlaterne angebunden und mit seinem aggressiven Verhalten allein gelassen, dreht sich der Hund meist zu seinem Menschen um und das aggressive Verhalten wird entweder unwichtig oder gegen seinen Menschen gerichtet. Denn es macht nur mit seinem Menschen Sinn.

KOSTEN-NUTZEN-ANALYSE

Wichtig an dieser Stelle ist zu erwähnen, dass Aggressionsverhalten generell viel Energie benötigt und ein wildlebendes Tier immer im Abgleich von Kosten und Nutzen steht. Ein wildlebendes Tier muss sich seine Ressourcen gut einteilen, um überleben zu können. Die Energie, die durch Aggressionsverhalten aufgebracht wird, geht für Nahrungssuche oder Jungtieraufzucht verloren. Aggressionsverhalten gehört zum Sozialverhalten und kann bei wildlebenden Tieren die individuelle Fitness steigern und diese erhalten (Kappeler, 2017), wenn es in Konkurrenzsituationen um Fitness begrenzende Ressourcen geht (Partnerwahl, Habitate erschließen, Nahrungsressourcen sichern) (Eibl-Eibesfeldt, 1999). Aggressionsverhalten ist in sozial lebenden Gruppen (oder Rudeln) wichtig, um soziale Beziehungen zu definieren und Konflikte innerhalb der Gruppe zu lösen und ist deshalb Bestandteil des Sozialverhaltens – auch bei Hunden (Feddersen-Petersen, 2014).

UNANGEMESSENES VERHALTEN AN DER LEINE

Die Frage ist, wie es dazu kommt, dass sich Hunde an der Leine unangemessen aggressiv verhalten, während sie ohne Leine ein angemessenes Sozialverhalten zeigen. Es gibt Studien, die dieses Verhalten bei Hunden beobachtet haben. Bekoff und Meaney (1997) stellten bei ihren Untersuchungen fest, *„dass Hunde ohne Leine freundlicher waren als Hunde an der Leine, obwohl keine detaillierten Daten zu diesem Aspekt des Verhaltens erhoben wurden"*. Řezáč et al. (2011) beobachteten, dass *„das Auftreten von Bedrohungen bei angeleinten Hunden mehr als doppelt so hoch wie bei nicht angeleinten Hunden (P < 0,001) war"*. Roll und Unshelm (1997) beschrieben: *„Ein nicht angeleinter Hund verhält sich deutlich anders als ein angeleinter Hund."* Sediva et al. (2017) veröffentlichten: *„Die Verwendung einer Leine wirkt sich nicht nur auf die Häufigkeit des Spiels, sondern auch auf* *aggressives Verhalten zwischen Hunden aus. Ein weiterer Grund, warum die Besitzer:innen ihren Hund in Parks meist ohne Leine ausführen, könnte also sein, dass das Anleinen aggressives Verhalten bei einigen Hunden eher fördert als reduziert."* In diesen Studien ging es jeweils um andere Arbeitshypothesen und das Leinenverhalten der Hunde wurde nur beobachtet, aber nicht untersucht. Anders bei Olsen (2008). In ihrer Dissertation untersuchte sie die „Zusammenhänge zwischen Hundeverhalten und unterschiedlicher Einschränkung des Hundes durch die Leine". In dieser Untersuchung wurden die Hunde in drei Leinenklassen unterteilt. Die Unterteilung der Hunde in die jeweiligen Leinenklassen unterlagen mehrerer Faktoren. Einer dieser Faktoren ist die Häufigkeit, die Hunde während des Spaziergangs an der Leine geführt werden. Es wurde unterteilt in:

— wenig eingeschränkt durch die Leine
— häufig eingeschränkt durch die Leine
— stark eingeschränkt durch die Leine

Sie kam zu dem Schluss, dass Hunde, die durch die Leine stark eingeschränkt wurden, häufiger Aggressionsverhalten zeigten und zudem noch häufiger durch ihre Halter:innen bestraft (als Bestrafung nannte die Autorin auch die verbale Strafe) wurden als die Hunde in den anderen Leinenklassen. An dieser Stelle ist es wichtig, Zusammenhänge von Kausalitäten zu unterscheiden. Das eine bedingt nicht unbedingt das andere. Denn es ist logisch, dass ein verantwortungsvoller Mensch seinen Hund, der häufiger Aggressionsverhalten zeigt, an der Leine lässt. Und auch, dass diese Hunde häufiger durch ihre Menschen sozial reguliert werden.
Aggression von Hunden an der Leine, die ohne Leine ein angemessenes Sozialverhalten zeigen, ist weitgehend unerforscht. Mit steigender Anzahl an Hunden in deutschen Haushalten (Coronahunde), ist es notwenig, sich diesem Thema zu widmen.

ÜBER DIE AUTORIN

Jennifer Mausbach (geb. Schmitz) schloss mit ihrer Arbeit „Neuropeptidomics of selected Polyneoptera" ihr Bachelorstudium an der Universität Köln ab und begann 2017 ihr Masterstudium Biodiversität an den Universitäten Bochum und Duisburg-Essen. In ihrer Masterarbeit „Der Einfluss der Rasse auf das Sozialverhalten kastrierter Rüden im Vergleich zu intakten Rüden (Canis lupus familiaris)" lag der Fokus auf der Verhaltensbiologie. Seit dieser Zeit ist sie Mitglied der Mammalia Arbeitsgruppe rund um PD Dr. Udo Gansloßer. Neben der Tätigkeit als Wissenschaftlerin arbeitet Jennifer Mausbach als Hundetrainerin und Verhaltensberaterin. Seit Anfang 2021 beschäftigt sie sich mit dem Thema „Aggressionsverhalten von Hunden an der Leine" und strebt mit dieser Arbeit eine Promotion an.

Pöbeln an der Leine ist häufig selbstbelohnend für Hunde.

Aus der Forschung – von PD Dr. Dorothea Döring

PROBLEMATIK EINES GENERELLEN „LEINENZWANGS"

Freilaufende Hunde in öffentlichen Parks und Grünanlagen sind umstritten. In vielen Gemeinden gibt es daher einen generellen „Leinenzwang" und Hundeverbote für Grünanlagen. Diese Vorschriften sollen die Bevölkerung vor Gefahren oder Belästigungen durch Hunde schützen. Andererseits fordern tierschutzrechtliche Bestimmungen eine „verhaltensgerechte" Unterbringung und „ausreichend Auslauf im Freien". Wie ist dieser Zwiespalt aus rechtlicher und verhaltenskundlicher Sicht zu bewerten?

BEDEUTUNG DES AUSLAUFS FÜR HUNDE

Die Möglichkeit zum Auslauf im Freien hat für Hunde viele wichtige Bedeutungen. Zum einen ist das Decken des Bewegungsbedarfs zu nennen. Hunde müssen sich – ihrem Alter und ihrem Gesundheitszustand entsprechend – ausreichend bewegen können, um körperlich gesund zu bleiben. Die Möglichkeit des Harn- und Kotabsatzes außerhalb des Heimbereichs ist ein weiterer wichtiger Aspekt beim „Gassigehen".

Frei agieren dürfen, ist wichtig.

Besonders wichtig ist jedoch auch die Möglichkeit zur Erkundung und Reizaufnahme. Hunde haben einen Bedarf an Reizen und Abwechslung. Das Prüfen und Hinterlassen von „Geruchsbotschaften" ist ein wichtiges arttypisches Verhalten. Der Geruchssinn des Haushundes ist hochspezialisiert. Wo wir Menschen nur einen Grünstreifen mit Bäumen oder Gebüsch sehen, findet der Hund einen regelrechten „Duftteppich" vor, den er erkunden möchte. Der Auslauf ermöglicht es Hunden außerdem, Artgenossen zu treffen und mit ihnen gegebenenfalls zu interagieren und somit soziale Kompetenzen zu üben. Nicht zuletzt dient die gemeinsame Unternehmung mit der Bezugsperson und die Beschäftigung mit dieser der Festigung der Tier-Mensch-Beziehung.

Auslauf ausschließlich an der Leine

Wird ein Hund ausschließlich an der Leine geführt, wird er in seinen Bewegungs- und Erkundungsmöglichkeiten stark eingeschränkt. Er kann weder in seiner Laufgeschwindigkeit, noch in der Auswahl der für ihn relevanten Reize seinen Motivationen folgen (Feddersen-Petersen, 1997), denn der Mensch bestimmt das Tempo und gewährt dem Hund an der Leine häufig nicht ausreichend Möglichkeiten zum Suchen und Prüfen von Duftmarken. Dies ist insbesondere beim Führen an der kurzen Leine und auch beim Führen des Hundes am Fahrrad der Fall. Aus den genannten Gründen bietet das Ausführen an der Leine einem Hund nicht die gleiche Qualität der Auslastung und Reizaufnahme wie der freie Auslauf. Daher besteht bei Leinenzwang die Gefahr, dass die Hunde nicht ausreichend ausgelastet werden. Wird hier nicht gezielt gegengesteuert, können sich aufgrund von Unterbeschäftigung und Frustration Verhaltensprobleme entwickeln.

KONTAKT ZU HUNDEN

Ein ausschließliches Führen an der Leine schränkt das innerartliche Sozialverhalten sehr stark ein. Der freie Kontakt mit anderen Hunden ist jedoch für das Sozialverhalten des Hundes von größter Bedeutung, nicht nur im Welpenalter. Nach Feddersen-Petersen (1997) können sich durch ständiges Anleinen wegen des Unterbindens der arttypischen Kommunikation mit anderen Hunden Fehlentwicklungen ergeben. Bei unzureichenden Kontaktmöglichkeiten oder bei dauerhafter Isolation können Hunde ihre Sozialkompetenz gegenüber Artgenossen verlieren, was sich in einer Zunahme von aggressivem oder ängstlichem Verhalten gegenüber anderen Hunden zeigen kann. Hier ist die typische „Leinenaggression" (siehe auch S. 248) zu nennen. Von direkten Kontakten zwischen angeleinten Hunden ist grundsätzlich abzuraten. Hunde verhalten sich angeleint anders als freilaufend, es kann zu Verwicklungen mit den Leinen und entsprechenden Komplikationen kommen. Wird ein angeleinter Hunde von einem Artgenossen bedrängt, kann u. a. durch mangelnde Fluchtmöglichkeiten eine Eskalation der Situation – auch mit Gefährdung der Menschen – stattfinden.

RECHTSLAGE

Das Deutsche Tierschutzgesetz fordert in § 2, dass jedes Tier „verhaltensgerecht" untergebracht werden muss, und dass die Möglichkeit zu artgemäßer Bewegung nicht so eingeschränkt werden darf, dass dem Tier Schmerzen oder vermeidbare Leiden oder Schäden zugefügt werden. Für den Hund werden diese allgemein formulierten Anforderungen in der Tierschutz-Hundeverordnung (§ 2 Absatz 1) konkretisiert: *„Einem Hund ist (...) ausreichend Auslauf im Freien außerhalb eines Zwingers zu gewähren (...) und (...) regelmäßig der Kontakt zu Artgenossen zu ermöglichen, es sei denn, dies ist im Einzelfall aus gesundheitlichen Gründen oder aus Gründen der Unverträglichkeit zum Schutz des Hundes oder seiner Artgenossen nicht möglich."*

Das bedeutet, dass jeder Hund – unabhängig von der Haltungsform – einen Rechtsanspruch auf „ausreichend" Auslauf im Freien und auf regelmäßige Kontakte mit Artgenossen hat. Was als Mindest-Auslaufzeiten angesehen wird, wurde in der Amtlichen Begründung (2000) der Bundesregierung zur Tierschutz-Hundeverordnung explizit genannt: *„Der Auslauf sollte mindestens zweimal täglich im Freien gewährt werden und eine Zeitdauer von einer Stunde täglich nicht unterschreiten."* Nach Feddersen-Petersen (1997) sollten einem Hund zwei bis vier Stunden, nach Hallgren (1997) etwa drei Stunden Bewegung am Tag ermöglicht werden. Selbstverständlich müssen diese Orientierungswerte an die individuellen Anforderungen angepasst werden, d. h. Welpen, Junghunde, trächtige, alte oder kranke Tiere dürfen diesbezüglich nicht überfordert werden.

Der alleinige Aufenthalt im Garten kann einen Spaziergang mit seinen vielfältigen Erkundungsmöglichkeiten und dem wechselnden Reizangebot nicht ersetzen (Overall, 1997). Dies belegt auch eine Studie von Kobelt et al. (2003) an über 200 Hunden, die in Australien ganztags im Garten gehalten wurden. Je weniger Auslauf die Hunde hatten, desto mehr Verhaltensprobleme kamen vor. Nach Lorz und Metzger (1999) ist das bloße Spazierenführen nicht als „freier Auslauf" zu werten. Dies deckt sich mit dem Kommentar zum Tierschutzgesetz von Hirt et al. (2007), die sagen: *„Beim Auslauf muss der Hund im Freien freilaufen können; das Hinauslassen auf den Balkon oder einen Hinterhof genügt auf keinen Fall."*

Die Festlegung eines generellen Leinenzwanges war bereits Gegenstand verschiedener Gerichtsurteile. So wird beim Urteil des VGH Baden-Württemberg (2007) zwar bestätigt, dass ein genereller Leinenzwang von Gemeinden auferlegt werden kann. In anderen Bundesländern hingegen urteilten die Gerichte, dass ein genereller Leinenzwang in den betroffenen Gemeinden unzulässig bzw. unverhältnismäßig sei (z. B. OVG Niedersachsen, 2005; OVG Thüringen, 2007; OLG Dresden, 2007). Argumente waren u.a., dass ein subjektives Unsicherheitsgefühl der Bürger, das der tatsächlichen Gefährdung nicht entspricht, keinen generellen Leinenzwang rechtfertigen würde, bzw. dass ein solcher Leinenzwang nur verhältnismäßig wäre, wenn eine Regelung enthalten wäre, wonach Hunde auf sogenannten „Freilaufflächen" vom Leinenzwang befreit wären. Die Anzahl und Größe der Freilaufflächen muss an die Größe des Gemeindegebietes und die Zahl der gehaltenen Hunde angepasst sein, so dass sie für alle Hundehalter:innen gut erreichbar sind und ausreichend Platz bieten. Des Weiteren müssen sie entsprechend strukturiert und bewachsen sein, so dass es viele Erkundungs- und Rückzugsmöglichkeiten gibt. Eine „kahle" Wiese, ohne Baum- und Strauchbestand, bietet weder Schutz vor Sonne, noch ausreichend Sichtschutz, Rückzugs- und Erkundungsmöglichkeiten. Informationen zur Gestaltung von Freilaufflächen finden sich u. a. bei Eckl und Ramharter (2006) und Purtscher (2001).

FREILAUF UND GEFAHRENVERMEIDUNG

Wenn ein Hund aufgrund seines Verhaltens Menschen, andere Hunde oder Tiere gefährdet (z. B. Aggressionsverhalten, Anspringen, Streunen, Wildern), hat die Gefahrenvermeidung oberste Priorität. Untersuchungen von Roll (1994, siehe auch Roll & Unshelm, 1997) zeigten, dass der Großteil der Hunde, die andere Hunde verletzt haben, ohne Leine lief (86,4 %) und bereits wiederholt gebissen hatte (87,5 %). Deshalb sollte ein Problemhund einer Verhaltenstherapie zugeführt und so gehalten werden, dass er niemanden gefährdet.

Damit auch ein problematischer Hund die Möglichkeit zur Bewegung ohne Leine erhält, sollte er kontrollierten Freilauf unter Maulkorbschutz oder in einem hundesicher eingezäunten Gelände erhalten. Bei Hunden, bei denen die Gefahr des Weglaufens oder Wilderns besteht, sollte der Spaziergang an der langen Leine (Schleppleine) erfolgen, um dem Tier wenigstens ein Minimum an Freiheit zu gewähren. Der Freilauf ohne Leine sollte bei diesen Hunden ebenfalls auf einem eingezäunten Grundstück ermöglicht werden, wo auch der Rückruf geübt werden kann. Wünschenswert ist in jedem Fall das Durchführen eines Verhaltenstrainings, um das Problem zu verbessern und dem Hund dadurch in Zukunft möglichst tiergerechte Haltungsbedingungen gewähren zu können.

ÜBER DIE AUTORIN

Privatdozentin Dr. Dorothea Döring ist Fachtierärztin für Verhaltenskunde und für Tierschutz und besitzt die Zusatzbezeichnung Verhaltenstherapie. Sie arbeitet in Forschung und Lehre am Lehrstuhl für Tierschutz, Verhaltenskunde, Tierhygiene und Tierhaltung der Ludwig-Maximilians-Universität München und beschäftigt sich unter anderem mit dem Verhalten und der tiergerechten Haltung von Hunden. Informationen zu Projekten finden sich auf der Homepage des Lehrstuhls (https://www.tierhyg.vetmed.uni-muenchen.de). Ein ausführlicher Artikel zum Leinenzwang bei Hunden ist hier zu finden: https://www.bundestieraerztekammer.de/btk/dtbl/archiv/artikel/12/2008/genereller-leinenzwang-fuer-hunde-ein-tierschutzproblem

In einer vertrauten Gruppe gemeinsam unterwegs sein, macht zufrieden und glücklich.

☞ **Aus der Forschung – von Dr. Sandra Foltin**

MENSCH-HUND-SPAZIERGÄNGE

Die Zufriedenheit des Hundehalters mit seinem Hund schlägt sich u. a. in der Bindungsstärke zwischen den beiden nieder und dies zeigt sich auch beim Spaziergang (Foltin und Gansloßer, 2021). Problematisches oder unerwünschtes Verhalten des Hundes wirkt sich negativ auf die Beziehung und Bindung aus (Bennett und Rohlf, 2007), während sich angepasstes und erwünschtes Verhalten positiv auswirkt (Bir et al., 2017). Das subjektive Erleben des Hundeverhaltens beeinflusst die Handlungen des Menschen und es besteht ein direkter Zusammenhang zwischen Wahrnehmung und Reaktion.
So führt die – subjektive – Bewertung des Verhaltens ihres Hundes, auch wenn sie objektiv nicht den Fakten entspricht, dazu, dass Hundehalter:innen ihr Verhalten ändern. Das bedeutet z. B., dass der Mensch den eigenen Hund fast immer an der Leine hält, weil er meint, dieser könnte jagen gehen. Auch hundebezogene Merkmale wirken sich auf die Halterzufriedenheit und auf die Bindungsstärke aus. Die Halterbindung wiederum hat Einfluss darauf, wie das Verhalten des eigenen Hundes und mögliche Verhaltensproblematiken bewertet oder wahrgenommen werden. So ist ein subjektiv bewertet hohes Jagdinteresse negativ mit der Halterbindung korreliert (Foltin und Gansloßer, 2022).
Exploration bedeutet: „Erkundung, Entdeckung, Erforschung!" Hiermit ist bei der Entwicklung des Hundes das kleinschrittige, selbstbestimmte, freie Entdecken der Welt gemeint, mit allem, was dazu gehört: interessante Gegenstände, Artgenossen und Menschen.

»Exploration ist für das physische und psychische Wohlbefinden des Hundes unerlässlich.«

UNTERSUCHUNGEN ZUM EXPLORATIONSVERHALTEN

In einer Studie zum Erkundungsverhalten freilaufender, unangeleinter Hunde mit deren Halter:innen wurde das Explorations- und Orientierungsverhalten von 30 Haushunden auf Spaziergängen analysiert (Foltin und Gansloßer, 2021a). Auf vier Spaziergängen wurden Daten gesammelt: zwei Spaziergänge fanden in bekannten und zwei in unbekannten Gebieten statt. Die Hunde waren unangeleint, wurden nicht (ab)gerufen (außer in Notfällen) und ihre Laufdistanz sowie ihre Laufmuster wurden per GPS im 2-Sekunden-Takt aufgezeichnet. So konnten präzise Laufmuster erstellt werden. Ein Hund musste sich mindestens 20 Meter von seinem Menschen entfernen, um als Lauf bewertet zu werden, und es wurden 7 verschiedene Laufmuster unterschieden:

Ein kontrollierter Handlungsfreiraum kann unterschiedlich groß sein, je nach Mensch-Hund-Team.

1. der Hund läuft vor und wartet oder folgt seinem Menschen (62 %),
2. Sternmuster (19 %),
3. Kreis oder Halbkreis (12 %),
4. Kreis und Stern gemischt,
5. gemischte Form: Läuft vor und Kreis,
6. gemischte Form: Läuft vor und Stern,
7. läuft parallel zu seinem Menschen (6 %).

In der Studie wurden drei Gruppen gebildet, um das Laufverhalten präziser zu bestimmen:

- Gruppe 1: Radius < 150 m maximale Entfernung vom Menschen.
- Gruppe 2: Radius ≤ 350 m maximale Entfernung vom Menschen.
- Gruppe 3: Radius ≥ 350 m Entfernung vom Menschen, d. h., diese Hunde hatten mindestens einen Lauf weiter als 350 m von ihrem Menschen entfernt.

Alle Hunde fanden auf allen Läufen zu ihren Menschen zurück.

Ergebnisse der Studie

Die Mehrheit der Hunde war in der Gruppe 1 zu finden. Das heißt, sie hatten einen maximalen Abstand von weniger als 150 m vom Halter auf allen Läufen! 27 % der Hunde waren in Gruppe 2 und 30 % in Gruppe 3. Alle Gruppen zeigten längere Erkundungszeiten und größere Entfernungen von ihrem Menschen in bekannten Gebieten im Vergleich zu unbekannten Gebieten. Es zeigte sich zudem, dass Rüden signifikant länger und weiter liefen als Hündinnen und zwar in bekannten wie auch in unbekannten Umgebungen. Es machte keinen Unterschied, ob die Rüden oder die Hündinnen kastriert waren oder nicht.

Die Hunde wiesen verschiedene Laufmuster auf. Von allen Läufen > 20 m (n = 3 145) zeigten die Hunde 62 % der Zeit das Laufmuster 1, also ihrem Halter auf dem Weg vorauszulaufen und zu warten/zu folgen.

19 % nutzte das Sternmuster 2, d. h., sie liefen auf ihrer eigenen Spur zurück. Ein Halbkreis wurde in 12 % der Läufe gezeigt und 9 % der Hunde liefen, auch wenn ihr Mensch sie nicht sehen konnte, immer parallel zu ihm. Das bedeutet, dass ein Großteil der Hunde (62 %) auch im Freilauf, ohne Abruf und ohne Leine, in bekannten und unbekannten Gebieten entweder auf dem Weg vor ihrem Menschen laufen oder diesem folgen. Die Hunde, die am längsten und am weitesten liefen, wiesen die größte Vielfalt an Explorationsmustern auf, was auf kognitive Variabilität, Erfahrung und unterschiedliche Strategieverwendung (allozentrisch, egozentrisch, scouting) hinweist.

Die meisten Hunde bleiben demnach immer in der Nähe ihres Menschen, auch wenn verschiedene Reize auf sie einwirken. Das ist sehr interessant, da viele Hundehalter:innen vermuten, dass ihre Hunde weiter weglaufen und sich von ihnen entfernen, bzw. sogar jagen gehen (Foltin und Gansloßer, 2022). Dies kann ein Indikator dafür sein, dass das Verhalten des eigenen Hundes falsch eingeschätzt wird und der Mensch darauf mit vermehrtem Anleinen und somit reduzierter Möglichkeit des Hundes zu explorieren reagiert. Verminderte Exploration wiederum, reduziert den Aufbau einer sicheren Bindung. Die Videoaufnahmen der teilnehmenden Hunde zeigten kein Hetzen von Wildtieren. Im Gegenteil, die meisten Hunde bewegten sich durchweg auf vom Menschen angelegten Wegen oder benutzten Wildpfade. Dies kann auf eine schnellere und einfachere Art der Fortbewegung oder auf ein erlerntes Laufverhalten zurückzuführen sein. Das Erkundungsverhalten von Hunden wird eindeutig durch ihr vorheriges Lernen und ihre Erfahrungen beeinflusst (Bray et al., 2021), und das ständige Anleinen kann ihr Lernen und ihre Entwicklung aufgrund restriktiverer Laufmuster und eingeschränkter Informationsaufnahme behindern (Christian et al., 2013; Westgarth et al., 2010). Wenn unseren Hunden zusätzliche Gelegenheiten geboten werden, sich ohne Leine in ihrer eigenen Zeit und ihrem eigenen Tempo zu bewegen, damit sie z. B. ihr natürliches Geruchssuchverhalten ausleben können, verbessert sich dadurch ihr emotionaler Zustand, und kognitive Prozesse wie Aufmerksamkeit, Gedächtnis und positive Beurteilung einer wahrgenommenen Situation werden gefördert (Foltin und Gansloßer, 2021a).

BINDUNG UND LAUFVERHALTEN

Zusätzlich wurden anhand eines Fragebogens die Bindungspaarmeter des Menschen zu seinem Hund untersucht (Foltin und Gansloßer, 2022). Verwendet wurde der Lexington Attachment to Pets Scale (LAPS) (Johnson et al., 1992; Hielscher et al., 2019). Die Halter-Hund-Dyaden zeigten hohe Bindungswerte und positive Korrelationen zwischen der Zeitdauer der Spaziergänge und den Bindungswerten. Hundehalter von Rüden wiesen im Vergleich zu Halter von Hündinnen höhere Bindungswerte auf. Darüber hinaus hatten Halter von nicht kastrierten Hunden höhere Werte in der allgemeinen Bindung und geringere Werte in den Subskalen „Menschenersatz" und „Tierrechte/Tierschutz" als Halter von kastrierten Hunden.

Zwischen Haltern von reinrassigen Hunden und Haltern von Mischlingshunden konnten signifikante Unterschiede in der Untergruppe „Tierschutz" und im LAPS-Gesamtwert nachgewiesen werden. Zwischen Hundehaltern der drei Radiuslaufgruppen wurden signifikante Unterschiede bei der Subskala „Personenersatz" und dem Bindungsgesamtwert festgestellt. Hundehalter der Gruppe 3 (≥ 350 m) zeigten höhere Werte in der Subskala „Personenersatz" sowie im LAPS-Gesamtwert, im Vergleich zu Haltern der Gruppen 1 und 2. Zudem hatten Halter der Gruppe 3 Hunde mit höheren Bindungswerten. Green et al. (2018)

schlugen vor, dass bindungsbezogene Verhaltensweisen mit Bindungsdimensionen verbunden sind, d. h., Hundehalter können sich ihrem Hund als Ersatz für menschliche Gesellschaft zuwenden oder fühlen sich ohne ihren Hund emotional unsicherer. Zudem musste jeder Hundehalter die Erkundungsdauer seines Hundes schätzen. Die Halter überschätzten diese erheblich, und es gab große Diskrepanzen zwischen der Schätzung und den tatsächlich erfassten Erkundungsdaten. Mögliche Gründe für die Überschätzung sind z. B. die Stimmung des Halters, da diese die Wahrnehmung beeinflussen (Riener et al., 2011). Eine niedergeschlagene Stimmung führt zu einer systematischen Überschätzung von Zeiten und Entfernungen (Proffitt et al., 1995), die Einschätzung hängt außerdem von der gefühlten Kontrolle und Fähigkeiten des Wahrnehmenden ab. So zeigte sich, dass emotionale Reaktionen wie Angst die Wahrnehmung von Entfernung beeinflussen (Stefanucci et al., 2008). Wenn man davon ausgeht, dass die adaptive Funktion der Angst darin besteht, ein Individuum vor Gefahren zu schützen, kann man erwarten, dass Reize, die für diese Gefahr relevant sind, verstärkt sind und damit ungenau wahrgenommen werden. Emotionen können den Halter dazu veranlassen, sich auf bestimmte Informationsquellen oder Hinweise zu konzentrieren oder diese Informationen in der Umwelt auf besondere Weise wahrzunehmen. Auch die Zeitwahrnehmung ist anfällig für Verzerrungen und Täuschungen aufgrund emotionaler Dynamiken und Merkmale (Grommet et al., 2019). Im Gegensatz zu positiver Valenz, korreliert negative Valenz wie Unbehagen oder Angst im Allgemeinen mit Zeitüberschätzungen (Grommet et al., 2019). Das bedeutet, dass Hundehalter aufgrund ihrer Sorge um ihren Hund die Zeit, die dieser z. B. außer Sicht ist, überbewerten, ebenso wie auch die Distanz, die dieser gelaufen ist.

FREILAUF UND WOHLERGEHEN

Hunde haben einen ganz eigenen Bewegungsbedarf, um physiologisch und psychologisch gesund zu bleiben. Studien zeigen, dass Hunde, die mehr Zeit damit verbringen, ihren Geruchssinn durch regelmäßige Nasenarbeit zu nutzen, optimistischer sind (Duranton und Horowitz, 2019). Geeignete Spaziergänge mit dem Hund sind wirksame Strategien zur Vorbeugung von Fettleibigkeit (Degeling et al., 2012), zur Förderung sozialer Interaktionen und zur Unterstützung der kognitiven und verhaltensbezogenen Entwicklung und des Wohlbefindens (Duranton und Horowitz, 2019; Tiira und Lohi, 2015). Hundehaltung garantiert jedoch nicht, dass der Mensch seinen Hund regelmäßig ausführt (Holland, 2019) und das schränkt den sensorischen Input, den der Hund erhält und somit verarbeiten kann, ein.

Da Hunde ihre täglichen Aktivitäten oder die Qualität ihrer Spaziergänge in Bezug auf Zeit, Entfernung und kognitiven Input nicht selbst wählen können, ist es wichtig, ihnen Möglichkeiten zu bieten, um natürliche, für das Wohlergehen des Hundes notwendige Verhaltensweisen zu zeigen. Dazu gehören die autonome Bewegung, das Ergreifen von Initiativen, die Wahl, wo und was sie erkunden möchten, und die Entscheidung, was oder wen sie treffen oder meiden möchte (Duranton und Horowitz, 2019; Fraser, 2008). Eindeutig nachgewiesen sind die negativen gesundheitlichen Auswirkungen der Verwendung von Halsbändern und der Zugkräfte, die Hund und Mensch beim Führen des Hundes an der Leine ausüben (Hallgren, 1997; Hunter et al., 2019; Kiss, 2018), sowie ein damit einhergehendes unnatürliches Gangbild, das sich aus der Anpassung der Laufgeschwindigkeit an die des Menschen beim Führen an der Leine ergibt (Kiss, 2018). Hunde zeigen große intraspezifische Geschwindigkeitsunterschiede und laufen – egal welcher Rasse, Größe oder welchen Alters sie sind – signifikant schneller als ihr

Die Voraussetzung für Freilauf ist immer der zuverlässige Rückruf.

Mensch (Foltin und Gansloßer, 2021b). Das Gehen an der Leine, die den natürlichen Gang des Hundes einschränkt, beeinträchtigt die Funktion des Nervensystems und/oder des Muskel-Skelett-Systems, was zu Gangstörungen führen kann. Gesunde Hunde laufen bei Spaziergängen ohne Leine signifikant weiter als an der Leine (32 % größere Distanz) und zeigen eine große Bandbreite an Schrittfrequenzen und Varianz bei der Anzahl der Schritte (Ladha et al., 2017). Auch Blicklänge, Blickhäufigkeit und Blickdauer zum Menschen sind bei nicht angeleinten Hunden signifikant höher als bei angeleinten (Westgarth et al., 2010). Die Möglichkeit, Entscheidungen zu treffen und autonom zu sein, ist für das Wohlergehen von Hunden wichtig. Das wird auch durch die Tatsache belegt, dass Hunde für die gleiche Strecke ohne Leine deutlich länger brauchen als an der Leine (Westgarth et al., 2010). Umweltanreicherung und sensorische Reize fördern die kognitive Entwicklung von Hunden, regen zur Bewegung an und der Auslauf ohne Leine macht unseren Hund weniger anfällig für psychische Erkrankungen wie Depressionen (Duranton und Horowitz, 2019).

ÜBER DIE AUTORIN

Dr. Sandra Foltin lebt im Ruhrgebiet mit ihren 5 Tierschutzwindhunden. Ihr Fokus liegt seid vielen Jahren auf der Erforschung des Lauf- und Bindungsverhaltens von Mensch und Hund. Sie hat in Biologie mit dem Schwerpunkt Ethologie promoviert, zudem einen Abschluss in Psychologie und Jura. Seid vielen Jahren ist sie im Bereich der tiergestützten Intervention als Referentin, aber auch in der Praxis tätig und im Vorsitz von ESAAT sowie wissenschaftlicher Beirat im Qualitätsnetzwerk Schulbegleithunde. Selber bietet sie seit 2012 hundgerechte Fortbildung in der tiergestützten Intervention. 2005 hat Sandra Foltin ihren eigenen Natur- und Tierschutzverein gegründet und ist auch an anderen Tierschutzprojekten federführend beteiligt.

Aus der Forschung – von Dr. Benedikt Hielscher-Zdzieblik

DIE KRUX MIT DEM HUNDESPAZIERGANG

Dass Bewegung gesund ist, ist mittlerweile wohl hinlänglich bekannt. Viele Studien konnten zeigen, dass körperliche Aktivität beim Menschen mit einem geringeren Sterbe- und Erkrankungsrisiko verbunden ist (Kyu et al., 2016). Während es für Menschen Bewegungsempfehlungen, z. B. von der Weltgesundheitsorganisation (WHO) (Al-Ansari et al., 2020) gibt, sind den Autoren solche allgemeingültigen Empfehlungen für Hunde nicht bekannt. Es gibt Hinweise, dass sich bei Hunden ein Übermaß an körperlicher Aktivität negativ auswirken könnte. Hoppe et al. (2017) konnten zeigen, dass Hunde, die viel spazieren geführt wurden, hektischer reagierten, wenn sie Probleme lösen sollten. Es gibt jedoch auch genau entgegengesetzte Ergebnisse, die sich jedoch auf sportlich (z. B. im Agility) geführte Hunde bezogen (Zilocchi et al., 2016). Gleichzeitig führte ein gezieltes körperliches Training, in Kombination mit einer Futtermittelanpassung, zu einer Gewichtsreduktion, bei gleichzeitiger Erhaltung der Muskelmasse (Vitger et al., 2016). Da Fettleibigkeit bei Hunden zu einer verringerten Lebensqualität und Lebenserwartung führt (German, 2016; Salt et al., 2019), kann man körperliche Aktivität für Hunde somit auch positiv bewerten.

Bewegung hält fit und gesund.

WIE VIEL BEWEGEN SICH HUNDEHALTER ÜBERHAUPT?

Hierzu gibt die Forschung bislang fast ausschließlich Informationen zu Hundespaziergängen. Andere Aktivitäten mit Hund wurden in der Vergangenheit fast vollständig ausgeklammert. Frühere Studien zu dieser Thematik sind in unterschiedlichen Ländern durchgeführt worden. Bis 2015 stammten die Studien überwiegend aus Australien, den USA und Japan. Ein Review, das Studien aus diesen drei Ländern berücksichtigt, kam zu dem Ergebnis, dass Hundehalter:innen zwischen 46 und 300 Minuten pro Woche mit ihrem Hund spazieren gingen (Soares et al., 2015). Insgesamt zeigte sich aber, dass die Dauer der Hundespaziergänge pro Woche in Studien in diesem Fachgebiet zwischen den einzelnen Hundehaltern stark schwankte (vgl. z. B. Ding et al., 2018)

Somit stellte sich die Frage, ob frühere Studien zur körperlichen Aktivität von Hundehaltern überhaupt auf Deutschland übertragbar sind.

Vor diesem Hintergrund wurden von Hielscher und Kollegen mehrere Studien durchgeführt. In einer ersten Studie stellten sie in einer Onlinebefragung fest, dass sich Hundehalter in Deutschland tatsächlich mehr bewegten als Nicht-Hundehalter (Hielscher et al., 2021). Dabei nahmen 83 % der Hundehalter nicht nur an Hundespaziergängen, sondern auch an weiteren Aktivitäten mit Hund teil. Dabei war die Mensch-Hund-Bindung zwar positiv mit der Dauer der Hundespaziergänge und der gesamten hundebezogenen körperlichen Aktivität (Hundespaziergänge + weitere Aktivitäten mit Hund) verknüpft, jedoch nicht mit der Gesamtdauer körperlicher Aktivität (Hundespaziergänge + weitere Aktivitäten mit Hund + Aktivitäten ohne Hund) (Hielscher et al., 2021). Die durchschnittliche Dauer der Hundespaziergänge lag mit fast elf Stunden pro Woche zwar im internationalen Vergleich relativ hoch, war jedoch mit mehreren europäischen Studien vergleichbar (z. B. Crozet et al., 2021; Ding et al., 2018).

BEWEGUNG MIT EINEM WELPEN

Zwei weitere Untersuchungen legten einen Fokus auf einen möglichen ursächlichen Zusammenhang zwischen der Haltung eines Hundes und der körperlichen Aktivität der Halter. Beide in Deutschland durchgeführten Untersuchungen hatten mit einer Laufzeit von drei Jahren einen bedeutend längeren Untersuchungszeitraum als frühere Studien. In der ersten Untersuchung wurde die Veränderung des Bewegungsverhaltens nach der Anschaffung eines Hundewelpens in den Blick genommen (Hielscher-Zdzieblik und Gansloßer et al., 2022). Bis zwei Jahre nach der Anschaffung erfolgte ein Anstieg der Aktivität, während es im dritten Jahr einen Rückgang gab. Dieser könnte auf die COVID-19-Pandemie zurückzuführen sein. Interessant war, dass sich bis zwei Jahre nach der Anschaffung alle Bewegungsparameter erhöhten und nur die körperliche Aktivität OHNE Hund im dreijährigen Beobachtungszeitraum unverändert blieb. Das spricht dafür, dass die Anschaffung des Hundes tatsächlich ursächlich für die erhöhte körperliche Aktivität der Halter war.

BEWEGUNG MIT ÄLTEREN HUNDEN

Die zweite Studie betrachtete das Bewegungsverhalten von Haltern, wenn die Hunde älter wurden. Hierbei wurden Rassevergleiche zwischen insgesamt zehn Hunderassen gezogen (Hielscher-Zdzieblik und Froboese et al., 2022). Es stellte sich heraus, dass das Bewegungsverhalten im Lauf der Jahre leicht zurück ging, wenn alle Teilnehmer zu allen Zeitpunkten berücksichtigt wurden. Wenn jedoch nur diejenigen Halter untersucht wurden, die die Studie auch beendeten, konnten keine Rückgänge in der körperlichen Aktivität dokumentiert werden. Das spricht dafür, dass Hundehalter langfristig körperlich aktiv bleiben, und dass Hunde für ihre Menschen – wenn überhaupt – erst spät in ihrem Leben eine Barriere für körperliche Aktivität darstellen.

Spannend ist, dass zwar Unterschiede zwischen den Haltern der unterschiedlichen Hunderassen gefunden wurden, diese sich jedoch nicht einfach anhand der Körpergröße oder dem durchschnittlichen Energielevel der Hunderassen unterscheiden ließen. Was genau zu Unterschieden im Bewegungsverhalten von Hundehaltern unterschiedlicher Hunderassen führte, ist damit vorerst unklar und muss weiter erforscht werden.

In allen Studien in Deutschland zeigte sich, dass Hundehalter viel Zeit bei Hundespaziergängen verbrachten. Es stellt sich jedoch die Frage, ob diese Aktivitäten ausreichen, um die Bewegungsempfehlungen der WHO zu erreichen. Leider kamen Hielscher et al. (2020) in ihrer Analyse der Intensitäten körperlicher Aktivitäten mit Hunden zu dem Ergebnis, dass sie in den allermeisten Fällen nur der leichten körperlichen Aktivität zuzuordnen waren und damit nicht ausreichten, um die Bewegungsempfehlungen der WHO zu erfüllen. Dieses Ergebnis war sowohl anhand von Schritten pro Minute als auch von Herzfrequenzen erkennbar. Allerdings ist deutlich geworden, dass andere

Bewegung an der frischen Luft, zu jeder Jahreszeit, das gehört für uns Hundemenschen zum Glück zu unserem Alltag.

hundebezogene Aktivitäten durchaus das Potenzial haben, ausreichend intensiv zu sein, um als mindestens moderate Aktivität zu gelten (Hielscher et al., 2020). Abschließend lässt sich als Fazit ziehen, dass Hundehalter in Deutschland zwar in der Dauer ausreichend aktiv sind, diese Aktivitäten aber zumeist nicht ausreichend intensiv sind. Dementsprechend sind für physisch gesunde, erwachsene Menschen nur geringe gesundheitlich positive Effekte zu erwarten. Vor dem Hintergrund, dass der größte gesundheitliche Effekt jedoch bei der Aufnahme körperlicher Aktivität auftritt und auch leichte Intensitäten – bei ausreichender Menge – einen positiven Effekt auf die Gesundheit haben, ist die Haltung eines Hundes, aus gesundheitlich-sportwissenschaftlicher Sicht trotzdem empfehlenswert. Das gilt besonders dann, wenn Hundespaziergänge andere Formen der körperlichen Aktivität nicht verdrängen. Aus hundlicher Sicht bleibt das Ergebnis zwiespältig, weil bislang noch nicht ausreichend geklärt ist, ob, wie viel und welche körperliche Aktivität für welchen Hund ausreichend und erforderlich ist. Hierbei muss eine Einzelfallabwägung anhand von Alter, Rasse, anatomischen Merkmalen und individuellen Präferenzen des Hundes erfolgen.

ÜBER DEN AUTOR

Dr. Benedikt Hielscher-Zdzieblik studierte Sportwissenschaft an der Deutschen Sporthochschule Köln und der Albert-Ludwigs-Universität Freiburg im Breisgau. Seit Dezember 2016 promoviert er in seiner akademischen Heimat Köln zum Bewegungsverhalten von Hundehaltern. Bereits in seiner Bachelor- und Masterarbeit forschte er bereits erfolgreich zu diesem Thema.

SIGNALE UND LERNHILFEN IM HUNDETRAINING

Wahre Glaubenskriege toben unter Hundetrainer:innen und Hundehalter:innen über die Sinnhaftigkeit und Effektivität verschiedener Hilfsmittel bei Training und Ausbildung.

Folgt man den einschlägigen Diskussionen, so zeichnet sich auch hier ab, dass die durchaus vorhandenen wissenschaftlichen Studien zu den einschlägigen Hilfsmitteln und ihrer Anwendung meistens unbekannt sind, oder bestenfalls in Auszügen und dann oft noch verzerrt zitiert werden.

VERBALE SIGNALE

Bereits die Frage, wie ein verbales Signal möglichst gegeben werden sollte, ist durchaus dafür geeignet, zu heftigen Diskussionen unter Trainern und Praktikern zu führen. Maya Braem aus der Gruppe von Daniel Mills hat hier einige systematischere Untersuchungen durchgeführt (Braem und Mills, 2010). Hunde wurden von ihren Menschen dazu angehalten, entweder ein schon bekanntes Signal (z. B. „Sitz") oder ein neues („Uff" für Hochspringen) zu befolgen. Die Testsituation sah folgendermaßen aus:

1. Es wurde nur das Signal geben,
2. es wurde der Name des Hundes gesagt, und nach zwei Sek. Pause das Signal,
3. es wurde der Name des Hundes und sofort danach das Signal ohne Pause gegeben,
8. es wurde ein vorangeschaltetes, unsinniges Wort (hier Banane) vor dem Signal gegeben.

Wurde der Hund mit dem Namen angesprochen und unmittelbar darauf das Signal gegeben (2.), so war der Erfolg gleich gut wie bei 1., es gab keinen Ablenkeffekt durch die zusätzliche Einführung des Hundenamens. Wurde jedoch der Hundename genannt und dann nach zwei Sekunden Pause das Signalwort, befolgten die Hunde das bekannte Signal genauso gut wie ohne die Pause und den Namen vorher (3.), das neue Signal dagegen erheblich schlechter. Die Einschaltung des Unsinnwortes „Banane" vor dem Signal (4.) wurde in beiden Fällen, beim bekannten wie beim unbekannten Signal, mit einer deutlichen Verschlechterung der Reaktion beantwortet. Auch die Umgebung wurde von Maya Braem getestet und auch hier zeigte sich der Zusammenhang zwischen Ablenkung und Bekanntheitsgrad: Das bekannte Signal wurde in unbekannter Umgebung genauso gut befolgt wie in der bekannten Umgebung, das neue dagegen wesentlich schlechter. Beim Befolgen von verbalen Signalen vs. Zeigegesten ergibt sich wieder ein Geschlechtsunterschied bei den Hunden (D'Aniello et al., 2016). Weibliche Hunde reagieren auf Gesten stärker als auf verbale Signale, Rüden eher auf verbale Signale. Wurden widersprüchliche Signale auf beiden Kommunikationskanälen gleichzeitig gegeben, bevorzugten die Hunde normalerweise die Geste gegenüber dem verbalen Signal. Nur bei dem verbalen Signal „Komm" und der Geste „Bleib", wenn der Halter sich gleichzeitig vom Hund wegbegab, war es andersherum.

Ramos und Mills (2019) differenzierten hier wiederum zwischen Signalen, die sich auf Objekte bezogen, und solchen, die sich auf Handlungen bezogen. Während verbale Signale, die Objektbezug hatten, kaum für die Hunde besonders folgenreich schienen, waren verbale Signale im Zusammenhang mit Aktionen durchaus erfolgversprechend.

BLICKKONTAKT

Bereits im Jahr 2005 hat Meduni Fukuzawa in der Arbeitsgruppe von Daniel Mills den Zusammenhang zwischen Blickkontakt und Erfolg getestet (Fukuzawa et al., 2005). War ein Trainer anwesend, der eine Sonnenbrille trug, und wurde das Signal statt durch seinen Mund durch ein Tonband gegeben, so verschlechterte sich die Reaktion des Hundes auf dieses Signal erheblich. Gab der Trainer das Signal selbst, hatte die Sonnenbrille keinen Einfluss. Drehte der Trainer dem Hund den Rücken zu und gab ein Sitz-Signal, dann folgten die Hunde wesentlich schlechter, als wenn der Trainer dem Hund die Vorderseite zeigte. Beim Komm-Signal dagegen war die Körperhaltung des Trainers relativ zum Hund unbedeutend. Stand der Trainer dagegen hinter einer undurchsichtigen Scheibe, war auch das Komm-Signal wesentlich verschlechtert. Hier zeigt sich bereits, dass für einen Hund unterschiedliche Signale offensichtlich unterschiedliche Bedeutung haben, dass die Einflussfaktoren keineswegs verallgemeinert werden können. Das mehr sozial motivierte „Komm“ hat anscheinend eine andere Bedeutung für den Hund, als das mit Impulskontrolle und Bedürfnisaufschub verknüpfte „Sitz“.

Blickkontakt, Zuwendung, das Lesen unserer Mimik – all das hat große Bedeutung für viele Hunde.

UNTERSCHIEDE BEI DEN HUNDERASSEN

Hier sind dann auch, was die Schnelligkeit und Effektivität von Blickkontakten zum Menschen betrifft, wiederum Rasseunterschiede von Bedeutung. Gerade Rassen, die besonders auf die direkte Kooperation und Einweisung mit dem Menschen selektiert wurden (Treib- und Hütehunde, Apportierhunde), sind hier wesentlich effektiver, selbstständig arbeitende Hunderassen (Herdenschutzhunde, Bauhunde) dagegen weniger (Bentosela et al., 2008; Jakovcevic et al., 2010).

BLICKWAHRNEHMUNG

Übrigens gibt es in diesem Zusammenhang noch eine interessante Erscheinung, die man als Lateralisation bezeichnet (Siniscalcchi und Quaranta, 2014). Die beiden Gehirnhälften eines Hundes haben nämlich unterschiedliche Spezialisierungen. Die rechte Gehirnhälfte ist mehr für die Verarbeitung von eher emotional bedeutsamen Reizen zuständig, die linke eher für Routinemeldungen. Da nun aber die Eingänge aus den beiden Augen überkreuz, also vom rechten Auge in die linke Gehirnhälfte und vom linken Auge in die rechte Gehirnhälfte gehen, ist es, wie Untersuchungen an Agilityhunden gezeigt haben, nicht bedeutungslos, auf welcher Seite der Hund geführt wird.

Hunde, die rechts neben ihrem Menschen laufen, diesen mit dem linken Auge wahrnehmen und dessen Gesten dann in der rechten Gehirnhälfte verarbeiten, reagieren um Sekundenbruchteile schneller auf Gesten des Menschen als Hunde, die links neben dem Menschen laufen, ihn mit dem rechten Auge wahrnehmen und die Information dann in die für Routinemeldung zuständige linke Gehirnhälfte bringen. Trotzdem ist es natürlich sehr alltagstauglich, auch Hunden Flexibilität im Nutzen beider Gehirnhälften beizubringen. So sollten sie z. B. sicheres Fußlaufen an beiden Seiten lernen, um sich variabel anpassen zu können und Stress und Hilflosigkeit zu vermeiden, falls im Stadtgemenge mal eine Menschengruppe von links oder rechts auf uns zukommen sollte.

ABBRUCHSIGNALE

Wie bereits dargelegt, ist die Bezeichnung „aversive Methoden" zunächst einmal sehr weit gefasst, und daher auch für die Analyse einschlägiger Vorgehensweisen nicht sonderlich hilfreich (siehe S. 223). Dass z. B. Abbruchsignale, die unter Kaniden durchaus üblich sind, schon in den Bereich aversiver Methoden gestellt werden, ist nicht nur völlig unbiologisch, sondern auch nicht weiter hilfreich. Und auch hier ist wieder die Unterscheidung zwischen Erziehung und Training von Bedeutung. Während Training und Ausbildung wirklich möglichst ohne Verwendung von negativen Einflüssen stattfinden sollten (Anpassung unserer Erwartungshaltung an den Ausbildungsstand und die Tagesverfassung des Hundes!), ist Erziehung mit rein positiven Maßnahmen, wie ja auch die Erfahrungen unserer menschlichen Erziehungsreformen immer wieder zeigen, eher problematisch. Ziv (2017) und Fernandes et al. (2017) haben in Literaturzusammenstellungen und Beobachtungen die Auswirkungen verschiedener Trainingsmethoden auf die Gesundheit, das Wohlbefinden und das Verhalten von Hunden zusammengetragen. Gerade Fernandes et al. (2017) lassen auch die derzeitigen Begrenzungen dieser Untersuchungen deutlich werden, da die meisten sogenannten aversiven Methoden in diesem Zusammenhang mit Starkzwang, z. B. Elektrohalsbändern oder ähnlichen, gewaltsamen Methoden verbunden waren. Auch die Beschränkungen auf nur wenige Subpopulationen von Hunden (meist Dienst- oder Rettungshunde, oder Laborhunde) und die vergleichsweise geringen Stichprobengrößen haben in der Regel nicht zu einer wirklichen Klarheit beigetragen.

VERHALTEN SINNVOLL STOPPEN

Auch eine ganze Reihe von Untersuchungen in unserer Arbeitsgruppe über die Wirksamkeit von Abbruchsignalen bei verschiedenen Kaniden (zusammengefasst bei Kehr et al., 2014) zeigt, dass in sozialen Situationen oftmals ein Stopp-Signal („Lass das") wirkungsvoller ist, als eine auf rein positiven Maßnahmen beruhende Erziehung. Sarah Kehr hat in ihrer Arbeit gezeigt, dass dies ausdrücklich auch im Mensch-Hund-Kontext gilt. Hundehalter:innen, denen in einer Hundeschule sinnvoll beigebracht wurde, wie sie ihre Hunde mit Abbruchsignalen (z. B. Ausfallschritt, vorgestreckte Hand, „Nein") von einer geplanten Handlung abhalten konnten, waren nicht nur erfolgreich dabei. Es kam auch zu keinerlei Belastung der Beziehung zwischen Hund und Halter:in und insgesamt war das Vorgehen durchaus zielführend. Voraussetzung dafür ist, dass keine körperliche Gewalt, keine Schäden, Schmerzen oder Leiden im Sinne des Tierschutzgesetzes oder andere unangemessen heftige Reaktionen erfolgen, und dass die Anwendung der betreffenden Signale in einer kompetenten Hundeschule, auf Typus von Mensch, Hund und Situation abgestimmt, unterrichtet wird.

Nebenbei, die derzeit rechtlich gültige Definition von Leiden sagt ausdrücklich, dass es eine wiederholte, langanhaltende und über ein momentanes kurzes Unwohlsein hinausgehende Belastung sein müsste (siehe Felde et al., 2017). Wenn also ein Hund kurzfristig Übersprungverhalten zeigt, weil er nicht tun darf, was er möchte, liegt nach den Kommentaren zum Tierschutzgesetz derzeit jedenfalls kein tierschutzwidriger Zustand vor.

NEGATIVVERSTÄRKUNG BEI HÜTEHUNDEN

Eve Marschark und Ronald Baenninger (2002) untersuchten erstmals den Einfluss von Körperpositionen als Negativverstärker und Strafmaßnahmen im Zusammenhang mit der Hundeausbildung. Sie gehen von der Hypothese aus, dass für einen Hütehund (untersucht wurden Border Collies und ein Sheltie) das Hüten von Schafen eine selbstbelohnende Handlung darstellt, Zugang zu Schafen also als positiver Primärverstärker für Hütehunde gelten könnte. Verweigerte man ihnen den Zugang zu den Schafen, wurde dies entsprechend als aversiver, also negativer Reiz gesehen. Über mehrere Monate wurden die Hundehalter der sieben von Marschark und Baenninger (2002) getesteten Hunde in ihrem Trainingsverhalten beobachtet, und die Wirksamkeit der verschiedenen Maßnahmen bewertet (lobender Zuspruch, Zulassen des selbstbelohnenden Hüteverhaltens oder eben Blockieren bzw. Stoppen des Hundes während des Hütens). Die Ergebnisse zeigten deutlich, dass die negativen Aktionen, also Blockieren oder Stoppen des Hundes im Zugang zu den Schafen, einen deutlich höheren Einfluss auf die Lernleistung hatten als die positiven Aspekte, wie stimmliches Lob oder Zulassen des selbstbelohnenden Hütens. Eve Marschark und Ronald Baenninger ziehen daraus den Schluss, dass bei manchen, extra anzutrainierenden neuen Verhaltensweisen positive Verstärkung durchaus eine wirkungsvolle Trainingsmethode sei. Im Zusammenhang mit der Formung und Ausbildung von Verhaltensmustern des angeborenen, dort als instinktiv bezeichneten Verhaltens, dagegen sind negative Verstärker und Strafen oftmals wirkungsvoller oder zumindest notwendig, um die positiven Techniken zu unterstützen und zu ergänzen.
Wichtiger als die ideologisch überfrachtete Diskussion scheint aber das nachfolgende Versöhnungsverhalten (Kehr et al., 2015; Mehrabani et al., 2015). Wenn z. B. nach einem Verhaltensabbruch, einer Zurechtweisung oder einem gelösten Konflikt eine erneute freundliche Kontaktaufnahme passiert, anstatt den anderen zu ignorieren oder weiter auf Distanz zu bleiben, entspannt das die Beziehung sehr schnell. Das kann auch ein Autorinnenteam um Kristina Walters (Walters et al., 2020) sehr schön mit Daten von Postkonfliktbeobachtungen an Haushunden zeigen.

KLICKER ALS HILFSMITTEL

Neben dem Einsatz von Abbruchsignalen polarisiert kaum ein Hilfsmittel die Hundeszene so sehr wie der Klicker. Dieses als Primärverstärker eingesetzte Hilfsmittel hat durchaus seine Berechtigung. In Untersuchungen an Zootieren z. B., kann mit Hilfe des Klickers die Vorbereitung auf medizinische Untersuchungen, sogar Blutabnahmen und andere, für das Tier unangenehme Manipulationen, sehr gut durchgeführt werden. Sogar sehr scheue Antilopen oder andere Huftiere sind bereit, zur Abnahme des Blutes ans Gitter zu kommen, und müssen weder festgehalten noch anderweitig in ihrer körperlichen Freiheit begrenzt werden, während die Kanüle in die Blutgefäße geschoben wird. Auch zur Vorbereitung von Untersuchungen mit Ultraschall, im Zusammenhang mit

Der Einsatz des Klickers funktioniert bei Hunden wie bei Hamstern.

Trächtigkeitsdiagnosen oder künstlicher Besamung, sind Klicker als Hilfsmittel in der Zootiermedizin heute weit verbreitet. Und wenn es für eine scheue und absolut panikanfällige Huftierart, wie es Gazellen und andere Paarhufer oftmals sind, möglich ist, mit Hilfe des Klickers ohne Stress und ohne Einfangen und sonstige Gewaltmaßnahmen zur Blutabnahme vorbereitet zu werden, sollte dies doch eigentlich auch bei jedem Hund möglich sein. Medizinisches Training, gern auch mit Unterstützung des Klickers, sollte daher zum Grundprogramm jeglicher Hundeschulaktivitäten gehören, und wäre wohl wichtiger als Sitz, Platz oder Fuß. Für ein harmonisches Miteinander im Alltag sind Grundsignale natürlich hilfreich, aber Hunde sind eben nicht „erzogen", wenn sie Sitz, Platz und Fuß perfekt vorführen können. Besonders in der sensiblen Welpen- und Junghundephase sollten Hundetrainer:innen statt auf Klicker-Dressur ihren Schwerpunkt auf Erziehungs-/Beziehungsarbeit und auf die Wahrnehmung der Persönlichkeitsentwicklung des Hundes legen.

LERNHILFE IM ALLTAG

Anders aber steht es mit der Wirksamkeit des Klickers als Lernhilfe im Alltag. Shawn Smith und Alan Davis (2007) stellten fest, dass der Einsatz des Klickers im Training von Hunden die Lerngeschwindigkeit keineswegs verbesserte (siehe hierzu auch die Studie von Claudia Fugazza, die soziales Lernen mit Klickertraining verglichen hat, S. 273). Der Einsatz des Klickers führte jedoch dazu, dass die Hunde auch bei Ausbleiben der Belohnung länger an der Aufgabe dranblieben. Sowohl beim Prinzip der intermittierenden Verstärkung, bei dem nur noch jeder dritte oder vierte Versuch mit Futter belohnt wurde, als auch bei systematischen Auslöschungsversuchen, bei denen überhaupt keine Futtergabe mehr erfolgte, war die Klickergruppe beharrlicher und folgte dem Signal öfter und häufiger als die Kontrollgruppe ohne Klicker.
Beim Erwerb der anzutrainierenden Handlung dagegen ergaben sich keine Unterschiede. Ein Nebenergebnis war übrigens auch, dass junge Hunde schneller lernten, dass bei älteren Hunden aber keine Unterschiede in Bezug auf Behalten oder Auslöschen der einmal antrainierten Handlung gegenüber den Jungspunden erkennbar war. Shawn Smith und Alan Davis folgern daraus, dass der Klicker zur Einstudierung neuer Handlungen kein hilfreicheres Mittel ist als andere Formen der Belohnung, dass er aber eingesetzt werden kann, wenn eine bereits antrainierte Handlung aus irgendwelchen Gründen mit dem eigentlichen Verstärker, sei es Futter, soziale Zuwendung oder anderes, nicht zuverlässig belohnt werden kann.

Neuere Untersuchungen zur Anwendung des Klickers oder alternativer akustischer Marker lassen vor allem erkennen, dass Umfragen und ähnliche Querschnittsstudien an einer Vielzahl methodischer Unterschiede zwischen dem Verständnis dessen, was unter Klickertraining läuft, leiden (Feng et al., 2018; Chiandetti et al., 2016). Wirklich datenbasierte Ergebnisse sind daher momentan sehr schwierig. Chiandetti et al. sowie Dorey et al. (2020) zeigen eindeutig, dass die Anwendung des Klickers keine methodischen Vorteile, also keine schnelleren oder effektiveren Lernfortschritte bewirkte als andere Lernverstärker. Auch Pręgowski (2015) sowie Gilchrist et al. (2021) betonen ausdrücklich, dass die radikal behaviouristische Ausbildung von Hunden, die meistens ja mit dem Klickertraining verbunden ist, nicht die besten und hundegerechtesten Methoden und Ergebnisse beinhaltet. In diesem Zusammenhang sind auch die Einlassungen von Juliane Kaminski aus verhaltensbiologischer und von Robert Mehl aus neurobiologischer Sicht von besonderer Wichtigkeit (siehe S.271 und 275).

BELOHNUNG MIT FUTTER

Um die Anwendung von Futter als Verstärker, im Zusammenhang mit hundlichem Verhalten, ranken sich ebenfalls viele Diskussionen. Meduni Fukuzawa und Naomi Hayashi (2013) verglichen drei verschiedene Formen der Verstärkung beim Lernen für Hunde: Eine Gruppe wurde mit Futter belohnt, die zweite mit körperlicher Zuwendung (Streicheleinheiten), die dritte mit verbalem Lob. Die Futtergruppe war in der Anfangsphase des Lernprozesses deutlich schneller, die Hunde waren sozusagen schneller auf die Aufgabe konzentriert. Im Lauf der Lernphase aber holten die beiden anderen Gruppen auf, und in späteren Stadien des Trainingsprozesses, einschließlich der Kann-Phase, waren alle drei Formen der Belohnung gleich gut.
Dies lässt sich möglicherweise auch mit unserem bereits besprochenen Marktplatzmodell vergleichen: Stellen Sie sich vor, Sie sind auf einer Messe und 20 verschiedene Anbieter

Ruhephasen sind immer wieder wichtig, um das Gelernte abzuspeichern. Aber auch gemeinsames Spiel nach einer Übung beeinflusst das Training positiv.

haben alle ein ähnliches Programm in ihrer Ausstellung. Hat einer davon eine Schüssel Kekse oder einen Teller Käsewürfel auf dem Tresen stehen, ist die Wahrscheinlichkeit durchaus groß, dass Sie sich dessen Angebot als Erstes anschauen. Sind Sie aber mit demjenigen dann im Geschäft, werden Sie zur Auslösung eines Folgeauftrags keinen Käsewürfel oder auch keine Tasse Kaffee mit Keksen mehr benötigen. Scandurra et al. (2017) zeigen die Bedeutung der Beziehung zwischen Hund und Mensch sogar noch deutlicher: Die Befolgungsrate des Signals, das gegeben wurde, ist bei einem Hund mit seinem persönlich vertrauten Hauptbezugsmenschen wesentlich höher als bei Hunden mit einem zwar bekannten, aber nicht als Hauptbezugsperson eingestuften Menschen. Auch das zeigt wieder unsere Marktplatztheorie. Eine Vielzahl von Untersuchungen mit verschiedenster Methodik, von Wahlversuchen zwischen verschiedenen Versuchspersonen, Beobachtungen an sogenannten Straßenhunden und auch Untersuchungen im Gehirnscanner zeigen immer wieder, wie sehr die meisten Hunde menschliches Lob, Zuwendung, Streicheleinheiten etc. gegenüber einer Futterbelohnung präferieren.

ARBEITEN HUNGRIGE HUNDE BESSER?

Einen Hund hungern zu lassen, damit er besser arbeitet oder besser lernt, ist also aus verschiedensten Gründen kontraproduktiv. Einerseits entstehen dadurch, zumindest bei längeren Hungerperioden, deutlich erkennbare tierschutzwidrige Bedingungen (siehe Andreesen et al., 2017), insbesondere wenn viele Menschen das sogar über mehrere Tage durchhalten, oder schon bei Junghunden unter dem Alter von 6 Monaten damit beginnen. Andererseits können sich Hunde, die eine gute Energieversorgung aufweisen, nachweislich besser konzentrieren. Das lässt z. B. auch die weit verbreitete Empfehlung, einen Hund vor einer Prüfung einen Tag hungern zu lassen, besonders kritisch werden. Auch zeigen z. B. Untersuchungen der Arbeitsgruppe rund um Holly Miller (2010) eindeutig Zusammenhänge zwischen Selbstbeherrschung, Impulskontrolle, Risikobereitschaft des Hundes und seiner Versorgung mit leicht verdaulichen Kohlenhydraten (in diesem Fall Traubenzuckerlösung) fürs Gehirn.

GELERNTES FESTIGEN

Anna Kis hat untersucht, wie sich im Anschluss an eine Lerneinheit (Erlernen eines neuen Signalwortes) Spielen, Schlafen, Spazierengehen oder noch mehr Lernstoff auf das Erinnerungsvermögen bei Hunden auswirkt (Kis, 2017). Anna Kis teilte den Versuch dabei in zwei Runden auf: In der ersten Runde sollte die eine Hälfte einer Hundegruppe ein neues Wort lernen, die andere Hälfte lernte nichts Neues. Anschließend wurde die Gehirnaktivität beider Gruppen beim Schlafen durch ein EEG analysiert. Erwartungsgemäß zeigte das EEG der „Lerneinheit“ eine viel stärkere Aktivität, was bestätigt, dass Schlaf immens wichtig ist, um neue Eindrücke verarbeiten zu können. Im Anschluss daran sollten Hunde erneut etwas Neues lernen, durften danach aber unterschiedliche Dinge erleben. Eine Gruppe durfte schlafen, eine Gruppe spazierengehen, eine Gruppe ausgelassen mit ihren Menschen spielen und die vierte Gruppe sollte ein weiteres neues Wort lernen. Dann testete Anna Kis das Erinnerungsvermögen der Hunde nach einer Stunde – hier konnten sich die Hunde aller Gruppen gleich gut erinnern. Doch nach 24 Stunden wurde ein Unterschied deutlich: Hunde, die noch mehr lernen sollten, benötigten die meisten Wiederholungen, um sich an das neu gelernte Signalwort zu erinnern. Zwischen den anderen Gruppen waren erstaunlicherweise die Unterschiede nicht so groß wie erwartet. Diese Erkenntnisse haben wiederum das Interesse am Spiel als Form der Belohnung geweckt.

SPIEL KANN TRAINING POSITIV BEEINFLUSSEN

Von uns Menschen wissen wir, dass emotional aufregende Ereignisse länger im Gedächtnis haften bleiben – sowohl im positiven Sinn, wenn wir mit Freude ein neues Gedicht lernen, das uns aus der Seele spricht, als auch im negativen, wenn wir von einem traumatischen Erlebnis belastet werden, das uns fortan ein Leben lang begleiten kann. Diese langlebigen Erinnerungen werden durch die Ausschüttung entscheidender Botenstoffe in den fröhlichen und beängstigenden Situationen gefördert – Dopamin und Oxytocin sind z. B. bekannt dafür, Lernen zu beschleunigen und uns toleranter und erkundungsfreudiger zu machen. Nadja Affenzeller (2017) hat untersucht, ob ähnliche befeuernde Effekte auch im Hundetraining nachgewiesen werden könnten. Dazu untersuchte sie eine relativ kleine Gruppe von 16 Labrador Retrievern, die Ergebnisse sind aber trotzdem beeindruckend. Nadja Affenzeller brachte den Labradoren eine neue Aufgabe bei und ließ acht von ihnen anschließen 30 Minuten lang spielen, die anderen acht durften schlafen oder ruhen. Nach 25 Stunden wiederholte sie die Übung und zählte die Wiederholungen, die nötig waren, bis die Hunde sich erinnerten. Die Ergebnisse zeigen, dass spielerische Aktivität nach dem Lernen die Lernleistung verbessern kann: in der Spielgruppe waren im Schnitt 26 Durchgänge nötig, in der Pausengruppe 43 – das ist fast das Doppelte! Parallel hat Affenzeller die Herzschlagrate als Messung für Aufregung während der Intervention gemessen und konnte festhalten, dass diese in der Spielgruppe signifikant höher (143/Min) war gegenüber der Herzschlagrate der Pausengruppe (86/Min), was eine erhöhte emotionale Erregung der Spielgruppe nahelegt. Der Cortisolgehalt im Speichel der Testhunde unterschied sich während des Trainings nicht, aber sank bei den Hunden der Spieleinheit signifikant ab – sie kamen schneller wieder in ihren Normalzustand. Um den Langzeiteffekt des Spielens zu untersuchen, hat Nadja Affenzeller die Studie wiederholt. Das beeindruckende Ergebnis: Auch nach einem Jahr brauchte die Spielgruppe um die Hälfte weniger Wiederholungen und machte weniger Fehler, um sich an die Lösung der Aufgabe zu erinnern!

LOB ODER LECKERLI?

KOMBINATION ZWEIER VERSTÄRKER

Etwas abweichende Befunde über die Wirksamkeit sozialer Zuwendung versus Futter als Verstärker für Hunde und handaufgezogene Wölfe erzielten Erica Feuerbacher und Clive Wynne (2012). Sowohl Familienhunde, Tierheimhunde als auch handaufgezogene Wölfe sollten eine Nasenberührung als neue Übung erlernen. Bei allen drei Gruppen zeigte sich Futterbelohnung als wirkungsvollerer Verstärker gegenüber der kurzen, sozialen Interaktion. Jedoch diskutieren verschiedene Praktiker und auch Miklósi (2014), dass die Futtergabe durchaus mit einer menschlichen Interaktion kombiniert wird. Diese gleichzeitige Verwendung von Futtergabe und sozialer Interaktion versus nur einer, nämlich der sozialen Interaktion allein, hat eine gute Wirkung. Dass diese Überlegung keineswegs weit hergeholt erscheint, zeigen Versuche von Friederike Range in einem ganz anderen Zusammenhang (Range et al., 2009; McGetrick und Range et al., 2018). Werden zwei Hunde parallel mit einer gleichgearteten Aufgabe konfrontiert, und einer von beiden wird vom Menschen mit einem Stück Brot, der andere mit einem Stück Wurst belohnt, so arbeitet der mit Brot belohnte Hund genauso gut weiter, wie der mit Wurst belohnte. Die Kombination aus menschlicher Zuwendung und der leichten Belohnung ist offensichtlich für ihn genauso viel wert wie die bessere Belohnung für den Kumpel. Affen reagieren in solchen Situationen ganz anders und verweigern sehr schnell die Mitarbeit, wenn sie schlechtere Belohnung erhalten als die parallel arbeitenden Artgenossen. Zudem wurde möglicherweise in der Arbeit von Feuerbacher und Wynne die durchaus auch von Fukuzawa und Hayashi gefundene Auswirkung der Futterbelohnung in der Frühphase des Lernvorgangs mit herangezogen und wirkte sich dann auf eine Beschleunigung des Gesamtergebnisses aus. In einer Studie der Forschergruppe aus Atlanta testeten diese die unterschiedliche Wertigkeit von Futter oder sozialer Zuwendung durch den Halter als Belohnung in zwei Durchgängen: einmal durfte der Hund sich zwischen einer in Aussicht stehenden Leckerei oder seinerHalterin/seines Halters entscheiden; zu beiden Belohnungen lief ein durch einen Zaun begrenzter Weg. Hier gab es eine Präferenz für den eigenen Menschen, die anschließend im funktionellen Magnetresonanztomographen überprüft wurde. Auch hier zeigten die meisten Hunde im Belohnungssystem mehr Reaktion auf ihren Menschen als auf das Futterstück (Cook et al., 2016).

Mariana Bentosela und Co-Autoren (2008) untersuchten die Auswirkungen von variabler Verstärkung, dem systematischen Weglassen der Belohnung, auf den Auslöschungsprozess einer gelernten Handlung beim Hund. Bereits nach drei Versuchen, die nicht belohnt wurden, begannen die Auslöschungsprozesse, und es zeigte sich gerade in dieser Phase auch eine Veränderung des Allgemeinverhaltens. Die Hunde nahmen eine zunehmend immer größere Distanz zum Versuchsleiter ein, legten sich öfter hin oder wandten ihm den Rücken zu. Die Auswirkungen der Frustration durch die ausbleibende Belohnung waren also deutlich erkennbar.

METHODENKOMBINATION STATT METHODENWAHN

Welche Trainingsmethode am besten zum eigenen Hund passt, können nur wir selbst entscheiden. Keiner kennt unseren Hund so gut wie wir selbst! Nur wir wissen, ob Futter ihn konzentriert oder fahrig werden lässt oder ob ein gemeinsames Spiel für ihn die tollste Belohnung ist. Dazu kommt, dass wir hoffentlich eine gute Sozialkompetenz mitbringen, die uns darin befähigt, die jeweils richtige Methode für die Situation, die Übungseinheit, uns und unseren individuellen Hund zu finden. So kann man durchaus einen Hund mit Futter belohnen, wenn er aus dem Spiel herausgerufen wird und tatsächlich zu uns kommt. In einer anderen Situation können wir zur Belohnung streicheln und mit dem Lieblingsspielzeug spielen. Kommt er nicht, müssen wir schnell und eindeutig, der Situation und dem individuellen Hund angepasst, mit einem Abbruchsignal reagieren. Sobald er gekommen ist, wird aber gleich gelobt! Als Vorbereitung für eine medizinische Untersuchung können wir klickern, das Einüben eines neuen Tricks mit der Do as I do („Mach-es-mir-nach")-Methode ausprobieren. Gerade die Kombination vieler verschiedener Methoden wird uns als Menschen interessant machen und dafür sorgen, dass der Hund mit viel Freude auf uns hört.

Aus der Forschung – von Robert Mehl

DIE NEUROBIOLOGIE OPERANTER KONDITIONIERUNG

Operante Konditionierung basiert darauf, dass ein Verhalten belohnt oder bestraft wird, d.h. kurze Zeit nach dem Verhalten passiert etwas, das der Hund als angenehm oder unangenehm bewertet. Genauer gesagt bewertet sein Gehirn die Konsequenzen, noch genauer der sogenannte *Nucleus accumbens*. Dieses Kerngebiet liegt im unteren (basalen) Vorderhirn und ist Teil des sogenannten mesolimbischen Systems, besser bekannt als „Belohnungszentrum". Wenn ein Reiz, wie z. B. ein Futterbrocken, von den Sinnesorganen registriert und verarbeitet wird, wird das sogenannte ventrale tegmentale Areal (VTA) darüber informiert. Die Fortsätze der Nervenzellen im VTA enden an den Nervenzellen im *Nucleus accumbens*. Passiert gleich etwas Erfreuliches, schütten sie ihren Neurotransmitter Dopamin aus. Das Dopamin wird von Rezeptoren der Nervenzellen im *Nucleus accumbens* registriert und führt zu gesteigerter Aktivität dieser Nervenzellen. Deren Ausgangssignale gelangen in andere Teile des limbischen Systems und zum Hypothalamus. Subjektiv fühlt sich das an wie Vorfreude und führt zu einer gesteigerten Erwartungshaltung (engl.: „wanting" oder „craving" = „Verlangen").

STOFFGEBUNDENE SÜCHTE

Aus wissenschaftlichen Experimenten an verschiedenen Säugetieren wie Nagern und Menschen wissen wir, dass VTA und *Nucleus accumbens* direkt und indirekt von Rauschdrogen wie Kokain, Amphetaminen, Opiaten, Alkohol und THC beeinflusst werden, und dass die dort entstehenden anatomischen, biochemischen und physiologischen Veränderungen für die Entwicklung stoffgebundener Süchte verantwortlich sind (Neuroadaption). Die Ansprechbarkeit (Sensitivierung) gegenüber der Droge sowie gegenüber anderen Drogen steigt. Dadurch steigert sich jedoch nur das Verlangen. Das angestrebte Glücksgefühl (Euphorie) sinkt im Verlauf der Neuroadaption. Um dasselbe Glücksgefühl zu erlangen, muss daher mehr und mehr der Droge konsumiert werden (Toleranzentwicklung). Es entsteht psychische und physische Abhängigkeit (Sucht), die einhergeht mit unkontrollierbarem Verlangen bzw. einem starken Zwang, die Substanz zu konsumieren; Kontrollverlust über Beginn, Beendigung und Menge des Konsums; Konsum, um Entzugssymptome zu lindern; fortschreitendem Verlust anderer Interessen (insb. auch sozialer Interessen wie Beziehungen, Freundschaften und Kontakte) und Konsum trotz schädlicher Konsequenzen.

VERHALTENSBEZOGENE SÜCHTE

Spannenderweise geschieht dasselbe bei verhaltensbezogenen Süchten (substanzungebundene Abhängigkeit). Ein süchtiges Individuum wird alles für einen tun, um das bekommen, wonach es seinen *Nucleus accumbens* verlangt.

Koppeln wir einen Reiz wie Futter mit einem erwünschten Verhalten, aktivieren wir das mesolimbische System. Koppeln wir über eine klassische Konditionierung den Reiz Futter mit dem Reiz „Klick" eines Klickers, können wir statt des Futters den Klicker verwenden, um die Aktivität im mesolimbischen System auszulösen (klassische Konditionierung einer Erwartungshaltung). Damit entfernen wir uns sehr weit von den biologischen Gegebenheiten in freier Wildbahn, die verhindern, dass sich aus den natürlichen Konsequenzen von Verhalten (Jagen – Futter) eine Suchtstörung entwickelt. Wenn man satt ist, löst Futter keine angenehme Vorfreude mehr aus. Ein „Klick" vermag dies jedoch weiterhin. Wenn man mit dem sozialen Kontakt zufrieden ist, löst ein weiteres Streicheln und positive Ansprache keine angenehme Erwartung mehr aus (obwohl man natürlich weiterhin den Kontakt sehr genießen kann). Mit anderen Worten: **Wenn Bedürfnisse erfüllt sind, aktivieren die Reize, die sie erfüllen, das mesolimbische System nicht mehr und eignen sich nicht mehr als Verstärker. Ein „Klick" umgeht das.**

DAUERHAFTE SPUREN IM GEHIRN

Man könnte versucht sein einzuwenden, dass klassische und operante Konditionierung dennoch harmlose Lernformen seien, da sie dem Phänomen der „Löschung" unterliegen. Indem man den Reiz „Klick" darbietet, ohne Futter folgen zu lassen, verliert er nach und nach die Fähigkeit, die konditionierte Erwartungshaltung auszulösen. Indem man ein Verhalten nicht mehr belohnt, schwächt sich die Erwartungshaltung einer Belohnung mit der Zeit ebenfalls ab und damit das Verlangen, das Verhalten auszuführen. Forschungen auf den Gebieten der Lernpsychologie, der Verhaltenstherapie und der Neurowissenschaften zeigen jedoch, dass klassische und operante Konditionierung irreversible Spuren im Gehirn hinterlassen. Grundlage dafür ist die Synaptogenese, das Entstehen neuer Verbindungen zwischen Nervenzellen. Bei der Konditionierung gewinnt eine Nervenzelle, die vor dem Lerndurchgang nicht in der Lage war, in einer nachgeschalteten Nervenzelle ein Signal auszulösen, die Fähigkeit, eben dieses nachgeschaltete Neuron zu erregen. Der Effekt hält zunächst nur kurze Zeit an. Wiederholt man jedoch die Lerndurchgänge, bildet sich diese Fähigkeit zur Erregung der nachgeschalteten Nervenzelle dauerhaft aus. Grundlage dafür ist die Bildung neuer synaptischer Verbindungen zwischen beiden Nervenzellen. Diese bleiben erhalten, selbst nach der „Löschung", und werden durch neue Bahnen, die während der „Löschung" angelegt werden, gehemmt. Tritt der Reiz (ein „Klick" in Verbindung mit Futter oder eine Belohnung nach einem Verhalten) wieder auf, werden die noch vorhandenen Verbindungen reaktiviert und gestärkt und das Individuum fällt schnell wieder in alte Erwartungshaltungen und damit verbundene Verhaltensmuster zurück. Die Eingriffe mit einem Klicker in das Gehirn sind also – wie jede klassische und operante Konditionierung – weitgehend irreversibel. Lediglich auf der Verhaltensebene können sich Effekte der „Löschung" manifestieren.

Ein „Klick" (oder ein anderes Signal) kann sehr praktisch sein, um punktgenau mit perfektem Timing zu belohnen, praktischer als Futter oder verbale Rückmeldungen. In manchen Einsatzbereichen von Hunden sehe ich dafür auch eine Rechtfertigung, wenn ein bestimmtes Verhalten wirklich sitzen muss (bei der Arbeit von Blindenhunden, Sprengstoffspürhunden, Jagdhunden, etc.). Wenn wir uns bewusst machen, dass ständiges Klickern im Alltag ähnliche Effekte haben kann wie Medien- oder Spielsucht, werden wir jedoch nicht der Versuchung erliegen, zu oft darauf zurückzugreifen und dem Alter des Hundes angemessen behutsam damit umgehen.

ÜBER DEN AUTOR

Robert Mehl ist Diplom-Psychologe und Kriminologe (M.A.) mit therapeutischen Zusatzausbildungen als „Systemischer Berater und Familientherapeut" (DGSF) und für den „Professionellen Einsatz von Hunden in der Therapie". Seit 2016 ist er freiberuflich als Referent sowie Systemischer Berater und Coach tätig. Er ist Autor des Buches „Die Psyche des Hundes" (Kosmos Verlag).

METHODENVERGLEICH

In einer vergleichenden Untersuchung verschiedener Trainingsmethoden nahmen Fiszdon und Kaleta (2008) das Training für eine Obedienceprüfung unter die Lupe. Das Ergebnis: Hunde, die nach traditionellen Methoden trainiert worden waren, arbeiteten ganz offensichtlich mit weniger Enthusiasmus. Sie zeigten zwar viele gute und sehr gute, aber kaum exzellente und herausragende Bewertungen.
Zusammengenommen zeigen diese, hier nur kurz angerissenen Ergebnisse jedoch, dass auch im Bereich des Trainings, und nicht nur in der Erziehung, der individuelle Hund und die Rasse (bei Fiszdon und Kaleta waren beispielsweise Deutsche Schäferhunde besonders erfolgreich) nicht übersehen werden dürfen. Auch bei Training, Ausbildung und bei der Auswahl der geeigneten Methoden ist also eine gute Kenntnis der Grundpersönlichkeit des Hundes, seiner jeweiligen Situation und seiner Vorerfahrungen von großer Wichtigkeit, wenn man gute Ergebnisse erzielen und trotzdem den Hund bei Laune halten möchte.

In der Assistenzhundeausbildung wird immer häufiger mit der „Do as I do"-Methode gearbeitet.

DO AS I DO – MACH ES MIR NACH!

Eine neue und aufsehenerregende Form des Trainings wurde von der italienischen Hundetrainerin und Biologin Claudia Fugazza entwickelt. In der Arbeitsgruppe von Ádam Miklósi in Budapest etablierte sie das Signal „Do it!" („Mach es nach") als Signalwort. Hunde, denen einmal mit einer bereits bekannten Handlung das Nachmach-Signal beigebracht wurde (Claudia Fugazza beschreibt dies in ihrem Buch (2013) anhand der Handlung „Steig auf den Tisch"), konnten zu jeder beliebigen, vom Menschen vorher gezeigten Handlung animiert werden. Der besonders interessante Teil ihrer Studie war einerseits, dass die Ablenkung und die Zeitspanne zwischen der Vorführung der Handlung durch den Menschen und dem Nachmach-Signal beim Hund nicht nur Minuten oder Stunden, sondern sogar einen ganzen Tag betragen konnte (Fugazza, 2014; Fugazza und Miklósi, 2013). In dieser Zeit konnten Spieleinheiten, Benimm-Übungen, Leinenspaziergänge oder andere Handlungen mit dem Hund gemacht werden. Trotzdem erinnerte sich der Hund noch an die vorher vom Menschen kommentarlos gezeigte Handlung und ahmte sie nach, sobald er das dazugehörige Signalwort erhielt.

Vergleich mit dem Klickertraining

Fugazza und Miklósi (2014) verglichen auch die relative Wirksamkeit des „Mach-es-nach"-Signals gegenüber dem traditionellen Klickertraining. Hier wurden zwei Gruppen von erfahrenen Hundehaltern, die entweder mit Klickertraining oder dem „Mach-es-nach"-Signal vorher geschult worden waren, getestet. Sie sollten ihrem Hund entweder eine einfache Übung (Flasche umwerfen oder Türklingel betätigen), eine komplexe Übung (Schubladen aufziehen, schließen) oder eine Verhaltenssequenz (auf den Stuhl steigen und die Glocke anschlagen; ein Objekt in einem Korb ablegen, oder einen Schrank öffnen und ein Objekt herausnehmen) antrainieren. Bei den einfachen Übungen waren beide Versuchsgruppen gleichermaßen erfolgreich, jedoch dauerte es bei der Klickergruppe bereits wesentlich länger, bis der Erfolg erzielt wurde. Auch bei komplexen Übungen oder Verhaltensketten war die Nachmachmethode wesentlich erfolgreicher, sowohl was die Zahl der erfolgreichen Hunde betraf als auch die durchschnittliche Lerndauer.

Die Nachmachmethode ist also eine sehr gute Möglichkeit, Hunden komplizierte Handlungen beizubringen. Nicht nur in der Ausbildung von Assistenz- und Therapiehunden, sondern auch im Alltag kann diese Methode zu sehr guten Erfolgen verhelfen. Gerade Hunde, die sich im Alltag wenig an ihren Menschen orientieren, könnten evtl. durch diese Methode davon „überzeugt" werden, ihrem Menschen etwas mehr Aufmerksamkeit zu schenken. Beide Methoden, das „Freie Shaping" mit Hilfe des Klickers und die „Mach-es-nach-Methode", haben zum Teil ihre Berechtigung und können für unterschiedliche Hunde und unterschiedliche Zwecke eingesetzt werden. Zudem konnte durch eine „Do as I Do"-Studie bei Hunden ein episodisches Gedächtnis belegt werden (Fugazza und Miklósi, 2017).

Diese Studien zum Erinnerungsvermögen unserer Hunde legen dann auch final die immer noch häufig geäußerte Annahme ad acta, wonach jede Konsequenz für den Hund in 2–4 Sekunden passieren muss. Auch wenn ein schnelles Reagieren den Erziehungsprozess natürlich beschleunigt, können Hunde sich, wie wir gerade sehen konnten, über sehr lange Zeiträume – bis hin zu einem Jahr! – an Ereignisse und Lerneinheiten erinnern.

Festzuhalten bleibt, dass die einseitige Fixierung nur auf Klicker und Konditionierung, die wir leider immer noch in der Trainerausbildung gehäuft erleben, der sozialen Kompetenz von Hunden überhaupt nicht gerecht wird.

MACHT KLICKERN DUMM?

Juliane Kaminski gehört zu den weltweit führenden Kanidenforscher:innen. In den letzten zwanzig Jahren hat sie zuerst im Max Planck Institut Leipzig und jetzt an der Universität Portsmouth in England viele bedeutende Studien mitentwickelt und durchgeführt, z. B. zum Sprachverständnis von Hunden oder anderen kognitiven und sozialkommunikativen Fähigkeiten. Um spezielle Talente unserer Hunde besser ergründen zu können, werden Hunde in Versuchen oft mit Problemen konfrontiert, für die sie eigenständig Lösungen finden sollen. Im Lauf der Zeit ist Juliane und ihrem Team aufgefallen, dass offensichtlich geklickerten Hunden diese eigenständige Suche nach Lösungsfindung Probleme zu bereiten scheint. Die Zeitschrift „Hundewelt" hat dazu ein Interview mit ihr geführt, das hohe Wellen geschlagen hat. Viele Trainer:innen fühlten sich und ihre Arbeit angegriffen und missverstanden. Wir wollten genauer wissen, was genau sie beobachten konnte und warum sie glaubt, dass zu viel Klickern die Entwicklung der Fähigkeit zum selbstständigen Denken einschränken kann.

KATE KITCHENHAM IM INTERVIEW MIT JULIANE KAMINSKI

Warum siehst du den Einsatz dieses Hilfsmittels kritisch?

Erst einmal ist es mir wichtig zu betonen, dass ich überhaupt keine pauschale Gegnerin des Klickertrainings bin. Es gibt Bereiche, da kann er sehr sinnvoll eingesetzt werden und ist ein gutes Werkzeug, um z. B. Angsthunde zu erreichen, an Traumata zu arbeiten oder Tiere im Rahmen eines Medical Trainings daran zu gewöhnen, sich für Tierarztbesuche überall anfassen zu lassen. Mit einem Klicker kann man auch wunderbar Tricks beibringen, ganze komplizierte Handlungsabläufe, z. B. für Dogdancing. Wenn das Hund und Mensch viel Spaß macht, ist hier überhaupt nichts gegen den Einsatz des Klickers einzuwenden! Was mich eher irritiert, ist das Maß, also wie und wann er überall eingesetzt wird. Also der Einsatz im normalen Alltag, mit ganz normalen Hunden.

Warum ist für dich der Klicker im Tricktraining okay, kann aber im Alltag zum Problem werden?

Mir geht es um das extreme, sehr frühe und ständige Klickern von Hunden. Ein gut sozialisierter Welpe bringt alles mit, um uns verstehen lernen zu können. Tauben, Seelöwen oder auch Meerschweinchen und Katzen haben kein besonders großes Interesse daran, mit uns irgendwas zusammen machen zu wollen. Diese Tierarten können mit Hilfe der Konditionierung über Klicker dazu gebracht werden, komplexe Bewegungskombinationen oder Tricks zu zeigen. Aber Hunde haben durch ihre besonders lange Domestikationsgeschichte eine Sonderstellung, besonders was ihre Sozialisierungs- und Lernbereitschaft mit uns Menschen anbelangt. Besonders kleine Welpen tragen meist eine hohe Motivation in sich, mit uns zusammen etwas lernen zu wollen. Eine hohe, freudige Stimme in Kombination mit dem Namen des Hundes oder einem Lobwort sorgt dafür, dass das Belohnungssystem des Hundegehirns aktiviert wird, die Stimmung überspringt, er einen neuen Begriff lernt und sich mit uns freut. Diese Form des intuitiven Lernens über Stimmungsübertragung konnte in sehr vielen Untersuchungen der letzten Jahre, u. a. auch mit Hilfe bildgebender, neurologischer Studien aus dem

Magnetresonanztomographen nachgewiesen werden. Das bedeutet, auf diese soziale Form der Interaktion sind Hunde genetisch ausgerichtet, sie sind angepasst an alle sozialen Ausdrucksformen, die wir Menschen zeigen können. Diese wunderbare angeborene Fähigkeit mit einem Klicker zu überschreiben, erscheint mir skurril und unnötig. Aber das ist glaube ich das Kernproblem, dass viele Menschen, auch Trainer:innen, noch nicht genug wissen, wie sehr der Hund angepasst ist an unser Verhalten, unsere Stimmungsübertragung. Wir brauchen für unser soziales Feedback keinen Ersatz durch ein Klickgeräusch.

Aber genau das wird immer als Argument für das Klickertraining von den Befürwortern ins Feld geführt: der Klicker sei immer neutral, egal wie wir uns gerade fühlen. Und damit unabhängig von unserer Stimmung, die ja auch mal schlecht sein kann.
Vielleicht gilt das für sehr sensible Hunde oder Menschen, die ihre Emotionen nicht im Griff haben. Aber für die Mehrheit an Hunden und Menschen ist ja gerade diese soziale Komponente im Umgang mit Hund so wunderbar. Ich finde es einfach komisch, da einem Klicker mehr zu vertrauen als der eigenen Stimme, die automatisch intuitiver gezeigt wird. Der Klicker wird schnell zu oft eingesetzt und dann wartet der Hund auf diese Bestätigung, bei allem, was er tut. Dadurch kann der Klicker bewirken, dass sich der Hund vom Menschen entfernt – es besteht die Gefahr, dass er verlernt, uns und die Umgebung zu beobachten, zu lesen, Situationen zu analysieren und sich angepasst daran sozial flexibel zu verhalten. Er wartet irgendwann für alles was er tut auf den Klick und vertraut diesem Geräusch mehr als seiner Intuition. Diese Hunde zeigen dann unangebrachte Verhaltensweisen in einer Situation und warten immer wieder auf einen Klick. In der Folge machen sie weniger eigenständige Lebenserfahrungen, sondern brauchen den Klicker, um zu lernen, was richtig und was falsch ist. Und dadurch besteht die Gefahr, dass der Hunde seine sozialen Fähigkeiten nach und nach reduziert, die ihn zur Selbst- und Fremdeinschätzung von Situationen, Menschen, Artgenossen oder eben Problemen befähigen. Diese Gefahr besteht – und führt in seinen extremsten Formen zur Automatisierung. Dann ist der Hund nicht mehr im sozialen Miteinander mit dem Menschen oder Artgenossen präsent, sondern wartet nur noch auf die automatisierte Antwort, um ein Verhalten zu zeigen. Ihm wurde durch den „neutralen" Klicker abtrainiert, auf unsere Emotionen oder unser Verhalten oder das von Artgenossen zu achten.

Doch soziale Komponenten waren bei manchen deiner Versuche ja gar nicht gefragt, sondern die eigenständige Problemlösungsfindung, oft vollkommen unabhängig vom Feedback durch den Menschen. Das ist ja eine Kompetenz, die von den Befürworter:innen

Dr. Juliane Kaminski (li) forscht seit Jahrzehnten zu den kognitiven Fähigkeiten von Hunden.

des Klickerns als Stärke ihrer Hunde hervorgehoben wird. Diese seien kreativer und vielseitiger in der Herangehensweise an neue Aufgaben. Das hat sich aber nicht gedeckt mit deinen Erfahrungen?
Wir hatten das Gefühl, dass bei diesen Hunden die flexible Denkleistung eingeschränkt ist, ja. Das hat sich darin geäußert, dass sie unangebrachte Verhaltensweisen angeboten haben und auf das Klickerfeedback gewartet haben, statt auf ihre eigene Neugier und Erkundungsfreude, also ihre problemlösende Kreativität zu vertrauen.

Habt ihr diese Beobachtung schon systematisch untersucht?
Hier ist mir wichtig zu betonen, dass wir es in diesen Studien leider versäumt haben, die Frage nach der Art des Trainings zu stellen. Doch mit der Zeit, wenn man so viele Hunde in diesen Situationen gesehen hat, dann bekommt man ein gutes Gefühl dafür, wer mit welcher Methode erzogen worden ist. Aber das ist etwas, was wir in Zukunft mehr beachten sollten bei Studien: diese Variable in der Auswertung der Ergebnisse mit einfließen zu lassen, um hier konkreter Aussagen machen zu können. Bislang ist dies eine reine anekdotenhafte Wahrnehmung oder Hypothese von mir und meinen Teammitgliedern, die es noch zu untersuchen gilt. Aber wir sind da dran!

Warum meinst du, begeistern sich so viele Menschen für das Klickertraining?
Ich könnte mir vorstellen, dass die Nutzung des Klickers manchen Menschen ein beruhigendes Gefühl von Kontrolle über den Hund verschafft. Das liegt natürlich auch daran, dass es von manchen Hundeschulen oder Trainer:innen als einzig wahres Hilfsmittel verkauft wird. Die Hundehalter:innen lernen dann oft gar keine andere Art des Umgangs kennen. Sie bekommen ein Werkzeug in die Hand, mit dem sich der Hund potenziell irgendwann wie automatisch lenken lässt. Nach dem Motto: „Mein Hund macht alles, was ich will, für einen Klick. Er achtet auf mich, bzw. den Klick, ich bin das Wichtigste in seinem Leben." Für den Hund kann das wahnsinnig einschränkend sein, weil er keine eigenen Entscheidungen mehr fällen kann. Es ist eine Wahrnehmung des Hundes als ein Wesen, das trainiert werden und immer funktionieren muss.

Für mich drängt sich bei deiner Beschreibung der Vergleich des Klickers mit dem Ball für den Balljunkie auf. Auch bei ihm kann man Verhaltensmuster beobachten wie die Reduktion des Interesses an der Umwelt, stattdessen die totale Fokussierung auf den Menschen bzw. Klicker oder Ball. Kann Klickern in seiner Extremform nicht auch zu einer Art Abhängigkeit führen, wie eine Droge wirken, die den Rest der Welt weniger wichtig erscheinen lässt?
Der Vergleich mit Balljunkie könnte schon passen, denn natürlich wird bei der operanten Konditionierung das Belohungssystem akitiviert. Darum geht es ja gerade, lerntheoretisch funktioniert das super. Der positive Verstärker, das Klickgeräusch, löst freudige Gefühle aus, da es mit einer Belohnung verknüpft wird. Das ist per se nicht schlimm, der Unterschied zum Ball ist nur, dass dieser, wenn Menschen das im Blick haben, auch mal konsequent verschwindet und der Hund sich dann wieder um seine Hundedinge kümmert. Aber wenn Menschen ihren Hund permanent klickern, also in jeder Alltagshandlung dem Hund vermitteln möchten, was richtig oder falsch ist – dann ist der extrem eingesetzte Klicker für den Hund überall gültig. Er sagt dem Hund, wann er fressen, sich freuen oder laufen darf. Alles wird dann im allerschlimmsten Fall reguliert. Der Hund generalisiert: ohne Klick läuft nix. Wie ein kleiner Roboter.

Gelerntes kann durch entspannte Pausen besser abgespeichert werden.

LONGIEREN

Eine relativ neue, momentan sehr beliebte Methode ist das Longieren. Hier geht es keineswegs nur darum, den Hund rennen zu lassen, während der faule Halter in der Mitte des Zirkels steht und Anweisungen erteilt. Sicher gibt es entsprechende Stunden, besser sind aber jene Longierkurse, bei denen die Distanzkommunikation zwischen Mensch und Hund geschult wird, bei denen die richtige Kombination aus Innen- und Außenfokus, aus Nähesuchen und sicherem Basiseffekt speziell eingesetzt wird, um bisweilen geradezu artistische oder ballettähnliche Handlungen zu vollführen. In solchen Fällen profitiert dann auf lange Sicht die Mensch-Hund-Beziehung. In diesem Zusammenhang sollte auch noch darauf hingewiesen werden, dass schnelle Richtungswechsel, stop and go, und andere unerwartete Bewegungsabläufe ab einem bestimmten Alter für die Gesunderhaltung von Gelenken besonders wichtig ist. Nur, wenn der Hund die unterschiedlichsten Bewegungen vollführen kann, wird die gesamte Gelenkoberfläche genutzt und dabei auch ernährt und entschlackt. Selbstverständlich muss auch hier darauf geachtet werden, dass der Hund sich nicht verletzt, z. B. durch im Weg stehende Hindernisse, wie dies bei vielen Turnierhundesportarten leider üblich ist. Aber ein frei über die Wiese flitzender Hund, der Haken schlägt, sich schüttelt, sich wälzt, und in möglichst viele verschiedene Richtungen unerwartet davonspringt, ist eine gute Voraussetzung dafür, dass er auch in Zukunft keine Gelenkveränderungen, Gelenkerkrankungen oder anderen Schädigungen des Bewegungsapparates bekommt.

TRAININGSPAUSEN EINPLANEN

Ruheübungen im Erziehungsprozess eines Hundes sind sehr sorgfältig einzustudieren (siehe S. 267). Hunde sind nun einmal, etwa im Gegensatz zu Katzen, keine Lauerjäger. Das bedeutet, dass gerade bei Handlungen, die mit Beutefang zu tun haben (und die meisten Beschäftigungsmaßnahmen und auch sehr viele Trainingsmethoden beruhen auf symbolischem Beutefang), Bedürfnisaufschub und Impulskontrolle besonders intensiv eingeübt werden müssen. Wie wir bereits gesehen haben, ist ein langes Verharren an einer Stelle, etwa in einer Platz-und-Bleib-Übung, für Hunde nicht nur psychisch sehr anstrengend, sondern kostet sie auch sehr viel Energie (Miller et al., 2010).

Gerade bei Trainingseinheiten, bei denen zwischengeschaltete Ruhephasen dringend notwendig sind, muss also auf eine regelmäßige und leicht verdauliche Energiezufuhr geachtet werden. Gekochte Nudeln, wie sie z. B. auch von kompetenten Schlittenhundeführer:innen unmittelbar vor dem Lauf gefüttert werden, dürften hier die beste Nahrung sein. Die Notwendigkeit der zwischengeschalteten Ruheübungen (und hier ist ein wirklich ruhiges, entspanntes Ablegen oder Sitzen gemeint, nicht das zitternde und vor Aufregung fiebernde Warten auf den Start, wie man es leider bei vielen Hunden in Turnieren und bei ähnlichen Veranstaltungen sieht), kann nicht ausgiebig genug geübt werden. Auch hier könnten uns die Erziehungsmethoden der wildlebenden Verwandten unseres Hundes durchau Hilfestellung geben.

IMPULSKONTROLLE BEI JUNGHUNDEN

Gerade heranwachsende Jungspunde werden, wie wir bereits betont haben, immer wieder während der Spieleinheiten durch Abbruchsignale gestoppt. Das Spiel geht erst weiter, wenn sie sich an dieses Signal gehalten und ihre Handlung beendet oder sich zurückgenommen haben. Bray et al. (2013) haben das Phänomen der Impulskontrolle und des Bedürfnis- und Handlungsaufschubs bei Hunden ausführlicher untersucht. Auch ihre Ergebnisse zeigen, dass die genannten Eigenschaften von Hunden nicht ohne vorangehendes Training und sorgfältiges Einstudieren gezeigt werden. Impulskontrolle muss also in kleinen Schritten geübt werden, damit Hunde „Geduldig-und-Beherrscht-Sein" lernen können. Deutlich wurde in der Studie aber auch, dass der Handlungsaufschub, der ja durch die Ruheübungen verlangt wird, situationsspezifisch ist. Bei „Sich-Kontrollieren und –Konzentrieren" handelt es sich also nicht um eine allgemeine Eigenschaft, eine Kompetenz (Geduld, oder wie auch immer), sondern um eine für jede Situation wieder eigens einzustudierende und durch regelmäßige Anwendung gefestigte Handlung. Siehe hierzu das Kapitel „Impulskontrolle und Bedürfnisaufschub", S. 193.

UMWELTEINFLÜSSE UND RASSEUNTERSCHIEDE

Die Umwelteinflüsse, die z. B. Foraita et al. (2021, 2022), Bray et al. (2021, a,b) und Olsen (2018) aufzeigen, lassen weitere wichtige Zusammenhänge erkennen. Gerade die Erkenntnis, dass Exekutivfunktionen bei Hunden nicht nur durch konkretes Einstudieren von Warten können und Geduld haben, sondern vom insgesamt eher sozial unterstützenden, belastungsarmen und erfahrungsreichen Umfeld ausgehen, wurden von Maike Foraita et al. (2021) deutlich herausgearbeitet.

Und noch etwas müssen wir hier nochmals betonen, nämlich die Rasseunterschiede. Wie bereits dargelegt, sind manche Rassen aufgrund ihrer engeren Kooperation mit dem Menschen besser geeignet, um Exekutivfunktionen und Selbstbeherrschung bereits mit relativ wenig Aufwand einzustudieren (siehe S. 191, 263). Das bedeutet selbstverständlich nicht, dass selbstständig arbeitende Hunderassen oder Kleinhunde nicht zu Selbstbeherrschung oder zum Einbau von Exekutivfunktionen fähig sind. Es muss aber viel mehr, viel ausführlicher und vor allem erfolgsorientierter mit ihnen einstudiert werden, damit sie trotz ihrer Tendenzen zum selbstständigen Handeln trotzdem eine Rolle als Familienhund einnehmen können. Die neurobiologischen Erkenntnisse helfen uns also, diese Prozesse besser zu formen und zu verstehen, und sind keineswegs eine Ausrede für bestimmtes, vielleicht rassetypisches Verhalten, wenn es uns stört.

WELCHES HOBBY FÜR WELCHEN HUND?

Hier beschäftigen wir uns mit der Frage, mit welchen Beschäftigungsmethoden man Persönlichkeitstypen und andere individuelle Eigenheiten von Hunden besonders gut bedienen kann, oder was man mit manchen Hunden besser nicht tun sollte.

HÜTER UND JÄGER

Wie wir sehen konnten, hatte die Domestikation einen großen Einfluss auf Botenstoffsysteme und Verknüpfungen im Gehirn, die durch gezielte Selektion bestimmter Verhaltensweisen bei Rasseschlägen weiter präzisiert wurden. So konnte gezeigt werden, dass manche Hunderassen einen höheren Dopaminspiegel im Gehirn aufweisen als andere (Coppinger und Schneider, 1995). Daraus ergibt sich, dass gerade Hunderassen mit einem höheren Dopaminspiegel ein besonderes Suchtpotenzial aufweisen. Hinzu kommt, dass viele Hunderassen, deren Beschäftigung ursprünglich aus Teilen des Jagdverhaltens bestand (und dazu gehören sämtliche Treib-, Hüte- und andere Hirtenhunde, mit Ausnahme der Herdenschutzhunde), eine besondere Anfälligkeit für das Verfolgen von bewegten Reizen haben. Käufer (2014) hat ausführlich dargelegt, warum Wurfaktivitäten, sei es mit Bällchen, Stöckchen oder anderen, sich schnell bewegenden Geschossen, für solche Hunde problematisch sind. Untersuchungen im Zusammenhang mit schweren Beißunfällen haben bestätigt, dass die Gefährlichkeit solcher Hunde wesentlich größer ist als die von aggressiven Hunden, sofern Letztere zu einer klaren und gut erkennbaren Kommunikation befähigt sind (Heinze et al., 2014). Hier sind wir als Halter gefragt, den Hund durch Suchbeschäftigung (er sucht den versteckten Ball, statt ihm hinterherzujagen) und das Training von Stopp-Signalen und Kommunikation auf Distanz zu beschäftigen. Bei diesen Trainingseinheiten darf er seine Nase und sein Gehirn einsetzen, und seine Impulskontrolle wird gestärkt. Geeignet sind für diese arbeitsfreudigen Rassen Beschäftigungen, die viel Eigenintelligenz und Konzentrationsvermögen erfordern, idealerweise wird dann am Ende die Erfolgsmeldung durch eine Passivanzeige, also ruhiges Stehen oder Ablegen, vom Hund überbracht.

Bei der Geruchsdifferenzierung lernen Hunde gezielt, einen bestimmten Geruchsstoff zu suchen.

UNABHÄNGIGE HUNDE

Vielleicht nicht ganz so gefährlich, aber genauso störend kann es sich auswirken, wenn ein ohnehin sehr stark außenmotivierter Hund, oder einer mit einer geringen Tendenz, sich an seinem Menschen zu orientieren, Beschäftigungen erfährt, in denen er selbstständig arbeiten oder suchen muss. Mantrailing, Frei-Verlorensuche beim Apportieren, Trümmer- oder Flächensuche sind für solche Hunde oftmals eine willkommene Gelegenheit, sich noch mehr dem Innenfokus, also der Ausrichtung auf ihren Menschen, zu entziehen, und noch selbstständiger nach den notwendigen Reizen zu suchen. Für diese unabhängigen Tiere wird von Trainer:innen häufig Tricktraining empfohlen. Aber gerade da ist der Hund oft und sehr stark zum eigenständigen Denken motiviert. Do as I do, therapeutisches Longieren, Apportieren mit dressiertem Einweisen oder Ähnliches sind hier besser geeignet, als Sportart evtl. Slow-Motion-Agility oder Dogdance.

MOTIVATION ZUR MITARBEIT

Um den Hund zur Mitarbeit zu motivieren, muss herausgefunden werden, welche Belohnung besonders motiviert. Aber es gibt auch Hunderassen oder Individuen, die bei noch so einer tollen Belohnung kein großes Interesse an Kooperation zeigen. Herdenschutzhunden Apportieren beizubringen, wird in den meisten Fällen schnell zu Frustration auf beiden Seiten führen. Allein ein spannendes Trainingsprogramm wird nicht ausreichen: Bei Hunden, die trotz Rasseeignung sehr unmotiviert und unabhängig auftreten, sollte die Hund-Mensch-Beziehung generell unter die Lupe genommen werden. So kann herausgefunden werden, warum sich eine stabile Bindung des Hundes und Freude an der Zusammenarbeit mit seinem Menschen bislang nicht entwickeln konnte.

Suchspiele können Impulskontrolle, …

UNSICHERE, NERVÖSE, UNAUFMERKSAME HUNDE

Umgekehrt sind unsichere Hunde, die kaum Selbstvertrauen besitzen und daher gar nicht wissen, was sie alles können, für die genannten Beschäftigungen (Mantrailing, Freie-Verlorensuche beim Apportieren, Trümmer-, Flächensuche) sehr ansprechbar. In der Regel wachsen diese Hunde nach wenigen Trainingseinheiten buchstäblich über sich hinaus, sobald sie auch nur das dafür notwendige Arbeitsgeschirr angelegt bekommen. Konzentrationsfördernde Beschäftigungen, Geruchsdifferenzierungen, komplizierte Fährtenarbeit, aber auch die bereits im Zusammenhang mit der Geräuschproblematik erwähnten Intelligenzaktionen, Such- und Bastel- bzw. Auspackaktivitäten sind nicht nur geeignet, nervöse und unaufmerksame Hunde zu konzentrieren. Sie sind ebenso gut geeignet, um einen unsicheren, mit wenig Selbstvertrauen ausgestatteten Hund zu Erfolgserlebnissen zu verhelfen. Durch diese Erfahrungen steigt letztlich auch das Selbstvertrauen des betreffenden Hundes.

... Hartnäckigkeit, Problemlösekompetenz und Konzentrationsdauer fördern.

Hier sind Anleitungen, die z. T. aus der Zootierbeschäftigung kommen, besonders geeignet (Adler et al., 2017).

MEHR AUFMERKSAMKEIT

Auch im Zusammenhang mit den bereits diskutierten, unterschiedlichen Anwendungen von Nachmach-Methode versus Klickertraining, speziell dem freien Shaping beim Klickern, kann die unterschiedliche Qualität der Mensch-Hund-Beziehung als Entscheidungshilfe herangezogen werden. Hunde, die vergleichsweise wenig auf ihren Menschen achten und eher gewohnt sind, selbstständige Problemlösungen zu erarbeiten, können mit der Mach-es-nach-Methode dazu gebracht werden, ihrem Menschen mehr Aufmerksamkeit zu schenken. Hunde, die unsicher bis hin sehr ängstlich sind oder in Menschen bislang keinen Sozialpartner gesehen haben, an dem es sich zu orientieren lohnt, können im ersten Schritt geklickert werden, um zu verstehen, dass sich Zusammenarbeit lohnt und welches Verhalten ein gutes Verhalten ist. Hier wird vom erfahrenen Hundetrainer jede Aktion des Hundes, in der selbiger sich irgendwas zu tun traut, bestätigt. So können diese Hunde langsam selbstbewusster und „offener" uns Menschen gegenüber werden. Im richtigen Moment muss aber der Absprung geschafft werden, damit die Hunde nicht das selbstständige Denken aufgeben. In zu einseitiger Weise durchgeführt, kann Klickertraining dazu führen, dass sich Hunde „total kreativ" (in den Augen ihrer Menschen) benehmen, weil sie verzweifelt versuchen, einen Klick zu bekommen. Diese Tiere nehmen dann im Extremfall nicht mehr ihre Artgenossen oder Umwelt wahr, sondern bieten ständig irgendwelche merkwürdigen Handlungen an. Ruhiges beobachten, ein Urteil fällen, daraus hervorgehend aktiv zu werden – so wie sich Hunde als soziale Lerntiere eben eigentlich benehmen und Neues lernen (siehe S. 174) – wurde diesen armen Hunden regelrecht „weggeklickert". Das ist jedes Mal erschütternd und traurig zu beobachten – besonders, dass die dazugehörigen Menschen das Gefühl dafür, was „normales Verhalten" beim sozialen Lebewesen Hund ist, total verloren zu haben scheinen (siehe S. 274). Gut ausgebildete, erfahrene Trainer:innen schaffen dagegen den schwierigen „Twist", den Hund in seinem natürlichen Verhalten durch das freie Formen nicht zu verändern.

ALTE HUNDE SIND ANDERS

In den letzten Jahren hat sich der Haushund nicht nur als besonders geeignete Studientierart für die menschliche Altersforschung erwiesen, die dabei gewonnenen Erkenntnisse können wir auch sehr gut auf unseren Umgang mit Hundesenioren übertragen.

ABNEHMENDE STRESSRESISTENZ

Die Veränderungen im Gehirn, aber auch im Hormonsystem und daraus resultierend im Bindungssystem alter Hunde, lassen sich mit wenigen Sätzen zusammenfassen: Die Vertrautheit mit dem Menschen spielt bei alten Hunden eine noch größere Rolle als bei jüngeren Artgenossen (nebenbei bemerkt, die ersten Veränderungen im Gehirn und im Verhalten eines Hundes lassen sich bereits mit dem fünften bis sechsten Lebensjahr erkennen). Das Bindungssystem wird instabiler und unsicherer, auch alte Hunde, die ursprünglich in einer stabilen, gesicherten Bindung mit ihrem Menschen leben, sind z. B. nach einer Trennungsepisode stärker an der Wiederkontaktaufnahme mit ihm interessiert und halten sich mehr in seiner Nähe auf. In einer Studie von Paolo Mongilo konnte gezeigt werden, dass alte Hunde in einem Trennungsversuch mit 25 jungen und 25 alten Hunden zwar weniger Trennungsreaktion zeigen als ihre jüngeren Artgenossen. Ihre Cortisolwerte waren aber ungleich höher gegenüber ihrem Normalwert. Die älteren Hunde zeigten sich in der Phase, in der sie von ihrem Menschen getrennt waren, deutlich passiver, zeigten kaum Interesse an einer fremden Person, hielten sich nicht in der Nähe der Tür auf und spielten weniger. Dieses passive Verhalten in Stresssituationen älterer Hunde wird häufig als Desinteresse interpretiert – dabei erleben die Senioren, das offenbarten die physiologischen Messwerte in dieser Untersuchung – tatsächlich viel mehr Stress (Mongilo et al., 2013).

Auch Seniorenhunde möchten im Alltag noch Aufgaben lösen dürfen.

ABNEHMENDE ORIENTIERUNG

Nicht nur die Stressresistenz, auch die räumliche Orientierung nimmt ab, und das gilt nicht nur für die nachlassenden Sinnesleistungen. Auch die mit räumlicher Orientierung befassten Gehirnareale lassen in ihrer Leistungsfähigkeit nach.
Dazu kommt die nachlassende soziale Orientierung, weshalb z. B. ältere Hunde größere Probleme haben, sich auf ihren Menschen zu konzentrieren. Gerade bei Beschäftigungen, die auf eine direkte Kommunikation mit dem Menschen ausgerichtet sind, Zeigegesten, direktes Einweisen beim Arbeiten etc., wird das meistens irgendwann auch deutlich erkennbar. Andererseits sind alte Hunde durchaus nicht nur interessiert, sondern auch sehr gut geeignet, wenn sie altersgerecht weiterhin nicht nur körperlich, sondern vor allem auch geistig beschäftigt werden.

VERÄNDERUNG DER LERNBEGEISTERUNG

Lisa Wallis hat die Veränderung von Persönlichkeit im Lauf des Hundelebens genauer untersucht. Sie entwickelte einen Fragebogen, in dem die Halter:innen von 1 207 Hunden in 45 Fragen Auskunft darüber gaben, wie sich ihre Hunde in Alltagssituationen verhalten. Dazu wurden sechs Altersgruppen gebildet. Deutlich wurde erwartungsgemäß, dass junge Hunde aktiver und leichter erregbar waren. Im Durchschnitt ab dem Alter von etwa 10 Jahren veränderte sich die Persönlichkeit, die stärksten Veränderungen wurden aber in einer späten Phase, zwischen dem alten Hund und den sogenannten „Methusalem-Hunden" beschrieben (Wallis et al., 2020). Besonders kennzeichnend für das zunehmende Alter eines Hunde kann sein schwindendes Interesse an neuem Lernstoff sein – hier tragen veränderte Botenstoffausschüttungen die Verantwortung. So sorgt ein sinkender Dopaminspiegel dafür, dass Hundesenioren die Begeisterungsfähigkeit fehlt, sich mit Eifer neuen geistigen Herausforderungen zu stellen. Weniger Acetylcholin im Organismus führt dazu, dass neue Erfahrungen nicht mehr so gut abgespeichert werden können (Araujho et al., 2005).

SCHLAF DER SENIOREN

Schlafende Gehirne zu beobachten hilft zu verstehen, wie Erinnerungen und Lernerfahrungen abgespeichert werden (siehe S. 266). Dazu haben Forschende 155 Hunde im Alter von einem bis 16 Jahren während ihrer Schlafphasen mittels EEG überwacht und konnten feststellen, dass besonders im Alter die Amplitudenausschläge geringer waren, also weniger Erlebnisse verarbeitet wurden. Beim Älterwerden verändern sich also nicht nur die Lernbegeisterung, sondern auch die Gehirnaktivitäten während des Schlafens (Iotchev et al., 2019). Allerdings scheint die sinkende Begeisterungsfähigkeit für neuen Lernstoff eng mit dem Lebensstil verknüpft zu sein, wie eine andere Studie zeigen konnte. In dieser vergleichenden Untersuchung offenbarte die Auswertung von Fragebögen zum Training, dass Hunde, die ihr Leben lang immer wieder etwas Neues lernen durften, mit fortgeschrittenem Alter über eine längere Aufmerksamkeitsspanne verfügten als Hunde, die eher weniger gefordert und gefördert wurden (Chapagain et al., 2017). Was können wir aus all diesen Ergebnissen für unseren Umgang mit Hunden mitnehmen? Ganz sicher, dass Hunde mit zunehmendem Alter nicht plötzlich nur noch „geschont" werden wollen, sondern sich weiterhin über – ihren veränderten Fähigkeiten angepasste – Herausforderungen freuen.
Noch mehr Angaben, zur altersgerechten Haltung und Beschäftigung von Hunden finden sich bei Krivy (2021). Die Veränderungen im Gehirn, im Hormonsystem und in den Verhaltenseigenschaften alter Hunde wurden von uns auch ausführlich in Hundeforschung aktuell (2019) beschrieben.

PROBLEME IM ZUSAMMENLEBEN

VERMENSCHLICHUNG – SEGEN UND FLUCH

Eine glückliche Beziehung zum Hund könnte so einfach sein – denn eigentlich lässt sich dieses hochentwickelte Wesen meist spielend leicht an uns binden.

Ein Hund bringt in seinen Genen die besten Voraussetzungen für ein glückliches Leben an unserer Seite mit. Wie jedes Kind, das neu die Bühne der Welt betritt, vereint sich hier ein großes Potenzial an Möglichkeiten, die darauf warten, sich entfalten zu dürfen. Wie wir in den vorausgegangenen Kapiteln zusammengefasst dargestellt haben, tragen die Personen, die die ersten Schritte des Hundes begleiten, und die Lebensereignisse, die ihm auf seinem Weg begegnen, maßgeblich dazu bei, wie optimal diese Entfaltung stattfinden und wie stabil die Bindung an uns werden kann. Dass dieser Prozess trotz der hohen Fehlertoleranz unserer Hunde misslingen kann, ist ebenfalls deutlich geworden. Zum Abschluss möchten wir deshalb einige „Stolperfallen" deutlich skizzieren, um Wege aufzuzeigen, wie wir sie zielgerichtet umgehen oder aber wenigstens einiges aus ihnen lernen können.

NEUE FORMEN DER VERANTWORTUNG

In den letzten Jahrzehnten hat sich in vielen Ländern die Einstellung der Menschen zu ihren Kumpantieren grundlegend geändert. Fox und Gee (2019) für Großbritannien, Stoltz et al. (2020) für die USA haben hier die geänderten Einstellungen und Erwartungen an Kumpantiere, insbesondere eben auch Hunde herausgearbeitet. Eine Einstellung zu einer verantwortungsvollen Tierhaltung, in der auch die nicht menschlichen Teile dieser Kombination von ihren eigenen Menschen, aber auch von der Öffentlichkeit ständig unter Beobachtung stehen, hat jedoch nicht nur Vorteile. Neue Formen der Verantwortung und Verantwortlichkeit entwickeln sich, die allgemeinen Einstellungen der Öffentlichkeit zu einem solchen Thema sind jedoch oftmals nicht von biologischen und auch nicht von psychologischen Grundlagen gestaltet. Auch die wirtschaftlichen Transformationen und finanziellen Erwartungen an die verantwortungsvolle Tierhaltung stehen ständig auf dem Prüfstand. Sarah Vincent et al. haben kürzlich in einem noch unveröffentlichten Manuskript aus rechtsphilosophischer Sicht ein ganz anderes Thema aufgegriffen: Nämlich, ob auch andere, das heißt nicht menschliche Tiere zu normativen Praktiken, also zu einer gewissen Vorstellung von richtigem Verhalten, befähigt wären. Sie finden, auch gerade in der biologischen Fachrichtung, z. B. deutliche Hinweise darauf, dass innerhalb der Primaten eine gewisse Kontinuität in diesen Vorstellungen zwischen Menschen und anderen, nichtmenschlichen Primatenarten existieren könnte. Dabei werden z. B. Praktiken wie **Gegenseitigkeit**, **soziale Verantwortlichkeit** und **Solidarität** benannt, ebenso ein gewisser Bereich der Unterordnung in Form von **Autorität** und **Respekt**.

Gerade in diesem Zusammenhang nennen sie dann auch die Praktiken von Leittieren in einer Wolfsgruppe. Der Rest des Artikels beschäftigt sich zwar überwiegend mit solchen Erscheinungen bei Schimpansen und verschiedenen Walarten, jedoch wäre es dringend erforderlich, sich gerade im Zusammenhang mit Erkenntnissen über das Gruppenverhalten von Hundeartigen mit dieser Thematik zu beschäftigen. Prosoziales Verhalten im Sinne einer gegenseitigen Unterstützung und Solidarität wurde von verschiedenen Hundeartigen bereits beschrieben, auch schon für unsere Hunde. So konnte Rachel Dale zeigen, dass sich Hunde zumindest gegenüber „guten Kumpels" spendabel verhalten, wenn sie in einem Versuchsaufbau in die Lage versetzt werden, sich oder einem Artgenossen Leckerchen zukommen zu lassen. Sie agieren dabei umso spendabler, je besser sie den anderen Hund kennen (Dale et al., 2016). Und Juliane Bräuer konnte bei einem Versuchsaufbau in Leipzig zeigen, dass Hunde sehr wohl kooperieren, wenn es darum geht, an Futter zu kommen – allerdings auch hier umso besser, je vertrauter sich die Individuen dabei sind (Bräuer et al., 2019). Prosoziales Verhalten unter Hunden gibt es also trotz der Fokussierung von Hunden auf uns Menschen als Pseudoartgenosse immer noch – zumindest gegenüber „guten Hundefreunden".

SPRACHE AUF HUNDEWIESEN

Wir können Ihnen ein schönes Experiment empfehlen: Lauschen Sie einen Tag lang auf der Hundewiese ganz bewusst den Gesprächen, die Menschen mit ihren Hunden führen. Die US-Verhaltensbiologin Alexandra Horowitz hat dies getan und Dinge gehört, die nicht gerade für die Intelligenz unserer eigenen Spezies sprechen (www.ohmidog.com/tag/alexandra-horowitz). Spätestens wenn man Hunde sieht, die für den Kölner Karneval kostümiert werden, oder wir Sätzen lauschen, in denen Hundehalter:innen ihren Hund „das süßeste, kleine Kindchen, das es je gegeben hat" nennen, wird uns das Ausmaß der Vermenschlichung deutlich, der Hunde, und in einem gewissen Ausmaß auch Katzen, in unserer Gesellschaft ausgesetzt sind.
In vielen Fällen wird mit dem Hund gesprochen wie mit einem zurückgebliebenen oder ungehorsamen Kind, und die Reaktionen des Hundes werden in ähnlicher Weise interpretiert.

KONSUMVERHALTEN

Noch ein deutliches Beispiel für Vermenschlichung unserer Haustiere findet sich im Konsumverhalten der Tierhalter: Von Halsbändern für jeden Wochentag über Schwimmwesten für sicheres Kanufahren bis hin zu einer riesigen Auswahl an Mänteln, angepasst an verschiedene Witterungsverhältnisse über spezielle „Kleidung" zu saisonalen Anlässen wie Karneval, Halloween oder Weihnachten verfallen Tierhalter vermehrt in Kaufrausch. Während Mäntel für kurzfellige, kleine oder Rassen ohne Unterfell durchaus Sinn machen und auch Schwimmwesten Sicherheit bieten, fehlt bei ausgefallenen Kostümierungen für Hund, Katze und Co. jede Sinnhaftigkeit für das Tier.
Zu besonderen Anlässen müssen Haustiere natürlich auch beschenkt werden, entsprechend gibt es besondere Spielzeuge im Fachhandel, zu Weihnachten werden Hunde-Leckerlis in Sternchenform gebacken oder das geliebte Tier bekommt sogar gleich seinen eigenen Adventskalender. Unabhängig von der Jahreszeit finden sich Modetrends, die der Halter von Welt seinem liebsten Freund kaufen sollte: So finden sich momentan besonders viele Halsbänder mit „Charm-Anhängern" in Form von Knochen und Herzen oder je nach Jahreszeit auch Tannenbäumen, Schneeflocken oder gefüllten Nikolausstiefeln im Fachmarktregal oder werden sogar in hochwertigen Vitrinen ausgestellt.

In der kalten Jahreszeit können Mäntel für Hunde nötig sein.

DIE WURZELN DER VERMENSCHLICHUNG

Auch wenn die gerade genannte Form der Vermenschlichung extrem erscheint, ist Vermenschlichung an sich keineswegs ein Produkt unserer heutigen Zeit. James Serpell (2003) und John Bradshaw (2012) zitieren Studien von Archäologen, Anthropologen und Neurobiologen, die die Entstehung der Vermenschlichung, also der Zuschreibung menschlicher Eigenschaften zu anderen Tieren und Lebewesen, irgendwo zwischen 40 000 und 100 000 Jahren vor unserer heutigen Zeit vermuten. Die archäologischen Befunde, und die Befunde der Kulturanthropologen, sprechen von einer Vermischung und Vernetzung verschiedener Intelligenzformen, die sie als soziale Intelligenz, naturgeschichtliche Intelligenz und technische Intelligenz bezeichnen, und legen den Ursprung dieser Vermischung aufgrund verschiedener kulturgeschichtlicher Funde etwa in die Zeit vor 40 000 Jahren. Die neurobiologischen Befunde lassen vermuten, dass bereits vor ca. 100 000 Jahren Quervernetzungen und dadurch Netzwerkbildungen im Gehirn zwischen Zentren entstanden, die einerseits das Sozialverhalten steuern und andererseits Tiere und Pflanzen identifizieren und klassifizieren können. In jedem Fall aber handelt es sich offensichtlich um ein sehr altes, menschliches Erbe. Der Soziobiologe Edward O. Wilson formuliert aus evolutionsbiologischer Sicht die „Biophilie-Hypothese", dass Menschen die Liebe zu Lebendigem in sich tragen. Im Lauf der Evolution habe sich demnach *„eine Affinität von Menschen zu den vielen Formen des Lebens und zu den Habitaten und Ökosystemen entwickelt (...)"*.

Aus einer mehr verhaltensbiologischen Sicht haben Esmeralda Orquiza-Haas und Kurt Kotrschal (2015) die Hintergründe eines anthropomorphen Denkansatzes, speziell die Zuschreibung mentaler Zustände an andere, nicht-menschliche Tierarten diskutiert. Sie unterscheiden verschiedene Möglichkeiten wie mentale Zuschreibungen und Empathie, die auch in einem themenübergreifenden Zusammenhang stattfinden könnten. Induktives und kausales Denken, also die Erwartung, dass bei ähnlichen Beobachtungen eines anderen Tieres auch

Kinder können während des Heranwachsens von der Gegenwart eines Hundes in der Familie enorm profitieren.

vergleichbare Mechanismen z. B. in dessen Gehirn wirken könnten, sind solche Domänen übergreifenden, also in verschiedenen Verhaltenszusammenhängen möglichen Erscheinungen. Spezieller haben sie hier z. B. auch motorische Nachahmung, Informationsauswertung sowie das Thema der Empathie genannt. Gerade im Bereich der motorischen Nachahmung wird offensichtlich mehr die Aktion, die man sieht, und weniger die Art, die sie ausführt, als auslösender Mechanismus verwendet. Als evolvierte Schemata nennen sie beispielhaft den schon von Lorenz als angeborenen Lehrmeister beschriebenen Mechanismus, der uns ermöglicht, eben Gesehenes nachzuahmen und in unser eigenes Verhaltensrepertoire zu übertragen, und der uns auch anleitet, was wir besonders gut beobachten und übernehmen sollten (siehe S. 175). Aber auch verschiedene reflektive Prozesse, z. B. die induktive Überlegung, werden hier durchaus auch anderen Tierarten zugeschrieben. Gleiches gilt für Empathie, z. B. wenn man Schmerzäußerungen bei einem anderen Lebewesen sieht.

NICHT IMMER NEGATIV!

Nun ist die Vermenschlichung eines Tieres keineswegs immer ein negatives Ereignis (Serpell, 1996, 2003). Viele Vorteile, die das Zusammenleben mit unseren Heimtieren bringt, könnten ohne ein gewisses Maß an Vermenschlichung schlichtweg nicht stattfinden. Die soziale Unterstützung, die stressdämpfende und emotionale Hilfe, die wir durch die Anwesenheit unserer Haustiere bekommen, die daraus entstehenden auch gesundheitlichen Vorteile, aber auch eine eventuell gesteigerte soziale Wertschätzung und die Entwicklung sozialer Kompetenzen, die ja gerade bei Kindern im Umgang mit Hunden und anderen Haustieren eindeutig nachgewiesen ist, alle diese Effekte wären ohne ein gewisses Maß an Vermenschlichung nicht möglich.

AUCH WIR WERDEN VERHUNDLICHT

Letztlich vermenschlichen nicht nur wir unsere Hunde, gerade die Untersuchungen über die Wirkungen von bekannten und unbekannten Individualgerüchen, oder auch die Wirkungen von positiven und negativen emotionalen Lautäußerungen von Hunden und Menschen im Gehirn anderer Hunde (siehe S. 61, 83) haben gezeigt, dass die Reaktionen im Gehirn des Hundes ebenso ähnlich sind, wie offensichtlich im Gehirn des Menschen. Also erleben Hunde Bindung zu uns ähnlich wie wir und verhundlicht der Hund seinen Menschen in ähnlicher Weise (oder vermenschlicht er sich?), wie wir das mit ihm tun. Auch auf der Ebene der Verhaltensinteraktionen lässt sich deutlich eine solche Vermischung zeigen. Wenn ein Hund einen Menschen in Vorderkörpertiefstellung zum Spielen auffordert, ist dies ganz deutlich eine Verhundlichung des Menschen, der Hund geht selbstverständlich davon aus, dass sein Mensch das versteht. Kurze Zeit später lacht der Hund vielleicht beim Spielen über das ganze Gesicht und zeigt damit deutlich, dass er nun sich selbst vermenschlicht, indem er ein menschliches Signal für die Kommunikation mit seinem Menschen einsetzt. In beiden Fällen ist die Grenze des Vorteils, den die Vermenschlichung bzw. Verhundlichung für beide Seiten bringt, auch fließend.

GEFAHREN DER VERMENSCHLICHUNG

Wie James Serpell (2003) deutlich zeigt, hat der Hund jedoch nicht nur Vorteile von der Vermenschlichung. Gerade die Probleme eines auf extremes Kindchenschema qualgezüchteten Mopses oder anderen Kleinhundes, sind zurecht als tierschutzwidrige Situationen kritisiert worden. John Bradshaw (2012) nennt noch andere Nachteile, die auch den individuellen Hund betreffen können: Wenn Menschen ihre Hunde zu sehr vermenschlichen, und ihnen dadurch Schuldeinsicht, schlechtes Gewissen und anderes bei vorangegangenem „Fehlverhalten" zuschreiben, sehen sie sich u. U. stärker berechtigt, den Hund für dieses vorangegangene Fehlverhalten zu bestrafen. Wenn der Hund weiß, dass er einen Fehler gemacht hat, und es trotzdem nicht unterlässt, hat er ja schließlich auch selbst die Konsequenzen dafür zu tragen. Gerade in solchen Fällen ist es besonders wichtig, dass der Mensch das Verhalten des Hundes richtig deutet, und dann eben beschwichtigendes oder konfliktvermeidendes von Anzeichen eines echten schlechten Gewissens, das übrigens durch keinerlei wissenschaftliche Untersuchungen bei Hunden bisher belegt werden konnte, unterscheidet.

WELPEN SIND KEINE TRAGJUNGE!

Die unangenehmen Auswirkungen der Vermenschlichung für den Hund beginnen jedoch keineswegs erst mit qualgezüchteten Röchelmöpsen. Auch in der allgemeinen Welpen- und Junghundentwicklung liegen viele Fallstricke, die, von menschlicher Seite mit bester Absicht getreu dem Motto „Gut gemeint ist das Gegenteil von gut gemacht", zu einer nachteiligen Wirkung für den Hund führen können. Dies beginnt bereits mit der Tatsache, dass Hunde als Lagerjunge die ersten Wochen und Monate ihres Lebens an einem festen Ort verbringen, beginnend von der Wurfhöhle und deren Umgebung und dann bis zum Rendezvousgebiet, das normalerweise erst im Alter von über drei Monaten erstmals verlassen wird. Wir dagegen sehen Welpen nach Primatenart als Tragjunge, die vom ersten Lebenstag an von ihren Müttern zu allen Aktivitäten mitgeschleppt werden können. Hundewelpen werden durch solches „Ständig-und-überall-dabei-sein-Sollen" meist stark überfordert. Affenkinder, wie unsere eigenen, können

dagegen schon viel früher bei vernünftiger Handhabung seitens ihrer Mütter (fast) überall dabei sein. Noch problematischer wird es, wenn auch noch die Tragehaltung vermenschlicht wird und der Welpe auf dem Rücken in der Armbeuge des Menschen geschleppt wird, anstatt ihm eine normale Perspektive und ein normales Oben/Unten-Erlebnis zu ermöglichen, oder ihm auch das Hinterherlaufen auf eigenen Beinchen rechtzeitig beizubringen. Dass Welpen sich in solchen Situationen bisweilen freiwillig auf den Rücken drehen, hat nichts damit zu tun, dass sie diese Trageposition besonders genießen würden, sondern eher mit einem Unterwerfungsverhalten, das sie Erwachsenen, speziell in für sie unangenehmen Situationen, gegenüber zeigen.
Auch die Entwicklung der Sinnesorgane ist bei Hundewelpen anders als beim Menschen. Hundewelpen sind es nicht gewohnt, ständig mit einer permanenten Flut voneinander ablösenden und parallellaufenden Umweltreizen während des Herumgeschlepptwerdens fertig zu werden. Bei ihnen beginnt sich zunächst die Nase zu entwickeln, dann kommen die Augen und schließlich das Gehör. In dieser Reihenfolge findet normalerweise auch die Entwicklung des Erkundungsverhaltens statt.

SINNESWAHRNEHMUNG

Die Sinnesumgebung, Sinneswahrnehmung und Verarbeitung von Sinnesreizen, die bei Hunden ja ganz anders funktioniert als bei uns Primaten, haben Alexandra Horowitz und Julie Hecht (2014), sowie Monique Udell et al. (2014) deutlich gemacht. Während Alexandra Horowitz und Julie Hecht neben den, eher moralisch aufgeladenen Themen wie Fairness und Schuldbewusstsein auch rein physikalische Aspekte, etwa die Augenposition, die Kopfform oder die Verwendung von informativen Gesten und Körperhaltungen durch Hunde diskutieren und schließlich auch die manchmal ungerechtfertigten Zuschreibungen sensorischer Fähigkeiten und voreiliger Interpretationen besprechen, handelt die Arbeit von Monique Udell und ihrem Team mehr von den Einflüssen der Sozialisation auf das Verhalten eines Hundes. Ein Hund, der in einer stärker von Menschen gestalteten und von Menschen dominierten Umwelt aufwächst, entwickelt nach deren Argumentation auch stärkere Annäherungen an menschliches und vom Menschen entsprechend vermenschlichend interpretiertes Verhalten, als einer, der als Streunerhund eine etwas größere Distanz zum Menschen einhält. Wie stark aber auch Hunde sich eben dann in der unmittelbaren Umgebung des Menschen sogar mehr auf dessen, als auf ihre eigene Umweltwahrnehmung verlassen, schreiben Horowitz und Hecht: In mehreren Versuchen zeigten sich Hunde bereitwilliger, entgegen ihrer eigenen geruchlichen Wahrnehmung, den irreführenden, optischen Hinweisgesten eines Menschen zu folgen.

PRALINEN FÜR DEN HUND?

Dass die Vermenschlichung des Hundes bei der Ernährung zu Nachteilen führt, ist sicher keine besonders aufregende Tatsache. Hunde, die mit Schokolade, Sahnetorte und anderen gesüßten Futtermitteln vollgestopft werden, werden nun einmal leichter krank als solche, die eine gesunde und tiergerechte Ernährung bekommen.
Das Thema „dicke Hunde“ ist wohl aus verhaltensbiologischer und medizinischer Hinsicht nicht von der Hand zu weisen. Die Vorstellungen darüber, was ein wohlgenährter und gesunder Hund wäre, haben sich leider auch in den letzten Jahren bis Jahrzenten deutlich verändert. Wer heute noch mit einem Hund auf die Straße geht, insbesondere wenn dieser kurzhaarig ist, und dabei einen medizinisch eigentlich vernünftigen Ernährungszustand an der Leine hat (man kann die Rippen zumindest tasten, und man sieht auch einen leichten Einschnitt in der Rückenlinie vor dem Becken),

Übergewicht hat viele negative gesundheitliche Folgen für Hunde.

läuft geradezu Gefahr, beim Tierschutz angezeigt zu werden. Wer aber eine schwer atmende Speckwalze an der Leine mit sich herumschleppt, wird zum gesunden und gutaussehenden Hund beglückwünscht. Wer jetzt meint, wir würden übertreiben, dann könnten wir das für den aufgeklärten Teil der deutschen Hundehalter:innenszene vielleicht gelten lassen. Aber dieses Thema gibt es nicht nur bei unseren Hunden. Forrest et al. (2022) zeigen vergleichbare Probleme auch in einer neuseeländischen Gemeinschaft, Julianna et al. (2020) diskutieren das Thema anhand der Probleme in Ungarn, Endenburg et al. (2018) vergleichen thailändische und niederländische Mensch-Hund-Teams in diesem Zusammenhang. Die Erfahrungen sind überall die gleichen: Dicke, übergewichtige Hunde nehmen in allen diesen Gesellschaften einen erheblichen Teil der Gesamthundebevölkerung ein. Und in allen diesen Gesellschaften war die Lebensqualität der dicken Hunde deutlich reduzierter gegenüber den schlanken Hunden.

RUHEBEDÜRFNIS

Auch die Strategien der Nahrungssuche und der Umweltnutzung von uns Menschen und unserer äffischen Verwandtschaft sind ganz anders als die eines Hundes. Untersuchungen an verwilderten Haushunden (Zusammenfassung z. B. Hielscher & Karrer, 2023) zeigen, dass der größte Teil des Tages bei Hunden in der Ruhe, der Inaktivität und bestenfalls dem beobachtenden Herumliegen besteht. Nur 1,5 Stunden am Tag dienen der Nahrungssuche und Nahrungsaufnahme. Affen streifen dagegen, wenn sie nicht gerade Siesta halten, während der gesamten Helligkeitsphase des Tages langsam, nahrungssuchend durch den Wald. Diese veränderte Nahrungssuchstrategie hat auch Auswirkungen auf das Ruhebedürfnis der Tiere in unserer menschlichen Umgebung. Und der Trend zur permanenten Überbespaßung und Überforderung der Familienhunde heute, hat möglicherweise auch etwas mit einer falschen Vermenschlichung ihres Aktivitätsbedürfnisses zu tun.

WELCHE HOFFNUNG SETZEN WIR IN HUNDE?

Die Erwartungen, die Menschen an ihre Hunde oder an Hunde allgemein richten, sind ebenfalls als Teil dieses Vermenschlichungskomplexes zu sehen. Serpell (2003) zitiert eine Reihe von Studien, in denen Hunden im Vergleich zu Menschen in Bezug auf Beziehungen sogar höhere Kompetenzen und bessere Eigenschaften zugeschrieben wurden, etwa im Bereich der Verlässlichkeit bei der gegenseitigen Unterstützung, der Kumpelhaftigkeit oder auch der Hilfe in Krisensituationen. Nur im Bereich der technischen Hilfe und der emotionalen Nähe stehen die Menschen in diesen Untersuchungen besser da als die Hunde.

Serpell (1996) zeigt auch, dass je nach Persönlichkeit des Menschen, unterschiedliche Einschätzungen zu Hunden gegeben werden. Gerade verwitwete, in Trennung oder Scheidung befindliche Menschen fühlen sich offenbar durch Hunde noch stärker in ihrem Alltagsleben unterstützt als andere. In einer Umfrage unter verheirateten Frauen ergab sich, dass Frauen, die sich mit ihrem Hund nicht harmonisch gebunden fühlten, zu einem höheren Prozentsatz ihre allgemeine Unglücklichkeit beklagten als Frauen, die sich zu ihrem Ehepartner nicht harmonisch gebunden fühlten. Bemerkenswert ist, dass bei den Frauen, die sich zu ihrem Hund unglücklich oder gar nicht gebunden fühlten, auch der Ehepartner die Bedürfnisse des Bindungspartners nicht erfüllen konnte. Bei denjenigen, die sich an ihren Hund harmonisch gebunden sahen, war die Zufriedenheit auch mit dem Ehepartner wesentlich größer. Und im Gegensatz zu der allgemeingültigen Einschätzung waren Menschen, die wenig emotionale Beziehung zu Tieren empfanden, auch zu anderen Menschen eher emotional gleichgültig, und Menschen mit einer hohen, emotionalen Zuneigung zu Tieren fühlten sich auch anderen Menschen emotional näher.

Die Vorteile des Zusammenlebens mit dem Hund werden durchaus auch im Umgang mit anderen Menschen gesehen, 83 % von befragten schwedischen Hundehaltern betonen ausdrücklich, dass ihr Hund ihnen die Gelegenheit zum Gespräch mit anderen Menschen vermittelt, und 79 % bestätigen, dass der Hund ihnen hilft, Freunde zu gewinnen. Woran es liegt, dass Hunde oftmals in Bezug auf Beziehungsqualitäten höher eingeschätzt werden als die menschlichen Artgenossen, zeigen Umfragen ebenfalls: Hunde kritisieren angeblich nicht, angeblich sind sie immer ehrlich und zeigen ihre Zuneigung sehr viel deutlicher als die menschlichen Familienmitglieder.

Fremd- versus Selbstwahrnehmung

Kwan et al. (2008) gingen beim Studieren der vermenschlichenden Einschätzungen von Hunden und deren Verhalten noch einen Schritt weiter. Sie wählten unter den in einem Hundefreilaufgebiet getroffenen Mensch-Hund-Teams eine Reihe von Teams aus, die sie dann von anderen, ihnen persönlich nicht bekannten Menschen (ebenfalls Hundehaltern) in ihrem Verhalten einschätzen ließen. Getestet wurde dabei nicht nur, wie stark der Drang zur Vermenschlichung der fremden, hier zum ersten Mal gesehenen Hunde war, sondern auch, wie stark die Einschätzung anderer Menschen und anderer Hunde durch die eigene Selbstwahrnehmung beeinflusst wurde, die ebenfalls abgefragt wurde. Dabei durften die „Zuschauer" sich Fotos ansehen und/oder die Interaktionen der Mensch-Hund-Teams beobachten und diese beurteilen.

Das Ergebnis: Besonders nach dem Ansehen der Interaktion waren die „Zuschauer" bezüglich anderer Menschen, als auch bezüglich der Hunde in der Lage, durch die Beobachtung des aktuellen Verhaltens der jeweiligen Lebewesen ihre vorherige Einschätzung aufgrund des angesehenen Fotos zu verändern und dadurch wohl auch anzupassen. Zudem zeigte sich, dass das Ausmaß der eigenen Selbstwahrnehmung sowohl die Einschätzung anderer Menschen als auch die Einschätzung der Hunde beeinflusste. Jedoch war der Einfluss der eigenen Selbsteinschätzung und Selbstwahrnehmung auf die Einschätzung der Hunde anderer Menschen geringer als der Einfluss der eigenen Selbstwahrnehmung auf die Einschätzung anderer Menschen.

BINDUNGSVERGLEICH KIND – HUND

Einen möglichen Grund für die unterschiedliche Betrachtungsweise von Menschen und Hunden, liefern die Untersuchungen mithilfe von Hirnscanverfahren (Stoeckel et al., 2014; Gansloßer und Kitchenham, 2019). Hier wurden Mütter im Hirnscan untersucht, wenn sie entweder Fotos ihrer eigenen Kinder, Fotos fremder Kinder, Fotos ihres eigenen Hundes oder Fotos eines fremden Hundes zu Gesicht bekamen. Eine ganze Reihe von Gehirnregionen, vor allem solche, die mit Bildbearbeitung, sozialer Intelligenz und sozialer Kognition zu tun hatten, so wie solche, die mit allgemeiner Erregung und positiver Grundeinschätzung verknüpft sind, reagierten in beiden Fällen, beim eigenen Kind und beim eigenen Hund, gleich. Das Belohnungs- und Bindungssystem im Gehirn dagegen reagierte auf die Bilder des eigenen Kindes sehr viel stärker, und gerade in diesem Bereich des Belohnungs- und Bindungssystems waren die Unterschiede beim Betrachten von eigenen Kindern und fremden Kindern auch sehr viel stärker als beim Betrachten von eigenen Hunden vs. fremden Hunden. Hier zeigt sich deutlich, dass die Qualität der Bindung eines Menschen an sein Kind und die Qualität der Bindung an seinen Hund sich doch deutlich unterscheiden. Möglicherweise ist das auch einer der Gründe für die unterschiedliche Einschätzungsgenauigkeit und möglicherweise auch für die Tatsache, die wir noch kennenlernen werden, nämlich dass auch Menschen mit gestörtem zwischenmenschlichem Sozial- und Bindungsverhalten oftmals von der Bindungsfähigkeit ihres Hundes sehr viel mehr profitieren können (siehe S. 218). Amelia Lewis (2020) und auch schon John Bradshaw (2014) diskutieren übrigens in diesem Zusammenhang, dass die strikte Anwendung der Bindungstheorie auf die

MENSCH-HUND-BEZIEHUNG = ELTERN-KIND-BEZIEHUNG

1. In sehr vielen Studien des letzten Jahrzehnts wurde die Beziehung zwischen Mensch und Hund in den sogenannten „Strange Situation Tests" (SST) untersucht und viele Parallelen zur Eltern-Kind-Beziehung festgestellt: In der Mensch-Hund-Beziehung gibt es die gleichen Bindungstypen wie bei Eltern mit ihren Kindern, von unsicher-ambivalent bis stabil gebunden (siehe S. 122).
2. Diese Bindungstypen werden besonders durch die unterschiedliche Art der Begrüßung nach einer Trennung deutlich (Ignorieren bis hin zu beiderseitiger herzlicher Begrüßung, siehe S. 142 ff.).
3. Eltern reden mit Kindern in der „Kindersprache" – und Hunde springen darauf auch mehr an als auf die „Erwachsenensprache" (Benjamin und Slocombe, 2018; siehe S. 174).
4. Es konnten die gleichen drei Umgangsstile von Menschen mit Hunden gefunden werden, die auch bei Eltern mit ihren Kindern definiert werden konnten: warm herzlich, sozial unterstützend und viele Kommandos nutzend (Cimarelli et al., 2017; siehe S. 131).

Welpen schauen sich von älteren Hunden erfolgversprechende Bettel-Strategien ab.

Hund-Mensch-Beziehung durchaus auch Nachteile haben kann.
Während John Bradshaw vor allem darauf hinweist, dass eine starke Infantilisierung, also übermäßige Verkindlichung des Hundes durch seinen Menschen, zu den übertriebenen Bestandteilen der aus der Kleinkind-Mutter-Beziehung stammenden Elemente unseres Bindungsglieds (siehe S. 114) führt, geht Amelia Lewis noch ein Stück weiter. Sie nimmt an, dass dadurch erwachsene Tiere grundsätzlich infantilisiert werden, und sich dadurch negative Auswirkungen auf das Wohlbefinden der Kumpantiere durch überfürsorgliches Verhalten oder ein „Nicht-ernst-Nehmen" des Hundes ergeben. Sie schlägt stattdessen ein mehr auf verhaltensökologischen Prinzipien aufbauendes Modell vor, bei dem Hunde z. B. erwachsenenähnliche soziale Bindungen mit ihren Menschen ausbilden, und als soziale und emotional stabile erwachsene Kumpane betrachtet werden sollten. Verhaltensökologische Betrachtungen, wie sie ja auch in dem von uns auf Seite 105 besprochenen Seewiesener Modell der Beziehungsqualität ausgeführt werden, und eine Berücksichtigung der kognitiven Leistungen unserer Hunde würden ihnen, so Amelia Lewis, wesentlich mehr gerecht. Gerade das Problem der Trennungsangst und Trennungsstörung könnte nach diesen beiden Autoren durchaus durch eine solche veränderte Betrachtung des Hundes gemildert oder in seiner Häufigkeit abgeschwächt werden.
Ein skandinavisches Team hat dieses Thema ebenfalls im Hinblick auf die veränderten Lebensumstände unserer modernen Familienhunde auf der Nordhalbkugel diskutiert (Ibn Meyer et al., 2020). Die Änderung des Lebensschwerpunktes vom mehr frei herumstreunenden Leben eines Dorf- oder Straßenhundes zum Familienmitglied einer modernen westlich-nördlich orientierten Kleingruppe, hat zweifellos deutliche Verbesserungen des Wohlbefindens im Zusammenhang mit Sicherheit, Ernährung und veterinärmedizinischer Pflege bewirkt. In anderen Bereichen jedoch sind, z. B. durch unrealistische soziale Erwartungen an die Hunde, die zu Angst, Depression und Aggression führen können, und eben durch die aus dem Ruder gelaufenen Zuchtvorstellungen der Rassehundliebhaber:innen, auch negative Auswirkungen auf das Wohlbefinden der Hunde zu erkennen. Übrigens nennen Ibn

Meyer und ihr Team durchaus auch ein höheres Vorkommen von Fettleibigkeit bei sogenannten Straßen- und Streunerhunden.

KULTURELLE UNTERSCHIEDE

In einer Arbeit aus dem Jahr 2004 versucht James Serpell durch Befragung der Bevölkerung vor Ort die unterschiedlichen Einstellungen von Menschen gegenüber Hunden anhand eines zweidimensionalen Kategorisierungssystems zu verdeutlichen. Eine Achse betrifft die Frage, ob die Hunde nachteilig oder vorteilig für die menschlichen Interessen wären, die andere Achse betrifft die negativen oder positiven Gefühle, die Menschen gegenüber Hunden empfinden. Hier zeigt sich, dass ein streunender Hund in Nordamerika zwar als nachteilig für die menschlichen Interessen, jedoch durchaus noch mit einer gewissen Sympathie betrachtet wird, wohingegen ein streunender Straßenhund in einem arabischen Land mit negativen Emotionen und einer starken negativen Bewertung in Bezug auf die menschlichen Interessen belegt wäre. Auch wenn diese Studie schon älter und sich dieses Ergebnis ganz sicher nicht pauschal auf alle Menschen muslimischer Religionszugehörigkeit übertragen lässt, so zeigt sie doch, dass es kulturell unterschiedliche Wahrnehmungen von Hunden geben kann.
Stefan Kirchhoff (2014) hat für die Arbeit an seinem Buch z. B. ganz andere Beobachtungen u. a. in der Türkei machen können, wo Menschen sehr zärtlich mit „befreundeten“ Straßenhunden interagierten.

Bewertung von Hunden

In der Untersuchung von Serpell wurde auch untersucht, wie unterschiedlich Hunde in bestimmten Lebensbereichen und unterschiedlicher Rassezugehörigkeit wahrgenommen werden. Ein Familienhund bekommt hier eine sehr hohe positive, emotionale Bewertung, erhält jedoch nur wenig Punkte in Bezug auf seine Vorteile für die menschlichen Interessen, ein Behindertenbegleithund bekommt hohe Werte sowohl für die emotionale Bewertung, als auch für die Einschätzung seines Vorteils für die menschlichen Interessen. Ein Schlittenhund bei den Inuit wird zwar als sehr vorteilhaft für menschliche Interessen, jedoch durchaus mit negativen Emotionen wie Furcht oder Meideverhalten eingestuft. Auch wenn es sich hierbei nur um eine schematische und auch schon etwas ältere Abbildung handelt, zeigen solche und ähnliche Betrachtungsweisen durchaus die Wechselwirkungen zwischen den emotionalen und den mehr nutzungsbezogenen Aspekten unseres Umgangs mit dem Hund.

WIE REDEN MENSCHEN MIT IHREM HUND?

Dieser Bereich des vermenschlichenden Umgangs mit dem Hund ist besonders auf Hundewiesen und in anderen Ansammlungen von Mensch-Hund-Teams regelmäßig zu hören. Wir haben bereits gelernt, dass ein Zutexten des Hundes mit ganzen Sätzen nicht die beste Möglichkeit der akustischen Kommunikation darstellt (siehe S. 261). Einfache, klare Sätze, die möglichst auch den wichtigen, für die Hunde zutreffenden Begriff am Satzende haben sollten, sind wesentlich wirkungsvoller (Braem et al., 2008). Robert Mitchell (2004) hat die „Gespräche“ zwischen Menschen und ihren Hunden während gemeinsamer Spieleinheiten untersucht und verglichen. Es ergaben sich deutliche Unterschiede sowohl in Abhängigkeit vom Geschlecht des Menschen als auch in Abhängigkeit von der Vertrautheit mit dem Hund. Frauen benutzen insgesamt die Babysprache häufiger als Männer, Männer und Frauen jedoch äußerten sich mehr in Babysprache, wenn sie mit einem unbekannten Hund als mit einem bekannten oder dem eigenen Hund spielten. Beim Spiel mit dem eigenen Hund redeten Frauen mehr als Männer, und ihre Gesprächsäußerungen waren mehr als Ausdruck von Freundlichkeit und Konversationsabsichten gekennzeichnet. Im Spiel mit dem unbekannten Hund zeigten Menschen beiderlei Geschlechts mehr Lob, mehr Floskeln und feststehende Formulierungen, längere Sätze und ein vielfältigeres Vokabular.

Offensichtlich waren sich die Menschen beim Spiel mit dem eigenen Hund stärker dessen bewusst, dass der Hund nur ein sehr eingeschränktes Verständnis unserer Wortsprache hat. Beim Spiel mit dem fremden Hund versuchten die Menschen offensichtlich vermehrt, besonders freundlich zu erscheinen, und vergaßen dabei öfter mal, dass ihr Gegenüber doch nicht jedes Wort versteht.

Mitchell betont jedoch, dass die genannten Unterschiede gegenüber den Gemeinsamkeiten sowohl zwischen Frauen und Männern als auch zwischen Spielsituationen mit dem eigenen und einem fremden Hund geringer waren, als die Übereinstimmungen.

Die genannten Erscheinungen gelten übrigens, wie gerade die Untersuchungen von James Serpell gezeigt haben, durchaus in ähnlichem Maß für Katzen. Die Unterschiede sind jedoch deutlich: Hundehalter schätzen ihren eigenen Hund oftmals als weniger entspannt und weniger selbstsicher in unbekannten Situationen, erregbarer, ungehorsamer, aktiver und auch unglücklicher in einer Trennungssituation ein, als

SIND GERETTETE TIERSCHUTZHUNDE AUS DEM SÜDEN „DANKBAR"?

Viele Organisationen, die sich auf die Vermittlung von Tierschutzhunden aus dem Ausland spezialisiert haben, werben damit, dass diese Hunde besonders „dankbar und treu" seien: *„Wie dankbar die Hunde für die Aufnahme in ein Menschenherz und in häusliche Geborgenheit sind, zeigt sich immer wieder in dem starken Bestreben der vermittelten Tiere, trotz ihrer teilweise extrem negativen Erfahrungen mit Menschen, sich dem Lebensrhythmus der neuen Umgebung anzupassen und dem neugewonnenen Herrchen und/oder Frauchen uneingeschränktes Vertrauen entgegenzubringen." „Diese Tiere, die oftmals halbverwildert auf den Straßen aufgelesen wurden, am Tierheim angebunden oder sonst wo ausgesetzt, danken es wirklich. Ich habe noch nie so liebesbedürftige und lernwillige Tiere getroffen. Auch wenn manche Leute sagen, Hunde können nicht dankbar sein, diese Hunde sind es!" „Tiere aus dem Süden sind die dankbarsten Freunde, die man sich wünschen kann."*

Dieser Sprachgebrauch macht deutlich, wie wir menschliche Gefühle in den Hund interpretieren. Natürlich zeigen sich ehemalige Straßenhunde meist erfreut über freundliche Zuwendung, Futter und ein sicheres Leben. Dies liegt daran, dass sich die Grundbedürfnisse von Hunden mit denen von uns Menschen decken – wir sind Gruppentiere und sehnen uns danach, in Frieden und Sicherheit zu leben. Wir brauchen verlässliche Bindungspartner, Vertrautheit und soziale Unterstützung. Wenn Hunde dies nach Jahren der Vernachlässigung oder unsicheren Lebensumständen gefunden haben, dann signalisieren sie uns deutlich ihre Freude über diesen angenehmen Zustand. Diese „Genügsamkeit", also die Freude an für uns kleinen, selbstverständlichen Dingen, rührt uns und wird als Dankbarkeit interpretiert. Sie darf aber nicht als Entschuldigung für vielfältige Fehlinterpretationen oder gar als Begründung für blinden Aktionismus von Pauschalrettungen dienen.

sie das von einem idealen Hund erwarten würden. Katzenhalter dagegen schätzen ihre Katzen als weniger verspielt, weniger selbstsicher, erregbarer, weniger intelligent und aggressiver ein, als ihre Wunschbilder einer idealen Katze erwarten ließen. Gerade die Einschätzung des realen Hundes als erregbarer, ungehorsamer, mit mehr Zuneigung ausgestattet und unglücklicher mit dem Alleinsein lässt nach Einschätzung von James Serpell den Schluss zu, dass eine unsichere und ambivalente Bindung (auf diese deuten ja die meisten der genannten Eigenschaften hin) für Menschen durchaus zur Belastung oder zumindest zur Quelle von Unzufriedenheit werden kann.

DAS GLÜCK LIEGT IN DER MITTE

Auch in Bezug auf die Vermenschlichung des Hundes gilt, ebenso wie in Bezug auf die emotionale Nähe (Nähesuchen) und die anderen Elemente unseres vierblättrigen Kleeblatts (siehe S. 114), dass ein idealer Mittelweg zweifellos für Mensch und Hund die beste und zufriedenstellenste Situation liefern kann. Allzu viel Vermenschlichung erdrückt nicht nur den Hund, sondern führt auch beim Menschen zu falschen Erwartungen, und möglicherweise beim Hund zu falschem Selektionsdruck auf Merkmale, die seiner Gesundheit und seiner Psyche abträglich sind. Allzu wenig Vermenschlichung dagegen verwehrt nicht nur dem Menschen die vielen segensreichen, positiven Auswirkungen des Zusammenlebens mit einem Haustier, sondern führt auch zu einer nüchternen, eher nutzungsbezogenen Beziehung, und damit möglicherweise zur Missachtung der Interessen des Hundes als Mitgeschöpf. Bemühen wir uns also, in diesem Sinn den goldenen Mittelweg zu finden und unserem Hund auch zu zeigen, dass wir ihn gefunden haben.

NICHT IMMER HAT DER MENSCH SCHULD

Leider hat es sich in vielen Hundetrainer- und vor allem Tierschutzkreisen eingebürgert, die Schuld an einem Fehlfunktionieren der Beziehung zum Hund oder auch an problematischem Verhalten des Hundes sehr einseitig „am anderen Ende der Leine“, also dem Menschen, zu suchen. Wir werden sehen, dass dies manchmal durchaus der Fall ist (siehe S. 313 ff.). Aber es ist auch nicht zielführend, auf diese Weise den Menschen permanent ein schlechtes Gewissen einzureden (auch wenn sich dann vielleicht leichter eine 20er-Karte für die nachfolgenden Trainingsstunden verkaufen lässt). Marc Bekoff (2022) hat unlängst in einem Internetbeitrag zu dieser Thematik etwas ausführlicher Stellung genommen. Er hat, durchaus auch selbstkritisch in Bezug auf seine eigenen einschlägigen Beiträge, gemerkt, dass circa 52 % der Beiträge, die seine Kolleg:innen und er selbst auf einschlägigen Internetseiten veröffentlicht haben, den Hundehaltern gegenüber eher negativ und überkritisch eingestellt waren, nur 5 % waren positiv, und der Rest war eher neutral. Marc Bekoff selbst erkennt, dass damit möglicherweise auch viele, die sich als Hundehalter:innen ehrlich bemühen, ihrem Hund das Beste zu bieten, unnötig verschreckt und verprellt werden. Er hat sich vorgenommen, zukünftig mehr positive Beiträge zu schreiben, und vor allem besser zu erklären, warum manches eben kritisch gesehen oder sogar abgelehnt werden muss. Wohl gemerkt, es handelt sich hier um Erkenntnisse einer Gruppe von Wissenschaftler:innen, die über Hundeverhalten und Hundeprobleme schreiben, aber es ist zu befürchten, dass bei den Primärpraktiker:innen die Prozentzahlen eher noch schlechter aussehen würden. Es gibt auch Faktoren, die beim Hund liegen, und es gibt Faktoren, an denen keiner von beiden Schuld ist. Häufig liegt z. B. einfach eine Fehlpassung, sei es in der Gesellschaft oder in der individuellen Mensch-Hund-Teambildung, vor.

GRÜNDE FÜR „FEHL-VERHALTEN" VON HUNDEN

Nicht immer ist der Mensch „schuld" und nicht immer kann der Hund etwas dafür, wenn von seiner Seite nicht alles „passt".

Spricht man über Verhalten von Hunden, das in unserer Zeit Anstoß erregt, müssen fünf ganz unterschiedliche Situationen voneinander unterschieden werden.

1. **Biologisches Normalverhalten, das nicht in unsere Gesellschaft passt** Dazu gehört z. B. die Jungtierverteidigungsaggression (siehe Gansloßer, 2023 und S. 304) oder auch manches rassetypische Verhalten. Hier gilt es nicht, solch ein Verhalten zu akzeptieren, weil es in der Biologie des Hundes läge. Ein vorausschauendes Verhaltensmanagement ist hier gefragt und keine Therapie.
2. **Biologisch normale Prozesse, die ein störendes Ausmaß erreichen** Hierzu würden etwa erlernte Formen von aggressiven Reaktionen zählen, also z. B. Hunde, für die Abwehrbellen bereits zum Ritual geworden ist und einen selbstbelohnenden Effekt haben kann. Dieser Kreislauf ist nur schwer zu durchbrechen.
3. **Problematische Verhaltensentwicklungen** Etwa fehlende oder falsch laufende Prägungen, Stereotypien aus Übersprung- oder anderem Konfliktverhalten.
4. **Echte Verhaltensstörungen** Etwa eine ADHS-Störung oder eine durch Serotonin-Problematik hervorgerufene mangelnde Selbst- und Affektkontrolle.

Krankheitsbedingte Ursachen
Schmerz, Epilepsie, Schilddrüsenprobleme oder auch andere, oftmals genetisch vermittelte Ursachen. Gerade die Zusammenhänge zwischen Entzündungsfaktoren und Schmerzereignissen im Körper sind durchaus weitreichender, wie neuere Untersuchungen erkennen lassen (siehe Gansloßer 2022; Gansloßer, 2023). Entzündungsfaktoren können z. B. im Gehirn unmittelbar depressionsauslösend sein, und auch aus dieser Depression heraus z. B. ängstliches, panikartiges oder auch aggressives Verhalten verursachen. Auch Herzkrankheiten sind häufig Ursache für Aggressionsverhalten, ebenso gilt dies für Allergien. Vergleichsweise eher selten sind dagegen die medizinischen Ursachen, die häufig von besorgten Hundehalter:innen als übliche Verdächtige zuerst genannt werden, nämlich neurologische Erkrankungen, Gehirntumore etc. Da sind dann die genetisch beeinflussten oder genetisch mit verursachten Verhaltensprobleme doch wieder häufiger.

Bereits das Abhaken dieser kleinen Checkliste kann helfen, bei manchem unangemessen oder unpassend erscheinenden Verhalten die „richtigen Werkzeuge aus dem Koffer zu holen", eine sinnvolle Verhaltensveränderung und damit eine Entspannung des Verhältnisses zwischen Mensch, Hund und Gesellschaft herbeizuführen.

NICHTS FÜR SCHWACHE NERVEN!

Ganz egal ob Kangal, Pyrenäenberghund oder Maremmani, die großen Schafsschützer haben die wilden Berge verlassen und sind in den letzten Jahren immer häufiger in beschaulichen Reihenhäusern und sogar Stadtwohnungen zu finden. Gründe dafür sind, neben dem majestätischen, ruhigen Erscheinungsbild, ihre Anhänglichkeit an ihre Schutzbefohlenen oder aber ein Import durch den Auslandstierschutz. Doch diese besonderen Hunde bringen noch ein weiteres Erbe aus den Bergen mit: Hier sollten sie eigenständig Entscheidungen treffen und im Notfall mit ihrer enormen körperlichen Präsenz und tiefen Bellstimme die ihnen anvertraute „Schafsfamilie" verteidigen. In Anbetracht der aufgebrachten Riesen halten Beutegreifer wie Wölfe und Bären Abstand oder ergreifen die Flucht. Die friedlichen Gesellen können aus totaler Entspannung innerhalb von Sekunden in Alarmbereitschaft versetzt lossprinten, um vermeintliche „Feinde" zu stellen.

Auch ein Kuvasz kann lernen, Besuch auf dem Grundstück freundlich zu begrüßen.

LEBEN ALS „FAMILIENHUND"

Bei einem Leben in Wohngebieten sind Probleme mit diesen Hunden deshalb schnell vorprogrammiert: Der eigene Garten wird besonders bei Dämmerung schon vorsorglich einmal komplett verbellt, um „Wölfe" fernzuhalten, was meist auf wenig Verständnis bei den Nachbarn stößt. In der Stadt wird der Park schon wenige Minuten nach dem Betreten als zu verteidigendes Gelände angesehen. Spaziergänger und Erholungssuchende, die unerwartet aus dem Dickicht treten, sind für diese Hunde eine potenzielle Gefahrenquelle, auf die sie rassetypisch laut bellend zugaloppieren.

SOZIALISATION UND ERZIEHUNG

Damit diese wunderbaren Hunde in dicht besiedelten Gebieten wie Deutschland glücklich leben können, brauchen sie deshalb eine besonders sorgfältige Sozialisationsstrategie und Erziehung und ein lebenslanges Impulstraining. Ganz besonders aber brauchen sie Menschen, die Hundeverhalten deuten, weit vorausdenken und schnell reagieren können. Leider trifft man sehr selten auf diese Passung, dadurch kommt es immer wieder zu Missverständnissen und Ärger mit aufgebrachten Passant:innen, die an einer Aufklärung über rassetypisches Verhalten meist wenig interessiert sind. Hier kann eine intensive Sozialisation und gründliches Training zwar teilweise greifen, die Eigenschaften dieser besonderen Hunde erfordern aber eine hohe Sozialkompetenz von ihren Halter:innen und können trotzdem immer wieder zu Problemen führen. Die Schwierigkeiten liegen hier eindeutig in der meist mangelhaften Sozialisation von Tierschutzhunden, der Herkunft der Rasse und dem Leben in einem ungeeigneten Umfeld.

Probleme mit dem Alleinbleiben haben oft Hunde, denen diese Situation …

URSACHENANALYSE UND PROBLEMLÖSUNG

Wie in jeder anderen, fachlich oder wissenschaftlich gestützten Untersuchung, muss auch bei der Einschätzung der Ursachen eines möglichen Fehlverhaltens eines Hundes zunächst eine ganz exakte Beschreibung des Problems und seiner Randumstände erfolgen. Auch hier können wir wieder auf ein bereits besprochenes Klassifizierungsmerkmal zurückgreifen. Die Einteilung von Robert Hinde (1975; siehe Gansloßer, 2020) kann uns durchaus als Gerüst dienen. Wenn das Verhalten, das hier störend oder unangemessen ist, bereits auf der Ebene der Aktionen oder Signale oder auf der unmittelbar darüberstehenden Aktionsebene der Interaktionen steht, müssen wir sicher ganz anders damit umgehen, als wenn es sich um eine problematische Entwicklung im Beziehungs- oder gar im Sozialstrukturbereich handelt. Hier liegt die Verantwortung ganz eindeutig erst einmal bei den Zweibeinern, die Geduld für solch langwierige Analysen haben müssen, und Trainer:innen, die sie auch kompetent durchführen können.

UNTERSCHIEDLICHE BEWERTUNGEN

Hunde, die nicht mehr klar kommunizieren können, weil man ihnen die Ohren abgeschnitten, einen starren Blick angezüchtet oder in der Vergangenheit immer das Knurren unterbunden und verboten hat, sind nun einmal anders zu bewerten als solche, die aggressiv reagieren, weil sie die Erfahrung gemacht haben, dass sie in einer hektischen und chaotischen Familienumgebung nicht ungestört fressen können. Und nochmals anders zu bewerten sind solche, die z. B. ihre Funktion als Babysitter-, Wach- oder Alarmhunde oder andere Tätigkeiten auf das Beziehungsnetz in der Familie übertragen. Es geht hier nicht darum, die eine oder andere Ursache zu entschuldigen. Es geht darum, dass eine Ursachenanalyse nur dann sinnvoll stattfinden kann, wenn sie an der richtigen Stelle und auf der richtigen Ebene ansetzt.

DOKUMENTATION DES PROBLEMS

In idealer Weise würde also zunächst das auftretende Problem sehr exakt beschrieben und dokumentiert, wobei oftmals Videoauf-

... nicht mit Geduld beigebracht wurde.

nahmen und andere, dafür speziell angefertigte Notizen und Protokolle sehr hilfreich sein können. Erst dann könnte man darüber nachdenken, welche Probleme im Hund möglicherweise ablaufen, und in einem nächsten Schritt die Abhilfemaßnahmen überlegen. So banal das auch klingt, leider machen wir in unserer Tätigkeit immer wieder die Erfahrung, dass keineswegs nur Laien, also Hundehalter:innen, hier viel zu schnell und zu voreilig mit Diagnosen und Therapien kommen, anstatt sich zunächst einer gründlichen Fallaufnahme und Beschreibung des Phänomens zu widmen. Auch bei der Lösung des Problems gibt es durchaus einige Möglichkeiten, wie man vorgehen könnte. Mills et al. (2014) haben dies am Beispiel der unangemessen aggressiven Reaktionen von Hunden dargestellt:

Schritt 1: Erfassung des Zusammenhangs, in dem das problematische Verhalten auftritt. Hier muss eine Beschreibung sowohl der auslösenden als auch der das Verhalten aufrechterhaltenden oder gar verstärkenden Umweltsituationen erfolgen.

Schritt 2: Beschreibung des Ausmaßes der Erregung, der genauen Verhaltensabfolge der einzelnen Elemente des genannten Verhaltens und anderer, während der problematischen Situation auftretender Verhaltensäußerungen.

Schritt 3: Erfassung der Veränderung an Ausprägung, Intensität, Schnelligkeit oder Auslösbarkeit des Verhaltens über die Zeit, sowohl während einer einzelnen, dieses Verhalten umfassenden Szene, als auch über Tage oder gar Wochen im Zusammenleben des betreffenden Hundes mit seinem Menschen.

WIDERLEGEN VON HYPOTHESEN

Versucht man dann, Lösungen für das betreffende Problem zu finden, und konstruiert z. B. Testsituationen zur gezielten Auslösbarkeit des unerwünschten Verhaltens, sollte man viel mehr auf solche Testsituationen achten, mit denen man die bereits vorgefassten Hypothesen widerlegen kann, und nicht so sehr versuchen, die bereits gefundenen und aufgestellten Hypothesen zu bestätigen. Bemüht man sich äußerst intensiv, eine bereits gefundene Hypothese zu widerlegen, und schafft dies nicht, ist man in der Regel der richtigen Interpretation des betreffenden Verhaltens sehr viel näher, als wenn man selbst erfüllende Prophezeiungen schafft und mit einem Test nach dem anderen nur das wieder sieht, was man ohnehin bereits sehen möchte.

Dies ist zwar ein durchaus allgemein gängiges wissenschaftstheoretisches Vorgehen, muss aber gerade auch bei der praktischen Arbeit in der Analyse und späteren Behandlung von problematischem Hundeverhalten immer wieder betont werden. Nichts ist eben so gut anwendbar, wie eine breit abgestützte Theorie. Erst nach all diesen Vorarbeiten kann dann auch die Frage gestellt werden, warum der betreffende Hund sich gerade so verhält und nicht anders. Und auch für die Frage nach dem „Warum“ haben wir durchaus ein Gerüst zur Verfügung.

VIER FRAGEN ZU PROBLEMATISCHEM VERHALTEN

Hier handelt es sich um die seit 1963 in der Verhaltensbiologie zunehmenden, jedoch auch in anderen wissenschaftlichen Disziplinen der Lebenswissenschaften üblichen „Vier Fragen" von Niko Tinbergen (Näheres siehe Gansloßer, 2020). Niko Tinbergen, einer der Mitbegründer der vergleichenden Verhaltensforschung und Nobelpreisträger zusammen mit Konrad Lorenz und Karl von Frisch, hat im Jahr 1963 in einem Aufsatz über die Ziele und Methoden der Verhaltensbiologie vier Fragen identifiziert. Nur bei gleichmäßiger und gleichberechtigter Bearbeitung und Beantwortung können sie zu einem vollständigen Verständnis eines beobachteten Phänomens führen. Diese vier Fragen können uns helfen, zu verstehen, warum dieser oder jener Hund in seinem Inneren irgendwelche Tendenzen zu unerwünschtem oder unangemessenem Verhalten und zu einer dadurch gestörten Beziehung hat. Gerade dieses unerwartete, unangemessene oder unerwünschte Verhalten eines Hundes ist sehr oft auch die Ursache für eine gestörte Beziehung seitens des Menschen, und kann u. U. sogar zur Abgabe des Hundes ins Tierheim führen. Die vier Teilfragen müssen als gleichberechtigt betrachtet werden, um sie dann in ihrer Gesamtschau „Warum verhält sich der Hund so, oder warum ist diese Beziehung belastet?" beantworten zu können.

1. WOHER STAMMT DAS VERHALTEN?

Diese Frage richtet sich an die stammesgeschichtliche Dimension des Verhaltens. Wie war das bei den Vorfahren und wie ist das bei nahe verwandten Arten?
Im Zusammenhang mit unserer Frage, woher kommt eine Fehleinschätzung oder Fehlpassung in der Mensch-Hund-Beziehung, müssen zunächst unsere doch unterschiedliche Verwandtschaft und die daraus resultierenden unterschiedlichen Vorstellungen von sozialen Strukturen und Beziehungen betrachtet werden. In unserer äffischen Verwandtschaft sind Paarbindungen in der Regel sehr viel stärker sexuell motiviert, und

INTERPRETATION „FEHLVERHALTEN"

Bei den Gründen für eine Abgabe des Hundes spielt die Interpretation für das „Fehlverhalten" eine bedeutende Rolle. So belegen Mills et al. (2014), dass sehr viel weniger Hunde wegen Geräuschangst, und daraus entstehendem Fehlverhalten, als wegen Trennungsangst abgegeben werden. Sie vermuten, dass bei der Geräuschangst eben selbst dem einfältigsten Hundehalter kaum in den Sinn käme, der Hund würde dies aus Bosheit oder anderen, gezielt dem Menschen schaden wollenden Absichten tun. Bei Zerstörungswut im Zusammenhang mit Trennungsstörung dagegen werden solche Interpretationen durchaus öfter angebracht, und sind dann leichter als Ursache für eine Abgabe des Hundes ins Tierheim umzusetzen. Trotzdem liegt auch hier das Problem nicht primär beim Menschen. Der Hund, der Geräuschangst hat, leidet an Silvester oder am Nationalfeiertag beim Feuerwerk genauso wie der, der in einer Trennungssituation die Wohnung umdekoriert oder zerstört. Das Problem liegt im Hund, lediglich die Bewertung dessen, was am Ende herauskommt, wird vom Menschen modifiziert.

nur sekundär sozial. Auch zu Dominanz und Autorität haben wir ein eher gestörteres Verhältnis im Vergleich zu den Verhältnissen in einem Wolfsrudel oder in einer anderen Gruppe von Wildkaniden. Im Lauf der Haustierwerdung, der Domestikation, treten noch einige weitere Dinge auf, die Ursache für ein problematisches Verhalten sein können.

Allgemein sind im Prozess der Domestikation eine ganze Reihe von Veränderungen auch im Hormon- und Botenstoffhaushalt, in der Entwicklungsgeschwindigkeit verschiedener Körperteile zueinander während der Embryonalentwicklung etc. zu beobachten. Viele Auswirkungen davon lassen sich auf einen einzigen, inzwischen embryologisch gut belegten Zusammenhang zurückführen, nämlich die Neuralleiste. Die Neuralleiste ist eine Embryonalanlage, aus der unter anderem auch viele Hormondrüsen, die Pigmentzellen, das Bindegewebe und auch ein Teil des Schädels und der damit verbundenen Regionen, ebenso wie das Gehirn und das Nervensystem selbst gebildet werden. Zusammenhänge zwischen unterschiedlichen Entwicklungsgeschwindigkeiten dieser, von der Neuralleiste bedingten Körperregionen, lassen dann z. B. auch die oftmals beschrieben und trotzdem zutreffenden Zusammenhänge zwischen Spitz- oder Schlappohren und der Grundpersönlichkeit des Hundes, den Farbeigenschaften und den hormonellen Zuständen z. B. des Stresssystems und andere erkennen. Näheres dazu siehe Gansloßer et al., 2021; Sommerfeld-Stur, 2016.

Neotenie als Problem?

So schön und wichtig wie es ist, dass unsere Hunde eigentlich niemals richtig erwachsen werden, die Neotenie kann durchaus auch zu Problemen führen. Die Qualität der Bindung des Hundes an den Menschen ähnelt immer stärker der des Kindes an den Erwachsenen (siehe S. 112 ff.), oder letztlich ist der Hund auch permanent sein ganzes Leben lang nie vollständig aus der Pubertät herausgekommen. Auch die verzögerte, oder wie Studien an verwilderten Haushunden zeigen, überhaupt nicht mehr stattfindende Abwanderung selbst im Greisenalter führt zu anderen Belastungen, wenn der 50- oder 60-jährige Nachkomme immer noch im „Hotel Mama“ herumlungert, treten auch in menschlichen Familien oft ähnliche Probleme auf.

Rassetypisches Verhalten als Problem?

Auch rassetypische Verhaltensweisen sind Teil des „Woher“, wenn man die frühere Arbeitsgeschichte der betreffenden Rasse betrachtet. Auch wenn viele Untersuchungen (z. B. Svartberg, 2005; siehe Miklósi et al., 2014) zeigen, dass die frühere Verwendung einer Rasse auf das heutige Verhalten von Hunden nur noch einen bedingten Einfluss zu haben scheint, rassetypische Unterschiede beispielsweise in der Selbstständigkeit oder in der Kooperationsbereitschaft mit dem Menschen werden immer wieder nachgewiesen. Und wer einen Hund hat, dem z. B. als Meute- und Fährtenhund der Ausschalter abgezüchtet wurde, muss sich nicht wundern, wenn dieser auch in anderen Bereichen eine ganz besonders hohe Beharrlichkeit und Sturheit aufweist.

In jüngster Zeit haben mehrere sogenannte Metaanalysen, also zusammenfassende Studien über die Ergebnisse mehrerer anderer, bereits veröffentlichter Arbeiten von Kathleen Morrill et al. (2022), Evan McLean et al. (2019) sowie Dutrow et al. (2022) dieses Thema nochmals aufgegriffen. Die Arbeiten zeigen, dass Rasseunterschiede durchaus auch auf neurobiologische Veränderungen, und in unmittelbarer Weise auch verschiedene genetische Veränderungen in der Entwicklung von Gehirn und Nervensystem zurückführbar sind. Sie zeigen des Weiteren eine doch relativ stabile Unterscheidbarkeit der Rassen, die bisweilen auch durchaus durch höhere Erblichkeitswerte bestätigt wird. Die häufig aus der Morill-Arbeit gewonnene Erkenntnis, dass Rasseunterschiede vergleichsweise wenig mit Genetik zu tun hätten, beruht auf einer vereinfachten Fehlinterpretation. Eine genauere und ausführliche Analyse der von Morill et al. beschriebenen Eigenschaften und genetische Zusammenhänge, lässt durchaus mittlere Erblichkeiten und damit stabil genetisch erkennbare Rasseunterschiede hervortreten.

2. WOZU DIENT DAS VERHALTEN?

Die zweite Frage ist dann die nach dem Wozu, also nach den Vor- und Nachteilen, die ein bestimmtes Verhalten dem Merkmalsträger bringt. In der Verhaltensökologie gilt zwar eigentlich nur der jeweils unterschiedliche Fortpflanzungserfolg der verschiedenen Individuen in einer miteinander konkurrierenden Gruppe oder Population, abgerechnet wird also erst „am Schluss". Jedoch kann man sich hilfsweise durchaus auch mit anderen Maßen, die die Fortpflanzungsfähigkeit ihrerseits beeinflussen, behelfen. Hierzu gehören etwa die Nahrungsaufnahme, das Ausmaß und die Intensität echten sexuellen Verhaltens. Im Zusammenhang mit einem möglichen unangemessenen oder unerwünschten Verhalten des Hundes sind hier wiederum mehrere Situationen denkbar: So kann der Wert einer **umstrittenen Ressource**, sei es Futter, Spielsachen oder das Revier und das Wohngebiet des betreffenden Hundes, von Hund zu Hund unterschiedlich eingeschätzt werden. Ein Hund, der sehr verfressen ist, hat möglicherweise ein größeres Interesse daran, sein Futter zu verteidigen, als einer, der ohnehin eher mäkelig frisst. Und ein Hund, der sich wenig aus Objektspiel macht, wird eventuell auch ein Kauspielzeug nicht ganz so stark verteidigen.

Auf das Konzept der **wertvollen Beziehung**, für die man eben auch mehr investiert und für die man auch leichter auf irgendetwas

Das Beutespiel ist sehr beliebt bei Hunden, …

verzichtet, sind wir bereits eingegangen. Wenn, aus welchem Grund auch immer, dem Hund an der Beziehung zu diesem Menschen nicht viel liegt oder der Hund sich in dieser Familienstruktur ohnehin nicht gut aufgehoben fühlt, wird er leichter bereit sein, bei der Verteidigung einer an sich harmlosen Situation oder bei der Lösung eines eigentlich geringfügigen Konfliktes auch mal stärkere Töne anzuschlagen.

Auch die **Jungtierverteidigungsaggression** gehört in diesen Bereich: Wenn ein Welpe anwesend ist, egal ob der eigene oder ein fremder, der in die Familie kam, wenn die Halterin gerade mit dem Neugeborenen aus der Klinik nach Hause kommt oder deutlich erkennbar schwanger ist, in all diesen Situationen werden für Hunde die Verhaltensweisen der Jungtierverteidigung aktiviert, und dann wird u. U. sogar ein anderes Familienmitglied, oder ein eventuell als sehr übergriffig empfundener fremder Erwachsener heftig davon abgehalten, sich der schwangeren Chefin und ihrem Nachwuchs zu nähern.

... die mit guten Freunden lebenslang ausgelassen spielen durften.

3. WIE WIRD DAS VERHALTEN AKTIVIERT?

Die dritte Frage, die oft beachtet werden muss, wenn wir feststellen wollen, warum sich ein Hund so und nicht anders verhält, betrifft das „Wie". Welche inneren Mechanismen laufen ab, welche Hormone, welche Botenstoffe, welche Bereiche des Gehirns sind aktiviert, wie werden Reize im Bereich der Sinnesorgane aufgenommen und im Bereich des zentralen Nervensystems verarbeitet und wie werden sie beantwortet? Eine umfassende Darstellung aller aus dieser tinbergenschen Frage entstehenden Lösungsansätze würde wahrscheinlich ein dickes Buch füllen, im Folgenden wollen wir einige besonders eklatante Beispiele darstellen.

Unterschiede im Engagement

Daniel Mills und seine Co-Autorinnen (2014) zeigen z. B. auf, dass es einen Unterschied macht, wenn eine Beziehung deshalb nicht zufriedenstellend funktioniert, weil einer der beiden sich in der Anwesenheit des anderen nicht richtig entspannen kann, im Gegensatz zu einer Beziehung, die deshalb nicht richtig funktioniert, weil einer den anderen nicht hinreichend für sein bindungsförderndes Verhalten zu belohnen scheint.

Unterschiede in der Wahrnehmung

Auch neurobiologische Unterschiede sind zu bemerken: Mills et al. (2014) zeigen, dass Hunde, um negative Emotionen im Gesicht eines Menschen zu erkennen, immer auf die linke Gesichtshälfte schauen, um positive Emotionen zu erkennen, dagegen auf die rechte. Vierjährige Kinder dagegen gucken in beiden Fällen auf die linke Gesichtshälfte. Die Verarbeitung von Gesichtsausdrücken und Mimik ist also ganz offensichtlich beim Menschen anders gelöst als beim Hund.
John Bradshaw (2011) zeigt ein weiteres Beispiel: Er vermutet, dass Hunde, die mit Menschen gut sozialisiert sind, in ihrem Gehirn zwei Repräsentationsräume haben, einen für Hund und einen für Mensch.
Er vergleicht dies analog zur Situation von Menschen, die als kleine Kinder schon zweisprachig aufgewachsen sind. Sie fühlen sich

dann in beiden Sprachen als Muttersprache zuhause und können in ihrem Gehirn zwischen den beiden Repräsentationsräumen für diese beiden Sprachen hin- und herspringen. So, meint Bradshaw, ist das auch bei einem Hund, der mit Hund und Mensch gut sozialisiert ist. Sein Gehirn hat Kapazität für das Verständnis und den richtigen Umgang mit beiden Arten (und wie er vermutet, eventuell noch weiterer Arten, wenn z. B. auch eine hundeverständige und hundefreundliche Katze mit im Züchterhaushalt anwesend war).

Unterschiede in der Kommunikation

Auch im Bereich von Kommunikation und deren Verwendung können Missverständnisse aus der unterschiedlichen Funktion von Gehirn und Sinnesorganen entstehen. Wiederum liefern Mills et al. (2014) dazu Beispiele: Wenn es darum geht, dass ein Hund auf das Signal eines Menschen mit einer Bewegung antwortet (sei es Pirouette drehen, in die Luft hüpfen etc.), dann reagiert er stärker auf Handzeichen des Menschen als auf Worte. Gibt man ihm also mit der Hand das Signal „Pirouette drehen" und äußert gleichzeitig mit Worten das Signal „Spring in die Höhe", wird der Hund die Pirouette zeigen. Ganz anders ist die Situation, wenn es darum geht, Gegenstände zu holen. Sagt man „Hol den Ball" und zeigt gleichzeitig auf einen Handschuh, so wird der Hund das Wortsignal befolgen und den Ball holen, auch wenn dieser ganz woanders liegt. Eine neuere Arbeit einer italienischen Arbeitsgruppe (D'Aniello et al., 2016) hat dies nicht nur anhand von ausführlichen Studien mit ausgebildeten Wasserrettungshunden bestätigt, sondern auch z. B. Geschlechtsunterschiede in der Reaktion zwischen Rüden und Hündinnen aufgezeigt. Hündinnen reagieren stärker auf Gesten im Gegensatz zu Wortsignalen, Rüden reagieren stärker auf verbale Signale gegenüber den Gesten. Dies hat möglicherweise einmal wieder mit den Wechselwirkungen zwischen Östrogenen und dem Oxytocinsystem zu tun, denn das Oxytocinsystem ist nachweislich auch für das Verständnis von Zeigegesten bei Haushunden mit verantwortlich.
Noch komplizierter, wie wir bereits gesehen haben, läuft die Sache, wenn der Mensch dem Hund den Rücken zudreht oder seine

Stofftiere werden während der Scheinmutterschaft für manche Hündinnen zum Welpenersatz.

Augen durch eine Sonnenbrille verborgen hat. Dann werden Signale wie etwa „Sitz" oder „Bleib", die mit Affekt- und Impulskontrolle zu tun haben, offensichtlich weniger gut befolgt, Signale wie „Komm" durchaus genauso gut, als wenn der Mensch dem Hund frontal gegenübersteht. Daraus kann nur vermutet werden, dass der Hund mit unterschiedlichen Mechanismen in seiner Verarbeitung solcher Anweisungen und Hinweise des Menschen arbeitet und diese nicht vergleichbar sind.

Unterschiede im Hormonhaushalt

Auch hormonelle Zyklen und die Wirkung von Botenstoffen sind in diesem Zusammenhang anzusprechen. Dass die unterschiedliche Verarbeitung, die unterschiedliche Wirksamkeit, die unterschiedlichen Bindungsstellen etwa für den Botenstoff Serotonin einerseits mit Angst, andererseits aber auch mit affektbetonter Aggression (was früher als Dominanzaggression bezeichnet wurde) oder auch mit depressiven Zuständen zu tun haben, wurde bereits dargelegt. Auch der Zusammenhang zwischen dem Dopaminstoffwechsel und der Entstehung von möglichen ADHS-Störungen ist in diesem Zusammenhang nochmals zu nennen.

Das Verhalten von Hündinnen ändert sich bekanntermaßen im Lauf des Zyklus (Näheres Strodtbeck und Gansloßer, 2011; Strodtbeck, 2023). Aber selbst im gleichen Zykluszustand können verschiedene Hündinnen unterschiedlich reagieren. Manche sind im Höhepunkt der Läufigkeit einfach nur gut drauf oder/und flirten jeden Rüden an. Andere sind hochgradig depressiv und ängstlich, wieder andere sind sehr aggressiv, vor allem gegen Hündinnen und gegen unerwünschte Rüden. Die unterschiedlichen Reaktionen auf den gleichen Zykluszustand scheinen etwas mit den unterschiedlichen Konzentrationen der beteiligten Hormone (Östrogen, Progesteron und die Stresshormone) zu tun zu haben. Auch im Zustand der Scheinmutterschaft (was Laien gern als Scheinschwangerschaft bezeichnen), sind manche Hündinnen einfach nur etwas häuslicher veranlagt, andere hochgradig aggressiv und andere äußerst depressiv.

Aggressives Verhalten

Gerade im Zusammenhang mit aggressivem Verhalten muss ganz besonders auf eine detaillierte und differenzierte Einzelanalyse abgehoben werden. Aggression ist nun mal kein gemeinsamer Funktionskreis, es handelt sich weder um eine gemeinsame zugrundeliegende Stimmung und Motivation, noch um eine einheitliche Verhaltensstörung.

Aggression ist dem natürlichen Verhalten eines Tieres durchaus zugehörig und es ist ein Reaktionsstil, eigentlich sogar ein interpretierender Begriff, der bestimmte Reaktionen eines Hundes auf bestimmte Situationen zusammenfasst.

Spielerisches Verhalten, auch wenn es einmal über die Stränge schlägt und dann vielleicht sogar zu einer ungewollten Verletzung führt, oder auch Jagdverhalten gehören ohnehin nicht zum aggressiven Verhalten.

Aber selbst bei Betrachtung der „echten" Aggression bleiben immer noch eine Reihe unterschiedlichster Mechanismen übrig.

So ist die Selbstverteidigungsaggression, die in einer gefühlten Bedrohungslage ausgeführt wird, normalerweise durch die Stresshormone gesteuert. Je nach Persönlichkeit kann das dann eher die defensive Aktion sein, die einem Befreiungsschlag in letzter Minute gleicht (wenn Hunde sich – von was auch immer – in die Ecke gedrängt fühlen), oder die präventive Offensive, die bisweilen auch etwas hemdsärmelig nach vorne orientierte Selbstverteidigung – je nachdem, ob der Hund mehr vom Stresshormonsystem des Cortisols oder des Noradrenalins gesteuert wird. Und Stress findet nun mal im Kopf statt; jeder empfindet eine unerwartete Situation zum Beispiel anders.

AUS DER PRAXIS: AGGRESSIONSPROBLEMATIKEN GENAU ANALYSIEREN

Jimmy, ein Riesenschnauzer-Schäfer-Mix, ist mit drei Monaten aus dem Ausland nach Deutschland gekommen und wurde von einer Familie aufgenommen. Die Welpen- und Junghundezeit beschreibt die Familie als unproblematisch, Jimmy besuchte die Junghundegruppe einer guten Hundeschule, zeigte sich als sozial ausgeglichener, spielfreudiger, selbstbewusster junger Rüde.

Artgenossen-Entzug

Mit einem Jahr entschied sich die Familie auf Anraten der Tierärztin dazu, Jimmy kastrieren zu lassen. Nach der Kastration durfte er zwei Wochen lang nicht von der Leine gelassen werden, die Mutter der Familie hielt sich strikt an diese Vorgabe. Für Jimmy war dies eine total neue Situation, die ihn deutlich stresste und auf die er nach nur wenigen Tagen sehr stark körperlich reagierte: Beim Anblick anderer Hunde wurde er wild und fing an zu zerren. Wieder ein paar Tage später stand er bereits auf den Hinterläufen in der Leine. Ein vollkommen neues Verhalten, das die Halterin überforderte. Sie wich deshalb anderen Hunden aus, versteckte sich in Gebüschen und wechselte die Straßenseite. Nach den zwei Wochen „Schonzeit" hatte sie große Angst, den Hund von der Leine zu lassen. Tatsächlich kam es durch seine impulsive, unkontrollierte Kontaktaufnahme zu einer handfesten Beißerei. Durch dieses erschreckende Erlebnis verstärkte sich die Unsicherheit der Halterin und parallel Jimmys Impulsivität immer mehr.

Auswirkungen der Kastration

Das sichere Verhalten und der Hormonhaushalt des Rüden geriet durch die Kastration plus den radikalen „Artgenossen-Entzug" sowie die fehlende Rückendeckung der Halterin aus dem Gleichgewicht. Bislang hatte die positive Interaktion im Spiel eine beglückende Wirkung für Jimmy. In der „Leinenzeit" war das Zerren und Verbellen an der Leine zuerst reine Auflehnung gegen das Zurückhalten, konnte sich dann aber als Ersatzhandlung etablieren, die sich als „Stressventil" eignete und dadurch ebenfalls „gut anfühlte".
Deutlich sichtbar wurde dies im Ausdrucksverhalten, das Jimmy in diesen Momenten zeigte: Seine Mimik signalisierte deutlich offensives Drohverhalten, also Angriffsbereitschaft, gleichzeitig wedelte er aufgeregt mit dem Schwanz. Hier waren zwei Antriebe „durcheinandergeraten", der Wunsch nach Spiel wurde gekoppelt mit Aufregung und offensiven Drohsignalen. Leider war die Halterin nicht in der Lage, den großen Hund körperlich zu kontrollieren und konnte ihm deshalb nicht dabei helfen, den Verhaltenskreis wieder zu durchbrechen. Erst mit Hilfe vieler Einzelstunden, in Begleitung eines guten Trainers, hat sich Jimmy wieder umorientieren können, vom fröhlichen, unbekümmerten Kerl von früher ist er heute immer noch weit entfernt. Aber die genaue Fallanalyse und individuelle Betreuung kann dabei helfen, dass sein Leben entspannter wird.

Manche Hundepersönlichkeiten nehmen ihren Schutzauftrag sehr ernst.

Konkurrenz und Wettbewerb

Über die unterschiedliche Bedeutung der Jungtierverteidigung, in Anwesenheit von eigenen Kindern oder Nachwuchs in der Familie, haben wir bereits gehört. Die Kehrseite ist jedoch, dass gleichzeitig auch äußerst unfreundliches Verhalten gegenüber fremden Kindern und fremden Jungtieren auftreten kann, wenn diese als unerwünschte Konkurrenten für den Nachwuchs in der eigenen Familie betrachtet werden. Auch diese Attacken gegen Kinder sind in diesem Fall keine Aggression, aber sie sind in der Tat mit Zusammenhängen der hormonellen Lage zu erklären.
Auch das, was als Wettbewerbsaggression zusammengefasst wird, entspringt sehr vielen unterschiedlichen Wurzeln. Verteidigung von Futter und anderen lebenswichtigen Ressourcen ist eng gekoppelt mit der Aktivität des Stresshormons Cortisol. Eifersucht und Partnerschutzverhalten ist eng gekoppelt mit der Aktion des Vasopressins als sogenanntem Partnerschutzhormon. Territoriale Verteidigung kann, muss aber nicht, mit den Sexualhormonen zu tun haben. Eindeutig sexualhormongesteuert bleibt dann wiederum nur das aggressive Verhalten im direkten Umfeld einer läufigen Hündin, vor allem dann, wenn seitens des Rüden bereits eine vorangehende Beziehung zu dieser bestand.

4. WODURCH IST DAS VERHALTEN ENTSTANDEN?

Letztlich bleibt noch die Frage nach der Individualentwicklung, die den Hund zu dieser, jetzt eventuell unangemessenen oder problematischen Verhaltenslösung gebracht hat. Diese gemeinhin als „Wodurch-Frage" charakterisierte Frage umfasst Themen wie Prägung, Jungtieraufzucht, Stress der Mutter während der Trächtigkeit und andere Faktoren, die u. U. sogar schon vor der Geburt ihre Auswirkungen haben können. Gerade zum Thema Prägung wurden die Darlegungen z. B. von John Bradshaw (2011) oder auch Ádam Miklósi (2015, Miklósi et al., 2014) bereits an anderer Stelle zusammengefasst (siehe S. 33 ff.).

Artgenossenprägung

Die Artgenossenprägung, die dem Hund die Möglichkeit gibt, Menschen als Pseudoartgenossen in einer getrennten Artgenossenidentität im Gehirn abzulegen (siehe S. 61), läuft normalerweise irgendwann zwischen der dritten und zwölften Lebenswoche ab. Wer in dieser Zeit die Möglichkeit hatte, möglichst viele unterschiedliche Menschen als neutrale oder sogar positiv gefärbte Sympathieträger kennenzulernen, wird auch hinterher wesentlich besser mit der menschlichen Umgebung zurechtkommen. Gerade die Problematik mit Kindern wurde bereits angesprochen. Kinder sind offensichtlich aufgrund ihres Geruchs, ihrer Lautgebung, ihres Bewegungsmusters etc. für Hunde nicht ohne weiteres als Menschen erkennbar. Maja Braem hat zu diesem Thema der unterschiedlichen Verallgemeinerung zwischen Hunden und Menschen interessante Erkenntnisse gewonnen (Braem et al., 2010; Mills et al. 2014). Hunde generalisieren nämlich über Größe, nicht über Form. Im Gegensatz zu einem menschlichen Kleinkind oder einem Affen wird also ein Hund einen Medizinball, einen Handball und einen Tennisball nicht in die gleiche Kategorie Kugel legen, sondern den Medizinball zum Sitzwürfel, den Tennisball zum Würfel aus dem Mensch-ärgere-dich-nicht-Spiel“ und den Handball z. B. zu einem würfelförmigen modernen Lautsprecher. Möglicherweise hat dies noch mit der Geschichte der Hunde zu tun, die als Beutegreifer eher mit unterschiedlich großen Beutetieren unterschiedliche Beutefangstrategien benötigten, ein Hirschkalb ähnelt eben in der anzuwendenden Beutefangstrategie mehr einem Hasen als einem ausgewachsenen Elch. Dadurch können aber auch Kinder in eine andere Kategorie gesteckt werden als erwachsene Menschen, einfach aufgrund dieser unterschiedlichen Formen der Generalisation. Ob dies wirklich eine stabile Hypothese ist, muss noch überprüft werden, da Maja Braem, wie erwähnt, dies nur mit unbelebten Gegenständen wie Bällen, Holzwürfeln etc. getestet hat.

Aufzuchtbedingungen

Ebenso wurden bereits die wichtigen Bedingungen während der Welpenaufzucht dargelegt und den mangelhaften bis ungünstigen Bedingungen im Bereich von Billigvermehrern, Wühltischwelpen oder sogenannten Welpenfabriken gegenübergestellt (siehe S. 38 f.). Gerade die Studien von MacMillan über die negativen Auswirkungen des Daseins in einer sogenannten Welpenfabrik wurden an anderer Stelle bereits besprochen (MacMillan et al., 2012, 2013; siehe S. 38 f.). Miklósi (2015) verweist auch auf Befunde, dass Blindenhunde, die im Zwinger aufwuchsen, später eine sehr viel geringere Lernfähigkeit aufweisen und mit höherer Wahrscheinlich durch die Prüfung fallen als solche, die in Familien aufgezogen wurden. Wie John Bradshaw (2011) ausführt, decken sich diese Befunde auch mit Befunden am Menschen, wonach Aufwachsen in einer reizarmen, wenig herausfordernden oder langweiligen Umgebung, oder auch schon Stress, den die Mutter während der Schwangerschaft erlebte, zu Lernschwächen, geringerer intellektueller Fähigkeit und geringerer sprachlicher Kapazität geführt haben (siehe S. 41 f.).

Benimmsichere Hunde

In diesem Zusammenhang sei auch nochmals auf das von Daniel Mills und seinen Co-Autorinnen (2014) hervorgehobene Wunschbild des wohlerzogenen und benimmsicheren gegenüber dem weniger erwünschten gehorsamen Hund hingewiesen.

Um Verhalten richtig einzuschätzen, bedarf es aber der Fähigkeit, die Reaktionen und die Kommunikation des Gegenübers richtig zu verstehen und für sich selbst richtig auszuwerten. Und das lernt man nur dann, wenn man solche Fähigkeiten auch in der Jugendentwicklung regelmäßig praktizieren durfte oder auch sollte. Gerade bei der Problematik der Umschulung und erneuten Vermittlung von Tierheimhunden sollten daher, wie Mills et al. darlegen, ganz andere, nämlich auf die kognitiven und kommunikativen Fähigkeiten, auf das Kommunikationsverständnis und auf die Empathiefähigkeit ausgerichtete Trainingsmaßnahmen und Schulungen eine wesentlich größere Bedeutung haben.

Tierheimhunde sind bindungsfähig!

Wie ebenfalls bereits dargelegt, sind Hunde, die aus Tierheimen stammen, keineswegs per se bindungsunfähig. Auch wenn es, wie Prato-Previde et al. (2014) und auch Miklósi (2015) zeigen, geringfügige Unterschiede im Bindungsverhalten von Tierheimhunden gibt, gegenüber solchen, die in einer menschlichen Familie herangewachsen sind und dort

Nelly kann und darf fast überall mit dabei sein.

In den ersten Lebenswochen werden Botenstoffsysteme aktiviert.

auch verbleiben durften. Insgesamt betrachtet besteht für Hunde durchaus die Möglichkeit, auch als Erwachsene eine neue stabile und gesicherte Bindung zu ihrem Menschen aufzubauen. Sie brauchen dazu vielleicht etwas länger und es bedarf etwas mehr Geduld, aber es kann funktionieren.

Sozialisation

Auswirkungen der Aufzuchtumgebung und der späteren Sozialisation sind z. B. durch Untersuchungen von John Bradshaw et al. (2002) in Bezug auf die Entstehung von Bindungsstörungen bereits dargelegt worden (siehe S. 39). Hunde, die, wie wir gesehen haben, in der zweiten Hälfte des ersten Lebensjahres eine stabile und abwechslungsreiche, soziale Umgebung hatten, neigten fast überhaupt nicht zu Trennungsstörungen.

Körperliche Nähe und Fürsorgeverhalten befeuern die Bindungsbereitschaft.

Auch Untersuchungen von Pernilla Foyer et al. (2013) an Deutschen Schäferhunden zeigen, welchen Einfluss die Aufzuchtumgebung auf das spätere Verhalten haben kann. Wurfzusammensetzung, Wurfgröße, Geschlecht und die Zahl der von der gleichen Mutter vorher bereits aufgezogenen Würfe beeinflussen beispielsweise Selbstsicherheit und Souveränität des Hundes, seine sozialen Tendenzen sind korreliert mit seinem Geschlecht und seiner individuellen Wachstumsrate, seine Aggressionsbereitschaft ist von seinem Geschlecht abhängig, und die Bereitschaft, sich körperlich in einer Situation zu engagieren, ist sowohl von der Zahl der von der Mutter bereits auf die Welt gebrachten Würfe, von der Wachstumsrate des betreffenden Hundes, von der Geburtssaison (Frühjahr oder Herbst) und von der Wurfgröße abhängig. Diese und ähnliche Befunde zeigen deutlich, dass Hunde normalerweise mit einer ganzen Reihe von Mitgiftstückchen bei uns einziehen, und dass ein mögliches, unerwünschtes Verhalten aus dem einen oder anderen dieser Mitgiftstückchen erklärbar ist.

VOM MENSCHEN VERURSACHTE PROBLEME

Nachdem wir gesehen haben, dass die Entstehung und Vertiefung von Beziehungs- und Erziehungsproblemen auch auf hundlicher Seite liegen können, gilt es nun zu beleuchten, an welchen Stellen der Mensch die Ursache der einschlägigen Schwierigkeiten wird.

EBENE SOZIALEN VERHALTENS

Auch hier können wir uns wieder auf die schon mehrfach erwähnten Ebenen der Betrachtung sozialen Verhaltens von Robert Hinde (1975) berufen. Auf der Ebene der Interaktionen, des Austausches von Verhaltensweisen zwischen Mensch und Hund, sind nämlich bereits etliche Ursachen zu erkennen.

1. UNKLARE KOMMUNIKATION

In unserem Seewiesener Modell (siehe S. 105) haben wir Verlässlichkeit und Planbarkeit eines Kommunikations- und Interaktionspartners bereits ausführlich als notwendige Voraussetzung einer stabilen Beziehung kennengelernt. Im Zusammenhang mit der Mensch-Hund-Kommunikation hat ein Team um Keven Kerswell (2009) auch die menschliche Seite dieser Fehlverständnisse nochmals ausführlicher betrachtet. Nahezu 100 australische Teilnehmer:innen von Welpenkursen berichteten zwar häufig über ein angeblich gutes Verständnis der emotionalen Ausdrücke ihres Hundes, waren sich jedoch vor allem im Zusammenhang mit niedriger emotionaler Erregung des Hundes häufig unsicher bzw. interpretierten das Verhalten auch falsch.

2. STIMMUNGSÜBERTRAGUNG

Meist handelt es sich um ein völlig unbewusstes Mitteilen der eigenen Emotionen, die für eine Auslösung oft dazu passender, komplementärer Stimmungen sorgen (siehe S. 83). Stimmungsübertragung zwischen Mensch und Hund ist nicht zuletzt durch die neueren Studien über Emotionserkennung und Empathie zweifellos belegt. Wie wir bereits gesehen haben, sind Hunde in der Lage, am Tonfall, an Lautäußerungen, am Verhalten oder auch am angewiderten oder erfreuten Gesichtsausdruck leicht zu erkennen, wie der Mensch die momentane Situation gerade empfindet und wie er sich dabei fühlt (z. B. Cuaya et al., 2016; Muller et al., 2015). Auch geruchliche Erkennung, z. B. von Schwangerschaften, beginnenden Erkrankungen (speziell Entzündungen, Tumore, siehe S. 298) oder auch Gefühlslagen gehören in diesen Bereich. Wenn ein Hund also plötzlich seinen Menschen besonders stark verteidigt, kann dies sehr wohl Anzeichen für eine beginnende Krankheit sein (Beispiele siehe in Strodtbeck und Gansloßer, 2011) oder für eine besondere Unsicherheit, die der Mensch gerade zeigt. Je wertvoller der Beziehungspartner Mensch für den Hund ist, desto stärker die Verteidigung. Und Eifersucht ist eine Emotion, keine funktionale Ressourcenverteidigung.

3. KINDCHENSCHEMA

Die Beurteilung der hundlichen Gesichtszüge durch unbewussten Vergleich mit dem Verhalten und dem Aussehen menschlicher Kleinkinder, wurde kürzlich ebenfalls als wichtiger Faktor bei der Einschätzung von Hunden durch Menschen überprüft. In einer Studie von Waller et al. (2013) wurde getestet, inwieweit die Mimik von Hunden im Tierheim einen Zusammenhang mit der Leichtigkeit von Vermittlungsbemühungen hat. Je welpenhafter die Mimik, insbesondere im Bereich der Stirn, der Überaugenregion und des Einsatzes der oberen Gesichtsmuskeln war, desto schneller wurden die getesteten Hunde vermittelt.

Gerade die Aktion des Augenbrauenhebemuskels korrelierte deutlich positiv mit der Vermittlungszeit. Es handelte sich hierbei um eine besonders „verrufene" Rassegruppe, nämlich Hunde vom Molosser-Typ (Staffordshire, Bullterrier, Mastiffs und deren Mischungen). Hunde, die in einer zweiminütigen Testzeit nur fünf Aktionen des Augenbrauenhebemuskels zeigten, blieben im Durchschnitt fast 50 Tage im Tierheim, Hunde, die 15 Aktionen dieses Muskels in der zweiminütigen Testzeit produzierten, blieben im Durchschnitt nur knapp über 28 Tage im Tierheim. Diese Wirkung der babyhaften Gesichtszüge kann also durchaus auch zu einer Fehleinschätzung der Hunde durch den Menschen führen.

4. FEHLINTERPRETATION VON MIMIK UND LAUTÄUSSERUNGEN

Gerade die falsche Bewertung von Knurren, Bellen und auch den Gesichtsausdrücken von Hunden durch den Menschen, zieht sich durch viele Untersuchungen über potenzielle Probleme im Mensch-Hund-Bereich hindurch. Während Menschen, auch solche ohne jede Hundeerfahrung (Vergleiche Miklósi et al., 2014) ohne Weiteres in der Lage sind, Tonbandaufnahmen von Hundegebell den zugrundeliegenden Stimmungen des Hundes (z. B. Freude, Angst, Trauer oder Spiellaune) gut zuzuordnen, sind Menschen intuitiv nur schwer in der Lage, das Knurren von Hunden richtig zu interpretieren. Da bleibt dann meistens nur die Einschätzung: Je tiefer ein Hund knurrt, desto gefährlicher ist er. Dass in Wirklichkeit die Tiefe des Knurrens aus physikalischen Gründen viel mehr mit der Körpergröße als mit der Motivation allein zu tun hat, geht bei dieser intuitiven Einschätzung oftmals verloren. Hier sei nochmals auf die bereits zitierte Untersuchung von Kerswell et al. (2009) aus Australien verwiesen.

Kusniewska und Strychalski (2021) haben gerade über das Erkennen von Freude, Scham und Stress auf Hundefotos eine interessante Arbeit veröffentlicht. Über 500 Menschen beantworteten einschlägige Fragebögen, die Fähigkeit, die genannten emotionalen Eigenschaften eines Hundes zu erkennen, war z. B. unabhängig von der Dauer des vorherigen Hundhabens, oder auch von der Zahl der Hunde, die die Menschen bereits hatten. Desweilen ergaben sich aber auch merkwürdige Rasseunterschiede, die Halter:innen von Border Collies z. B., konnten Freude bei ihren Hunden weniger gut erkennen als die Halter:innen von eher für Defensivverteidigung gezüchteten Rassen, Halter:innen von Terriern konnten Stressanzeichen weniger gut erkennen, und allgemein konnten Hundehalter:innen, die in Obedience- oder Agility-Onlinegruppen unterwegs waren, mehr Freude und Scham, aber weniger Stress als diejenigen erkennen, die nicht in einer solchen Sportgruppe unterwegs waren.

Blickrichtung

Correia Caeiro et al. (2020) haben interessante Vergleichsuntersuchungen über die Blickrichtung von Hunden gegenüber Menschen in sozialen Kontaktsituationen durchgeführt. Es gelang ihnen, die Bewegungen der Augäpfel und deren genaue Zielrichtung (ohne Beeinträchtigung durch aufwendige

Apparaturen) direkt im Kontakt zwischen Hunden und Menschen zu messen. Sie erkannten dabei einerseits, dass die von den Augäpfeln genau eingestellten Blickrichtungen offensichtlich weitgehend automatische Reaktionen sind, die zunächst nicht durch Lernprozesse oder Ähnliches verändert werden. Andererseits erkannten sie, dass Hunde und Menschen in verschiedenen emotionalen Situationen und bei der Betrachtung verschiedener Gesichtsregionen offensichtlich nicht die gleichen zugrundeliegenden physiologischen Mechanismen benutzen. Sie schlussfolgern daraus u.a., dass es eben wichtig ist, auch solche detaillierten Unterschiede in der Mensch-Hund- gegenüber Hund-Mensch-Kommunikation zu schulen und die Einstudierung der jeweiligen Gesichtswahrnehmung mit in die Arbeit der Erziehung aufzunehmen. Nur so wäre es möglich, die Gesichtsausdrücke und emotionalen Mitteilungen einer anderen Tierart zu lesen, indem man die automatischen Reaktionen der Augapfeleinstellungen überwindet und durch Lernprozesse die emotionalen Ausdrucksmöglichkeiten der jeweils anderen Art erwirkt. Nochmals hinweisen müssen wir hier auch auf die bereits erwähnte Arbeit von D'Aniello et al. (2016) über die Verarbeitung widersprüchlicher Informationen zwischen Gestik und Wortsprache bei Hund und Mensch.

Auch der starre Blick, u. U. noch gesteigert durch die gelbe oder blaue Färbung der Augen von manchen Hunderassen, führt häufig intuitiv zu einer Fehleinschätzung. Und Halter von schwarzen Hunden haben fast alle schon einmal die Erfahrung gemacht, dass andere Fußgänger freiwillig die Straßenseite gewechselt haben, selbst wenn sie mit einem sehr freundlichen Exemplar an der Leine entlangkommen. Allerdings kann das, wie wir aus eigener Erfahrung wissen, durchaus auch von Vorteil sein. Als meine Frau (UG) unseren absolut lammfrommen, großen schwarzen Hund ausführte, war ich sehr froh über ihre Berichte, dass viele Leute freiwillig auf die andere Straßenseite gingen.

Der direkte Blickkontakt, gekoppelt mit Vorurteilen, begünstigt Missverständnisse.

Frauen nehmen Stresssignale ihrer Hunde scheinbar schneller wahr als Männer.

5. STRESSZEICHEN RICHTIG DEUTEN

Die Wahrnehmung von potenziell stressanzeigenden Verhaltensäußerungen der Hunde durch Hundehalter:innen wurde in einer Arbeit von Chiara Mariti et al. (2012) überprüft. Nahezu 1 200 Hundehalter:innen füllten Fragebögen aus, etwa die Hälfte von ihnen konnten Stresserscheinungen beim Hund als kurz- oder langfristige Veränderungen des Ausdrucksverhaltens richtig erkennen. Jedoch hing diese Fähigkeit deutlich mit dem Bildungsgrad der Menschen zusammen. Die deutlichsten Verhaltensäußerungen waren offensichtlich Zittern und Winseln, aber auch Aggressionsverhalten, übermäßiges Bellen und Hecheln wurden von vielen Hundehalter:innen korrekt identifiziert. Wegblicken, Kopf-Wegdrehen, Gähnen (siehe S. 96) und Nase-Lecken wurden nur selten als Stressanzeiger identifiziert. Auch ein Geschlechtsunterschied ergab sich: Männer betrachteten ihre Hunde grundsätzlich als weniger gestresst als Frauen. Hier muss nochmals auf die Untersuchung von Christof Viefhues (2018) verwiesen werden, wonach selbst vorgewarnte Betrachter von Videofilmen aus einer beliebten TV- Hundetrainerserie selbst massive Stressanzeichen der dort „behandelten“ Hunde nicht immer erkennen konnten (siehe S. 239).

6. UNTERSTELLUNG VON MORALISCHER ABSICHT

Ebenfalls bereits besprochen haben wir die Erkenntnisse von Alexandra Horowitz und anderen zum Thema schlechtes Gewissen bei Hunden (siehe S. 57). Auch hier wird das Ausdrucksverhalten der Hunde oftmals fehlinterpretiert und bildet dann die Begründung für Disziplinierungs- und Maßregelungsaktionen des Menschen, die nur dann ihren Sinn hätten, wenn der Hund sich wirklich der Fehlerhaftigkeit seines vorangehenden Tuns bewusst wäre.

7. EINSCHÄTZUNG UND ALTER

Nelly Lakestain et al. (2013) zeigten, dass gerade Kinder, vor allem Kleinkinder, ängstliche Hunde nicht erkennen konnten. Freundliches und aggressives Verhalten wurde dagegen von allen Altersgruppen erkannt. Gerade bei der Fehlinterpretation von ängstlichem Verhalten war einer der Störfaktoren offensichtlich, dass vier- oder sechsjährige Kinder sich mehr auf das Gesicht des Hundes anstatt auf den gesamten Hund mit mehreren Merkmalen konzentrierten. Die Tatsache, dass bei uns Primaten das Lächeln wahrscheinlich über mehrere Ritualisierungsschritte aus eine Drohmimik entstand, könnte evolutionsgeschichtlich diese Fehleinschätzung begünstigen.

AUS DER PRAXIS: ÜBERTRAGUNG VON UNSICHERHEIT

Der wunderschöne Golden Retriever Balu stammte aus gutem Züchterzuhause und wurde dementsprechend auf das Leben in einer Familie mit Kindern intensiv vorbereitet. Die Familie hat sich sofort in den dunkelblonden Rüden verliebt und von Anfang an Welpen- und Junghundekurse besucht, um den Familienhund zu bekommen, von dem besonders der Vater schon lange geträumt hatte.

Negative Stimmungsübertragung

Die Mutter der Familie war von Anfang an skeptisch, besonders das Einfühlen in das Innenleben und Verhalten des Hundes forderte sie sehr und führte häufig zu Unsicherheit, wie man sich in bestimmten Situationen richtig zu verhalten hatte. Durch einen Halbtagsjob war sie die meiste Zeit des Tages für die Betreuung von Balu zuständig und erfüllte diese Aufgabe bemüht und gewissenhaft. Doch schon bei den ersten Spaziergängen konnte sie dem Rüden keine Sicherheit vermitteln: Erschrak er sich vor einem neuen Eindruck, dann blieb sie ebenso verschreckt stehen und starrte die Quelle seiner Angst an. In manchen Fällen sorgte sie dafür, dass sich seine Reaktion auf unbekannte Geräusche verstärkte, indem sie sein Knurren und Bellen durch zögerndes Verhalten, Streicheln und Zuspruch unbewusst unterstützte. Mit der Pubertät zeigte Balu in ihrer Begleitung immer häufiger starkes Verbellen von kleinen Geräuschquellen und dann auch Artgenossen, da sich auch auf der Hundewiese Situationen ergeben hatten, in denen die Frau den Rüden unbewusst in seiner Unsicherheit bestärkt hatte: So zögerte sie nicht nur mit Weitergehen, wenn sie schon von Weitem eine vermeintliche „Gefahr" erblickte, sie wurde im Schritt langsamer, lief Bögen und wich potenziellem Ärger weiträumig aus. Durch diese Körpersprache signalisierte sie ihm, dass sie ebenfalls sehr unsicher und dadurch nicht in der Lage war, die Situation zu regeln.

In der Verteidigungsrolle

Der Rüde ergriff daraufhin mit zunehmendem Alter auch geschlechtsspezifisch die Verteidigungsrolle. So gerieten die beiden immer häufiger in Situationen, die für die Mutter schwer zu kontrollieren waren, und mit zunehmender Körpermasse des Rüden weigerte sie sich schließlich, mit ihm vor die Tür zu gehen.

Je nach Gebrauch kann die Leine Sicherheit geben oder Unsicherheit vermitteln.

EBENE SOZIALER BEZIEHUNGEN

Begeben wir uns nun auf die Ebene der sozialen Beziehungen, so ist die Zahl der zu diesem Zweck veröffentlichten Untersuchungen sowohl aus dem „normalen" Bereich des Mensch-Hund-Verhaltens wie auch aus „gestörten" und bisweilen sogar krankhaften Prozessen wesentlich größer.

MANGELHAFTE EINSCHÄTZUNG DES HUNDES

Theresa Rehn et al. (2014) überprüften, inwieweit das Verhalten von Hunden in einem Trennungstest mit und ohne ihren Menschen sich mit der Einschätzung der hundlichen Persönlichkeit durch den Hundehalter deckte. Es wurde also die Qualität der Hund-Mensch-Bindung mit der Einschätzung im Persönlichkeitsfragebogen zusammengebracht. Nur wenige, statistisch deutliche Zusammenhänge zeigten sich dabei: Hundehalter, die häufiger Interaktionen mit ihren Hunden hatten, hatten auch Hunde, die nach der Wiederzusammenführung im Trennungstest die Nähe ihres Menschen stärker suchten. Diese Hunde zeigten in Abwesenheit ihres Menschen weniger unabhängiges Spielverhalten. Es würde also darauf hindeuten, dass sich durch die häufigen Interaktion mit dem Hund leichte Hinweise einer unsicheren Bindung beim Hund ergaben. Andere Zusammenhänge, weder die vom Hundehalter empfundene emotionale Nähe, noch die vom Hundehalter empfundenen Kosten und Aufwendungen des Zusammenlebens mit dem Hund, zeigten irgendwelche Korrelationen mit dem Bindungstest oder anderen beobachtbaren Verhaltensäußerungen.
Die Stärke und Qualität der Bindung des Hundes an den Menschen korrelierte also insgesamt nicht statistisch aussagekräftig mit dem Empfinden oder den Einschätzungen der Bindungsqualität des Menschen. Trotzdem betonen Philpotts et al. (2019), dass die bessere Unterrichtung und Ausbildung der Hundehalter:innen, also die Bewusstmachung hundlicher Bedürfnisse und hundlicher Grundansprüche an ihr Wohlbefinden in der Mensch-Hund-Beziehung, ein wesentlicher Beitrag zur Verbesserung des Wohlbefindens der Hunde in unserer Gesellschaft sein kann. Die bereits genannten kommunikativen Missverständnisse und kommunikativen Unterschiede in der Interpretation von Gesichtsausdrücken, Emotionen etc. sind sicher ein wesentlicher Teil davon. Philpotts et al. betonen auch, dass es sich hier um ein interdisziplinäres Unterfangen handeln würde, bei dem nicht nur Verhaltensbiologie, sondern auch Humanwissenschaften und andere Teilbereiche für die Entwicklung eines hundegerechten Halterinformations- und ausbildungsprogrammes wichtig wären.

SOZIALE PASSUNG BEFEUERT DIE BINDUNG

Etwas andere und sehr viel deutlichere Ergebnisse zeigen dagegen Untersuchungen, bei denen nicht die Qualität der Bindung, sondern die Persönlichkeit von Hund und Mensch zusammengebracht wird. Borbala Turcsan et al. (2012), Miklósi et al. (2014) und andere haben mit Hilfe der fünf Persönlichkeitsachsen (siehe S. 47) die Passung zwischen Hunden und ihren Menschen untersucht. In der Regel ergaben sich dabei deutliche Zusammenhänge. In der Studie von Turcsan et al. wurden nicht nur Hundehalter:innen selbst, sondern auch andere, mit dem Hund persönlich bekannte Menschen befragt, um den Einfluss der Selbsteinschätzung des Hundehalters etwas zu verringern. Die Übereinstimmungen zwischen den befragten Personen bezüglich der Persönlichkeit des Hundes waren sehr hoch. Es handelt sich bei den folgenden Ergebnissen also nicht nur um die Selbstwahrnehmung des Hundehalters. Alle fünf Persönlichkeits-

Ähnliche Interessen befeuern die Bindung – auch zwischen Mensch und Hund.

achsen korrelierten deutlich zwischen Persönlichkeit des Hundes und Persönlichkeit des Hundehalters. Die Länge des bereits absolvierten gemeinsamen Lebens hatte keinen großen Einfluss.

Die Untersuchungen von Iris Schöberl und anderen (Gansloßer und Kitchenham, 2019) zeigen deutlich, wie sich Geschlecht und Persönlichkeit des Menschen auf die Qualität und auf die Details der Bindung zwischen ihm und dem Hund auswirken können.

Zur schnellen und zumindest groben Kategorisierung der Bindungseinstellung der menschlichen Seite zu den Hunden wurde in Nordamerika der sogenannte Lexington Fragebogen entwickelt, der verschiedene Einstellung von Menschen zu ihren jeweiligen Haustieren abfragt und z. B. mit vergleichbaren Einstellungen zu ihren menschlichen Freunden in Beziehung setzt. Benedict Hielscher in unserem Team hat diesen Fragebogen in einer deutschen Version getestet und überprüft, und in den folgenden Untersuchungen seiner Studie zeigten sich deutliche Zusammenhänge zwischen der Punktzahl in diesen als LAPS bezeichneten Fragebogen und den rigoroseren bzw. weniger rigorosen Erziehungsversuchen der Menschen (Hielscher et al., 2018). Höhere Punktwerte in LAPS haben z. B. deutlich mit der Ablehnung von besonders rigorosen bis gewaltbereiten Erziehungsmethoden (Langzeitignorieren, Futtererpressung) in Beziehung gestanden.

Eine ganz andere Untersuchung über die Passung der Persönlichkeiten zwischen Hund und Mensch haben Christina Braun und Julia McLean (2015) veröffentlicht. Sie befragten Menschen, in welchem Zusammenhang sie ihre eigenen Persönlichkeitsmerkmale auf mehrdeutiges hundliches Verhalten projizieren würden. Sie fanden dabei nur eine Korrelation zwischen dem Gefühl Schuld bzw. schlechtem Gewissen bei Menschen und einer entsprechenden Zuschreibung solcher Reaktionen auch auf den Hund. Andere Aspekte, nämlich Ängstlichkeit und Einsamkeit, hatten keinen Zusammenhang zwischen der Selbsteinschätzung bzw. Selbstzuschreibung der Menschen und dem, was sie bei ihrem Hund zu sehen glaubten.

Bemerkenswert ist jedoch, dass bei Mehrhundehaltung die Korrelationen zwischen dem Erst- und Zweithund und seinem Halter unterschiedlich ausfielen. Die Persönlichkeitsachse Neurotizismus = emotionale Instabilität korrelierte positiv zwischen Halter und Ersthund, die Persönlichkeitsachse Extrovertiertheit korrelierte positiv zwischen Halter und Zweithund.
Dies, und einige andere Daten aus der Studie deuten daraufhin, dass bei zwei oder mehr Hunden in einem Haushalt, diese offensichtlich mit unterschiedlichen Erwartungen angeschafft und auch mit unterschiedlichen Rollen in der Familie belegt wurden.
In der Arbeit werden weiterführende Studien anderer Arbeitsgruppen zitiert, die z. B. einen Zusammenhang zwischen der Sensationslust von Hundehaltern und deren bevorzugter Haltung von Hunderassen, die als besonders heftig agierend empfunden werden, belegen. Ebenso zeigte sich, dass Menschen mit niedriger Geselligkeit, hohem Neurotizismus und hoher Gewissenhaftigkeit aggressiver empfundene Hunderassen bevorzugen.
Auffallend sind die Zusammenhänge zwischen Ängstlichkeit von Hundehaltern und Hunden: Während die Ängstlichkeit des Hundehalters nicht mit einer höheren Häufigkeit von Phobien und Ängsten beim Hund korreliert, hat umgekehrt ein ängstlicher und von Phobien geplagter Hund durchaus auch einen ängstlicheren und mit mehr Stressanzeichen agierenden Halter. Halter von besonders aggressiven English Cocker Spaniels waren emotional instabiler, scheuer, undiszipliniert und auch verklemmter als die Halter von weniger

Hunde nehmen unsere innere Gestimmtheit sensibel wahr.

aggressiven Angehörigen der gleichen Rasse. Letztlich sind Hundehalter:innen, die das Ausmaß an „Wärme“ (also einer Mischung aus Extrovertiertheit und Freundlichkeit) bei ihrem Hund in ähnlichem Ausmaß empfanden wie bei sich selbst, mit ihrem Hund insgesamt zufriedener.

PROBLEMATISCHE BINDUNGEN

Zweifellos gibt es auch Mensch-Hund-Beziehungen, die unsicheres oder nicht flexibles Bindungsverhalten repräsentieren. Einige Halter:innen zeigen ihren Hunden gegenüber zweifellos vermeidende oder ambivalente Bindungsformen, z. B. bei der Fokussierung auf eine reine Arbeitsbeziehung, wobei dann die emotionale Bedeutung in der Regel sehr gering eingeschätzt wird.
Eine ambivalente Bindung spiegelt sich meist in der ständigen Aufrechterhaltung von Nähe zum Hund wider, aus subjektiver Sicht scheinen die betroffenen Menschen dabei aber trotzdem nie genügend Zuwendung und Unterstützung von ihrem Tier zu erhalten. Merkmale einer desorganisierten Bindung lassen sich z. B. durch übertriebene Angst vor dem Verlust des Tieres, dem Gefühl von Hilflosigkeit und Unfähigkeit in Bezug auf die Verarbeitung eines möglichen Verlustes oder auch Aggressionen gegenüber dem Hund und ständige Versuche, ihn zu kontrollieren, ableiten. Auch bei Hunden ist anzunehmen, dass unsicheres und desorganisiertes Bindungsverhalten eng mit entsprechend desorganisiertem oder unsicherem Fürsorgeverhalten zusammenhängt. Während eine ambivalente, vage Fürsorge durch ständige Nähe zum Hund charakterisiert sein kann, etwa auch durch überbehütendes Verhalten, ist beim desorganisierten Fürsorgeverhalten eher Vernachlässigung, Misshandlung oder Ängstigung zu erwarten. Über diesen besonders dunklen Bereich der Mensch-Hund-Beziehung müssen wir uns im Folgenden noch etwas genauer informieren.

TRENNUNGSSTÖRUNG

Eine besondere Form der belasteten Beziehung finden wir häufig im Zusammenhang mit der Trennungsstörung bei Hunden. Auch hier lassen sich durchaus Zusammenhänge zwischen dem Verhalten des Hundes in der Trennungssituation und der Persönlichkeit beider Beteiligter aufzeigen. Hunde mit Trennungsstörung sind oftmals emotional instabiler, also neurotizistischer. Ihre Halter:innen sind ebenfalls häufig weniger gewissenhaft, weniger beharrlich und zeigen eine unsichere und/oder vermeidende Bindung. Zwei Mitarbeiterinnen von Ádam Miklósi (Borbala Turcsan und Enikö Kubinyi) zeigten, dass Hunde, die sich im Trennungstest mehr an der Tür aufhielten und in Abwesenheit des Halters wenig Erkundungsverhalten zeigten, sich von ihrem Menschen in einer Testsituation schnell und leicht vom vollen zum leeren Futternapf locken ließen. Sie lassen sich also von ihrem Menschen in die Irre führen. Unlängst hat Jenny Silbermann in unserem Team im Rahmen ihrer Masterarbeit eine Umfrage bei über 900 Hundehalter:innen durchgeführt, bezüglich der möglichen Trennungsproblematik ihres Hundes (siehe S. 322 f.). Die Trennungsprobleme waren hauptsächlich durch körperliche Bewegung und Lautgebung des Hundes charakterisiert, wobei verschiedene Lautgebungstypen wichtige Hinweise auf die Problematik gaben. Die Zeit, die ein Hund benötigte, um nach der Trennung wieder zu entspannen, war einer der stärksten Unterschiede zwischen Hunden mit vs. ohne Verlustprobleme, und pessimistische Hunde hatten mit höherer Wahrscheinlichkeit Trennungsprobleme als optimistischere Artgenossen. Wer seinen Hund nach der Wiederzusammenführung begrüßte, und zwar sowohl mit Worten als auch Taten, hatte mit geringerer Wahrscheinlichkeit einen Hund mit Bindungsproblemen. Das deckt sich auch mit Theresa Rehns Hormondaten.

Aus der Forschung – von Jennifer Silbermann

STRESS DURCH TRENNUNG

Für die Masterarbeit „*Verhaltensweisen auszumachen, die eine Trennungsstörung vom Trennungsverhalten unterscheidet und mögliche Ursachen und Einflüsse zu untersuchen, um Hunden, die davon betroffen sind, besser helfen zu können*" wurde eine Online-Umfrage durchgeführt, an der 940 Hundehalter:innen teilnahmen. Diese wurden darum gebeten, Angaben zu ihrer Bindung an den Hund, der Persönlichkeit und emotionalen Disposition des Hundes sowie allgemeine Angaben wie Geschlecht, Alter, Herkunft, uvm. zu machen.

PHYSISCHE AKTIVITÄT WÄHREND DER TRENNUNG

Es zeigte sich, dass Hunde ohne Trennungsstörung die meiste Zeit wenig physische Aktivität zeigten und sehr selten vokalisierten oder eine Form von Stressverhalten sichtbar wurde. Auch die Forschergruppe um Gerrit Stephan (2021) stellte fest, dass 90 % der Zeit liegend verbracht wurde. Pongrácz et al. (2017) beobachteten, dass sich bei einer Trennungsstörung eine erhöhte physische Aktivität und häufigere Vokalisation zeigen. Das Stresshormon Cortisol spielt hierbei eine wichtige Rolle. Es wird z. B. vermehrt ausgeschüttet, wenn der Hund einer Belastung, z. B. einer Trennung, ausgesetzt ist. Cortisol hat, neben Noradrenalin und Adrenalin, u. a. die Aufgabe, den Körper in Alarmbereitschaft zu versetzen, um vor einer (wahrgenommenen) Gefahr zu flüchten. Eine erhöhte Aktivität bei Hunden beim Vorhandensein einer Trennungsproblematik ist daher völlig nachvollziehbar. Diese Hunde nehmen die Trennung als eine unangenehme bis gefährliche Situation wahr, die sie gern verlassen möchten. Für diese Hunde ist es kein sinnloser Energieaufwand, immer wieder akustische Signale zu senden und aktiv zu bleiben, anders als bei Hunden ohne dieses Problem, die eben keine Gefahr empfinden und daher auch keine Motivation, bestimmte Verhaltensweisen zu zeigen, die ihre Situation verändern könnten. Dabei ist zu beachten, dass auch das Alter der Hunde das Verhalten während der Trennung beeinflussen kann und somit bei der Beurteilung einbezogen werden sollte. In einer Studie von Mongillo et al. (2013) konnte gezeigt werden, dass Hunde, die sieben Jahre oder älter waren, weniger aktives Verhalten während einer Trennung von ihrem Menschen zeigten und das obwohl die Cortisolkurve stärker anstieg als bei jüngeren Hunden. Dies lässt vermuten, dass sich Stressempfinden bei älteren Hunden anders äußern kann als bei jüngeren.

BEDEUTUNG VERSCHIEDENER LAUTÄUSSERUNGEN

Neben der meist erhöhten Aktivität, zeigen Hunde mit Trennungsproblemen häufiger verschiedene Vokalisationsarten. In der vorliegenden Arbeit zeigten Bellen, Weinen und Heulen ein häufigeres Auftreten. Verschiedene Studien geben Hinweise darauf, dass nicht jede dieser Vokalisationsarten eine bedeutende Rolle bei Hunden mit Trennungsstörung spielt. Vielmehr geben diese einen Anhaltspunkt darauf, dass sie für verschiedene Emotionen des Hundes stehen, die dieser während einer Trennung haben kann. Pongrácz et al. (2017) untersuchten Hunde mit und ohne Trennungsangst hinsichtlich ihrer Vokalisation während einer Trennung. Es stellte sich heraus, dass Hunde mit Trennungsangst ähnlich häufig bellten wie Hunde ohne Trennungsangst.

Weinen zeigten Hunde mit Trennungsangst hingegen deutlich häufiger. Es wird vermutet, dass Bellen durch Frustration (Bindungspartner:in = Quelle von Sicherheit und sozialer Unterstützung ist nicht erreichbar) und Weinen durch Furcht entsteht. Gestützt werden diese möglichen Zusammenhänge durch eine aktuelle Studie von Lenkei et al. (2021), die herausfanden, dass ängstlichere Hunde früher und häufiger weinten, wohingegen fordernde Hunde früher und häufiger bellten. Fordernde Hunde haben hohe Erwartungen, werden diese nicht erfüllt, entsteht Frustration. Es wird damit deutlich, dass Trennungsprobleme je nach innerem Zustand, Motivation und Emotion unterschiedlich sind. Die Art der Vokalisation kann häufig ein guter Anhaltspunkt sein, um die Ursache des Trennungsproblems besser zu verstehen und Trainingsmethoden darauf anzupassen.

VERÄNDERUNGEN ÜBER DIE DAUER DER TRENNUNG

Interessant, aber wenig überraschend war das Ergebnis, dass Hunde ihre Halter:innen nach einer längeren Trennung intensiver begrüßten als nach einer kürzeren Trennung. Diese Beobachtung konnten schon Rehn und Keeling (2011) machen und es lässt sich daraus vermuten, dass Hunde in einer Weise die Dauer der Trennung wahrnehmen können.

BEDEUTUNG DER BEGRÜSSUNGSART

Möglicherweise sind Verhaltensmuster während der Begrüßung von Hund und Halter auch stark hormonell gelenkt. Dabei spielt vor allem Oxytocin eine wichtige Rolle. Dessen Bedeutung für die Kommunikation zwischen Hund und Halter:in konnte beispielsweise in einer Studie von Nagasawa et al. (2015) nachgewiesen werden, in der nasal verabreichtes Oxytocin zu häufigerem Augenkontakt zwischen Hund und Halter:in führte. Dieser Effekt konnte allerdings nur bei Hündinnen beobachtet werden, was darauf hindeutet, dass die geschlechtstypischen Unterschiede im Hormonsystem ursächlich sein könnten. Eine erhöhte Empfindlichkeit auf Oxytocin bei Hündinnen bzw. die Aktivierung des Vasopressinrezeptors beim Rüden sind hier denkbar. Neben Oxytocin ist Cortisol von Bedeutung. Cortisol wird während einer Trennung ausgeschüttet, kommt der Mensch nach Hause und begrüßt seinen Hund, schütten beide Bindungspartner Oxytocin aus, welches wiederum dafür sorgt, dass sich die Cortisol-Konzentration reduziert. Die Forschergruppe um Petersson (2017) fand heraus, dass Halter:innen mit niedrigem Oxytocin-Gehalt ihre Hunde intensiver begrüßten, wodurch sich Oxytocin im Hund und Mensch erhöhten. Laut einer Studie von Rehn et al. (2014) ist der Oxytocin-Anstieg und folgende Cortisol-Abstieg höher, wenn der Hund nicht nur verbal, sondern verbal und körperlich begrüßt wird. Auch wenn somit die Vermutung nahe liegt, dass Streicheln für Entspannung beim Hund sorgt, weisen die Ergebnisse von Petersson et al. (2017) darauf hin, dass die Art des Streichelns entscheidend ist.

Einen Hund beim Nachhausekommen zu ignorieren, kann negative Folgen für die Bindung haben.

Im Gegensatz zur weit verbreiteten Meinung, ist ein Zweithund nicht immer eine Beruhigung.

Wurden Hunde aktivierend gestreichelt, kam es sogar zum Anstieg von Cortisol. **Zusammenfassend lässt sich sagen, dass die ruhige verbale, sowie körperliche Begrüßung des Hundes nach einer Trennung nicht nur bindungsfördernd ist, sondern dem Hund helfen kann, wieder in einen entspannteren Zustand zu kommen.** Diese Erkenntnisse spiegeln sich ebenfalls in den Ergebnissen meiner eigenen Arbeit wider: Hunde, die nicht verbal und körperlich begrüßt wurden, litten häufiger unter einer Trennungsstörung. Außerdem zeigte sich, dass, unabhängig von der Art der Begrüßung, schon das Vorhandensein einer Begrüßung im Zusammenhang mit einer seltener auftretenden Trennungsstörung steht.

ENTSPANNUNG NACH RÜCKKEHR DES MENSCHEN

Neben dem Verhalten während der Trennung und dem Begrüßungsverhalten, zeigen sich deutliche Unterschiede in der Zeit bis zur Entspannung nach der Rückkehr des Menschen zwischen Hunden mit bzw. ohne Trennungsstörung. Hunde mit Trennungsproblemen benötigten laut der Online-Umfrage mit durchschnittlich mehr als acht Minuten in etwa doppelt so lange wie Hunde ohne Trennungsprobleme. Dieser starke Zusammenhang vom Auftreten einer Trennungsstörung und der Zeit, die nach einer Trennung bis zur Entspannung benötigt wird, weist auf einen möglichen Indikator für eine Diagnose hin.

PERSÖNLICHKEIT DES HUNDES

Zusätzlich zu Unterschieden im Verhalten konnten auch unterschiedliche Ausprägungen in einigen Persönlichkeitswerten und der emotionalen Disposition der Hunde entdeckt werden. Wie bereits in einer Studie von Mendl et al. (2010), zeigte sich auch in meiner Arbeit, dass Hunde mit hohen Pessimismuswerten anfälliger für eine Trennungsstörung waren. Oft waren dies Hunde aus dem nationalen oder internationalen Tierschutz. Hunde mit einer solchen Herkunft sind häufig in einer Umwelt aufgewachsen, in der das Ausweichen bestimmter Gefahren überlebenswichtig und Pessimismus daher zum Vorteil war. Situationen, wie z. B. eine Trennung, werden von Hunden mit ausgeprägtem Pessimismus vermutlich negativer eingeschätzt und damit auch wahrgenommen. Spannend war, dass Hunde mit Trennungsstörung nicht nur eine stärkere negative Aktivierung (Pessimismus) hatten, sondern auch deutlich positiver aktiviert waren. Innerhalb der positiven Aktivierung, die sich aus mehreren Subskalen zusammensetzt, waren vor allem erregbare und persistente Hunde eher von einer Trennungsstörung betroffen. Außerdem waren Hunde mit Trennungsstörung deutlich weniger gelassen und eher ängstlich. Einen Zusammenhang von genereller Ängstlichkeit und einer erhöhten Wahrscheinlichkeit für das Auftreten einer Trennungsstörung konnten schon Tiira et al. (2016) in ihrer Studie feststellen.

Da die Persönlichkeit eines Lebewesens relativ stabil ist, mag sich nun so mancher fragen, welche Faktoren beeinflussbar sind.

GEWÖHNUNG ANS ALLEINSEIN

Es zeigte sich, dass es eine Rolle spielt, wie regelmäßig die Hunde von ihrem Menschen getrennt waren. Hunde, die weniger häufig allein gelassen wurden, zeigten eher eine Trennungsstörung. Vermutlich waren diese Hunde weniger an die Trennung gewohnt, wodurch sich bei ihnen keine Vorhersagbarkeit und Erwartungssicherheit einstellen konnte. Auf diesen Zusammenhang deutet auch eine neue Studie von Scanlon et al. (2022) hin, in der obdachlose Menschen, die sehr selten von ihrem Hund getrennt sind, deutlich häufiger Hunde mit einer Trennungsstörung hatten.

ORT DES ALLEINSEINS

Auch der Ort während der Trennung kann einen Einfluss haben. Hunde mit einer Trennungsstörung waren in meiner Studie häufiger Hunde, die sich während der Trennung draußen statt drinnen, in einem Raum statt in mehreren Räumen oder in einer Box aufhalten mussten. Die meisten Hunde können sich während der Anwesenheit des Menschen frei bewegen. Treten zusätzlich zur Trennung weitere Veränderungen in der Umwelt auf, erhöht sich möglicherweise das Unwohlsein des Hundes und damit erhöht sich die Wahrscheinlichkeit für eine Trennungsstörung.

ROLLE ANDERER HAUSTIERE

Anders als häufig angenommen oder sogar empfohlen, wirkt sich ein weiteres Haustier während der Trennung anscheinend nicht positiv aus. Hunde mit Trennungsstörung waren häufiger mit einem weiteren Tier zusammen. Auch in der Studie von Stephan et al. (2022) konnte beobachtet werden, dass Mehrhundehaltung zu erhöhter Aktivität und Vokalisation führte. Es wird vermutet, dass ein anderes Tier durch die eigene Aktivität aktivierend auf den anderen Hund wirkt und somit beide schlechter zur Ruhe kommen können.

Durch die genannten Zusammenhänge wird klar, dass Trennungsprobleme sehr vielseitig und nicht leicht zu differenzieren sind. Bei der Beurteilung sollte vor allem auf die Aktivität und Vokalisationsart und die Zeit bis zur Entspannung nach der Rückkehr geachtet werden. Halter:innen können mit einer ruhigen, verbalen und körperlichen Begrüßung ihrem Hund helfen, sich besser von der Trennung zu erholen und die Bindung zu ihrem Hund fördern. Die Umstände der Trennung (Häufigkeit, Ort, andere Tiere) sollten bei auftretenden Trennungsproblemen ebenfalls in Betracht gezogen werden. Vor allem aber sollte die zugrundeliegende Emotion (Frustration vs. Furcht) des Hundes, die für das Trennungsproblem ursächlich ist, im Training Berücksichtigung finden.

ÜBER DIE AUTORIN

Jennifer Silbermann hat Biologie studiert und ihren Master of Science in Evolution, Ecology and Systemics abgelegt. Ihre Masterarbeit befasste sich mit dem Thema „Factors influencing seperation behaviour of dogs (Canis lupus familiaris)“.

EINFLUSS DES MENSCHEN

Eine italienische Arbeitsgruppe rund um Mario Sinischalchi hat kürzlich unter der Überschrift „like owner like dog" („Wie der Herr so's Gscherr") eine Studie veröffentlicht, siehe Tabelle.

ANNÄHERUNG EINES FREMDEN

Petra Neessen hat 2013 in ihrer Masterarbeit an der schwedischen Landwirtschaftsuniversität in Skara verschiedene Formen der Reaktionen von Hundehalter:innen auf die Begegnung mit einem Fremden getestet und die Auswirkungen auf den Hund studiert. Hundehalter, die sich bei ihrer Begegnung mit dem Fremden passiv verhielten und den Hund ignorierten, förderten beim Hund insgesamt eher kühnes, vorwärtsorientiertes Verhalten, oder auch das abwechselnde An- und Wegschauen des Hundes zum Fremden. Hundehalter, die sich durch aktive Unterstützung, also Berührung und/oder Ansprechen des Hundes verhielten, hatten bei allgemein im Verhaltensprofil unauffälligen Hunden eher den Erfolg, dass sich der Hund am Halter orientiert. Bei aggressiv oder furchtsam eingestuften Hunden dagegen verstärkt die aktive Unterstützung des Menschen eventuell vorhandene Verhaltenstendenzen des Hundes. Extrovertierte und/oder gewissenhafte Hundehalter verringerten das Ausmaß des Konfliktverhalten des Hundes.

☞ LIKE OWNER LIKE DOG

	HUNDE SICHERER HALTER:INNEN	HUNDE UNSICHERER HALTER:INNEN
Erkundungsverhalten	höher in Anwesenheit des Menschen, in Abwesenheit geringer	
Wiedersehen mit dem eigenen Menschen nach der Trennung	weniger starkes Erkundungsverhalten; intensives Begrüßungsverhalten	stärkeres Erkundungsverhalten der Hunde; weniger intensives Begrüßungsverhalten
Fremder kommt zurück	die Hunde erkundeten aufgrund des sicheren Basiseffekts die Umgebung ungestörter und waren kaum erregt; den Fremden ließen sie bei wiederholten Trennungen mehr und mehr links liegen	sie reagierten ähnlich bzw. noch stärker auf die Rückkehr des Fremden und näherten sich diesem noch häufiger an als ihrem Menschen; sie waren sehr erregt, was sich vor allem in einer heftigen Lautgebung widerspiegelte.
Fremder und eigener Mensch sind im Raum	sie spielten mehr mit dem Fremden und orientierten sich mehr Richtung Tür	sie spielten weniger mit dem Fremden; sie orientierten sich weniger Richtung Tür

Fremde Menschen werden von unterschiedlichen Hundepersönlichkeiten sehr verschieden bewertet.

Aktive Unterstützung durch intravertierte oder wenig gewissenhafte Hundehalter dagegen verstärkte das Konfliktverhalten des Hundes. Hunde von Menschen, die zu Menschen freundlicher waren, wurden mit zunehmender Wiederholung des Tests immer erregter und zeigten ein hohes Ausmaß an Meideverhalten. Hunde von neurotizistischen Hundehaltern zeigten mehr Furcht und Hunde von eher verschlossenen Menschen reagierten insgesamt weniger ruhig und gelassen auf die annähernde Fremdperson. Hundehalter, die ein starkes und gutes emotionales Band zu ihrem Hund zu Protokoll gaben, konnten durch aktive Unterstützung die Konfliktreaktion des Hundes stärker dämpfen. Hundehalter, die ihren Hund als sehr kostspielig einstuften, ebenfalls ein Hinweis auf eine qualitativ eher weniger wertvolle Beziehung, konnten durch aktive Unterstützung ihr Konfliktverhalten weniger reduzieren. Die Untersuchung zeigt also, dass in Begegnungssituationen das Verhalten des Menschen, je nach Qualität der Beziehung und Persönlichkeit des Hundes, durchaus unterschiedliche und nicht immer nur positive Auswirkungen hat. Auch Laurie Ragatz et al. (2009) zeigen eindeutig, dass antisoziales Verhalten und antisoziale Persönlichkeitseinstellungen der Hundehalter:innen sich auf entsprechend heftiges, bisweilen auch aggressionsbereites Verhalten der Hunde übertragen. Anna Kis et al. (2014) zeigten allerdings, dass die Anwesenheit einer Bindungsperson durchaus auch für die Umwelt unangenehme Effekte haben kann. In einer milden Belastungs- und Bedrohungssituation waren Hunde nämlich in Anwesenheit ihres (durchaus passiven) Halters wesentlich aggressionsbereiter als ohne diesen Menschen. Einen ähnlichen Effekt hatte übrigens die wiederholte Testung von Tierheimhunden, ein bis zwei Tage und dann nochmals etwa 14 Tage nach der Aufnahme. Auch hier war bei der zweiten Testung, die schon einen gewissen Vertrautheitsgrad mit der Umgebung erwarten ließ, die Aggressionsbereitschaft der Hunde deutlich höher.

ERWARTUNGEN AN HUNDE

Die unterschiedlichen Erwartungen, mit denen Menschen an ihre oder auch andere Hunde herangehen, standen in den letzten Jahrzehnten ebenfalls mehrfach im Zentrum von wissenschaftlichen Untersuchungen.

WAS HUNDE ERFÜLLEN SOLLEN

In der Studie von Rachael Harker et al. (2000) war die Motivation, sich ein Haustier zu holen, die eigenen Lebensumstände zu verbessern. Menschen, die demnächst ein Haustier aufnehmen wollten, hatten bei Befragungen im Bereich Konfliktwahrnehmung und Antagonismus (also negative Einstellung zur allgemeinen Umwelt) deutlich

Während der Pandemie hat sich die Rolle des Hundes für viele Menschen verändert.

höhere Werte als Menschen, die keine derartigen Veränderungen in ihrem derzeitigen Leben wünschten. Die Betrachtungen der Autorinnen umfassen die Beziehung zwischen Menschen, ihren Erwartungen und den Tieren. **Als wichtige Erwartungen, die ein gutes, soziales Leben bieten sollte, werden u.a. soziale Integration, die Möglichkeit zum Ausleben von Versorgungsverhalten, Wertschätzung, Bindung und die Verlässlichkeit einer Partnerschaft angegeben.** Da in der Regel ein einziger Sozialpartner, ob Mensch oder anderes Tier, nicht alle diese Anforderungen erfüllen kann, müssen mehrere Partner, sei es Menschen, Hunde oder auch andere Haustiere den verschiedenen Bedürfnissen nachkommen. Dies erinnert an die Ergebnisse von Borbala Turcsan et al., wonach in einer Mehrhundehaltung sich die Erst- und Zweithunde in mehreren Persönlichkeitsmerkmalen unterscheiden. Johanna Lass-Hennemann et al. (2022 a,b) zeigen deutlich, dass eine positive Beziehung zwischen emotionaler Bindung zum Haustier und der mentalen Belastung der Hundehalterinnen (hier wurden überwiegend Frauen untersucht) erkennbar ist. Eine stärkere Bindungsempfindung zum Hund war deutlich korreliert mit der Furcht vor Zurückweisung oder Angst vor dem Ungeliebtwerden gegenüber Menschen, und geringerem Vertrauen in die zweibeinigen Artgenossen. Die Infobox von Janina Schreiber (S. 336) zeigt weitere Aspekte der Zusammenhänge zwischen psychischen Zustand des Menschen und dem möglichen therapeutischen Einsatz von Hunden.

CORONAPANDEMIE UND DIE FOLGEN FÜR HUNDE

Beitrag von Sarah Mertes

Seit 2020 gehören Begriffe wie Lockdown, Quarantäne, Schnelltest und Pandemie zu unserem festen Vokabular. Mit Beginn der Corona-Pandemie hat sich der Alltag der Menschen verändert. Plötzlich wurde viel mehr Zeit allein oder mit der Familie verbracht, was dazu geführt haben könnte, dass das Interesse an einem neuen vierbeinigen Familienmitglied gestiegen ist. Im Vereinigten Königreich wurde in einer Studie gezeigt, dass im Vergleich zu vor der Pandemie mehr Menschen zum ersten Mal einen Hund oder Welpe gekauft haben und auch deutlich mehr für ihr neues Familienmitglied zahlten (Packer et al., 2021). In Deutschland konnten wir einen ähnlichen Anstieg an Welpenkäufen beobachten, teilweise berichten Züchter von langen Wartelisten für Kaufinteressenten und auch die Zahlen der Tierheime zeigten einen ähnlichen Trend im Verlauf der Pandemie. Mit einem erhöhten Interesse an der Haltung eines Hundes, trat gleichzeitig die Problematik auf, dass die Hundeschulen aufgrund der Lockdownbestimmungen schließen mussten.

Was bedeutet das für die Corona-Welpen?

Hunde wachsen in zwei verschiedenen Welten auf, die des Hundes und die der Menschen. Das bedeutet, dass sie die Regeln aus beiden Welten während ihrer Erziehung lernen müssen. Besonders in gut geführten Welpen -und Junghundegruppen wird es den Hunden ermöglicht, soziale Kompetenzen zwischen Hund und Hund, aber auch zwischen Mensch und Hund zu erlernen. Roony und Cowan (2011) zeigen, dass der regelmäßige Besuch von Welpenkursen zu einer Verbesserung der späteren Verträglichkeit und Sicherheit von Hunden gegenüber Hunden, aber auch Umweltreizen führt.

Tatsächlich zeigen bereits mehrere Studien, dass sich die Lockdown-Situation auf das Verhalten der Hunde ausgewirkt hat. So wird gezeigt, dass die Hunde nach dem Lockdown entweder überreizt waren oder angstbedingtes Verhalten zeigten (Boardman et al., 2022). Zudem konnte in einer Studie gezeigt werden, dass während des Lockdowns in Großbritannien mehr Bissverletzungen an Kindern verzeichnet wurden (Parente et. al. 2021). Was allerdings auch damit zusammenhängen könnte, dass der Kontakt zwischen Kindern und Hunden häufiger stattfand als vor dem Lockdown. Ein weiteres Problem könnte durch die Zeit entstehen, die die Bezugsperson mit ihrem Hund gemeinsam verbringt. Aktuell ist die Studienlage zu diesem Thema zu gering, jedoch deuten die Umfragen während des ersten Lockdowns aus dem Vereinigten Königreich darauf hin, dass Hunde während des Lockdowns mehr Zeit mit ihrer Bezugsperson verbrachten, weniger Personen außerhalb des eigenen Haushalts sahen und seltener allein gelassen wurden als vor dem Lockdown (Holland et al., 2021). Neben dem fehlenden Sozialkontakt, der im Alltag vor Pandemie bei den meisten Hunden zur normalen Routine gehörte, könnte auch das Alleinbleiben bei einem Zurückkehren in den Berufsalltag zu Problemen führen. Besonders Hunde, die während der Lockdownzeit im dritten und vierten Lebensmonat steckten, könnten Defizite in der Kommunikation und sozialen Interaktion mit Hunden und fremden Menschen aufweisen. Mehrere Studien (z. B. Bekoff, 1977) an verschiedenen Canidenarten zeigen, dass durch soziale Interaktion, wie Spielen mit Gleichaltrigen, soziale Kompetenzen geschult werden und dies nicht durch einen anderen Artgenossen ersetzt werden kann. Der Mensch, als Sozialpartner, kann zwar selbst seine Bindung zu seinem Hund aufbauen, er kann jedoch nicht die Interaktion mit einem Artgenossen ersetzen.

Hund und Mensch brauchen für diesen Einsatz eine fundierte Ausbildung.

AUS DER FORSCHUNG – VON DR. MONA MOMBECK

TIERGESTÜTZTE PÄDAGOGIK

Immer häufiger werden Hunde in der Schule als pädagogische Intervention eingesetzt. Lehrkräfte möchten dadurch das soziale Klima in einer Klasse fördern und bessere Lehr-/Lernbedingungen schaffen. Vor dem Einsatz werden gemeinsam mit den Schüler:innen Regeln erarbeitet, die zum Schutz des Hundes dienen. Beispielsweise ist es wichtig, sich ruhig zu verhalten, wenn der Hund anwesend ist, den Hund nicht zu rufen und nur zu füttern, wenn dies erlaubt ist. Das Tier darf sich frei im Raum bewegen und hat einen Rückzugsort, z. B. einen Hundekorb, in dem es ungestört bleibt. Es ist die bloße Anwesenheit des Hundes (Präsenzhund), die einen entscheidenden Unterschied macht. Zum Teil werden Hunde zudem aktiv in einzelne Unterrichtsphasen eingebunden. Dabei ist die Art und Weise des Einsatzes an das Naturell des Hundes angepasst, sodass dieser Freude bei seinen Aufgaben empfindet. So bringen manche Hunde Arbeitsblätter zu Schüler:innen, rollen einen Stoffwürfel für Rechenaufgaben oder es werden Tricks zur Belohnung nach intensiven Arbeitsphasen durchgeführt. Andere genießen es, gestreichelt zu werden oder durch den Beintunnel der Kinder zu laufen. Freude und Begeisterung aller menschlichen und tierlichen Beteiligten für die tiergestützte Intervention, ist die Bedingung für einen artgerechten und pädagogisch wertvollen Einsatz.

AUFGABE DER LEHRKRAFT

So einfach es klingt, mit einem Hund zu unterrichten, so komplex ist die Aufgabe der Lehrkraft. Diese muss sowohl die Bedürfnisse des Hundes erkennen, als auch das Unterrichtsgeschehen im Blick haben und die Interaktion zwischen Hund und Lernenden begleiten. Um diesen vielschichtigen Anforderungen gerecht zu werden, durchlaufen Lehrkräfte eine Zusatzausbildung zur tiergestützten Fachkraft. Betrachtet man die Auswirkungen von Nähe und Kontakt zu Tieren, so erscheint es sinnvoll, tiergestützt zu unterrichten.

FÖRDERUNG SOZIALER TEILHABE

Insbesondere vor der Herausforderung der Inklusion sind Möglichkeiten zur Förderung von sozialer Teilhabe notwendiger denn je. Ziel ist, dass jedes Kind Respekt, Zugehörig-

keit und Halt gebende Beziehungen erlebt. Beziehungen beruhen jedoch auf der Freiwilligkeit der Beteiligten. Statt Freundschaften und gegenseitiger Akzeptanz, gibt es in der Schule Kleingruppenstrukturen und Exklusion.
Ein erhöhtes Risiko, aus der Gemeinschaft ausgeschlossen zu werden, haben Kinder mit Lernschwächen und Verhaltensauffälligkeiten sowie Kinder mit sonderpädagogischem Förderschwerpunkt. Innerhalb des Systems Schule gibt es neben den sozialen Rollen ‚Schülerin', ‚Schüler' und ‚Lehrkraft' weitere soziale Rollen. Je nachdem, welcher Kleingruppe ein Kind zugehörig ist, hat es z. B. die Rolle der ‚Coolen', der ‚Streber' oder der ‚Ausgeschlossenen' inne. Zum Teil führt die rigide Kleingruppenstruktur so weit, dass Mitglieder unterschiedlicher Kleingruppen nicht miteinander interagieren. Dazu kommen stereotypische Rollenbilder. So fällt es besonders Jungen schwer, dem stereotypischen Bild von Männlichkeit gerecht zu werden und zugleich zärtlich und sensibel zu sein. Ungünstige soziale Rollen, die mit den eigenen Bedürfnissen kollidieren, sind kaum veränderbar und stellen für die Betroffenen häufig eine große Belastung dar.
Fraglich ist, ob die Effekte von Nähe und Kontakt zu Tieren auch in der Schule auftreten. Das Schulsetting unterscheidet sich von der tiergestützten Therapie und der Heimtierhaltung insofern, dass der Kontakt zum Hund deutlich geringer ist. Bisherige Studien wurden hauptsächlich in diesen Settings und im Labor durchgeführt. Während Heimtierhalter:innen stets mit dem eigenen Tier interagieren und in der Therapie das Verhältnis Hund – Patient:in eins zu eins bemisst, ist der Kontakt zum Schulhund begrenzt.

EFFEKTE VON SCHULHUNDEN

Fürsorge für den Hund

Erste Studien zeigen, dass der Einsatz von Schulhunden ähnliche Auswirkungen auf die Schüler:innen hat, wie der eigene Hund. Schulhunde steigern das Wohlbefinden und fördern soziale Interaktion und Ruhe. Doch im Klassenzimmer zeigt sich ein weiterer Effekt: Das Rollenrepertoire im Kosmos Schule wird erweitert durch die Rolle der Fürsorgenden Person. Das zentrale Bedürfnis in dieser Rolle ist es, für das Tier zu sorgen, zu erleben, dass sich das Tier wohlfühlt und seine Zuneigung zu empfangen. Die neue Rolle entsteht aufgrund derselben Mechanismen von Bindungs- und Fürsorgeverhalten, die auch bei Heimtierhaltung zum Tragen kommen. Begünstigt wird die Rolle durch die menschliche Neigung zur Natur (Biophilie), durch das Empathievermögen von Mensch und Hund sowie durch die gemeinsame Evolution. Die Rolle der Fürsorgenden Person hat im Schulsetting eine besondere Relevanz, zum einen, weil Bindung und Fürsorge priorisiert werden und Lernende ihre Emotionalität ausleben können. Zum anderen, weil diese Rolle von allen Beteiligten eingenommen werden kann und somit soziale Beziehungen erleichtert. Welche Auswirkungen zeigen sich konkret in der Schule?

»Die positiven Effekte der tiergestützten Pädagogik sind mehr Ruhe, reduziertes Stressempfinden und freundliche soziale Interaktion.«

Auswirkungen auf Fremdbilder

Für den Hund, der andere Bedürfnisse als ein Mensch hat, wird versucht, eine Umgebung zu schaffen, in der sich das Tier wohlfühlt. Regeln, wie die Lautstärke zu reduzieren, werden intrinsisch motiviert befolgt. Ein Resultat davon ist, dass die Kinder neue Seiten an ihren Mitschüler:innen beobachten. Aggressive Kinder zeigen eine liebevolle und rücksichtsvolle Seite und werden von anderen Kindern in einer fürsorglichen Rolle wahrgenommen. ‚Dass der so liebevoll mit dem Hund umgeht, das hätte ich nie gedacht', fasst eine Schülerin ihr Erstaunen über einen Mitschüler in Worte. Das Kind mit Lernschwierigkeiten wird freudig von dem Hund begrüßt und interagiert mit diesem. Geduldig übt es einen Trick mit dem Hund, bis dieser den Trick beherrscht. Das Kind mit Verhaltensauffälligkeiten kann seine Emotionen besser regulieren und sorgt sich um den Hund. Vorherige individuelle Rollenzuschreibungen scheinen nicht mehr treffend zu sein, denn die gegenseitige Wahrnehmung der Schüler:innen ist verändert. Auch stereotypische Rollenvorstellungen wie jene, dass Jungen cool und unnahbar sein müssen, werden korrigiert. Zärtliche und einfühlsame Interaktion mit einem Tier ist sozial akzeptiert, ungeachtet des stereotypischen männlichen Rollenbildes. Jungen können, ohne ihr Gesicht zu verlieren, Bindung und Fürsorge leben. Die veränderte Wahrnehmung durch die Rollenerweiterung macht auch vor der Lehrkraft nicht Halt. Diese wird nicht mehr nur als Lehrkraft, sondern auch in der Rolle der Fürsorgenden Person, als Privatperson und Halter:in des Hundes wahrgenommen.

Den Schüler:innen, so zeigen erste Studien, erscheint die Lehrperson authentischer, vertrauenswürdiger, fairer und weniger disziplinierend. Zudem schätzen die Kinder, sofern die Lehrkraft dies kommuniziert, das entgegengebrachte Vertrauen dieser.

Auswirkungen auf Selbstbilder

Doch nicht nur die Wahrnehmung anderer verändert sich, sondern auch das Erleben der eigenen Person. In der Interaktion mit dem Hund nehmen sich Kinder als selbstwirksam wahr. Zudem führt die Annahme, dass ein Tier dem Menschen vorurteilsfrei begegnet, dazu, dass sich die Lernenden angenommen fühlen. Sie erleben auch, dass sie in der Lage sind, eigene Bedürfnisse zurückzustellen, um gut für den Hund zu sorgen: ‚Für den Hund fällt es mir leicht, Rücksicht zu nehmen'. Diese Selbstwahrnehmung in einer weiteren sozialen Rolle, die Fürsorge priorisiert, beeinflusst das Selbstverständnis und die eigene Identität positiv. Ebenso wie die eigene Identität, wird auch die Klassenidentität positiv beeinflusst. ‚Vorher haben uns die Lehrer als Chaosklasse bezeichnet, jetzt sind wir die Hundeklasse', stellt ein Schüler den Wandel der kollektiven Selbstwahrnehmung dar. Eine solche Beschreibung erleichtert die Identifikation mit der eigenen Klasse, die Kinder fühlten sich zugehörig.

Erleichterte zwischenmenschliche Interaktion

Die Rolle der Fürsorgenden Person kann von allen Beteiligten eingenommen werden. Wenn sich die Beteiligten dann in derselben Rolle begegnen, so ist die soziale Interaktion erleichtert. Anstatt in einem Machtgefälle zu interagieren, sorgen Lehrkraft und Lernende auf Augenhöhe dafür, dass die Bedürfnisse des Tieres erfüllt werden. Die Fürsorge für das Tier und die gemeinsame Identifikation als Hundeklasse ist auch für die Lernenden untereinander das verbindende Element. ‚Früher waren wir in unseren Cliquen und wollten nichts mit den anderen zu tun haben, jetzt haben wir ein gemeinsames Ziel: dass es Lupo gut geht'. Kleingruppenstrukturen werden dadurch reduziert und soziale Teilhabe aller Kinder in der Klassengemeinschaft erleichtert.

Hunde können den Lerneifer von Kindern beflügeln.

Die geteilte kooperative Grundhaltung und die gemeinsamen Ziele führen zu vermehrter positiver sozialer Interaktion – sowohl zwischen den Lernenden als auch zwischen Lehrkraft und Schüler:innen. Dies führt zu vermehrter Akzeptanz und zu Freundschaften zwischen den Lernenden. Im Gegenzug werden aggressive Handlungen deutlich seltener. Zugleich kann tiergestützte Pädagogik nur erfolgreich umgesetzt werden, wenn alle Kinder die Regeln beachten und die Bedürfnisse des Hundes schützen. Jedes Kind leistet also einen Beitrag zum Gelingen des tiergestützten Unterrichtes und erhält so eine wichtige Rolle im Klassenverband.

Günstige Arbeitsatmosphäre, Wohlbefinden und Motivation

Für den Hund fällt es leicht, Regeln zu beachten, Rücksicht zu nehmen und ruhig zu sein. Scheinbar ganz nebenbei wird eine angenehme Arbeitsatmosphäre geschaffen, also gute Bedingungen für Lehren und Lernen. Unterrichtsstörungen finden in einer Schulklasse seltener statt, wenn mit Hund unterrichtet wird. Wurde zuvor der Nachbar angesprochen und dadurch gestört, wenn man unruhig wurde, so reicht nun ein Blick auf den Hund, um eine kurze Pause zu machen. Die eigenen Gefühle können besser gesteuert und an die Situation angepasst werden. Die Kinder sind ruhiger und ausgeglichener, das Stressempfinden ist reduziert und die Konzentrationsfähigkeit steigt. Wenn mit Hund unterrichtet wird, fühlen sich Schüler:innen in der Schule wohler. Grund dafür ist, dass der Hund stimmungsaufhellend wirkt. Wenn ein Hund freudig ins Klassenzimmer läuft und sich ungezwungen im Raum bewegt, wird die Schule als weniger Ernst wahrgenommen. Zudem stellt sich ein Gefühl der Geborgenheit ein, wenn ein entspanntes Tier anwesend ist. ‚Es ist dann so wie Zuhause, alles ist gut', beschreibt eine Schülerin die hundegestützte Pädagogik. Ein anderer Schüler formuliert: ‚Wenn der Hund den Raum betritt, ist das wie das Gefühl, wenn man warmen Kakao trinkt'. Neben der bloßen Anwesenheit führt auch die Fürsorge für das Tier zu gesteigertem Wohlbefinden, obwohl der

Kontakt begrenzt ist. Das Tier willkommen zu heißen, den Ruheplatz vorzubereiten oder die Klasse aufzuräumen, erfüllt die Beteiligten mit Zufriedenheit.
Die Schüler:innen haben gern die Rolle der fürsorgenden Person inne, merken Veränderungen im Handeln und Verhalten bei sich und anderen. Diese Effekte und die Freude an der Anwesenheit des Hundes führen zu einer großen Motivation für das tiergestützt unterrichtete Fach. Bei der Vorstellung des Faches denken Kinder weniger an den Inhalt, sondern an das Gefühl, das sie haben, wenn der Hund anwesend ist. Ein Fach, das zuvor wenig beliebt war, wird herbeigesehnt.

FOKUSVERSCHIEBUNG

Die dargestellten Ergebnisse können zum einen als Rollenerweiterung und -veränderung beschrieben werden. Zum anderen findet eine Fokusverschiebung statt: Die Rolle der Fürsorgenden Person ersetzt andere soziale Rollen. Die Rolle des Kindes mit erhöhtem Förderbedarf, das zusätzlichen Unterricht benötigt, darf nun die begehrte Rolle der Fürsorgenden Person einnehmen in Einzelstunden mit dem Tier. Aus Sicht der Schüler:innen findet tiergestütztes Lesetraining nicht statt, damit Kompetenzen des Kindes verbessert werden, sondern damit der Hund eine Geschichte hört. Die Kinder sind nicht leise, um günstige Lern-

Hunde können Kinder beim Vorlesen unterstützen – sie sind aufmerksame Zuhörer.

bedingungen zu schaffen, sondern, weil der Hund eine sensible Sinneswahrnehmung hat. Der Parkour wird nicht gebaut, damit die Kinder lernen zu kooperieren, sondern, damit der Hund diesen mit Freude durchläuft. Das Klassenzimmer wird nicht aufgeräumt, damit sich alle wohlfühlen, sondern damit der Hund nichts aufnimmt. Der Fokus ist nicht mehr auf das Defizit gerichtet – auf Förderunterricht, fehlende soziale Kompetenz, ein unaufgeräumtes Klassenzimmer – stattdessen stehen intrinsisch motivierte Handlungen im Mittelpunkt.

BELASTUNGEN DURCH TIERGESTÜTZTE PÄDAGOGIK

Unwohlsein im Zusammenhang mit tiergestützter Pädagogik tritt dann auf, wenn die Rollenbedürfnisse der Fürsorgenden Person nicht oder nur zum Teil erfüllt werden. In einzelnen Fällen klagen Schüler:innen über Situationen, in denen es zu laut in der Klasse ist, sodass der Hund darunter leidet. In diesen Situationen ist das Bedürfnis, einen glücklichen Hund zu erleben, nicht erfüllt. Selten kommt es vor, dass Kinder zu wenig Kontakt zum Hund beklagen und somit keine Chance haben, die Zuneigung des Hundes zu erfahren.

FAZIT UND BEDEUTUNG FÜR DIE PRAXIS

Mittels tiergestützter Pädagogik werden soziale Partizipation, Lehr- und Lernbedingungen und Wohlbefinden gefördert. Dies zeigt sich konkret an der verbesserten Arbeitsatmosphäre, gesteigertem Wohlbefinden und guten Beziehungen von Lernenden untereinander wie auch zwischen Lehrperson und Lernenden. Ein Hund im Klassenzimmer bietet die Grundlage dafür, Rollenstrukturen aufzubrechen und damit ungünstige soziale Rollen und Stereotype zu modifizieren. Gleichzeitig können die Effekte durch die neue soziale Rolle der Fürsorgenden Person nur dann von Dauer sein, wenn eine Lehrperson dieses Verhalten bestärkt und begleitet, z. B. positiv kommentiert, lobt und selbst vorlebt. Tiergestützte Pädagogik ermöglicht die Schaffung inklusiver Strukturen, in der jedes Kind in seiner Individualität wertgeschätzt wird. Durch den Einsatz eines Hundes im Unterricht können die Normen, also die für die Klasse geltenden Regeln für das Zusammenleben, verändert werden: von Konkurrenzdenken hin zu Fürsorge und gemeinschaftlichem Handeln. Neben der eingenommenen Rolle, wird unser Handeln durch Normen geprägt. Die Norm in der Schule ist selten eine wertschätzende gegenseitige Haltung aller Beteiligten. Vielmehr wird die Norm durch den Leistungsdruck bestimmt, da Selektion nach Leistung eine Aufgabe der Schule darstellt. Dies führt zu einer sozialen Macht der Lehrkräfte und zu Konkurrenz zwischen den Lernenden. Wird neben schulischem Erfolg die Fürsorge für den Hund zu einer Norm, so verändern sich die rahmengebenden Strukturen. Maßgeblich für diese langfristige Veränderung ist, inwiefern die Lehrkraft die Blaupause durch die tiergestützte Pädagogik begleitet. Durch die neue Rolle der Fürsorgenden Person, entsteht eine Blaupause für soziale Inklusion. Diese positiven Effekte müssen von der Lehrkraft bestärkt werden, um sie dauerhaft auf das zwischenmenschliche Handeln zu übertragen. Bedingung für die positiven Effekte ist also die Qualität der tiergestützten Intervention: der tiergerechte Einsatz des Tieres und pädagogisch die Vorbereitung und Begleitung durch die Lehrkraft.

ÜBER DIE AUTORIN

Als wissenschaftliche Mitarbeiterin lehrt und forscht Dr. Mona Mombeck zu tiergestützten Interventionen und sozialen inklusiven Prozessen. In ihrer Promotion untersuchte sie die Auswirkungen von Schulhunden auf soziale Strukturen in Schulklassen.

Aus der Forschung – von Dr. med. Janina Schreiber

HUNDE IN DER PSYCHOTHERAPIE

Der Einsatz von Hunden im therapeutischen Kontext erfreut sich immer größerer Beliebtheit und hält zunehmend Einzug in Institutionen des Gesundheitswesens (Schreiber und Kuhn, 2019). Insbesondere im Gebiet der Psychiatrie und Psychotherapie wächst das Interesse für hundegestützte Therapieangebote. Patienten:innen können häufig deutlich besser eine vertrauensvolle Beziehung zu einem Hund aufbauen als zu einem menschlichen Therapeuten. Ein Grund hierfür können ungünstige Bindungserfahrungen sein (Beetz et al., 2011). Bei psychiatrisch erkrankten Personen lassen sich anhand der Biographie häufig eben solche in der Kindheit herausfinden (Mikulincer und Shaver, 2012). Diese wirken sich (mehr oder weniger bewusst) fortwährend auf die Gestaltung weiterer zwischenmenschlicher Beziehung aus. Den Beziehungsaufbau zu einem Hund hingegen scheinen diese Erfahrungen kaum zu beeinflussen (Beetz et al., 2011).

TRIANGULIERUNG

Normalerweise besteht im therapeutischen Rahmen eine Dyade zwischen Patient:in und Therapeut:in. Durch den Einsatz des Hundes gelingt eine Triangulierung (Ganser, 2017). Es entwickelt sich also eine Interaktion und später Beziehung zwischen Patient:in, Therapeut:in und Hund. Initial stellt der Hund hierbei insbesondere ein Bindeglied zwischen Patient:in und Therapeut:in dar. Der Patient kommt einerseits mit dem Hund in Kontakt, kann zugleich aber auch die Beziehungsgestaltung des Therapeuten zu diesem beobachten. Hierbei kann der Patient im Optimalfall feststellen, dass der Therapeut den Hund als gleichwertigen Sozialpartner schätzt, zuverlässig auf dessen Bedürfnisse eingeht, ihm Schutz gewährt und ihm auch vermeintliche Fehler verzeiht (indem er z. B. nicht wütend wird, wenn der Hund eine Aufgabe nicht in Perfektion erledigt hat). Die Authentizität des/der Therapeuten spielt hierbei eine wichtige Rolle. Patienten mit ungünstigen Bindungserfahrungen haben ein sehr feines Gespür für Unstimmigkeiten und befürchten in diesem Fall schnell erneut verletzt und enttäuscht zu werden. Es wird also deutlich, wie wichtig eine sichere Bindung und wertschätzende Beziehung zwischen Therapeut:in und Hund auch hinsichtlich des Erfolgs einer hundegestützten Therapie ist.

HUNDE SIND KEINE THERAPEUTEN

Es kann verlockend sein, Hunde als Allheilmittel für entsprechende Patienten zu sehen. So erleben wir immer wieder, dass sich Patienten (oder deren Angehörige) einen eigenen Hund als „Therapiehund" anschaffen, was wir aus folgenden Gründen kritisch betrachten möchten: Umgangssprachlich wird häufig von „Therapiehunden" gesprochen, wobei diese Bezeichnung fachlich nicht korrekt ist und nahe legt, dass der Hund selber eine Therapie oder ein Therapeut sei. Hierdurch würde diesem aber eine Aufgabe und Verantwortung zugeschrieben, der er gar nicht gerecht werden kann. Wie bereits beschrieben, gelingt der Beziehungsaufbau zu einem Hund trotz ungünstiger Bindungserfahrungen gut – im weiteren Verlauf können sich aber trotzdem Verhaltensmuster des Patienten im Umgang mit dem Hund zeigen, die durch die ungünstigen zwischenmenschlichen Bindungserfahrungen bedingt sind (z. B. starke Stimmungsschwankungen, Schwierigkeiten in der Regulation von Nähe und Distanz etc.), welche für den Hund schwer einschätzbar sind. Treten solche Ver-

Offenheit und Gelassenheit sind Voraussetzung für Hunde, die in der Psychotherapie arbeiten.

haltensmuster in der therapeutischen Triade zwischen Hund, Therapeut:in und Patient:in auf, können diese gemeinsam betrachtet, eingeordnet und bearbeitet werden. Hierin liegt eine große Chance für denPatienten und die Therapie. Steht aber niemand als „neutraler Beobachter" zur Verfügung, der auf das entsprechende Verhalten aufmerksam macht, kann das dazu führen, dass sich trotz eines initial guten Beziehungsaufbaus eine unsichere Bindung zwischen Hund und Patient:in entwickelt (Siniscalchi et al., 2013). Im schlimmsten Fall führt dies zum Gegenteil des eigentlich erhofften Effekts. Ähnlich wie beim Menschen, kann auch bei Hunden eine unsichere Bindung zu ungünstigen Verhaltensweisen führen (z. B. zu Trennungsangst und/oder einem erhöhten Aggressionspotenzial; siehe McMillan et al., 2011).

INTERDISZIPLINÄRE ZUSAMMENARBEIT

Die positiven Auswirkungen von Hunden gelten nicht nur im Bezug auf psychiatrisch erkrankte Personen. Unsere Hunde geben uns allen die Chance, unsere Bindungs- und Beziehungsmuster zu reflektieren, einen besseren Zugang zu unseren Emotionen und Bedürfnissen zu erreichen und korrektive Erfahrungen in der Beziehung zu ihnen zu machen. Genau diese Chance sollten wir nutzen. So können wir lernen, für unseren Sozialpartner Hund eine sichere Bindungsfigur zu sein und gemeinsam mit ihm zufrieden und gesund leben. Eine Zusammenarbeit von Hundetrainer:innen und Psychotherapeut:innen, Coaches etc., in der Aus- und Weiterbildung von Mensch-Hund-Teams wäre sehr zu begrüßen.

ÜBER DIE AUTORIN

Dr. med. Janina Schreiber befindet sich im 4. Jahr der Weiterbildung zur Fachärztin für Psychiatrie und Psychotherapie und ist gemeinsam mit ihrer Hündin seit Beginn der ärztlichen Tätigkeit als Therapiebegleithunde-Team nach ESAAT-Kriterien zertifiziert. Sie engagiert sich für den Einbezug von Hunden in Psychotherapie und Coaching, sowie für bindungsorientierte Ansätze und hundegerechte Bedingungen in der hundegestützten Therapie. Sie ist zudem Weiterbildungskandidatin am Alfred Adler Institut Düsseldorf für tiefenpsychologisch fundierte und analytische Psychotherapie und Mitinitiatorin von Brodogs (brodogs.de).

Auch Bürohunde brauchen eine Ausbildung, um zum Teammitglied zu werden.

Aus der Forschung – von Lisa Heise

HUNDE AM ARBEITSPLATZ

In der heutigen Arbeitswelt verschmelzen Arbeit und Privatleben zunehmend und viele Menschen müssen sich entscheiden, ob ihre beruflichen Anforderungen und die Erfordernisse, die ein Hund mit sich bringt, miteinander vereinbar sind. Ein Hund gehört für viele Menschen als vollwertiges Mitglied zur Familie und muss demnach so wie andere Familienmitglieder neben der Erwerbstätigkeit beachtet werden. Wenn Hunde in einem Haushalt mit erwerbstätigen Personen gehalten werden, scheint die Mitnahme des Hundes zur Arbeit besser zu sein, als den Hund während der Arbeitszeit allein zu lassen, da der Hund als soziales Wesen Anschluss an seine Gemeinschaft benötigt. Nicht überall ist es möglich, der Arbeit von Zuhause aus nachzukommen und nicht überall sind entsprechende Betreuungsmöglichkeiten vorhanden. Den Hund über einen langen Zeitraum allein zu lassen, sollte dennoch keine Option sein. Das Alleinsein kann Trennungsängste, Stress und andere Verhaltensauffälligkeiten beim Hund bedingen, weshalb viele Menschen bei einer Vollzeitbeschäftigung keinen Hund halten.

PASSUNG DES HUNDES

Soll der Hund mit an den Arbeitsplatz genommen werden, müssen verschiedene Aspekte betrachtet werden. Das Wohlbefinden des Tieres muss ebenso berücksichtigt werden wie die Charakteristik des Arbeitsplatzes und die Anzahl der Hunde, die in der jeweiligen Arbeitsumgebung gleichzeitig erlaubt sind. Denn Hunde haben individuell unterschiedliche Persönlichkeiten (Gansloßer und Kitchenham, 2015; siehe S. 44 ff.), die empirisch erfasst werden können (Hsu und Serpell, 2003; Powell et al., 2020). Zudem ist jeder Arbeitsplatz hinsichtlich Ausstattung, Größe, Anzahl der dort arbeitenden Personen und sonstiger Merkmale unterschiedlich aufgebaut. Auch variiert jede Tätigkeit in Bezug auf den Ablauf, der Lautstärke, des Stressempfindens oder des Kundenverkehrs. Je nach Persönlichkeit fühlt sich der Hund wohl oder unwohl in Büros mit viel Kundenverkehr, starken Gerüchen oder auten Geräuschen. Demnach ist auch nicht jeder Hund dafür geeignet, sich in einem bestimmten Büro aufzuhalten. Daher muss unbedingt vorab die Passung zwischen Hund und Arbeitsplatz betrachtet werden.

ERLAUBNIS DES ARBEITSGEBERS

Auch die Erziehung des Hundes und die Beziehung zwischen Halter:in und Hund sind von Bedeutung. Die Arbeitsstättenverordnung (ArbStättV) definiert Arbeitsplätze als Bereiche, in denen Beschäftigte im Rahmen ihrer Arbeit tätig sind. Um den Hund verhaltensgerecht unterbringen zu können, sollte es sich also um büroähnliche Arbeitsplätze, die wenig Kundenverkehr und eine ruhige Atmosphäre aufweisen, handeln.

Für die Mitnahme eines Hundes an den Arbeitsplatz ist außerdem die vorherige Erlaubnis des Arbeitgebers erforderlich, denn laut Gewerbeverordnung (GewO) ist der Arbeitgeber berechtigt, nach eigenem Ermessen die Arbeitsbedingungen zu bestimmen, soweit diese nicht durch andere Regelungen und Verträge festgelegt sind (§ 106 Abs. 1 S. 1 GewO). Unberührt davon bleibt der Gleichbehandlungsgrundsatz, falls bereits Mitarbeitende ihren Hund mit zur Arbeit bringen dürfen. Zudem sollte eine Hundehaftpflichtversicherung abgeschlossen werden, für den Fall, dass Firmeneigentum beschädigt wird.

WAS HAT DAS UNTERNEHMEN DAVON?

Hall et al. (2017) führten im Rahmen der Initiative ‚Nimm deinen Hund mit zur Arbeit' eine Umfrage zur Bewertung der Wahrnehmung von Hunden am Arbeitsplatz durch. Die Befragten äußerten sich im Allgemeinen positiv über Hunde am Arbeitsplatz und benannten Vorteile wie verstärkte soziale Interaktionen, weniger Stress und eine bessere Atmosphäre im Büro.

Eine Studie von Perrine und Wells (2006) zeigt, dass Haustiere die Wahrnehmung eines Arbeitsplatzes beeinflussen. Wenn eine sich bewerbende Person bewertet, wie attraktiv der Arbeitsplatz erscheint, erfolgt ein unbewusster Abgleich der Persönlichkeitseigenschaften der Person mit der Unternehmenskultur, den Werten der Person mit denen des Unternehmens und den Bedürfnissen der Person mit dem, was das Unternehmen den Mitarbeitenden bieten kann. Bei der Arbeitsplatzsuche ist dies von besonderer Bedeutung, da sich Bewerber:innen eher zu Umgebungen hingezogen fühlen, deren Merkmale mit den eigenen Vorstellungen kompatibel sind (Kristof, 1996). Es ist demnach davon auszugehen, dass nur Menschen, die eine positive Einstellung gegenüber Hunden haben, ein Unternehmen, in dem Hunde am Arbeitsplatz erlaubt sind, positiv wahrnehmen.

Auf den Arbeitskontext bezogen finden sich Quellen, die zeigen, dass Hunde in der Arbeitsumgebung die Motivation erhöhen, sowie mit geringeren Fehlzeiten und höherer Gesundheit seitens der Mitarbeitenden einhergehen. Bei einem Vergleich von Arbeitsgruppen mit und ohne Hund wurde festgestellt, dass das Verhalten der Gruppen mit Hund kooperativer, angenehmer, freundlicher, aktiver, enthusiastischer und aufmerksamer war (Colarelli et al., 2017). Da ein Hund als Quelle für soziale Unterstützung angesehen werden kann (Bould et al., 2018) und der Hund somit wie ein Puffer gegen Stress wirkt, kann von einer positiven Auswirkung in stressigen Arbeitssituationen ausgegangen werden.

Auch zeigt sich in physiologischen Reaktionen wie der Senkung des Blutdrucks und der Pulsrate, der Abnahme der Hautleitfähigkeit und der Reduzierung des Speichelcortisols, dass die Anwesenheit von Hunden bei Menschen stressreduzierend wirken kann (Allen et al., 1991, 2002; S. Cohen und Wills, 1985; Polheber und Matchock, 2014). Ein hohes Maß an Bindung an den Hund kann außerdem mit einer hohen Ausprägung von Gewissenhaftigkeit einhergehen (Kurdek, 2008). Arbeitgeber könnten demnach auch daraus einen Nutzen ziehen. Die Zahl der Studien über Haustiere am Arbeitsplatz nimmt stetig zu. Perrine und Wells (2006) fanden heraus, dass Bürohunde soziale Interaktionen verstärken und die Stimmung im Büro verbessern. Jedoch ist zu bedenken, dass verstärkte Interaktionen zu einer Ablenkung von Arbeitsaufgaben führen können. Es kann passieren, dass ein Hund am Arbeitsplatz unerwünscht die soziale Aufmerksamkeit anderer Mitarbeitender auf sich zieht und somit ablenkend wirkt. Außerdem kann die anfängliche Neuheit, einen Hund am Arbeitsplatz zu haben, zu einem vorübergehenden Rückgang der Produktivität führen. Jedoch ist auch davon auszugehen, dass diese Ablenkung wieder nachlassen wird, wenn sich die Mitarbeitenden an die Anwesenheit des Hundes gewöhnt haben (Foreman et al., 2017). Weitere interdisziplinäre Studien konnten gesundheitliche Vorteile psychischer und physischer Natur zeigen, die sich durch die Hund-Mensch-Interaktion und Hund-Mensch-Beziehung ergeben (Allen et al., 2001; Applebaum et al., 2020) und in der Arbeitswelt gezielt genutzt werden können. Maßnahmen, die auf betriebliches Gesundheitsmanagement abzielen, können einen Arbeitgeber attraktiver erscheinen lassen (Felfe, 2020). So kann ein Hund am Arbeitsplatz, der für aktive Mittagspausen sorgt, von Unternehmen als betrieblich befürwortete Gesundheitsmaßnahme genutzt werden und somit die Arbeitgebermarke stärken. Arbeitnehmer:innen, vor allem aus der Generation Y, haben zunehmende Erwartungen an sinnvolle und gesunde Arbeit sowie die Vereinbarkeit von Familie und Beruf (Felfe, 2020). Wird der Hund im Familienbild inbegriffen, betrifft das Thema Bürohund die Vereinbarkeit von Familie und Beruf. Es wird demnach eine Strategie benötigt, die es ermöglicht, einen Hund in eine sich wandelnde Arbeitswelt zu integrieren. Von der Entwicklung und Implementierung dieser familienbewussten Arbeitspolitik unter Berücksichtigung von Hunden können Unternehmen profitieren. Das Thema Hund am Arbeitsplatz hat somit gesellschaftliche und wissenschaftliche Relevanz.

Studien belegen, dass Hunde am Arbeitsplatz die Kreativität fördern und die Stimmung heben.

ÜBER DIE AUTORIN

Lisa Heise ist Wirtschaftspsychologin (M. Sc) und beschäftigt sich mit New Work und einer familienbewussten Arbeitspolitik unter Berücksichtigung von Hunden. In ihrer Masterarbeit untersuchte sie den Zusammenhang von hundefreundlichen Arbeitsbedingungen und drei psychologischen Konstrukten: die Bindung an den Arbeitgeber, die wahrgenommene Unterstützung durch den Arbeitgeber und das subjektive Wohlbefinden auf der Arbeit. Außerdem wurde untersucht, inwieweit die Bindung an den Hund diesen Zusammenhang moderiert.

Vorurteile gegenüber Hunden bestimmter Rassen können nur schwer abgebaut werden.

SOZIALISOLIERT LEBENDE MENSCHEN

Henry Julius et al. (2012) betrachten speziell nochmals das Bindungsverhalten von Menschen, die sich mit ihren eigenen Artgenossen sehr schwertun, in Zusammenhang mit ihren Haustieren. Während die Mensch-Mensch-Beziehung ja meist komplementär auf unsicheres und bindungsbezogenes Verhalten übertragen wird, verhalten sich auch Menschen mit unsicherem und anderweitig problematischem Bindungsverhalten Haustieren gegenüber oftmals wesentlich unbelasteter. Zum einen, wie bereits erwähnt, sind Hunde in der Regel authentisch und verhalten sich dem Menschen auch dann wertschätzend gegenüber, wenn er selbst eher unsicheres Bindungsverhalten an den Tag legt. Nur bei Menschen, die ständig und unablässig Nähe und Körperkontakt suchen, mag auch ein Hund sich komplementär zurückziehen. Da Hunde und andere Haustiere meist direkt und nicht wertend im Verhalten sind, übertragen ihre Menschen meist auch die Enttäuschungen nicht auf sie, da sie keine negativen Reaktionen seitens des Hundes erwarten. Unsichere Fürsorgeschemata werden daher nicht auf die Beziehung zum Hund übertragen, weil die dem Fürsorgeverhalten zugrunde liegenden biologischen Mechanismen, etwa das Oxytocinsystem oder die Stresssysteme, nicht durch negative, zwischenmenschliche Erfahrungen oder kulturelle Einflüsse überdeckt werden.

FEHLEINSCHÄTZUNG VON RASSEEIGENSCHAFTEN

Ein besonderer Bereich der Fehlerwartungen betrifft falsche Einstellungen bezüglich bestimmter Rassen oder Rassegruppen. Hier wurden von Tracy Clark et al. (2013) bemerkenswerte Übereinstimmungen zwischen intuitiver, auf Uninformiertheit beruhende Ablehnung bestimmter Hunderassen und vergleichbaren Phänomenen bei menschlichem Rassismus und Fremdenfeindlichkeit aufgedeckt. Je weniger Kontakt die Menschen mit Hunden der betreffenden Rasse bisher gehabt hatten, desto mehr neigten sie dazu, die weit verbreiteten stereotypen Vorurteile gegen Hunde dieser Rassegruppe zu wiederholen und trotz wissenschaftlicher Befunde des Gegenteils auch beizubehalten.

Tiere werden noch immer Opfer von Vernachlässigung oder sogar Missbrauch.

MISSBRAUCH AN TIEREN

Im schlimmsten Fall kommt es zu echten Übergriffen seitens des Menschen, die etwa im Zusammenhang mit physischer Gewaltausübung und gewaltbetontem, aggressivem Missbrauch von Hunden oder anderen Heimtieren stehen. Eine ganze Reihe von Studien zeigt deutlich, dass es sich hierbei nicht „nur" um ein Tierschutzproblem handelt. In der Kriminologie spricht man hier häufig von der sogenannten neuen Triade, wobei Brutalität und Gewaltausübung der Eltern, Tiere quälen und die nachfolgende Aggressivität gegen Menschen einen sehr engen und statistisch deutlich nachweisbaren Zusammenhang haben. Nicht jeder, der als Kind Tiere quält, wird zum Serienkiller. Aber umgekehrt rückblickend betrachtet, hat praktisch jeder Serienkiller eine Geschichte von Gewaltmissbrauch an Tieren hinter sich. Dies deutet nochmals darauf hin, dass es sich hier keineswegs um ein „Kavaliersdelikt" handelt, sondern um ein ernstzunehmendes Persönlichkeitsproblem, das auch für die menschliche Umgebung irgendwann zu schweren Schäden führen kann (vgl. Ascione und Arkow, 1999; Lockwood und Ascione, 1997).

PSYCHISCHER MISSBRAUCH

Zum Missbrauch von Tieren gehört übrigens durchaus nicht nur die gewaltsame Misshandlung, die Bewegungseinschränkung oder die passive Vernachlässigung. Auch mentaler Missbrauch, durch Erzeugung von Furcht oder Angst oder durch Isolationshaltung, oder passiver mentaler Missbrauch durch Vorenthalten von Erholungs- und Entspannungszeiten, Vorenthalten von Zuneigung oder liebevoller Betreuung sind durchaus bereits als Symptome für solches Fehlverhalten zu betrachten. Und wenn diese Definition, die durchaus auch in der kriminologischen Literatur verwendet wird, mit einbezogen wird, dann sind zumindest einige, durchaus noch gängige Erziehungs- und Trainingsmaßnahmen eindeutig jenseits der Grenze des Erlaubten (Viefhues, 2018; Mäkelburg et al., 2020).

Eine neue Untersuchung von Bégue (2022) in Frankreich, sowie erste Auswertungen von van Wijk et al. (2018) aus den Niederlanden lassen weitere Persönlichkeitsprobleme der wegen Hunde- oder Katzenmisshandlung auffällig gewordenen Jugendlichen erkennen. In vielen Fällen handelt es sich dabei um Personen in einem ungünstigen familiären Klima, mit geringerer sozialer Unterstützung durch Freunde, geringeren Bindungswerten zur Schule und höheren Werten für ängstliches oder depressives Verhalten. Männliche Jugendliche waren deutlich häufiger in diese Missbrauchsgeschichten verwickelt als weibliche. Ein nochmals spezieller und weitergehender Problemkreis, nämlich sexueller Missbrauch von nicht menschlichen Tieren, wird von Beirne (2000, 2005) beschrieben. Er kritisiert hier insbesondere, dass aus einer überkommenen und veralteten menschlichen Moralvorstellung dieser Problemkreis fast nie aus dem Blickwinkel der missbrauchten Tiere, also aus der Tierschutzperspektive betrachtet wird, wenn die strafrechtlichen Konsequenzen solchen Verhaltens diskutiert werden. Ungeachtet menschlicher Moralvorstellungen ist hier viel stärker als bisher üblich, auf das Leidenspotenzial der missbrauchten Tiere zu achten.

ANIMAL HOARDING

Ein zweites, leider gerade im Tierschutz nicht ganz seltenes Problem ist das Animal Hoarding, also das völlig ungeplante und verantwortungslose Sammeln von Tieren, die ohne Mindeststandards von Nahrung, Hygiene und Betreuung gehalten werden. Von den normalerweise unterschiedenen vier Typen von Tierhortern sind zwei durch eine Störung des Bindungsverhaltens charakterisiert: Diejenigen, die sich als Retter und Befreier fühlen, und diejenigen, die durch ein übertriebenes Pflegebedürfnis auffallen. Die anderen beiden Typen, der Züchtertyp und der Ausbeuter (der oftmals ohne Empathie agiert), sind weniger durch ihre Bindungsstörungen zu solchem Tun veranlasst. Auch hier gibt es, über den Tierschutzgedanken hinaus, ein gesellschaftliches Problem, da häufig in Familien von Tierhortern gleichzeitig auch vernachlässigte oder zu wenig betreute Kinder und/oder Senior:innen leben. Es wird also auch hier dringend empfohlen, dass die Jugendbehörden, Sozialämter und die Veterinärbehörden bei solchen Problemen enger als bisher zusammenarbeiten.

Diese dunklen Seiten des Verhältnisses von Menschen zu ihren Hunden sind zweifellos nicht das, was wir uns bei einer guten und stabilen Mensch-Hund-Beziehung oder gar Bindung vorstellen. Da sie jedoch gerade in Tierarztpraxen und anderen, mit dem Wohlbefinden von Tieren befassten Institutionen immer wieder auftauchen, kann jedem, der sich dort betätigt, nur empfohlen werden, sich mit den Warnsignalen und Hinweisen auf solche problematische Mensch-Hund-Beziehungen (oder auch im Umgang mit anderen Haus- und Heimtieren) zu beschäftigen.

Aus der humanwissenschaftlichen Sicht wird Animal Hoarding heute eindeutig als psychiatrische Krankheit eingestuft. Es handelt sich also um eine ernstzunehmende seelische Erkrankung, die jedoch bisher als Krankheitsbild nur unzureichend erforscht ist. Allgemeine Zusammenfassungen beispielsweise von Stürzl (2014), Sperlin (2012) sowie die ausführlichen Untersuchungen von Gary Patronek (1999, 2006, 2009) sind in diesem Zusammenhang zu erwähnen.

Aus hundlicher Sicht hat James McMillan (2016) wieder einmal mit Hilfe des C-BARQ

Fragebogens die Persönlichkeitseigenschaften von aus Animal Hoarding-Situationen befreiten Hunden, mit denen einer Kontrollgruppe verglichen. Hunde aus Animal Hoarding-Situationen zeigten häufiger Furcht (sowohl gegen fremde Menschen, gegen Hunde als auch nicht sozial), waren berührungsempfindlicher, hatten häufiger Bindungsprobleme und waren auch häufiger stubenunrein.

Sie waren jedoch weniger aggressiv gegen Fremde und gegen andere Hunde, waren weniger erregbar, weniger energiegeladen und zeigten eine höhere Neigung zu stereotypem Verhalten.

ABSCHIED

Auch wenn die Tendenz zum echten Tierhoarder nur in den wenigstens von uns schlummert (Patronek schätzt 1999 in Bezug auf die Bevölkerung der USA etwa 700 bis 2 000 neue Fälle pro Jahr, das wären zurückgerechnet auf die Bevölkerung der Bundesrepublik etwa 250 bis 700 Fälle pro Jahr), in einem tendieren viele von uns doch dazu, nicht loslassen zu können. Wenn es darum geht, ein wirklich an seinen Alterserscheinungen leidendes Tier, dessen Lebensqualität weitestgehend verschwunden ist, nur deshalb mit allen medizinischen Mitteln am Leben erhalten zu wollen, weil man sich vor der Trauer und dem Trennungsschmerz fürchtet. Hier sollte der Respekt vor dem Lebewesen, das einem so lange treue Dienste und treue Partnerschaft geleistet hat, doch die Furcht vor den eigenen Trauerreaktionen nehmen und uns die Möglichkeit geben, diesen Sozialpartner in Würde zu verabschieden. Den richtigen Moment zu finden, in dem die immer wieder aufkeimende Lebensfreude des Hundes die körperlichen Einschränkungen nicht mehr rechtfertigt, ist aber in der Tat oft schwer zu erkennen, wie wir aus eigener Erfahrung wissen.

Wir lieben unsere Hunde sehr – aus vielen guten Gründen.

FAZIT FÜR UNS UND UNSERE HUNDE

Und damit sind wir am Ende unserer Betrachtung angekommen. Letztlich bleibt für unsere Beziehung zum Hund nur die Aussage, dass jeder Hund einzigartig ist. Was wir in den vorangehenden Seiten geschildert haben, kann für viele Mensch-Hund-Teams nur Ideenanregung und Richtschnur sein. Die eigene Entscheidung, das eigene Wohlbefinden, und zwar das des Zweibeiners und des Vierbeiners, müssen individuell betrachtet und individuell eingeschätzt werden. Dafür bedarf es auch der professionellen Hilfe, und niemand sollte sich scheuen, eine(n) kompetente(n) Trainer:in hinzuzuziehen, wenn er den Eindruck hat, dass die Bindung oder auch nur Beziehung zum Vierbeiner noch verbessert werden kann.

SERVICE

— *Wissenswertes für Hundehalter:innen*

ZUM WEITERLESEN

Gansloßer, Udo und Kate Kitchenham: **Hundeforschung aktuell.** Anatomie, Ökologie, Verhalten. Kosmos 2019

Gansloßer, Udo und Mechthild Käufer: **Auszeit auf Augenhöhe.** Mensch-Hund-Spiel. Kosmos 2017

Gansloßer, Udo und Mechthild Käufer: **Und sie spielen doch!** Die Wissenschaft vom Hundespiel. Kosmos 2022

Gansloßer, Udo: **Verhaltensbiologie für Hundetrainer.** Grundlagen moderner Ethologie. Kosmos 2020

Gansloßer, Udo (Hrsg.): **Verhaltensphysiologie & -medizin.** Wie innere Zustände das Verhalten beim Hund steuern. Kosmos 2023

Gansloßer, Udo, Yvonne Adler und Gudrun Braun: **Hunderassen.** Zoologie, Zucht und Verhalten neu betrachtet. Kosmos 2021

Hinte-Breindl, Bettina, Udo Gansloßer und Kristin Strauß: **Moderne Welpenerziehung.** Kompetenz im Alltag. Kosmos 2023

Kitchenham, Kate: **Die 10 Kompetenzen für Hunde.** Bindung, Intelligenz und Gelassenheit fördern. Kosmos 2023

Kitchenham, Kate (Hrsg.): **Streunerhunde.** Von Moskaus U-Bahn Hunden bis Indiens Underdogs. Kosmos 2020

Kitchenham, Kate: **Spielekiste für Hunde.** 5 Spielzeuge, 50 Spielideen. Kosmos 2015

PODCAST

„Vier Pfoten, zwei Beine und 1000 Fragen“– mit Kate Kitchenham und Madita van Hülsen. Auf allen Streamingdiensten hörbar.

WEBINARE

Viele spannende Themen und Autor:innen findet ihr in unseren Online-Seminaren. Ob Live oder als Aufzeichnung: hier dreht sich alles um den Hund. https://kosmos-hund.de/

SOCIAL MEDIA

Ihr möchtet wissen, was los ist? Storys, Webinarankündigungen, Zitate, Buchclips, Gewinnspiele, Take over unserer Autor:-innen und vieles mehr findet ihr unter instagram.com/kosmos.hund und facebook.com/kosmos.Hund

Folgt uns und werdet Teil unserer Kosmos-Hund-Community.

QUELLENVERZEICHNIS

Das Quellenverzeichnis finden Sie als PDF-Download unter
https://www.kosmos.de/ganslosser_kitchenham_beziehung

REGISTER

DIE AUTOREN

Dr. Udo Gansloßer ist Privatdozent für Zoologie. Seine wissenschaftliche Tätigkeit begann mit Baumkängurus, möglicherweise, weil deren recht unbeholfene Kletterversuche ihn an seine eigene sportliche Begabung erinnerten. Nach der Dissertation in Heidelberg kehrte er zum Bodenleben zurück und beschäftigte sich mit dem Sozialverhalten der Kängurus allgemein. Am Zoologischen Institut Erlangen erhielt er 1991 die Lehrbefugnis. Zurzeit ist er Privatdozent für Zoologie am Institut für Zoologie und Evolutionsforschung der Friedrich-Schiller-Universität Jena und führt regelmäßig Kurse in Verhaltensbiologie und Tiergartenbiologie durch, die durch einen Biostatistikkurs an der Universität Würzburg, Sachgebiet Tierschutz, abgerundet werden. Seit einigen Jahren sind die Canidae (Hundeartige) einer der Schwerpunkte seiner Arbeitsgruppe, die sich interdisziplinär von rein zoologischen und tiermedizinischen Themen bis zu Fragen von Mensch-Hund-Beziehung, Tierschutzethik, Sozial- und Rechtswissenschaften erstreckt.

Kate Kitchenham hat Verhaltensbiologie und Kulturanthropologie in Hamburg studiert. Hier lag ihr Schwerpunkt neben der Ethologie auf der Erforschung der Tier-Mensch-Beziehung. Bereits neben dem Studium hat sie angefangen zu schreiben, so sind in der Zeit seit 1999 viele Fachartikel in unterschiedlichen Zeitschriften rund um Umwelt, Tiere, Verhalten und natürlich Hunde entstanden. Seit 2014 ist sie zudem als Fernsehmoderatorin tätig – bis 2017 für das ZDF mit der Sendung „Der Haustier-Check" und seit Herbst 2019 mit der VOX-Sendung „Tierisch beste Freunde!". Seit Frühjahr 2021 ist Kate wöchentlich als Moderatorin im VOX-Format „Hund Katze Maus" zu sehen und hat fast gleichzeitig mit Madita van Hülsen den Podcast „Vier Pfoten, zwei Beine & 1000 Fragen" gestartet. In den letzten Jahren war sie außerdem parallel sehr viel in Deutschland und der Schweiz unterwegs und hat für diverse Veranstalter:-innen Seminare und Vorträge und in ihrem Heimatort Lüneburg Gruppencoachings mit dem Schwerpunkt „Mein Hund & Ich – Beziehung, Erziehung, Bindung" gegeben.

BILDNACHWEIS

153 Farbfotos wurden von Anna Auerbach/Kosmos für dieses Buch aufgenommen. Weitere Farbfotos von Anna Auerbach/Archiv (32: S. 8, 26, 28, 29, 31, 35, 52, 54, 77, 85, 86, 103, 121, 139, 156, 165, 167, 169, 170, 173, 180, 249, 260, 272, 277, 312, 327, 328, 344); Adobe Stock (12: S. 215/picture.jacker, 265/rodimovpavel, 187/JackF, 291/Elizaveta, 306/Stylefoto24, 309/Osetrik, 317/Vladibulgakov, 323/Tomasz, 330/gpointstudio, 333/ Yaroslav Astakhov, 334/Baronb, 342/VPales); Stefan Kirchhoff (9: S. 13, 15, 93, 99, 100, 294); Kurt Kotrschal (1: S. 7); Johannes Mink (1: S. 101); Heiner Orth (1: S. 275); Nicole Schick/ Kosmos (1: S. 140), Olga Zeeb/Kosmos (2: S. 338, 339).

IMPRESSUM

Umschlaggestaltung von GRAMISCI Editorialdesign/München unter Verwendung eines Farbfotos von Anna Auerbach/Kosmos.
Das Foto zeigt Kate Kitchenham mit ihrem Hund Knox und der Golden Retriever Hündin Josie.

Mit 212 Farbfotos.

Unser gesamtes Programm finden Sie unter **kosmos.de**.
Über Neuigkeiten informieren Sie regelmäßig unsere Newsletter, einfach anmelden unter **kosmos.de/newsletter**

Gedruckt auf chlorfrei gebleichtem Papier

ISBN 978-3-440-17568-2
Redaktion: Hilke Heinemann
Gestaltungskonzept: Peter Schmidt Group GmbH, Hamburg
Gestaltung und Satz: Atelier Krohmer, Dettingen/Erms
Produktion: Angela List
Druck und Bindung: Westermann Druck Zwickau GmbH, Zwickau
Printed in Germany / Imprimé en Allemagne

FSC
www.fsc.org
MIX
Papier | Fördert gute Waldnutzung
FSC® C110508